21世纪信息管理与信息系统专业规划教材

# 计算机操作系统

刘腾红 骆正华 主编

清华大学出版社
北京

## 内容简介

本书从计算机资源管理的角度，系统、全面、准确、通俗地阐述操作系统的概念、原理和方法。全书共分9章，内容包括操作系统概述、作业管理和用户接口、进程和处理机管理、存储管理、设备管理、文件系统、Linux操作系统、网络操作系统和分布式操作系统等知识，每章后都有习题，并把Windows XP的内容放入主要章节进行剖析。

本书是信息管理与信息系统专业的规划教材，可作为高等院校计算机科学与技术专业的教材，也可供从事计算机工作的科技人员参考。



**图书在版编目(CIP)数据**

计算机操作系统/刘腾红，骆正华主编. —北京：清华大学出版社，2008.10
(21世纪信息管理与信息系统专业规划教材)
ISBN 978-7-302-18097-5

Ⅰ.计…　Ⅱ.①刘…　②骆…　Ⅲ.操作系统－高等学校－教材　Ⅳ.TP316

中国版本图书馆CIP数据核字(2008)第100943号

责任编辑：闫红梅　顾　冰
责任校对：焦丽丽
责任印制：何　芊
出版发行：清华大学出版社　　地　　址：北京清华大学学研大厦A座
　　　　　http://www.tup.com.cn　　邮　　编：100084
　　　　　社　总　机：010-62770175　　邮　　购：010-62786544
　　　　　投稿与读者服务：010-62776969，c-service@tup.tsinghua.edu.cn
　　　　　质　量　反　馈：010-62772015，zhiliang@tup.tsinghua.edu.cn
印 装 者：三河市春园印刷有限公司
经　　销：全国新华书店
开　　本：185×260　印　张：20　字　数：487千字
版　　次：2008年10月第1版　　印　　次：2008年10月第1次印刷
印　　数：1～4000
定　　价：29.50元

本书如存在文字不清、漏印、缺页、倒页、脱页等印装质量问题，请与清华大学出版社出版部联系调换。联系电话：(010)62770177转3103　　产品编号：027658－01

# 编委会

# 序

根据国家教育部1998年7月6日公布的《普通高等学校本科专业目录》的内容，将原经济信息管理、图书情报学、科技信息管理、林业信息管理和管理信息系统等专业合并为管理学科门类中的信息管理与信息系统专业。目前，我国已有二百多所高等院校设置了信息管理与信息系统专业。该专业的发展伴随着世界信息化的发展而发展，为我国培养了大量的信息化专门人才。

网络化、信息化、全球经济一体化是当今世界的主要特征。20世纪90年代，信息技术不断创新，信息产业持续发展，信息网络广泛普及，信息化成为全球经济社会发展的显著特征，并逐步向一场全方位的社会变革演变。21世纪，信息化对经济社会发展的影响更加深刻，信息资源日益成为重要的生产要素、无形资产和社会财富。我国信息化发展的进展十分迅速。

基于此，信息管理与信息系统专业人才培养的任务十分艰巨。首先要定位，再定向，还要定措施。不同的高校要根据自己的特色来定位，如：以经、法、管理为主的综合性人文社科大学，其信息管理与信息系统专业就要定位在和经济、法律、管理的结合上，培养的人才主要适合在经济管理部门、司法部门、企事业单位等从事信息系统建设和管理以及科学研究等工作。定向的具体内容由培养目标来确定，本专业直接以信息化建设的人才需求为培养目标与标准，培养熟练掌握现代信息技术手段和方法，具有坚实的现代管理科学理论知识，具备较强的计算机应用能力的综合型、实用型的高级专门人才。定措施则是要确定对培养目标的具体实施过程和方法，包括师资要求、全程教学计划和教材建设等。

现各个高校在信息管理与信息系统专业的教材使用上五花八门，教材主要由任课教师自己选定。计算机方面的教材主要选用计算机科学与技术专业的教材，管理方面的教材主要采用管理学科的教材。尽管近年来一些出版社陆续出版了几套信息管理与信息系统专业的教材，但仍然不能满足教学的需要。根据教育部1998年信息管理与信息系统专业课程要求，结合中国高等院校信息系统学科课程体系课题组撰写的《中国高等院校信息系统学科课程体系2005》(征求意见稿)(清华大学出版社，2005年11月)的内容，我们组织长期从事信息管理与信息系统专业教学和研究的教师，在清华大学出版社的大力支持下，经过多次讨论和研究，组织编委会，制定教材编写规划，审定编写大纲，并采取主编负责制，层层把关，力争使本套教材成为具有系统性、完备性的高水平、高质量的信息管理与信息系统专业教材。

本套教材的主要特点是：

1. 系统性。教材自成体系，系统地体现本专业的知识体系和结构。
2. 完整性。教材能完整、准确地反映本专业的教学内容，满足培养高层次人才的需要。
3. 新颖性。教材要反映本学科的最新发展动态和研究成果。

4. 理论性。教材注重理论基础的培养，使学生具备扎实的理论知识。

5. 实用性。教材注重理论与实践结合，把培养学生分析问题、解决问题和实际动手能力作为一项重要的内容予以体现。

本套教材的成功出版，凝聚了众多长期从事信息管理与信息系统专业建设的专家、学者及相关人员的心血。我们殷切希望从事信息管理与信息系统专业的教育工作者对本套规划教材提出宝贵建议，使教材质量不断得到提高。让我们共同为培养高素质的信息化人才而努力。

刘腾红　教授

本规划教材编委会主任

2007 年 8 月

# 前言

操作系统(Operating System,OS)是计算机系统配置最基本的系统软件之一,常称为核心系统软件,是用户开发和使用应用软件不可或缺的支撑环境。从用户的角度看,操作系统是用户与计算机硬件系统的接口;从资源管理角度看,操作系统是计算机系统资源的管理者。

随着计算机科学与技术的不断发展,计算机应用范围越来越广泛,人们对操作系统的要求越来越高,对操作系统的研究也不断深入。近年来,新的产品不断问世,新的概念也不断引入。可以说,操作系统是计算机学科中更新最快,而又具有重要地位的分支。尽管目前国内外出版了有关操作系统原理、结构和方法等方面的教材,但始终不能满足读者的需求。

本书是根据作者多年科研实践和教学经验,结合计算机操作系统的最新发展,针对信息管理和信息系统专业学生应掌握的知识结构需求,以培养应用型、实用性人才为出发点。计算机操作系统具有内容丰富、涉及面广、概念抽象、实践性强等特点。它涉及到计算机硬、软件的多方面知识。因此,要求读者在学习本书之前,一定要有计算机原理、数据结构及至少一门程序设计语言等方面的知识。考虑到信息管理与信息系统专业学生的培养目标和要求,作者在组织材料上,力求做到系统性、准确性、通俗性、实用性、新颖性,注重理论与实践相结合,并把提高读者分析问题、解决问题、实际动手和软件开发能力作为目的。

本书从计算机资源管理的角度,系统、全面、准确、通俗地阐述操作系统的概念、原理和方法。全书分为9章,内容包括操作系统概述、作业管理和用户接口、进程和处理机管理、存储管理、设备管理、文件系统、Linux操作系统、网络操作系统和分布式操作系统,并把Windows XP的内容放入主要章节进行剖析,每章后都有习题。

本书是信息管理与信息系统专业的规划教材,可作为高等院校计算机科学与技术专业的教材,对于从事计算机工作的科技人员来说,是一本极好的参考书。

本书由中南财经政法大学信息学院刘腾红教授、骆正华博士任主编,并负责全书策划、总纂与定稿工作。参加本书编写的有刘腾红、骆正华、刘婧珏、吕运之、许杏、徐晓璐、罗会容、刘鹏鸽、成雪等。

普通高等学校信息管理与信息系统专业规划教材编委会认真审阅了编写提纲,并提出许多宝贵的意见;中南财经政法大学信息学院的领导和教师们对本书的编写给予大力支持;在此一并表示衷心的感谢!

由于作者水平有限,书中错误在所难免,恳请各位同行和读者们赐教。

作　者

2008年4月于武昌

21世纪

# 目录

21世纪

# 第1章 操作系统概述

操作系统(Operating System,OS)是计算机系统中必备的核心系统软件。用户使用计算机系统,首先要与操作系统打交道。本章将讨论什么是操作系统,操作系统的功能,操作系统的类型及主要性能指标,并介绍中断系统的有关概念。

## 1.1 什么是操作系统

### 1.1.1 计算机系统

计算机系统是一个复杂的系统。一个完整的计算机系统由硬件系统和软件系统两部分组成。硬件系统是组成计算机的各种元件、部件和设备的总称;软件系统是指机器运行所需的各种程序及其有关的文档资料。硬件是整个计算机的物质基础,没有硬件系统就谈不上计算机。但是只有硬件系统,而没有配套的软件系统,计算机系统就无法工作。通常,人们把没有配置软件的计算机称为裸机。计算机的软件系统是建立在硬件系统基础之上的。只有将硬件系统和软件系统有机地结合起来,才能充分发挥计算机的作用,完成计算机应承担的任务。配置了软件的计算机称为虚拟计算机。

从功能上讲,可以把整个计算机系统划分为四个层次:机器层、操作系统层、系统层和应用层,如图1-1所示。这四个层次表现为一种单向服务关系,即:外层软件必须以事先约定好的方式使用内层软件或硬件提供的服务,这种约定称为界面。下面简要地介绍各层次的特点。

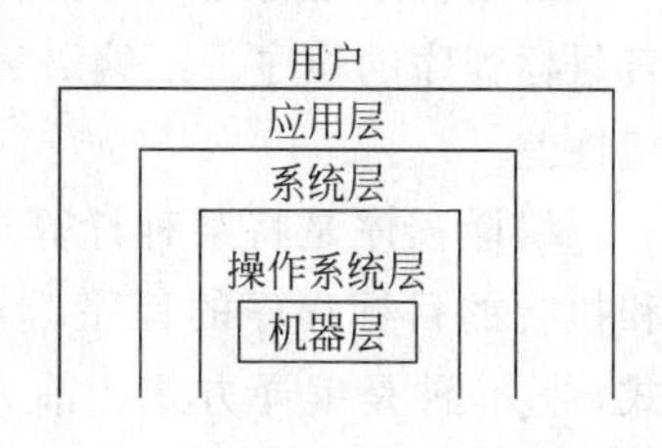


图1-1 计算机系统的四个层次

#### 1. 机器层

机器层是指裸机(硬件),即无任何软件的机器设备本身。它对外界面由机器指令系统组成,机器指令系统与硬件的组织结构密切相关。操作系统及其外层软件通过执行各种机器指令访问和控制各种硬件资源。

迄今为止,计算机硬件的组织结构仍采用冯·诺依曼(Von Neumann)的基本原理,即"存储程序控制"原理。它一般归纳为五类部件组成:控制器、运算器、存储器、输入设备和输出设备。人们通常把控制器和运算器做在一起,称为中央处理机(Central Processing Unit,CPU)。把输入设备和输出设备统称为输入输出(I/O)设备。

传统的计算机硬件系统是以CPU为中心的组织结构。这种组织结构的主要缺点是浪费大量的CPU时间。这是由于CPU的速度快,而相对来说I/O设备速度慢,这就使得速度不匹配。现代无论大、中、小型计算机，还是微机系统的硬件都是以主存为中心的组织结构。这种组织结构的优点是能使 CPU 与 I/O 设备充分并行地工作，以便大大提高各种硬件资源的利用率。

**2. 操作系统层**

计算机软件通常分为系统软件和应用软件两部分。操作系统是基本的系统软件，它密切地依赖于计算机硬件，直接管理计算机系统中的各种硬件资源和软件资源，其主要部分驻留在主存中，称为操作系统的核心或内核(kernel)。

操作系统的对内界面是：管理和控制各种硬件资源（包括 CPU、内存和外设）；对外界面是：为用户提供方便服务的一组软件程序集合。这里讲的“用户”，是指除操作系统以外的所有系统软件、应用软件及计算机使用者等，它是一个广义的概念。因此，人们说操作系统是用户与计算机间的界面（或接口）。

**3. 系统层**

系统层是指除操作系统以外的所有系统软件。它们在操作系统的控制下为应用层软件及最终用户加工自己的程序和数据提供各种服务。它们通常驻留在外存上，仅当运行这些程序时，才把它们装入内存。这些软件通常由计算机系统的销售者提供，并随机器和操作系统一同出售。

这些系统软件主要有汇编程序(Assembler)、编译程序(Compiler)、编辑程序(Editor)、调试程序(Debugging)、系统维护程序(Maintenance Program)、数据库管理系统(Data Bate Management System，DBMS)和数据通信程序(Data Communication Program)等。

汇编程序是将用某种汇编语言编写的源程序翻译成机器能够直接识别和执行的机器语言目标程序的程序。汇编语言是一种面向机器的低级程序设计语言，它执行效率高，但可移植性差。

编译程序是将某种计算机高级程序设计语言编写的源程序翻译成机器能够直接识别和执行的目标程序的程序。对于高级程序设计语言的翻译现有两种方式：一种是解释方式；另一种是编译方式。前者不产生目标程序，它是边解释边执行。后者需生成目标程序，再运行目标程序，产生最后结果。目前，高级程序设计语言有几百种，流行或广泛使用的有几十种，如 BASIC、ALGOL、FORTRAN、COBOL、Pascal、PL/1、PROLOG、LISP、C、Java 等。

编辑程序是用户编制源程序或某种文本文件的方便工具。它一般有行编辑、全屏幕编辑、窗口编辑等几种形式。用户可利用编辑程序建立各种文件，并可随时进行修改，如插入、删除、更新等，还可进行查找、显示或打印等操作。如 CCED、WordStar、WPS、Word 等都是现今流行的编辑程序。

调试程序又称排错程序，它可以帮助用户调试自己编制的程序，找出程序中的逻辑错误，大大缩短用户调试程序的周期。

系统维护程序是指计算机系统在运行过程中需要不断地维护的有关程序。例如，当系统管理员要改变系统的硬件配置时，就必须为新的环境而改变操作系统的核心程序。当系统出现某种故障时，提供的一些恢复手段等。

数据库管理系统是对数据库进行管理和控制的一组软件。数据库已成为管理信息系统

(MIS)的核心。数据库管理系统一般包括数据库定义、数据库管理、数据库建立与维护、数据通信等功能。它通常由数据描述语言(Data Description Language,DDL)、数据操纵语言(Data Manipulation Language,DML)和数据库管理例行程序(Routine)三部分组成。

数据通信程序是为管理和控制计算机间进行通讯而设计的程序。它主要用于计算机网络中计算机间的数据传输,处理数据传输过程中的编码、发送、接收、解码等一系列工作。

#### 4. 应用层

应用层是指一些直接为用户服务和使用的应用程序、用户程序和服务程序等,它可由用户或专门的软件公司编制。例如,办公自动化系统、事务处理系统及各种应用软件包和程序库等。由此,它是为了解决某些具体的、实际的问题而开发和研制的各种程序。

### 1.1.2 操作系统在计算机系统中的地位

从图1-1中可以看出,操作系统在计算机系统的地位是十分重要的。操作系统是最基本的、核心的系统软件。操作系统有效地统管计算机的所有资源(包括硬件资源和软件资源),合理地组织计算机的整个工作流程,以提高资源的利用率,并为用户提供强有力的使用功能和灵活方便的使用环境。

操作系统是现代计算机系统中不可缺少的关键部分。正如人不能没有大脑一样,而具有一定规模的计算机系统也绝不能缺少操作系统。目前,所有的计算机都配有操作系统,如微机上通用的操作系统 Windows、MS-DOS、OS/2 等,中小型机广泛使用的 UNIX、Linux 操作系统,IBM 系统机上使用的 CMS 和 MVS 系统等。计算机系统越复杂,操作系统就愈显得重要。特别是在软硬件结合日趋紧密的今天,操作系统扮演着极为重要的角色。可以这样说,对于使用计算机的所有用户来说,几乎一刻也离不开操作系统,没有操作系统,计算机几乎无法工作。

当然,对于一些计算机用户来讲,只需掌握有关操作系统的基本操作即可。而对计算机应用专业的学生和从事计算机科学研究的专业人员,熟悉操作系统的概念,了解操作系统的原理和方法是至关重要的。

### 1.1.3 操作系统的定义

对于操作系统,至今尚无严格的定义,大都是用描述的方式。下面我们先从不同角度来看待操作系统。

(1) 从功能角度,即从操作系统所具有的功能来看,操作系统是一个计算机资源管理系统,负责对计算机的全部硬、软件资源进行分配、控制、调度和回收。

(2) 从用户角度,即从用户使用来看,操作系统是一台比裸机功能更强、服务质量更高,用户使用更方便、更灵活的虚拟机,即操作系统是用户和计算机之间的界面(或接口)。

(3) 从管理者角度,即从机器管理者控制来看,操作系统是计算机工作流程的自动而高效的组织者,计算机硬软资源合理而协调的管理者。利用操作系统,可减少管理者的干预,从而提高计算机的利用率。

(4) 从软件角度,即从软件范围静态地看,操作系统是一种系统软件,是由控制和管理系统运转的程序和数据结构等内容构成。

综上所述,我们给出操作系统的定义为:操作系统是管理和控制计算机硬软资源,合理地组织计算机的工作流程，方便用户使用计算机系统的软件。

操作系统追求的主要目标有两点：一是方便用户使用计算机，一个好的操作系统应提供给用户一个清晰、简洁、易于使用的用户界面；二是提高系统资源的利用率，尽可能使计算机系统中的各种资源得到最充分地利用。

## 1.2 操作系统的形成和发展

操作系统是一组程序的集合，它控制和管理计算机的硬件和软件资源，合理地调度各类作业，以方便用户的使用。像其他软件一样，操作系统也有一个产生和发展的过程。

### 1.2.1 推动操作系统发展的动力

操作系统的形成迄今已有50多年的时间。在20世纪50年代中期出现了简单的批处理操作系统，到20世纪60年代中期产生了多道程序批处理系统，不久又出现了基于多道程序的分时系统，20世纪70年代出现了微机和局域网，同时也产生了微机操作系统和网络操作系统，之后又出现了分布式操作系统。

在这60多年的发展历程中，操作系统取得了重大的发展，促成其发展的主要动力有以下几个方面。

(1) 不断提高资源利用率的需要。在计算机发展的初期，计算机系统特别昂贵，人们必须千方百计地提高计算机系统中各种资源的利用率，这就推动了人们不断发展操作系统的功能，由此形成了能自动地对一批作业进行处理的批处理系统。

(2) 方便用户操作。当资源利用率不高的问题得到解决以后，用户在上机、调试程序上的不方便就成为主要矛盾。于是人们就想方设法改善用户的上机和调试程序的条件，这又成为继续推动操作系统发展的主要因素，随之便形成了允许人机交互的分时系统，或称为多用户系统。

(3) 硬件的不断更新换代。由于计算机硬件的更新换代，从电子管到晶体管，到集成电路，到大规模集成电路，使得计算机的性能不断提高，从而推动了操作系统的性能和功能也不断发展。

(4) 计算机体系结构的不断发展。计算机体系结构的发展也不断地推动着操作系统的发展，并产生了新的操作系统类型。当计算机由单处理器系统发展为多处理器系统时，操作系统也从单处理器操作系统发展为多处理器操作系统。当计算机继续发展出现计算机网络后，相应地就有了网络操作系统。

### 1.2.2 操作系统的发展

操作系统的发展与计算机体系结构的发展是分不开的。因此，可以参考计算机体系结构的发展阶段来了解操作系统的形成和发展。

#### 1. 手工操作阶段

从第一台计算机诞生后的近十年间(1946—1955年)，电子管是组成计算机逻辑电路的主要部件。计算机体积庞大，耗能高，价格十分昂贵。这时还没有操作系统，用户通过接插板或开关板来控制计算机操作，使用很不方便。几乎没有任何程序设计语言，用户采用二进制的机器语言编程，这种“目标程序”被穿在卡片或纸片上，并用一个引导程序装入内存。用户通过控制台开关来调试和操作运行程序，因此对用户的要求较高，往往既是程序员又是操作员。这期间，由于计算机内存只能存放一道程序，上机时用户独占全部系统资源，造成资源利用率不高，运行成本偏高。以 IBM 7094 为例，该机器当时的价格是 200 万美元，设计寿命为 5 年，假如每小时都在运行，则运行成本为每小时 45 美元，加上能源消耗、人工等方面的费用，每小时成本接近 70 美元。成本的高昂自然希望利用率更高，CPU 速度的提高使相应的成本增加，但 CPU 空闲率也在增加，因此高成本与低利用率之间的矛盾不断激化。

事实上，导致 CPU 利用率低的原因是手工操作引起的作业转换时间较长。当 CPU 速度日益加快时，作业转换时间占整个作业运行时间的比例也越来越高。例如，一个作业在每秒 1 万次的计算机上要运行 50min，作业的建立和人工操作用了 5min，此时，手工操作时间占总时间的 1/11；当计算机速度提高到每秒 10 万次时，作业运行时间为 5min，而手工操作时间还是 5min，则此时手工操作时间的比例上升至 1/2。计算机速度越高，这个比例越大。因此，如何节省手工操作时间已经成为当时亟待解决的问题，尽管后来采用了手工批处理方式，暂时缓解了这一矛盾，但还是不能从根本上解决问题，CPU 空闲率还是很高。

综上可知，手工操作阶段计算机有如下特点：

(1) 程序设计全部采用机器语言，无操作系统。

(2) 在一个程序员上机时间内，计算机全部资源被其使用，为独占资源方式。

(3) 作业之间采用串行方式运行。

(4) 整个运行过程需要人工干预。

手工操作本身是直接影响作业转换时间的主要因素。后来有人提出了“自动作业定序”的思想，即让作业之间的转换自动去完成。作业自动转换技术的实现导致了操作系统的雏形——监控程序的产生。

**2. 监控程序时期**

计算机发展的第二代是晶体管时代(1955—1965)，随着计算机速度的显著提高，手工操作方式已经严重影响了 CPU 的利用率。为了减少作业转换时间，提高 CPU 利用率，出现了监控程序干预下的单道批处理系统，其操作过程如图 1-2 所示。操作员按照各用户作业的性质组成一批作业，将这批作业统一从纸带或卡片输入到磁带上，然后由监控程序依次把磁带上的作业装入内存进行处理，完成后再自动选择下一个作业运行，直到这批作业全部处理结束。由于作业的装入、启动等都由监控程序自动完成，无需用户干扰，因此，CPU 及其他系统资源的利用率都得到了提高。

监控程序常驻内存，它的主要功能是自动控制和处理作业流，提供装配程序和一组 I/O 驱动程序，提供简单的文件管理功能。

监控程序通过作业控制语言与用户交流，即用户或操作员使用作业控制语言向计算机说明作业运行的步骤和参数，监控程序根据该作业说明书实现作业的自动转换。从监控程序的功能来看，虽然对系统资源管理的能力有限，但它毕竟已具备了操作系统的某些特点，因此监控程序可以认为是操作系统的早期表现形式，即为操作系统的锥形。

作业间的自动转换问题解决之后，随着 CPU 速度的提高，CPU 与 I/O 速度不匹配的矛盾也日益突出，因等待 I/O 操作而造成的 CPU 空闲率也越来越高。例如，一个汇编程序速度为每秒汇编300张卡片，一个快速读卡机每秒读入30张卡片，假设用户的程序有1200张卡片，则汇编这个程序占用的CPU时间只需4s，而读卡机要花费40s。这时CPU的空闲率达到36/40=90%。随着中断和通道技术的实现，操作系统逐步形成并发展起来，进入了多道程序设计阶段。

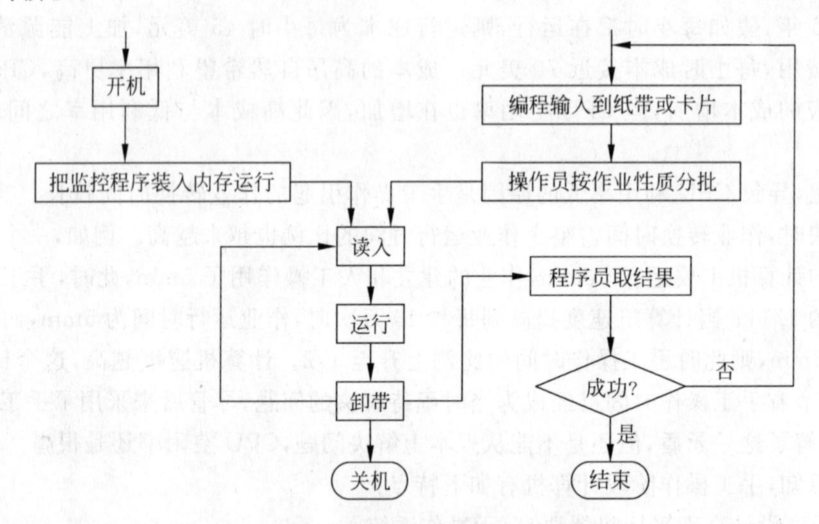


图1-2 单道批处理系统的操作过程

### 3. 多道程序与操作系统成熟时期

计算机发展的第三代是集成电路时代(1965—1980)。此时的计算机应用已经从单一的科学与工程计算，进入到科学计算与事务处理并存的时期，出现了通用计算机的概念。通用计算机必须功能强大，能够满足各种应用环境的带求，处理和适应各种设备环境。因此，必须有一个功能强大的监控程序来控制系统的所有操作，管理系统中的所有软、硬件资源。借助于多道程序设计技术，人们成功设计出了具有一定并发处理能力的监控程序(supervisor)，并在此基础上进一步形成了功能更加强大的系统程序集合，出现了真正意义上的操作系统。第一个通用操作系统是在IBM System 360计算机上运行的OS/360，因为它真正实现了资源管理，建立了相应的资源管理机制。后来陆续出现了多道批处理系统、采用交互方式的分时系统和以提高瞬时响应时间为特征的实时系统。

在早期的单道批处理系统中，内存中仅有单个作业在执行，导致系统中的许多资源空闲，资源利用率低，系统性能较差。而多道程序是在计算机内存中同时存放多个程序，这几个程序都处于已开始运行状态。在单处理器系统中，宏观上多道程序是同时运行的，但微观上多道程序是串行的，必须轮流交替使用处理器。多道程序设计是指允许多个程序同时进入一个计算机系统的内存，并启动进行交替运行的方法。多道程序系统的特点是并行性和共享性。在操作系统中引入多道程序设计技术，不仅提高了系统资源利用率，而且提高了系统的吞吐率。

### 4. 软件工程与操作系统发展时期

进入20世纪80年代，随着微电子技术和VLSI技术的迅速发展，大规模和超大规模集成电路技术的应用，计算机的体系结构趋于灵活、小型、多样化，出现了微机和微机操作系统。

用户不仅直接与计算机交互，而且系统操作界而也得到了进一步发展，传统的字符界面逐步被图形用户界面(GUI)所取代。微机操作系统的品种多，功能强大，如 DOS、Windows、UNIX、OS/2、MAC 等都是这一时期代表性的产物。

与此同时，软件的开发方式也发生了很大的变化，出现了软件工程的思想。以前开发的操作系统往往很庞大，结构也复杂，一旦软件出了问题维护起来很费劲。为了解决这个问题，人们开始探索构造软件系统的方法，并最终导致了软件工程思想的产生。软件工程采用的技术和途径主要是从程序设计方法、软件项目的组织和管理、软件的存档和维护，以及程序接口的简化等方面来实现软件开发方式的更新。因此，采用软件工程技术开发的操作系统，无论在规模、结构、代码数量还是接口等方面都得到了简化，而且开发效率也大大提高了。

进入 20 世纪 90 年代以后，计算机应用逐渐向网络化、分布式和智能化的力向发展。与此同时，操作系统也进入了一个崭新的发展时期。各种网络操作系统、分布式操作系统和嵌入式操作系统逐步形成并发展起来，功能也是日新月异。随着硬件技术的发展及多媒体、Internet 与 Web 访问、集群计算等新的应用需求的不断提出，在操作系统设计上，也改变了传统的主要考虑如何提高机器利用率的设计模式。现在操作系统的设计已越来越重视人的因素，特别是考虑了人的工作效率、人-机通信技术等问题。例如，自动语音识别系统和手写输入方式的普及就充分说明在人-机通信方面越来越重视人的因素，使得用户可以不必学习各种中文输入法也能处理中文信息。

总之，操作系统发展的推动力主要来自硬件技术的更新和应用需求的扩大两个方面。硬件的更新换代促使操作系统的性能和结构有了显著提高；应用需求的日渐扩大促进了计算机技术的发展，同时也促进了操作系统的不断更新升级。

## 1.3 操作系统的功能

操作系统的主要任务是控制、管理计算机系统的整个资源，这些资源包括 CPU、存储器、外部设备和信息。由此，操作系统具有处理机管理、存储管理、设备管理和文件管理等功能，同时，为了合理地组织计算机的工作流程和方便用户使用计算机，还提供了作业管理的功能。

### 1.3.1 处理机管理

处理机管理的主要任务是组织和协调用户对处理机的争夺使用，管理和控制用户任务，以最大限度提高处理机的利用率。

当多个用户程序请求处理服务时，如果一个运行程序因等待某一条件(如等待输入输出完成)，而不能运行下去时，就要把处理机转交给另一个可运行的程序，以便充分利用处理机的能力，或者出现了一个可运行的程序比当前正占有处理机的程序更重要时，则要从运行程序那里把处理机抢过来，以便合理地为所有用户服务。

CPU 是计算机中最重要的资源，没有它，任何处理工作都不可能进行。在处理机管理中，我们最关心的是它的运行时间。现代的计算机，CPU 的速度越来越快，每一秒钟可运行几百万、几千万，甚至几亿、几十亿条指令，因此它的时间相当宝贵。处理机管理就是提出调度策略和给出调度算法，使每个用户都能满意，同时又能充分地利用 CPU。

### 1.3.2 存储管理

存储管理是用户与内存的接口。其主要任务是对内存管理，即内存空间的分配和回收，也包括内存与外存交换信息的管理，配合硬件做地址转换和存储保护的工作，进行存储空间的扩充等。

内存对于计算机系统来说，是一种价格昂贵而数量不足的资源。只有当程序在内存时，它才有可能到处理机上执行。而且，用户的程序和数据都保存在外存，只有当运行或处理时，才能部分调入内存，不需要时，可调出内存。

当多个用户程序共用一个计算机系统时，它们往往要共用计算机的内存储器，如何把各个用户的程序和数据隔离而互不干扰，又能共享一些程序和数据，这就需要进行存储空间分配和存储保护。

### 1.3.3 设备管理

设备管理是用户与外设的接口。主要任务是管理各类外部设备，包括分配、启动和故障处理等，合理地控制 I/O 的操作过程，实现虚拟设备，最大程度地实现 CPU 与设备，设备与设备之间的并行工作。

这里的设备是指除 CPU 和内存以外的各种设备，如磁盘、磁带、打印机、终端等，通常称为 I/O 设备。它们的种类繁多，物理性能各不相同，并且经常发展变化。一般用户很难直接使用。操作系统的设备管理是为用户方便使用各种设备提供接口，用户只需通过一定的命令来使用某个设备，并在多道程序环境下提高设备的利用率。

### 1.3.4 文件管理

文件管理也称信息管理。主要任务是负责文件的存取和管理，以方便用户使用，并提供保证文件安全性的措施。

在计算机系统中，存储的信息是大量的，而且是各种各样的。系统本身有许多程序，用户又有很多程序和数据，它们都是用文件的形式来组织的。大部分文件平常都存放在外存上，供所有的或指定的用户使用。因此，文件管理是用户与外存的接口。对于任何文件，都要方便用户使用，便于存取，保证文件的安全，而且还要有利于提高系统的效率和资源的利用率等。

### 1.3.5 作业管理

作业管理是用户与操作系统的接口。它负责对作业的执行情况进行系统管理，包括作业的组织，作业的输入输出，作业调度和作业控制等。

在操作系统中，把用户在一次算题过程中要求计算机系统所做的一系列工作的集合称为作业。作业管理中提供一个作业控制语言供用户书写作业说明书，同时还为操作员和终端用户提供与系统对话的命令语言，并根据不同系统要求，制定各种相应的作业调度策略，使用户能够方便地运行自己的作业，以便提高整个系统的运行效率。

## 1.4 操作系统的类型

操作系统的分类可以从不同的角度出发。例如,可以按照计算机硬件的规模将操作系统分为大型机操作系统,小型机操作系统和微型机操作系统。大型计算机性能较强,资源丰富,但价格昂贵。所配置的操作系统以充分发挥资源利用率和系统的吞吐量为其设计的基本出发点,并且追求系统的通用性。微型或小型计算机的资源种类少,管理也相对简单,对资源利用的有效性要求不那么突出。其操作系统的功能主要是文件管理和设备管理以及有限的数据查询。

从操作系统的功能出发进行分类是被广泛采用的操作系统分类法。通常把操作系统分成三大类:多道批处理操作系统(简称多道批处理系统)、分时操作系统(简称分时系统)和实时操作系统(简称实时系统)。

### 1.4.1 多道批处理系统

多道批处理系统是多道程序系统与批处理系统的结合。为了弄清多道批处理系统的含义,先看一下批处理系统和多道程序系统的概念。

#### 1. 批处理系统

批处理系统就是成批处理一些程序的系统。批处理分为联机批处理和脱机批处理两种。

1) 联机批处理

在联机批处理中,编制了一个常驻内存的监督程序,用来控制用户作业的运行。

其处理过程为:用户将所需解决的问题组成作业,交给操作员。操作员有选择地把若干作业合成一批,并把一批作业装到输入设备上,然后由监督程序控制送到外存,再从外存中将一个一个作业调入内存运行,直到全部作业处理完毕。

在此阶段,用户需用作业控制语言(Job Control Language,JCL)写出其算题要求,JCL是系统提供给用户书写其程序的“上机说明书”的语言,它由一条条作业控制语句组成,作业控制语句是一种类似汇编指令的语句,用户通过它标识作业并告诉操作系统,如何进行作业的操作,何时调用编译程序以及如何控制作业运行等。

例如,某用户要求编译一段FORTRAN程序A,然后汇编一段程序B,再把这两个程序连接起来投入运行。用户的作业说明书形式可如下:

```
$ FTN A
$ ASM B
$ LINK A,B,C
$ RUN C
```

监督程序读进$FTN并解释,调出FORTRAN编译程序编译名为A的源程序,编译结束后,监督程序解释$ASM,从而汇编名为B的源程序,再通过解释$LINK,将A.B连接起来形成C。最后解释$RUN,便开始运行用户程序C。当这个用户的作业处理完后,监督程序便开始处理下一个用户的作业。待这一批作业都处理完后,系统操作员便将结果交给用户,然后开始处理下一批作业。

联机批处理实现了作业的自动定序,自动过渡。同早期手工操作相比,计算机的使用效率提高了。但是，作业的 I/O 是联机的，即输入时从外存调入内存，输出时又由内存送到有关的输出设备，这都由 CPU 直接控制。随着 CPU 速度的不断提高，高速的 CPU 与慢速的 I/O 设备的矛盾更加突出，为此，引入了脱机批处理。

2）脱机批处理

脱机批处理系统由主机和卫星机组成，如图 1-3 所示。卫星机又称外围计算机，它不与主机直接连接，只与外部设备打交道。作业通过卫星机输入到磁带上，当主机需要输入作业时，就把输入带从卫星机的磁带机上取下，并装入到主机的磁带机上。于是，主机可以连续地处理由输入带输入的许多用户作业，并把这些作业的运行结果不断地输出到输出带上。最后，多个用户作业的输出结果再通过卫星机连接的打印机打印出来。由于这种脱机的批处理方式摆脱了不同用户作业之间的大量手工操作，并使主机与慢速的 I/O 设备并行工作，从而提高了主机的效率。而卫星机只完成输入输出的简单工作，因而可以采用价格便宜的小型计算机。

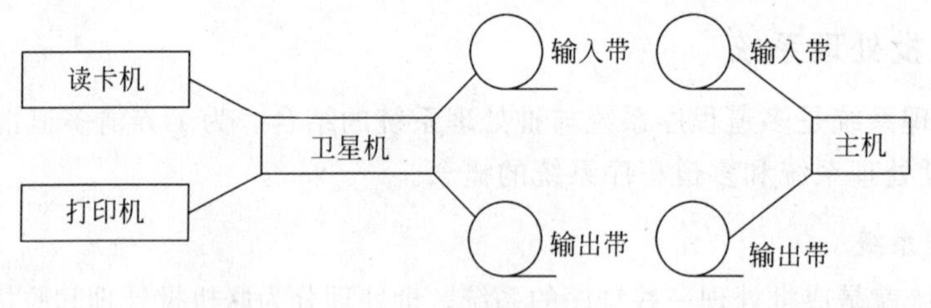


图 1-3　脱机批处理

脱机批处理又带来了一个问题，实际上，许多用户程序不是一次就完全通过的（这中间可能有语法、词法、语义等错误，有时需多次反复），这就需要的周期较长，因用户不能及时修改。由此，就出现了多道程序系统。

**2. 多道程序系统**

在批处理系统中，无论是联机批处理，还是脱机批处理，作业运行总是要占用一段时间的 CPU，然后做一段时间的 I/O，再占用 CPU，再 I/O 等，这样交替地进行。这种按序单道处理作业（即串行）的方法，系统效率得不到充分提高。一般会出现以下两种情况：

(1) 以计算为主的作业（I/O 量少）会使外围设备出现空闲；

(2) 以 I/O 为主的作业（计算量少）又会造成 CPU 的空载。

多道程序系统的引入就解决了以上的问题。

多道程序系统是控制多道程序同时运行的程序系统，由它决定在某一时刻运行哪一个作业。或者说，是在计算机内存中同时存放几道相互独立的程序，使它们在管理程序控制之下，相互穿插地运行，即让多道程序在系统内并行工作。

实际上，对于单 CPU 的情形，在某一给定时刻内，真正在 CPU 上执行的也只有一个作业，而其他作业，有的处于等待状态，有的处于挂起状态。多道程序系统的主要特征如下。

(1) 多道。即计算机内存中同时存放几道相互独立的程序；

(2) 宏观上并行。同时进入系统的几道程序都处于运行过程中，即它们先后开始了各自的运行，但都未运行完毕；

(3) 微观上串行。内存中的多道程序轮流地或分时地占有 CPU，交替执行。

引入多道程序系统的根本目的是提高CPU的利用率，充分发挥系统的并行性，这包括程序之间、设备之间、设备与CPU之间的并行工作。

例如，现有一台CPU，多台I/O设备，有两道程序A、B，各自的执行情况如图1-4所示。若在60ms内分别看一看按单道程序方式运行和多道程序方式运行的轨迹及CPU的利用率。这里忽略监督程序的切换时间，并假设起始时首先运行程序A。

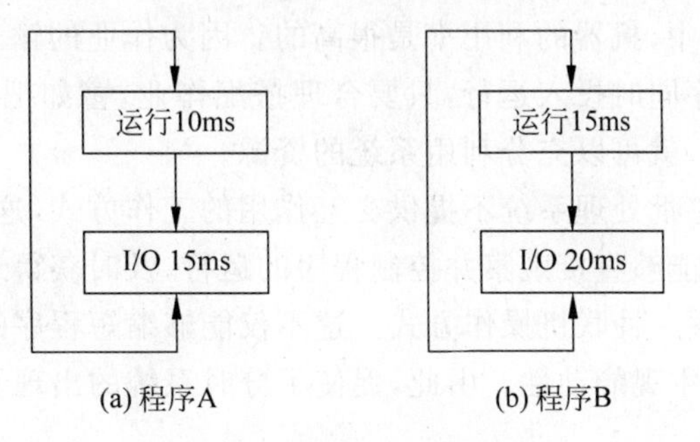


图1-4　两道程序运行要求

① 若按单道程序方式运行，其运行轨迹如图1-5所示。

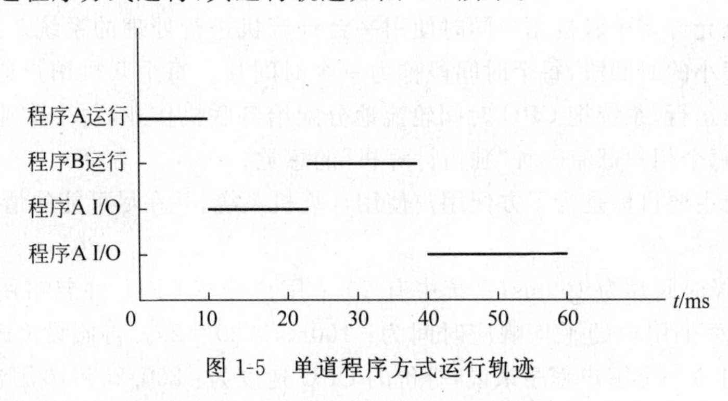


图1-5　单道程序方式运行轨迹

由此可以得到，在60ms内，CPU的利用率为25/60＝41.7％。

② 若按多道程序方式运行，其运行轨迹如图1-6所示。

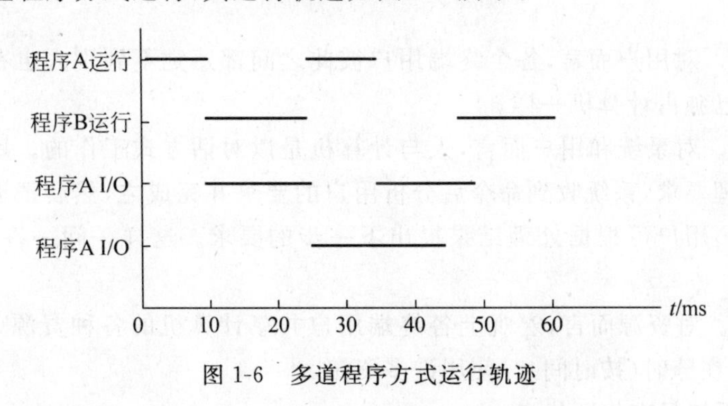


图1-6　多道程序方式运行轨迹

由此可以得到，在60ms内CPU的利用率为50/60＝83.3％。

**3. 多道批处理系统**

多道批处理系统有两个含义：一是多道；二是批处理。多道是指在计算机内存中同时存放多个作业，它们在操作系统的控制下并发执行，而且在外存中还存放有大量的作业，并组成一个后备作业队列，系统按一定的调度原则每次从后备作业队列中选取一个或多个作业调入内存运行，作业运行结束并退出，整个过程均由系统自动实现，从而在系统中形成了一个自动转接的连续的作业流。批处理是指系统向用户提供一种脱机操作方式，即用户与作业之间没有交互作用，作业一旦进入系统，用户就不能直接干预或控制作业的运行。

在多道批处理系统中，机器的利用率是很高的。因为作业的输入，作业调度等完全由系统控制，并允许几道程序同时投入运行，只要合理搭配作业，譬如把计算大的作业和输入输出量大的作业合理搭配，就可以充分利用系统的资源。

但是，不能忽视多道批处理系统不提供交互作用的工作方式，这给用户带来了很大的不便。人们往往希望自己能够直接观察并控制程序的运行，及时获得运行结果，进行随机调试和纠错，即希望系统提供一种联机操作方式。这不仅能够缩短程序的开发周期，而且能够充分发挥程序设计人员的主观能动性。由此，促使了分时系统的出现及发展。

### 1.4.2 分时系统

为了方便用户进行交互处理，出现了分时系统。

分时系统是允许多个联机用户同时使用一台计算机进行处理的系统。系统将 CPU 在时间上分割成很小的时间段，每个时间段称为一个时间片。每个联机用户通过终端以交互方式控制程序的运行，系统把 CPU 时间轮流地分配给各联机作业，每个作业只运行极短的一个时间片，而每个用户都有一种“独占计算机”的感觉。

分时系统的主要目标是为了方便用户使用计算机系统，并在尽可能的情况下，提高系统资源的利用率。

例如，若选择时间片为 100ms，系统中有 20 个用户分享 CPU，并忽略用户程序间的切换时间开销，则每个用户的平均响应时间为：100ms×20＝2s。再假设 CPU 运行速度为 200 万次/s，则对每一个用户程序来说，等价的 CPU 速度为：200/20＝10 万次/s。

分时系统的主要特点如下：

(1) 协调性。就整个系统而言，要协调多个终端用户同时与计算机交互，并完成他们所请求的工作。

(2) 独占性。对用户而言，各个终端用户彼此之间都感觉不到别人也在使用这台计算机，好像只有自己独占计算机一样。

(3) 交互性。对系统和用户而言，人与计算机是以对话方式工作的。用户从终端上打入命令，提出处理要求，系统收到命令后分析用户的要求并完成之，然后把运算结果通过输出设备告诉用户，用户可根据处理结果提出下一步的要求。这样一问一答，直到全部工作完成。

(4) 共享性。对资源而言，宏观上各终端用户共享计算机的各种资源(尤其是 CPU)，从微观上看用户在分时(按时间片)使用许多资源。

由此，分时系统具有如下优点：

(1) 自然操作方式。该系统使用户能在较短的时间内采用交互会话工作方式，及时输入、调度、修改和运行自己程序，因而加快了解题周期。

(2) 扩大了应用范围。无论是本地用户，还是远地用户，只要与计算机连上一台终端设备,就可以随时随地使用计算机。

(3) 便于共享和交换信息。远近终端用户均可通过系统中的文件系统彼此交流信息和共享各种文件。

(4) 经济实惠。用户只需有系统配备的终端,即可完成各种处理任务,可共享大型的具有丰富资源的计算机系统。

### 1.4.3 实时系统

随着计算机的不断普及和发展,应用领域不断扩大,有的应用要求系统不仅具有交互功能,更需要的是响应速度。由此,发展了实时系统。

实时系统是一种响应时间较快的系统,当事件或数据产生的同时,就能以足够快的速度予以处理,其处理结果在时间上又来得及控制被监测或被控制的过程。这里的"实时"就是立即或及时的含义。

计算机应用到实时控制中,配置实时操作系统,就可组成各种各样的实时系统。目前,在计算机应用中,过程控制和信息处理都有一定的实时要求,据此,把实时系统分为实时过程控制系统和实时信息处理系统两大类。

#### 1. 实时过程控制

它又可分为两类:一类是以计算机为控制中枢的生产过程自动化系统,如冶炼、发电、炼油、化工、机械加工等的自动控制。在这类系统中,要求计算机及时采集和处理现场信息,控制有关的执行装置,使得某些参数,如温度、压力、流量、液位等按一定规律变化,从而达到实现生产过程自动化的目的。另一类是飞行物体的自动控制,如飞机、导弹、人造卫星的制导等。这类系统要求反应速度快,可靠性高。通常要求系统的响应时间在毫秒甚至微秒级内。

#### 2. 实时信息处理

它通常配有大型文件系统或数据,事先存有经过合理组织的大量数据,它能及时响应来自终端用户的服务请求,如进行信息的检索、存储、修改、更新、加工、删除、传递等,并能在短时间内对用户给予正确的回答。如情报检索、机票预订、银行业务、电话交换等都属此类系统。这类系统除要求响应时间及时外,并要求有较高的可靠性、安全性和保密措施等。

实时系统主要具有如下特点:

(1) 对外部进入系统的信号或信息应能做到实时响应。

(2) 实时系统较一般的通用系统有规律,许多操作具有一定的可预计性。

(3) 实时系统的终端一般作为执行和询问使用,不具有分时系统那样有较强的会话能力。

(4) 实时系统对可靠性和安全性要求较高,常采用双工工作方式。

实时系统与分时系统的主要差别表现在以下两个方面:

(1) 交互能力:分时系统的交互能力较强,而实时系统大都是具有特殊用途的专用系统,其交互能力受到一定的限制。

(2) 响应时间:分时系统的响应时间一般都是以人能接受的时间来确定的,其响应时间一般在秒数量级;而实时系统的响应时间要求视应用场合而定,主要以控制对象或信息处理过程所能接受的延迟而定,可能是秒级,也可能是毫秒级甚至微秒级。

多道批处理系统、分时系统和实时系统是操作系统的三种基本类型。但一个实际系统往往兼有它们三者或其中两者的功能,这就出现了通用操作系统,使之具有更强的处理能力和广泛的适用性。

批处理系统与分时系统相结合,当系统有分时用户时,系统及时地对他们的要求给出响应,而当系统暂时没有分时用户或分时用户较少时,系统处理不太紧急的批处理作业,以便提高系统资源的利用率。在这种系统中,把分时作业称为前台作业,而把批处理作业叫做后台作业。类似地,批处理系统与实时系统相结合,有实时请求则及时进行处理,无实时请求时则进行批处理。运行时把实时作业叫做前台作业,把批处理作业叫做后台作业。

### 1.4.4 嵌入式操作系统

嵌入式操作系统(Embedded Operating System,EOS)是一种用途广泛的系统软件,过去它主要应用于工业控制和国防系统领域。EOS负责嵌入系统的全部软、硬件资源的分配、调度工作,控制和协调并发活动,它必须体现其所在系统的特征,能够通过装卸某些模块来达到系统所要求的功能。嵌入式操作系统在系统实时高效性、硬件的相关依赖性、软件固态化以及应用的专用性等方面具有较为突出的特点。

嵌入式操作系统是嵌入式系统的操作系统。它们通常被设计得非常紧凑有效,抛弃了运行在它们之上的特定的应用程序所不需要的各种功能。嵌入式系统是以嵌入式计算机为技术核心,面向用户、面向产品、面向应用,软硬件可裁减的;适用于对功能、可靠性、成本、体积、功耗等综合性能有严格要求的专用计算机系统。嵌入式系统应具有的特点是:高可靠性;在恶劣的环境或突然断电的情况下,系统仍然能够正常工作;许多嵌入式应用要求实时性,这就要求嵌入式操作系统具有实时处理能力;嵌入式系统和具体应用有机地结合在一起,它的升级换代也是和具体产品同步进行;嵌入式系统中的软件代码要求高质量、高可靠性;一般都固化在只读存储器中或闪存中,也就是说软件要求固态化存储,而不是存储在磁盘等载体中。

EOS是相对于一般操作系统而言的,它除具备了一般操作系统最基本的功能,如任务调度、同步机制、中断处理、文件功能等外,还有以下特点:

(1) 可装卸性。开放性、可伸缩性的体系结构。

(2) 强实时性。EOS实时性一般较强,可用于各种设备控制当中。

(3) 统一的接口。提供各种设备驱动接口。

(4) 操作方便、简单、提供友好的图形GUI,图形界面,追求易学易用。

(5) 提供强大的网络功能,支持TCP/IP协议及其他协议,提供TCP/UDP/IP/PPP协议支持及统一的MAC访问层接口,为各种移动计算设备预留接口。

(6) 强稳定性,弱交互性。嵌入式系统一旦开始运行就不需要用户过多的干预,这就要负责系统管理的EOS具有较强的稳定性。嵌入式操作系统的用户接口一般不提供操作命令,它通过系统调用命令向用户程序提供服务。

(7) 固化代码。在嵌入系统中,嵌入式操作系统和应用软件被固化在嵌入式系统计算机的ROM中。辅助存储器在嵌入式系统中很少使用,因此,嵌入式操作系统的文件管理功能应该能够很容易地拆卸,而用各种内存文件系统。

(8) 更好的硬件适应性,也就是良好的移植性。

目前,已推出一些应用比较成功的 EOS 产品系列。随着 Internet 技术的发展、信息家电的普及应用及 EOS 的微型化和专业化,EOS 开始从单一的弱功能向高专业化的强功能方向发展。国际上用于信息电器的嵌入式操作系统有 40 种左右。现在,市场上非常流行的 EOS 产品,包括 3COM 公司下属子公司的 Palm OS,全球占有份额达 50%,Microsoft 公司的 Windows CE 不过 29%。在美国市场,Palm OS 更以 80%的占有率远超 Windows CE。开放源代码的 Linux 很适于做信息家电的开发。例如,中科红旗软件技术有限公司开发的红旗嵌入式 Linux 和美商网虎公司开发的基于 XLinux 的嵌入式操作系统“夸克”。“夸克”是目前全世界最小的 Linux,它有两个很突出的特点,就是体积小和使用 GCS 编码。

常用的嵌入式操作系统有嵌入式 Linux、Windows CE、Windows XP Embedded、VxWorks、uCOSII、QNX、FreeRTOS、NetBSD 和 FreeDOS 等。

## 1.5 操作系统的特性及性能指标

### 1.5.1 操作系统的特性

由于多道程序系统的出现,使 CPU 与 I/O 设备以及其他资源得到充分利用,但也由此带来不少新的复杂问题。在讨论操作系统的特性时,往往讨论支持多道程序的操作系统所具有的一些特性。

#### 1. 并发性

并发性又称并行性,是指能同时处理存在的多个平行活动的能力。如 I/O 操作与计算重叠运行,在内存中同时存在几道用户程序等,都是并发的例子。

就整个系统来说,由于计算机和 I/O 操作并行,因此操作系统必须能控制、管理并调度这些并行的动作。除此之外,操作系统还要协调主存各程序之间的动作,以免互相发生干扰,造成严重后果,即考虑同步问题。总之,操作系统要充分体现并发性。

#### 2. 共享性

共享是指多个计算任务对资源的共同享用。并发活动的目的要求共享资源和信息。例如,在多道程序系统中对 CPU、主存及外设的共享,此外还有多个用户共享一个程序副本、共享同一数据库等。这些对于提高资源利用率、消除重复是有利的。

与共享有关的问题是资源分配、对数据的同时存取,程序的同时执行以及保护程序免遭损坏等。

#### 3. 不确定性

对于同一程序,向其提供相同的初始数据,无论什么时候运行,都应产生相同的结果。从这个意义上看,操作系统应当是确定的。但是在另一方面,它又必须能处理随时可能发生的事件,如多道程序在运行过程中对资源的要求,程序运行时产生错误的处理,以及外部设备的中断事件均是不确定的。操作系统必须对这类事件进行响应,即要求操作系统能够处理任何一种事件序列,以使各个用户的算题任务正确地完成。

### 1.5.2 操作系统的性能指标

操作系统的性能指标是对系统性能和特征的描述,它与计算机系统的性能有着密切的联系。这些性能指标有的能进行定量地描述,有的则不能。下面,我们给出操作系统的一些常用的也是主要的性能指标:

**1. 系统的 RSA**

RSA 是指系统的可靠性(Reliability)、可维修性(Serviceability)和可用性(Availability)三者的总称。

可靠性(R):通常用 MTBF(Mean Time Before Failure,平均无故障时间)来度量,它指系统能正常工作的时间的平均值。显然,此时间越长,系统的可靠性就性能越高。

可维修性(S):通常用 MTRF(Mean Time Repair a Fault,平均故障修复时间)来度量,它指从故障发生到故障修复所需要的平均时间。显然,该时间越短,可维修性越高。

可用性(A):指系统在执行任务的任意时刻能正常工作的概率。它可以表示为:

$$A = MTBF/(MTBF + MTRF)$$

由此可见,当 MTBF 越大,MTRF 越小,则 A 就越大,即系统能正常工作的概率就越大。

**2. 系统吞吐率(throughput)**

吞吐率指系统在单位时间内所处理的信息量。常以每小时或每天所处理的作业数来度量。当然,在实测吞吐率时应把各种类型的作业按一定方式进行组合。

**3. 系统响应时间(response time)**

响应时间是指从给定系统输入到开始输出这一段时间间隔。对于批处理系统,输入应从用户提交作业时算起;对于分时系统,输入应从用户发出终端命令时算起。

**4. 系统资源利用率**

利用率是指在给定的时间内,系统内的某一资源,如 CPU 外部设备等的实际使用时间所占的比例。显然,要提高系统资源的利用率,就应该使资源尽可能地忙碌。

**5. 可维护性**

可维护性主要有两层含义:一是指在系统运行过程中,不断排除系统设计中遗留下来的错误;二是对系统的功能做某些修改或扩充,以适应新的环境或新的要求。

**6. 可移植性**

可移植性是指把一个操作系统从一个硬件环境转移到另一个硬件环境所需要的工作量。其工作量常用人月或人年表示。工作量越少,系统性能就越好。

## 1.6 中断系统

操作系统的许多功能是通过中断系统来实现的。因此,有人说操作系统是“中断驱动”(interrupt-driven)系统或“事件驱动”(event-driven)系统。

### 1.6.1　什么叫中断

“中断”的现象在人们的日常生活中屡见不鲜。例如，你正在看书，突然有人来找你，你就需暂停看书的工作，并作上记录(或者夹上一个书签，或者折一角等)，等接待完后，再从书的记号处看起，这就是一种中断现象，这是人们正常工作中产生的“随机”紧急事件。

在计算机系统中，与主机正常工作并产生的随机事件是相当多的。如电源系统故障，外部设备I/O完毕，CPU出现算术溢出等。遇到此类事件发生时，CPU都要暂停当前的工作去做处理，这就是中断的问题。

所谓中断是指当计算机系统发生某一事件后，CPU暂停正在执行的程序，转去执行该事件的处理程序，待该事件处理完后再回到暂停的程序处继续执行。引起CPU中断的事件称为中断信号。处理中断信号的程序称为中断处理程序。产生中断信号的那个部件称为中断源。

在计算机系统中，引入中断主要有下列原因：

(1) 中断的首先引入是为了解决慢速的I/O设备与快速的CPU之间的矛盾。第一代计算机是无操作系统阶段，当然也无中断系统。到第二代计算机，由于CPU速度的提高，CPU的高速与I/O设备的低速的矛盾更加突出。在无中断的系统中，CPU与I/O设备交换信息是串行工作的，并采用循环测试I/O方式，即CPU不断地检测I/O设备是否空闲，若空闲，可传递数据；若忙，则等待。这样，大量的CPU时间都浪费在测试中了。为了解决这个问题，提出了I/O中断方式，即I/O设备通过中断向CPU发信号，若I/O完毕，则CPU可以向I/O设备发输入/输出信息命令后，CPU再去自己的处理工作，这样，使矛盾得到缓解。

(2) 计算机系统通过中断进行驱动。即所有的部件都可向CPU发中断信号，计算机系统中各层软件与硬件之间的接口也通过中断系统来实现。如当电源故障、地址错误等事件发生时，中断系统可以进行事件处理。又如，当操作员请求主机完成某项工作时，也可通过发中断信号通知主机，使之依据信号要求相应参数去完成某项工作等。

总之，为了实现计算机系统的自动化工作，实现各部件的并行活动，系统必须具备有中断处理的能力。

一般来说，中断系统具有两个主要的作用：一是能充分发挥处理机的使用效率；二是提高系统实时处理能力。由此，目前的各种微型机、小型机及中大型机均有中断系统。

### 1.6.2　中断装置

由于中断是随机事件，为了寄存、检测中断，便于中断处理，在计算机系统中所设置的装置，称为中断装置。这里介绍的有中断寄存器和中断扫描机构。

#### 1. 中断寄存器

为了区分和不丢失每个中断信号，通常对应每个中断源都分别用一个固定的触发器来寄存中断信号。并常规定其值为1时，表示该触发器有中断信号；其值为0时，表示无中断信号。这些寄存中断信号触发器的全体称为中断寄存器。其中每个触发器称为一个中断位(或中断字)。故又可以说，中断寄存器是由若干中断位组成的。为了控制方便，一般把中断寄存器的各位按顺序编号，如编为1,2,3,…,$n$，称这些编号为中断序号。

### 2. 中断扫描机构

中断信号是发送给 CPU 并要求进行处理的，但 CPU 又如何发现中断信号呢？为此，在 CPU 的控制部件中增设一个能控制中断的机构，称为中断扫描机构。该机构通常在每条机器指令执行周期内的最后时刻扫描中断寄存器，查看是否有中断信号到来。若无中断信号，CPU 继续执行程序的后继指令；若有中断信号，则停止 CPU 的后继指令执行，无条件转去执行操作系统内的中断处理程序。当中断被响应后，硬件负责把中断寄存器的内容（中断位）送入内存固定单元，然后中断寄存器就被清除。处理中断的程序从内存固定单元中读出中断位就可以知道发生的是什么中断信号了。

中断扫描机构发现中断时，刚执行完的那条指令所在的单元号，称为中断断点。在一般情况下，断点应为中断的那一瞬间程序计数器（Program Counter，PC）的内容减去前一条指令所占单元长度（即指令计数器（Instruction Counter，IC）减 1）。中断时 PC 所指的地址，即断点的逻辑后继指令的单元号，称为恢复点。顾名思义，恢复点即是程序被中断后，再返回继续执行的那条指令的单元号。

## 1.6.3 管态和目态

在计算机系统中，CPU 执行着两类性质不同的程序。一类是用户程序或系统外层的应用程序；另一类是操作系统程序。这两类程序的作用是显然不同的。后一类程序是对前一类程序的管理和控制者。很明显，如果两类程序给予同等“待遇”，则对系统的安全极为不利。也就是说操作系统程序享有的某些特权，外层用户程序是不应该享有的。既然这两类程序享有不同的权利，那么就应该在它们运行过程中予以区分，并防止用户程序（或应用程序）的越轨行为，为此，在系统中设置一个标志触发器，取值 1 或 0，用于标志正在运行的属于哪一类程序。若规定标志触发器取值为 1 表示处于系统程序运行状态，则称为管态，或称为系统态；若标志触发器取值为 0 表示处于用户程序运行状态，则称为目态，或称用户态。通常人们把在管态下运行的程序称为管理程序（或管态程序、或监督程序等），把在目态下运行的程序称为目的程序（或目态程序、或算态程序等）。

以后我们还会看到，在管态下一般不响应同级中断（高级中断例外）。划分了管态和目态后，严格地区分了两类不同性质的程序。在存储上，他们各自严格区别的存储空间；在 CPU 运行时，各自又有完全不同的待遇。因此，用户程序许多的工作是由操作系统代之完成的，而且用户程序需要操作系统为之服务时，绝对不能通过程序调用的方式调用操作系统相应程序，必须设法通过执行访管指令，引起一次中断，控制由中断系统转入操作系统内的相应程序。

## 1.6.4 中断分类

在实际系统中，为了处理上的方便，通常用不同的分类方法把系统内的所有中断信号分成若干类。

### 1. 根据中断信号的含义和功能分

(1) 机器故障中断。它是机器发生错误时产生的中断，用以反映硬件故障，以便进入诊断程序。如内存奇偶校验错、电源故障中断等。该类中断也有的称硬件故障中断。

(2) 程序中断。它是程序因错误使用指令或数据引起的中断,用来反映程序执行过程中发现的例外情况。如定点溢出中断、浮点溢出中断、零做除数、非法操作码、地址越界中断等。该类中断是与用户程序(目态程序)错误有关的中断。

(3) 外部中断。它是来自计算机外部的某些装置的中断,用于反映外界的要求。如实时设备发出的实时中断(该中断用于实时系统中),计时部件发出的计时中断,操作员控制台按钮发出的中断等。

(4) 输入输出中断。这是来自通道或外部设备的中断,用于反映通道或设备的工作状态。如打印机输出结束中断、磁盘传输中断等。

(5) 访管中断。在程序运行过程中对操作系统提出某种请求时,可通过中断的办法,进入操作系统,这种中断称为访管中断。通常,系统提供给用户一些访管指令,当程序执行到访管指令时,则引起访管中断。所谓访管指令(SVC)是指使程序中断正在的处理而执行的管理程序的指令。如读、写文件,分配内存,启动外部设备等。

对于以上的中断,也有的将其分为两类,前四种称为强迫性中断,即这类中断信号不是正在运行的程序所期待的,而是由于某种事故或外部请求信息所引起的;第五种中断称为自愿性中断,它是正在运行的程序所期待的信号。

**2. 根据中断信号的来源分**

(1) 外中断,简称中断。指来自CPU以外事件的中断。如设备发出的各种中断,时钟中断,电源故障中断等。

(2) 内中断,有的称捕俘(trap)。指来自CPU内部事件的中断。如非法操作码、地址越界、算术溢出及访管中断等。

### 1.6.5 中断屏蔽

引入中断可以处理一些并发的随机事件,但有时系统在某种情况下,希望某些中断不出现或暂时不响应它们。如某些系统程序或实时性很强的应用程序不希望某些中断打断其运行,要等到它们运行完毕或运行到一阶段才允许打断,亦即允许某些(或全部)中断出现但不响应。又如有的程序想利用定点溢出实现按模同余运算,因此,程序员希望在他的程序运行过程中禁止出现定点溢出中断。对于这两种情况,一种是禁止响应中断;另一种是禁止中断出现。为了解决这类问题,引进了中断屏蔽。

中断屏蔽是指使某些中断暂时不起作用的措施,虽然出现了该种中断的条件,但不对它进行处理,而中断源仍然保留,直到解除屏蔽后才响应中断。

要实现中断屏蔽功能,和中断寄存器一样,可对每种屏蔽要求设置一个专门触发器作为屏蔽标志位,且规定标志位为1表示屏蔽,标志位为0表示不屏蔽。

需要说明,中断屏蔽与禁止中断是不同的概念。前者表明硬件已接受了中断请求只是暂时不响应,等中断屏蔽撤销时,再响应该中断,并作适当的处理。后者是连中断请求也不让提出,当然更谈不上响应与处理了。中断屏蔽和禁止中断都是由程序安排的指令然后通过硬件中断系统实现的。一般来说,屏蔽方式可以用来屏蔽某一级,或某一级中的某一位,而禁止方式只能用来禁止某些位。

### 1.6.6 中断优先级

因为中断信号是随机产生的，可能同在一时刻出现多个中断信号，并且响应中断是有条件的，所以存在一个谁先被响应、谁先被处理的问题。为了使系统能及时地响应处理所发生的中断请求，同时又不发生丢失中断信号的现象，在硬件上设计中断系统时就必须根据各种中断的轻重缓急在线路上作一些安排，从而使得中断的响应有个优先次序，另外，软件处理时也得考虑处理的优先次序，以便及时地把有关中断处理完。响应顺序和处理顺序可以不一样，有时为了满足某种需要，可以采取包括屏蔽在内的若干手段来改变处理顺序。

系统在设计时，对各类中断规定了高低不同的响应级别，把紧迫程度大致相当的中断源归并在同一级，而把紧迫程度差别较大的中断源分别规定为不同的级别，级别高的中断享有绝对优先响应的权利。

把中断享有的高、低不同的响应权利，称为中断优先权或中断优先级。每一级的中断处理程序有不少相似之处，可把它们组合成一个程序，这样每一级只要有一个中断处理程序入口。如果一个中断级中有若干个中断产生，则在这级中断处理中要分别处理，其优先顺序可由软件来定，通常是从左到右逐个扫描处理。

对于一个计算机系统，中断分级方法可以不同。应该规定多少级中断，每个中断应划归在哪一级，均由硬件、软件设计者根据系统的设计目标考虑，一般应考虑如下原则：

(1) 按中断的重要性和处理的紧迫程度来分，通常把实时性强、影响面大的中断，列为高级中断。例如，在 IBM 370 系统和 PDP-11 把机器故障列为一类且为最高级中断。

(2) 把程序处理相似的中断源归并为同一级。例如，在 PDP-11 中，对机器故障、程序出错等，尽管来源很不相同，但因处理方式相似而归为一类。

各种系统掌握这些原则各有不同的侧重点。如在 IBM 4341 机中，中断分为六级，级别高低从上向下依次递减为：

- 管理调用；
- 程序中断；
- 可抑制的机器检验中断；
- 外部中断；
- I/O 中断；
- 重新启动中断。

又如，在 PDP-11 机上的 UNIX 系统把中断级别分为四级，其从高到低的优先级别为：

- CPU 内部的中断，中断级别为 7；
- 时钟中断，中断级别为 6；
- 磁盘中断，中断级别为 5；
- 其他外设中断，中断级别为 4。

其中，CPU 内部的中断(也称捕俘)包括：电源故障、总线超时、非法指令、访管指令等。这些中断一般不能屏蔽，享有最高的中断优先级。

在多级中断系统中，CPU 处理中断的轨迹也变得复杂了。一般来说，处理原则如下：

(1) 级别高的与级别低的中断同时出现时，优先响应级别高的中断。

(2) 级别高的中断有打断级别低的中断的权利。即当处理机在执行级别低的中断处理程序时，又出现了级别高的中断，则立即中断并进入级别高的中断处理程序，直到已出现的高级别中断都处理完毕再返回到刚才被中断的那个级别低的恢复点。

(3) 级别低的中断无权干扰级别高的中断。如在处理级别高的中断过程中，又出现级别低的中断，则暂不理睬(屏蔽)，直到处理完级别高的中断后再视情况予以响应。

## 1.6.7 中断处理

整个中断处理是由硬件和软件相互配合、协调完成的。大部分计算机系统的中断处理过程是相似的。中断处理的一般过程是：保存现场；分析中断原因，进入相应的中断处理程序；恢复现场，退出中断，如图1-7所示。

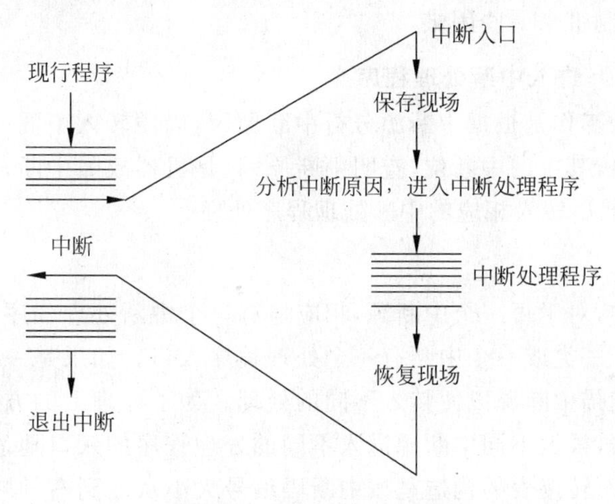


图1-7 中断处理的一般过程

保存现场和恢复现场是必要的。因为中断处理是一个短暂性的工作，处理完后往往还要回到被中断的程序，从其恢复点继续运行。为了能实现正确的返回，在进行中断处理的前后必须保存和恢复被中断的程序现场。

所谓现场信息是指中断那一时刻确保程序能继续运行的有关信息。如PC寄存器、通用寄存器以及一些与程序相关的特殊寄存器中的内容。

### 1. 保存现场

保存现场是中断进入中断处理程序的第一件工作。其目的是为了在中断处理完之后，可以返回到原来被中断的地方继续正确地执行。通常中断响应时硬件已经保留了断点(PC寄存器)和状态(PS寄存器)，但是还有需要保留的信息，如被中断程序使用的通用寄存器的内容(如累加器、变址器等)以及一些与程序有关的特殊寄存器中的内容。若不保存，则可能被破坏，从而既使按恢复点返回到被中断程序，它也不能正确执行。由于中断响应时硬件处理时间很短(通常是一个指令周期)，而通用寄存器的保存需要有一定时间，所以常常放在中断处理程序中完成，并且一定是当中断进入时就进行(以防后续程序的破坏)。

通常，将需保存的现场信息从固定单元移到现场保留区。现场保留区是一个“栈”数据结构，现场信息一条条压进栈。

保存现场的方法一般有如下几种：

(1) 集中保存。即在系统内存区开辟现场保留区。无论发生什么中断(或捕俘)时，均将现场信息保存在系统的这片区域内。该方法简单,但该方法使现场和程序脱节,不利于处理和程序相关的中断。

(2) 分散保存。即对每个程序都有一片区域。每当中断(或捕俘)发生时,便将现场信息保存在当前程序相关的现场区内。通常这片区域可以构成一个栈。该方法克服了集中保存的缺点,但可能将与当前程序无关的中断现场信息保存在程序内部,在连续的长时间中断处理过程中,不能重新调度新的程序运行。

(3) 集中分散保存。它是集中保存与分散保存的折衷。即系统内开设现场保留区,程序内部也分别设现场保留区。当出现与当前程序无关的中断信号时,现场信息保存在系统现场区;当出现与当前程序无关的中断信号时,现场信息保存在程序现场区。这种方法是比较合理的,但对控制带来一些困难。

**2. 分析中断原因,进入中断处理程序**

保留现场以后的工作是根据中断源分析中断原因,以便转入不同处理。中断处理程序取出中断寄存器,分析其中的中断位,查明中断原因(是机器故障中断,还是程序中断、外部中断、I/O 中断等),然后转入相应的中断处理程序处理。

**3. 处理中断**

在同一类中断中,对于每一个中断源,相应地有一个中断处理程序,以处理该中断源的中断要求。通常对于一类或一个中断有一个处理程序入口。如果是一类一个入口,还要在进入后再一个个地扫描中断源以便转入不同的处理。为了处理上的方便,一种很自然的方法就是用转接表示法,根据不同中断源进入不同的处理程序的入口地址。系统先对中断源编号,形成中断码。而转接表的构造是按中断码编号大小从左到右的顺序进行。中断处理时,只要将分析所得中断码加上转接表首址就可得到处理程序的入口地址。

每个中断处理程序都是在操作系统设计时就根据不同要求和可能情况编制好的。一旦转入到某个中断处理程序就可以处理相应的中断。下面介绍几种中断事件的处理。

1) 机器故障中断处理

一般来说,这种中断是由硬件的故障而产生的。而排除故障必须进行人工干预。操作系统能做的工作一般是保护现场,防止故障蔓延,报告操作员提供故障信息。这样做虽不能排除故障,但有利于恢复正常和继续运行。

例如,电源故障的处理是这样进行的:当电源发生故障如掉电时,硬设备能保证继续正常工作几个毫秒,操作系统利用这几毫秒的时间可以做以下三项工作:

(1) 将 CPU 中有关寄存器内的信息送入内存保存起来,以便在故障排除后恢复现场继续工作。

(2) 停止外部设备工作。有些外部设备(如磁盘等)不能立即停止。操作系统将把这些正在交换信息又不能立即停止的设备记录下来。

(3) 停止 CPU 工作。

再例如,内存故障的处理:内存的奇偶校验发现内存读写错误时,就产生这种中断信号,操作系统首先停止涉及的程序运行,然后向操作员报告出错单元的地址和错误的性质(如是 CPU 访问内存错还是通道访问内存错等)。

2）程序中断处理

处理程序中断大体上有两种方法：一是显示错误性质，报告操作员请求干预；二是自行处理。对于那些纯属程序错误而又难以克服的中断，如地址越界，非管态用管态指令，企图写入半固定存储器或禁写区等，操作系统只能将出错的程序的名字，出错地址和错误性质报告操作员请求干预。对于其他一些程序性中断（如溢出）不同的用户往往有不同的处理要求，操作系统可以将这种中断转交给用户程序，让它自行处理。

**4. 恢复现场，退出中断**

中断处理完毕后，要清除请求中断要求（即将中断寄存器中中断位置"0"），恢复中断点的现场，把现场保留区中的信息取入到相应通用寄存器中，特别是把中断点 PS、PC 取到相应的寄存器中，然后返回到原先被中断的程序继续执行。

这里还应考虑以下两点：

(1) 如果此次中断是高级中断，并且被中断的外部程序是另一次的低级中断处理程序，则此次中断返回前应返回到前一次低级中断处理程序的现场。

(2) 如果原来被中断的是用户程序，即目态程序，则退出中断以前应先考虑进行一次调度选择，以挑选出更适合在当前情况下运行的新程序（如果有的话）。因为原来被中断的用户程序，在此次中断处理过程中，可能由于某些与其相关的事件，使其当前不具备继续运行的条件，或者被降低了运行的优先权，也可能由于此次中断的处理使得其他程序获得了比其更高的运行优先权。为了权衡系统内各道程序的运行机会，在此时有必要进行一次调度选择，在进行调度选择后，无论是挑选出另外一个新程序，还是仍然选择原程序继续运行，都必须恢复该程序的现场。

## 1.7　研究操作系统的几种观点

对操作系统的研究可以从两个方面进行，一是从系统设计者（操作系统内部）的角度；二是从用户（操作系统外部）的角度，不同的角度产生了不同的认识观点。从操作系统设计者的角度出发，有资源管理的观点、进程管理的观点；从用户的角度来看，有虚拟机的观点和用户接口的观点。这些观点彼此之间并不矛盾，只不过是从不同的方面来认识操作系统。

**1. 资源管理的观点**

资源管理的观点是当前对操作系统描述的主要观点。在操作系统中，资源包括硬件资源和软件资源两大类。硬件资源包括处理器（CPU）、存储器、I/O 设备等；软件资源包括程序、数据和文档。资源管理是指在操作系统的控制下，在并发执行的多道程序之间有效地分配系统资源，充分提高资源的利用率，使每个程序都能正确有效地运行。

操作系统是如何来管理系统资源的？在什么情况下需要对资源进行管理？要实现怎样的管理目标？为便于说明这些问题，不妨举些例子。假设用户想使用某个设备来存储信息，如果让用户自己去弄清楚该设备的存储格式、读/写命令和各种情况下的中断处理步骤，那将会十分困难，甚至束手无策。因此，为方便用户使用资源，资源管理的目标之一就是要避免用户去了解设备的物理细节。又如，几个需要打印输出的应用程序在同时运行，如果让打印机同时让这几个应用程序输出结果，那将是交错夹杂、混乱不堪的。由于打印机是低速的独享设备，为了提高系统性能，可以采用 SPOOLing 输出技术，即在程序输出时，先把各自的输出信息向磁盘输出，等到某个程序生成的输出信息全部保存后，才启动打印机输出，这样可以消除杂乱无章的局面。因此，满足用户对资源的需求，协调各程序对资源的使用冲突也是资源管理的目标之一。还有，在多道程序并发运行的环境下，为提高 I/O 设备和 CPU 的利用率，可以在一道程序等待 I/O 完成的同时，让另一道程序占用 CPU 运行，而在这个并发运行过程中诸多技术问题的解决，同样与操作系统的资源管理功能有关。

综上所述，操作系统的资源管理主要实现两个目标：一是对各类资源进行抽象研究，找出资源的共性与个性，有序地管理计算机中的各种资源，跟踪资源使用情况，监视资源的状态，满足用户对资源的需求，协调各进程对资源的使用冲突；二是研究使用资源的统一方法，让用户方便、有效地使用资源，最大限度地实现资源共享，提高资源利用率，从而提高计算机系统的使用效率。

操作系统的资源管理工作包括以下 3 个方面。

1）记录资源的使用信息

利用相应的数据结构记录每类资源的基本信息。如资源的名称、特性、状态及使用信息。

2）分配和回收资源

当进程请求使用资源时，采用静态或动态的分配策略将资源分配给进程。静态分配是在程序运行前分配，效率不高。动态分配在程序运行过程中进行，根据进程的需要分配资源，但可能会出现死锁。当用户资源使用完毕后，系统及时回收资源，以便重新分配给其他用户使用。

3）资源保护

在多用户多任务环境下，对系统中的共享资源进行保护特别重要。因为每个用户的程序及其数据在运行过程中，都要防止彼此间的干扰和冲突。只有对资源安全使用，才能尽可能降低意外事件对用户程序或数据的破坏程度；只有对资源的使用进行安全验证，才能保证用户对资源的正确使用，才能保证系统安全。

**2. 虚拟机的观点**

虚拟机的观点是一种用软件来实现机器性能扩充的观点，操作系统为用户使用计算机提供了许多功能和良好的工作环境。众所周知，用户直接使用机器硬件（称为裸机）是很困难的。裸机虽有很强的指令系统，但从功能上来说局限性很大。安装了第一层软件——操作系统后，机器的功能和性能得到了明显的扩充和完善，用户面对的是一台功能显著增强、使用方便且效率明显提高的机器，称为虚拟机（virtual machine）。同样，软件之间也可采用类似的办法，即一些软件的运行以另一些软件的存在为基础，新添加的软件是对原有那些软件的扩充和完善。这样，在操作系统的基础上给计算机多覆盖了一层软件后，用户面对的是一台系统功能更强的虚拟机。通常，把仅安装了操作系统的机器称为第 1 层虚拟机，安装了编译程序等其他系统软件的机器为第 2 层虚拟机……，以此类推。随着虚拟机层次的提高，计算机系统的功能和性能也在不断增强和完善。

**3. 用户接口的观点**

对用户而言，操作系统是用户和计算机硬件系统之间的接口。用户在操作系统的帮助下能够方便、快捷、安全、可靠地操纵计算机硬件和运行自己的程序。值得注意的是，由于操作系统是一个系统软件,因而这种接口其实是个软件接口。具体来说,操作系统是通过命令和系统调用两种方式来向用户提供服务的。

**4. 进程管理的观点**

与上面3个观点不同的是,进程管理的观点是研究操作系统的一个动态观点,它是从操作系统运行的角度出发,动态地观察操作系统。这个观点与进程概念的引入有关,它把操作系统看成是由一些可同时独立运行的进程和一个对这些进程进行协调的核心组成。所谓进程,是指程序执行的一个实例,是程序的一次运行过程。进程是动态的、有生命的。进程概念的引入,主要是用来描述多道系统中程序的并发执行的。而并发性作为现代操作系统的一个重要特征,无论从上述的哪个观点,都无法对操作系统中程序的这种并发特性进行描述。进程作为系统中独立运行的实体和资源分配的基本单位,操作系统通过一定的数据结构和算法对它进行全程管理。因此,进程管理的观点有利于更好地认识资源管理程序和用户服务程序的活动过程,同时对操作系统的功能也能进行更好的理解和认识。

## 1.8 Windows XP 的结构和特点

Windows XP 是一个把消费型操作系统和商业型操作系统融合为统一系统代码的 Windows。是第一个既适合家庭用户,也适合商业用户使用的新型 Windows。

### 1.8.1 Windows XP 的结构

Windows XP 的总体结构分为用户态代码和核心态代码两部分。Windows 用户态进程有4种基本类型:

(1) 用户应用程序。

(2) 系统支持进程。例如 winlogon 进程和 smss 进程。系统支持进程是固定的(即从开机到关机一直存在),不是 Windows 服务。

(3) 服务进程。由 SCM(服务控制管理器)启动的各种服务,例如任务调度程序和假脱机服务。服务的运行通常独立于用户登录。

(4) 环境子系统。即 Win32 API。

如图1-8所示,Windows XP 的核心态组件有5类:

(1) 执行体。包括基本操作系统服务,如图中所示的内存管理、进程和线程管理、安全、I/O、网络和进程通信等。

(2) 内核(kernel)。包括低级的操作系统函数,例如线程调度、中断和异常分派,多处理机同步、实现内核对象。内核与其他核心态组件的区别如下:内核完成最基本的功能,执行体其他部分需调用这些功能来完成进一步的工作;内核常驻内存,永远不会被页面调度程序调出内存;内核可被中断,但永远不会被抢先。

(3) 设备驱动程序。包括硬件设备驱动程序、文件系统和网络驱动程序。

(4) 硬件抽象层(Hardware Abstraction Layer,HAL)。用于为内核、设备驱动程序和执行体等隔离硬件平台相关特性(即平台相关的硬件差异,例如母板间的差异)。

(5) 窗口和图形系统(Windowing and Graphics System)。实现图形用户界面(GUI)。

Windows 系统的总体结构如图1-8所示。

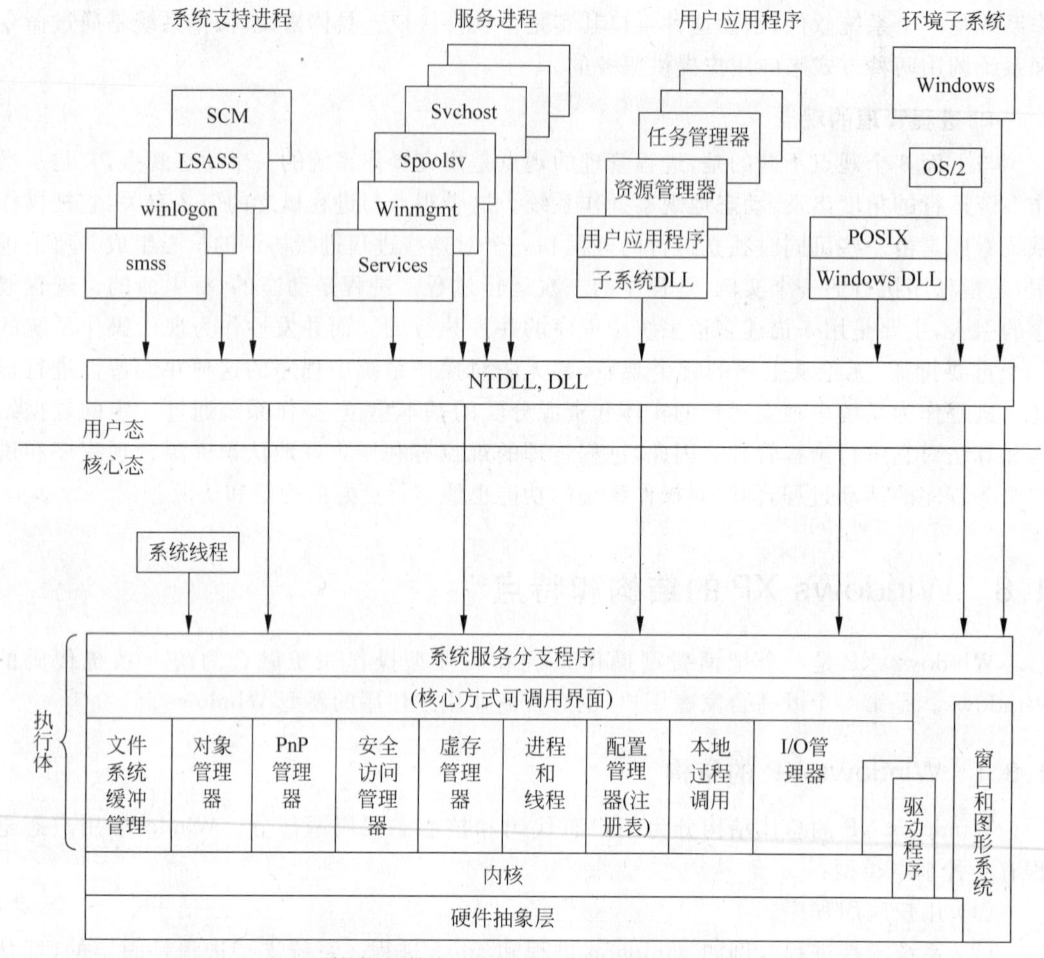


图 1-8 Windows 系统的总体结构

## 1.8.2 Windows XP 的特点

### 1. Windows XP Home Edition 的特性

Windows XP Home Edition 是一个易于使用的智能化家用操作系统，其特点如下。

(1) 更丰富的通信功能。即时语音、视频和应用程序共享功能可使用户之间的通信交流更为高效。

(2) 更高的可移动性。笔记本用户可以随时随地访问他们的信息。

(3) 更便捷的帮助与支持。用户在遇到困难时能够与其他用户或帮助资源相连接。从而及时获得帮助与支持。

(4) 更强大的多媒体功能。Windows XP 将会使创建、管理、共享数码影像变得非常轻松。

(5) 更优的家庭网络品质。Windows XP 使用户能够轻松地与家人共享信息、设备、网络连接。

### 2. Windows XP Professional 的特点

Windows XP Professional 建立在 Windows NT 和 Windows 2000 代码基础之上。采

用了32位计算体系结构和完全受保护的内存模型。其特点如下：

(1) 运行的新特性。包括系统还原功能、设备驱动程序回波、设备驱动程序的负载测试、改良的代销保护和减少重启的情况等，保证了系统运行的稳定性。

(2) 防止应用程序错误的手段。包括提供安装多个不同Windows组件版本的机制。多个组件可以并行运行，增强了Windows文件保护。保护核心代码不被安装的应用程序覆盖。通过保护系统文件，预防了早期Windows版本中最常见的系统失败错误，为了更好地防止电子邮件病毒攻击，Windows XP在默认设置下不允许执行电子邮件附件中的程序。而系统管理员可以远程管理系统(通过组策略)，此时可以允许执行特定的文件类型或应用程序。这样管理员在保护系统免受电子邮件病毒攻击时，有更高一级的控制权力。

(3) 增强Windows安全性。包括Intern以连接防火墙。防火墙客户端可以保护用户不受一般的Internet攻击；对文件系统的安全，使用多用户支持的加密文件系统(简称EFS)。EFS可以让多个用户使用任意产生的密钥加密文件。加密和解密过程对用户来说是透明的。这是保护不受黑客和数据盗窃的最高级别：IP安全(IP Sec)。IP Sec是给虚拟专用网(VPN)提供安全性的重要组成部分。它可以让企业在Internet上安全地传输数据。系统管理员可以快速简便地构建虚拟专用网。另外Windows XP Professional还将智能卡功能集成到操作系统中，支持智能卡登录到终端服务器会话。

(4) 简化的管理和部署。采取一些技术手段和管理工具，统一并且简化了一般的任务。为管理员提供了一个集中管理的、一致的环境，以简化管理员的操作。

(5) 革新远程用户工作方式。通过使用Microsoft的远程桌面协议(RDP)，用户可以用低功率计算机通过任何网络连接，访问桌面计算机的所有数据和应用程序。证书管理器功能. 可安全地保存口令后息。用户只在第一次，输入用户名和口令，以后由系统自动提供。用户在没有连接到位，或在没有信任关系的情况下，通过该功能可以轻松地访问网络资源。

## 1.9 小结

操作系统是最基本的、核心的系统软件。操作系统有效地统管计算机的所有资源(包括硬件资源和软件资源)，合理地组织计算机的整个工作流程，以提高资源的利用率，并为用户提供强有力的使用功能和灵活方便的使用环境。

操作系统具有处理机管理、存储管理、设备管理和文件管理等功能，同时，为了合理地组织计算机的工作流程和方便用户使用计算机，还提供了作业管理的功能。

通常把操作系统分成三大类：多道批处理系统，分时系统和实时系统。

多道程序系统是控制多道程序同时运行的程序系统，由它决定在某一时刻运行哪一个作业，或者说，是在计算机内存中同时存放几道相互独立的程序，使它们在管理程序控制之下，相互穿插地运行，即使多道程序在系统内并行工作。多道是指在计算机内存中同时存放多个作业，它们在操作系统的控制下并发执行，而且在外存中还存放有大量的作业，并组成一个后备作业队列。系统按一定的调度原则每次从后备作业队列中选取一个或多个作业调入内存运行，作业运行结束并退出。整个过程均由系统自动实现，从而在系统中形成了一个自动转接的连续的作业流。批处理是指系统向用户提供一种脱机操作方式，即用户与作业之间没有交互作用，作业一旦进入系统，用户就不能直接干预或控制作业的运行。

分时系统是允许多个联机用户同时使用一台计算机进行处理的系统。主要目标是为了方便用户使用计算机系统，并在尽可能的情况下，提高系统资源的利用率。分时系统的主要特点表现在：协调性、独占性、交互性和共享性。

实时系统是一种响应时间较快的系统，当事件或数据产生的同时，就能以足够快的速度予以处理，其处理结果在时间上又来得及控制被监测或被控制的过程。实时系统通常分为实时过程控制系统和实时信息处理系统两大类。

操作系统具有并发性、共享性和不确定性等特性。

操作系统的一些常用的性能指标指：系统的 RSA（RSA 是指系统的可靠性、可维修性和可用性三者的总称）、系统吞吐率（throughput）、系统响应时间（Response Time）、系统资源利用率、可维护性和可移植性等。

中断是指当计算机系统发生某一事件后，CPU 暂停正在执行的程序，转去执行该事件的处理程序，待该事件处理完后再回到暂停的程序处继续执行。根据中断信号的含义和功能，把中断分为：机器故障中断、程序中断、外部中断、输入输出中断和访管中断。根据中断信号的来源，把中断一般分为外中断和内中断。整个中断处理是由硬件和软件相互配合、协调完成的。中断处理的一般过程为：保存现场；分析中断原因，进入相应的中断处理程序；恢复现场，退出中断。

## 习题一

1. 什么是硬件系统？什么是软件系统？它们之间有什么联系？
2. 简述计算机系统的 4 个层次。
3. 简述操作系统在计算机系统中的地位。
4. 什么是操作系统？操作系统追求的主要目标是什么？
5. 简述操作系统功能。
6. 什么是批处理系统？它可分为哪两种？
7. 什么多道程序系统？其主要特性是什么？
8. 假设有一台 CPU，多台 I/O 设备，现有两道程序 A、B 按照图 1-9 以多道程序方式运行。要求画出它们的运行轨迹，并计算在 60ms 内 CPU 的利用率。假设起始时首先运行程序 A，并忽略监督程序的切换时间。

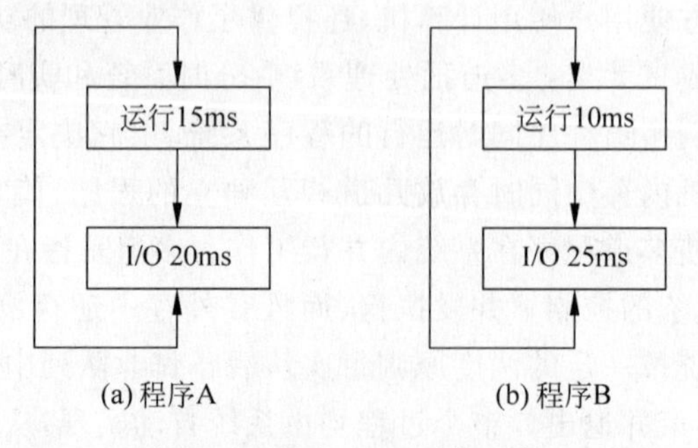


图 1-9　程序 A、B 运行要求

9. 多道批处理系统的含义是什么？

10. 什么是分时系统？其主要特点是什么？

11. 什么是实时系统？主要有哪两大类？

12. 实时系统与分时系统的主要差别有哪些？

13. 简述操作系统的特性。

14. 解释系统的 RSA。

15. 什么是中断？操作系统为什么要引进中断？

16. 解释术语：中断寄存器，中断位，中断序号，断点，恢复点，管态，目态

17. 根据中断信号的含义和功能，把中断分为哪几种类型？

18. 根据中断信号的来源，把中断分为哪两类？并举例说明。

19. 什么叫中断优先级？多级中断系统中的处理原则是什么？

20. 试述中断处理的一般过程。

21. 叙述程序中断处理的方法。

22. 从轨迹上看，中断与转子都相当于在断点插入了一段程序，但它们有本质的差别。试叙述这种差别。

21世纪

# 第2章 作业管理和用户接口

本章主要讨论在操作系统环境下,用户如何组织作业、如何控制作业运行以及作业调度等问题。

## 2.1 用户与操作系统间的接口

操作系统是用户和计算机之间的接口,即用户是通过操作系统来使用计算机的。那么,用户是如何使用操作系统的呢?换句话说,用户和操作系统之间的接口是什么呢?通常,系统提供二类接口:一类是用于程序一级;另一类是用于作业控制一级,其中又分别为联机用户和脱机用户设置了不同的接口。所有计算机的用户都是通过这些接口和操作系统发生联系的。操作系统提供的界面如图2-1所示。

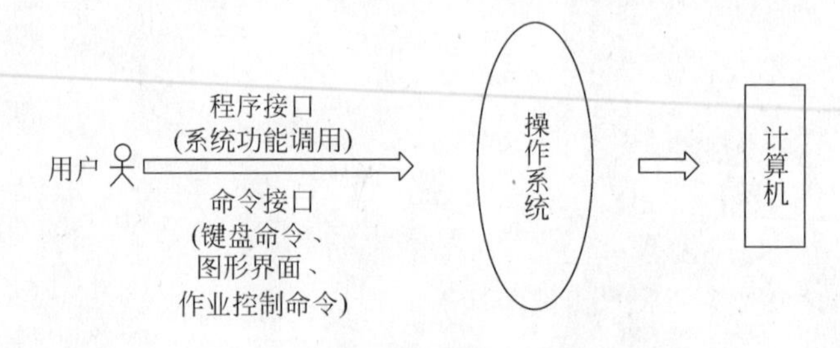


图2-1 操作系统、人、机之间的关系

### 2.1.1 程序接口

它是由一组系统调用命令(简称系统调用)组成。这是为程序员通过汇编程序与操作系统打交道而提供的。用汇编语言编写程序的用户,在程序中可以直接使用这组系统调用命令,向系统提出使用各种外部设备的要求,进行有关磁盘文件的操作,申请分配和回收主存的分区以及其他各种控制要求等。至于使用其他高级语言的用户,则可在编程时使用过程调用语句。它们通过相应的编译程序将其翻译成有关的系统调用命令,再去调用系统提供的程序或子程序。

#### 1. 系统调用

所谓系统调用,就是操作系统内提供的一些子程序,用户通过这些称为特殊指令的命令调用这些子程序,以取得操作系统的服务。通常,操作系统为了满足用户程序的各种需要,提供了功能丰富的系统调用命令,如文件的操作命令、I/O设备的操作命令、进程控制和通信命令、存储器的管理命令。

从用户角度看,用户使用系统调用与一般的子程序调用没有什么不同,但由于系统调用命令对应的是操作系统功能,所以,系统调用的执行将使 CPU 的执行方式发生变化,将由用户态(目态)转换为核心态(管态),执行相应的系统调用程序并完成有关的功能,之后返回用户程序继续执行。

不同的操作系统,它们所提供的系统调用命令的条数、调用格式和所完成的功能不尽相同,即使是同一操作系统,其不同版本所提供的系统调用命令的条数也会有所增减。这正如不同型号的计算机有不同的指令系统一样。一般来说,操作系统可提供的系统调用命令有数十条,乃至数百条之多,它们各自有一个唯一的编号或助记符。

系统调用命令可以看成是机器指令的扩充,因为从形式上看,执行一条系统调用命令就好像执行一条功能很强的机器指令,因此,有的计算机系统把系统调用命令称为广义指令。所不同的是机器指令是由硬件执行,而系统调用命令则是由操作系统提供的一个或多个子程序模块实现的。但从用户来看,操作系统提供了系统调用命令之后,就好像扩大了机器指令系统,增强了处理机的功能。因此,呈现在用户面前的是一台功能强、使用方便的虚拟处理机。

**2. 系统调用的执行**

虽然系统调用命令的具体格式因系统而异,但从用户程序进入系统调用程序的步骤及其执行过程来看,却大致相同。通常,用户必须向系统调用命令处理程序提供必要的参数,以便使它根据这些参数进行相应的处理。当用户程序执行系统调用时,产生一条相应的指令(有些操作系统称其为访管指令或软中断指令),处理机执行该指令时产生相应的软中断,系统将当前程序的执行现场保护后,转入相应的系统调用处理程序,去完成特定的系统调用功能。需要指出的是,这个被调用的系统子程序可能还要调用其他的子程序完成更基本的子功能。当系统调用执行完成时,系统要把执行是否成功,以及成功时的执行结果回送到调用者。之后恢复处理机执行系统调用前的状态,返回到用户程序继续执行。系统调用的执行过程如图 2-2 所示。

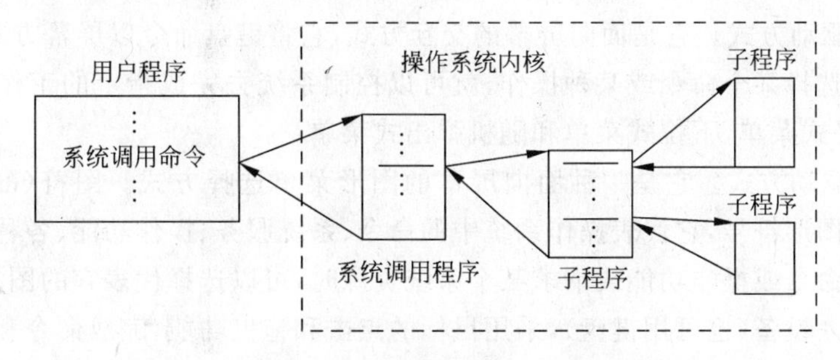


图 2-2 系统调用的执行过程

系统调用处理程序的执行过程如下:

(1) 为执行系统调用命令做准备。其主要工作是把用户程序的“现场”保留起来,并把系统调用命令的编号等参数放入指定的存储单元。

(2) 执行系统调用。根据系统调用命令的编号,访问系统调用入口表,找到相应子程序的入口地址,然后转去执行。这个子程序就是系统调用处理程序。

(3) 系统调用命令执行完后的处理。这包括恢复"现场",并把系统调用命令的返回参数或参数区首址放入指定的通用寄存器中,以供用户程序使用。

### 2.1.2 命令接口

根据计算机系统对作业控制方式的不同,用户作业大致可分成两大类:联机控制的交互式作业和脱机控制的批处理作业。相应地,操作系统的命令接口也分为联机命令接口和脱机命令接口。

#### 1. 联机或交互式命令接口

在视窗操作系统(如 Windows 系统)出现之前,在具有交互作用的计算机系统中,操作命令最通常、最基本的形式为一组键盘操作命令。用户通过控制台或终端(电传终端或带键盘的显示终端)打入操作命令,向系统提出各种服务要求。用户每打入一条命令,控制就转入命令解释程序,命令解释程序随即对该命令解释执行,完成指定的操作。之后,控制又转回到控制台或终端,此时用户又可打入下一条命令。如此反复,直至完成一个作业为止。

在微型机系统中,通常把这组键盘操作命令分成内部命令和外部命令两类:

- 内部命令。这类命令的特点是程序短小,使用频繁。因此,它们在系统初启时就被引导到内存而且常驻于内存中。
- 外部命令。这类命令的程序较长,且各自独立地作为一个文件而驻留在磁盘上,只是在需要调用它们时,才从磁盘调入内存执行。

随着计算机应用的普及,人们逐渐感到键盘操作命令形式的交互方式不太方便了,这种命令是不直观的,必须记忆命令动词、各种参数和规定的格式。而且不同类型操作系统的命令在词法、语法、语义和表达风格上是不一样的,那么,程序员在换用操作系统类型时,就面临着重新学习和记忆的问题。为了使人机对话的界面更为方便、友好、易学,于是出现了菜单驱动方式、图符驱动方式和视窗操作环境。

(1) 菜单驱动方式。它是面向屏幕的交互方式,它将键盘命令以屏幕方式来体现,用户只需在屏幕上选择某个命令或某种操作,就可以控制系统去完成指定的工作。菜单的类型有多种,如水平式菜单、下拉式菜单和随机弹出式菜单。

(2) 图符驱动方式。它是一种面向屏幕的图形菜单选择方式。图符(icon)也称图标,是一个小小的图形符号,它代表操作系统中的命令、系统服务、操作功能、各种资源。当需要启动某个系统命令或操作功能或请求某个系统资源时,可以选择代表它的图符,并借助鼠标之类的标记输入设备(也可用键盘),采用鼠标的点击和拖曳功能,完成命令和操作的选择及执行。

(3) 图形化用户界面。它将菜单驱动、图符驱动、面向对象技术等集成在一起,形成一个图文并茂的视窗操作环境。Microsoft 公司的 Windows 2000 就是这种图形化用户界面的代表。

#### 2. 脱机或批处理命令接口

它是由一组作业控制命令(或称作业控制语言)组成。脱机用户是指不能直接干预作业的运行，而必须事先把要求系统所干的事用相应的作业控制命令写成一份作业操作说明书，连同其作业一起提交给系统的用户。当系统调度到该作业时，由系统中命令解释程序对其操作说明书上的命令逐条解释执行，直至遇到“撤离”命令而停止该作业为止。

## 2.2 作业管理的基本概念

### 2.2.1 作业、作业步、作业流

一个作业(job)，就是用户在一次算题过程中或一个事务处理中要求计算机系统所做工作的集合。在一个多道程序的并行系统中，一个作业就是独立于其他作业的计算工作的一个单位。例如，一个用户在计算机上算题时，通常要经历以下几步：

(1) 编辑。将高级语言源程序通过键盘或别的形式输入计算机，在编辑程序的协助下纠正输入过程中可能出现的错误，从而得到一个新的源程序。

(2) 编译。调用相应的编译程序，对源程序进行编译，产生目标程序。

(3) 装入。调入装入模块把编译好的目标程序连接装配成一个可执行代码。

(4) 运行。启动运行目标程序，得出运行结果。

由此可见，从把源程序交给计算机到获得计算结果要经历4个步骤。我们把要求计算机系统做的一项相对独立的工作叫做一个作业步，一个作业由一系列有序的作业步所组成。一个作业的各作业步总是相互关联的，在逻辑上是顺序地运行。例如，第一个作业步“编辑”后得到的文件，成为第二个作业步“编译”的对象；第二个作业步“编译”后产生的目标模块，就是第三个作业步“装入”的对象。显然，一旦前一作业步失败，后一作业步将无法进行。即，下一作业步能否执行，完全取决于上一作业步是否成功完成。

在批处理系统中，通常把一批作业或按用户提交的先后次序或按优先级依次输入，并在系统控制下运行，这样就形成了一个作业流(或者叫输入流)。我们把按照某种形式顺序输入、运行的一批作业称为作业流。小的计算机系统只有一个作业流，大的系统可能有几个作业流。

### 2.2.2 作业的分类

根据计算机系统对作业处理方式的不同，可把用户作业分为两大类：批量型作业和终端型作业。

对批量型作业，根据对其运行过程控制方式的不同，又可分为两种：利用作业说明书实行自动控制方式的作业，即脱机作业；利用控制台键盘操作命令直接控制的作业，即联机作业。其优点是：操作过程由系统自动调度或由操作员干预，系统运行作业的效率比较高。主要问题是：用户与系统隔绝。运行中即使有很小的错误出现，也会导致作业中途下机，而用户只能在一段时间后方能看到运行结果，修改后，再次提交系统。这样，作业的周转期会比较长。解决方法是用户程序最好不要出错，而这也不太现实。

终端型作业又称交互型作业。用户在终端上利用键盘操作命令控制和监督作业的运行，系统把作业运行的情况和结果通过CRT及时反馈给用户。终端型作业通常在分时操作环境下运行。目前，在单用户的微型机或个人计算机上，一般都是采用这种工作方式。其

优点是：克服了批处理型作业的缺点，用户可以针对作业运行情况，立即采取措施，这样，作业的周转期会大大缩短。当然，人工干预有时会影响系统效率。

在具有分时、批处理功能的通用操作系统中，常常把终端用户作业称为“前台”作业，而批量型作业称为“后台”作业。因为终端型作业要求及时响应，因而会给它们较高的优先级，在作业调度时优先照顾它们。在终端作业负载轻时，才去调度批量型作业，以提高系统的资源利用率。

## 2.3 作业管理的任务和功能

进行作业管理要从两方面来进行考虑，一是如何使用户作业的资源请求获得满足；二是如何使用户系统资源的应用达到最佳状态。更具体地说是要达到如下目标：

(1) 使资源达到充分利用。

(2) 使每一个用户都能不需等待时间太长就能获得资源。

(3) 使资源的分配尽量合理而不至于产生死锁。

### 2.3.1 作业管理的任务

要达到上述目标，作业管理的任务就是：

**1. 对资源进行描述**

根据不同资源的特征选取适当的数据结构来描述资源，内容包括资源标识、资源分配特性、资源安全要求、资源分配状况等。资源描述数据结构是资源存在的标志。

**2. 对资源进行分配**

按照一定的分配原则从若干申请资源的作业中选出合适的作业，将作业申请资源的逻辑名与资源的物理地址进行连接，这样用户就能够对资源的使用。

**3. 保证资源使用的安全性**

如果是共享资源，安全性表现在所以共享该资源的作业相互之间没有不良影响或者越权操作。如果是独享资源，安全性表现在独享资源具有实现临界资源的手段。

### 2.3.2 作业管理的功能

根据作业的任务，操作系统具备的作业管理的功能，可按作业进入系统直至作业运行完毕的过程，将其分为如下 3 个方面。

**1. 作业的输入与输出**

如何组织作业并快速地把输入设备上的作业源源不断地装入高速的后援存储器上，逐步地形成后备作业队列；并且将作业的输出信息组织在输出设备上输出。

**2. 作业调度**

在多道程序设计系统中，系统可以同时处理多个作业，因此，系统必须能够按照一定的策略选取若干作业，并将它们调入内存，分配必要的资源，使它们同时处于运行状态，共享系统的有限资源，这就是作业调度。

作业调度程序要选取一个作业，必须先检查系统中目前未分配的各类资源数量能否满足该作业的需求。当系统中未分配的资源可以满足多个作业中任何一个作业的资源需求时，系统需要选择较好调度算法，选择其中之一或若干作业，使之投入运行。好的调度算法既要能提高系统效率，也应能使进入系统的作业及时得到计算结果。

3. 作业控制

作业是在操作系统控制下执行的。它包括作业如何输入到系统中，当作业被调度选中后如何控制它的运行，作业在运行过程中发生错误或出现故障时应怎样处理，计算的结果如何输出等。

为了能对作业进行有效的控制和管理，必须在作业进入系统时记录各作业的情况，系统为每个作业配置了一个作业控制块(Job Control Block，JCB)，并将所有作业的作业控制块组织成作业控制块表或队列。作业和作业控制块一一对应，系统通过作业控制块感知作业的存在。系统在作业进入后备状态时就为它创建 JCB。当作业在系统里的状态发生变化时，都需及时修改 JCB；当作业执行完毕进入完成状态时，系统根据 JCB 释放有关资源，撤销 JCB 和作业。

# 2.4　作业的输入与输出

## 2.4.1　早期联机输入输出

在早期的批处理系统中，每个用户将需要计算机解决的计算工作组织成一个作业，交给操作员。由操作员把一批作业装到输入设备(如卡片机、纸带机)上，再由监督程序送到辅存(早期是磁带)，然后再由调度程序从磁带上选择若干个作业投入运行。作业在运行过程中，若需要输出信息，将信息先输出至另一条磁带上，等到磁带上的一批作业全部运行结束后，再将输出带上的信息由输出设备(如打印机)输出。以后再重复上述过程，输入下一批作业。这种作业联机输入输出的过程如图 2-3 所示。

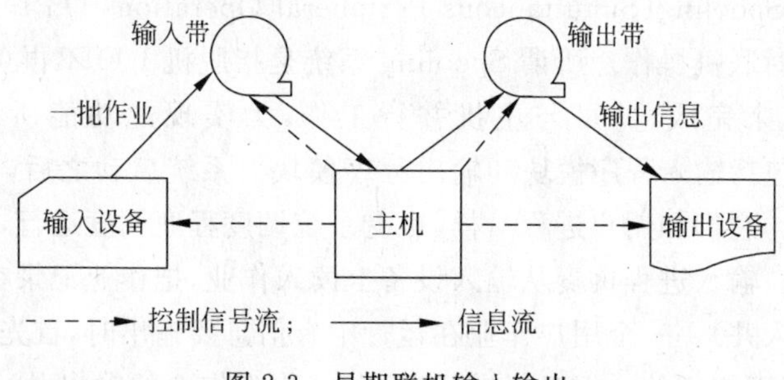


图 2-3　早期联机输入输出

由于输入或输出是在 CPU 直接控制下进行的，这样，主机的速度在输入或输出过程中，降低为慢速的外设的水平。为克服这一缺点，在批处理系统中引入了脱机 I/O 技术而形成了脱机批处理系统。

## 2.4.2　脱机输入输出

脱机批处理系统由主机和卫星机(又称外围计算机)组成。卫星机不与主机直接连接，只与外部设备打交道。卫星机把输入设备上的作业传输到大容量的后援存储器(磁带、磁盘)上,当主机需要输入作业时,就把后援存储器同主机连上。主机直接从后援存储器中调度作业并控制运行,并把运行过程中作业的输出信息以文件形式保存在后援存储器上,等一批作业结束后,将后援存储器重新与卫星机连接,卫星机负责将作业的输出信息从输出设备上向外输出,其输入输出过程如图 2-4 所示。

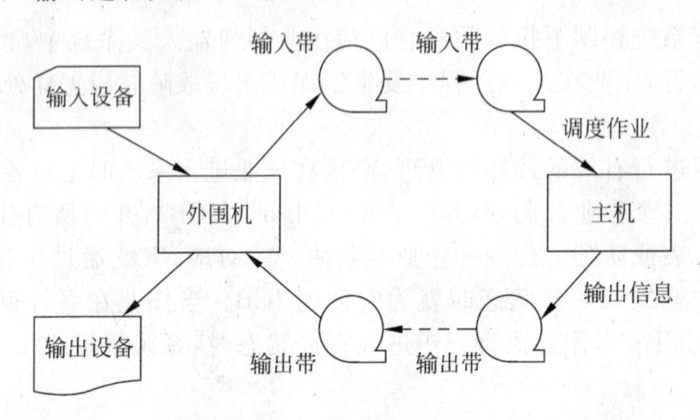


图 2-4　脱机输入输出

由于主机摆脱了慢速的 I/O 工作,可以充分发挥它的高速计算能力,同时,主机和卫星机可以并行操作,因此,脱机批处理系统大大提高了系统的处理能力。但这种方式也存在着一些缺点,比如必须增加一台专门负责 I/O 事务的卫星机,而且在作业输入输出过程中需要人工干预,磁带或磁盘组需要由操作员来移动连接。另外,这种输入输出方式所构成的系统无力支持用户动态提交作业,即作业不能源源不断地送入系统。

### 2.4.3 Spooling 系统

为了克服脱机输入输出工作方式的缺点,在通道技术和多道程序设计发展的基础上,人们研制了一种称为 Spooling(Simultaneous Peripheral Operations On Line)的操作方式,其含义是外围设备同时联机操作。所谓 Spooling 系统是指脱机 I/O 不再单独使用卫星机,而是由主机上的通道来完成,并可与主机并行工作,为实现此功能所配置的软件系统。Spooling 系统主要包括输入程序模块和输出程序模块。系统启动之后,为它们分别创建进程(属于系统进程)。它们和用户进程一样,也受系统调度程序调度运行,但它们的优先级比任何用户进程都高。输入进程负责从输入设备上读入作业,把作业记录在一组盘区中(这组盘区称为作业的输入井)。一个用户作业在运行中有信息要输出时,首先通过文件管理系统组织输出文件,并存于相应的一组盘区中(这组盘区称为作业的输出井)。以后当所要的输出设备有空时,系统通过调度 Spooling 输出进程把输出文件从输出井传送到相应的输出设备。Spooling 系统的结构如图 2-5 所示。

由此可见,引入 Spooling 系统后,把一个可共享的磁盘装置,改造成了若干台输入设备(虚拟输入设备)和若干台输出设备(虚拟输出设备)。这样改造后,一方面使外设上的信息源源不断地及时输入输出,保持了输入输出设备繁忙地与主机并行地操作;另一方面增加了作业调度的灵活性,优先级高的作业被 Spooling 输入进程读入磁盘中的输入井后,很快就会被作业调度程序选中而优先运行,从而使其等待时间大为缩短。Spooling 技术目前仍在广泛应用，尤其是在中、小型计算机系统上。

详细叙述见 5.3 节虚拟设备。

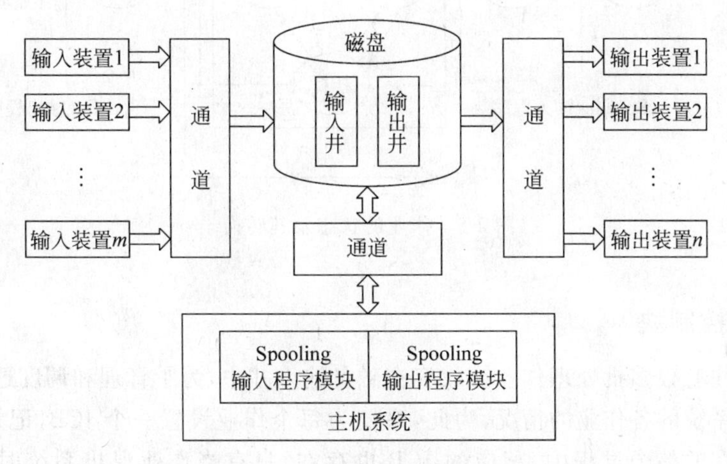


图 2-5 Spooling 系统示意图

## 2.5 作业调度

### 2.5.1 作业的状态

一个作业在进入系统到运行结束的生命期内，一共有 4 种状态，分别是提交状态、后备状态、运行状态、完成状态。

#### 1. 提交状态

用户将作业提交给操作员，操作员将用户提交的各作业通过 Spooling 系统送入外存输入井。那么作业在其处于从输入设备上进入输入井的过程时所处的状态，称为提交状态。

#### 2. 后备状态

作业全部进入输入井后，系统为每个作业建立作业控制块(JCB)，并把其 JCB 放入作业后备队列，为作业调度做准备。这时作业所处的状态为后备状态。

#### 3. 运行状态

一个作业被作业调度程序选中而进入主存开始运行，到作业计算完成为止，这时作业所处的状态为运行状态。一个作业处于运行状态是从宏观上看，其实它可能处于就绪、执行、等待三种状态之一。

#### 4. 完成状态

当作业正常运行完成或因故障而终止时，作业进入完成状态。作业调度程序负责将其从现行作业队列中摘除，并收回作业占用的资源。系统将作业运行情况及作业输出结果编制成输出文件通过 Spooling 系统将其送入外存输出井中。

作业状态的变迁如图 2-6 所示。

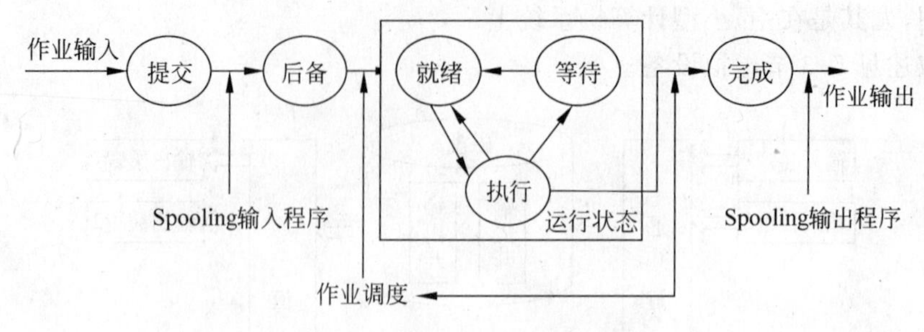


图 2-6　作业的状态及其转换

### 2.5.2　作业控制块

系统中往往有很多批处理作业被收容在磁盘输入井中，为了管理和调度这些作业，就必须记录已进入系统的各作业的情况，为此，系统为每个作业设置一个 JCB，记录作业的有关信息。作业存在的整个过程中，相应的 JCB 也存在，只有当作业退出系统时，JCB 才被撤销。JCB 是一个作业存在的标志。

不同系统的 JCB 所包含的信息有所不同，这取决于系统对作业调度的要求。表 2-1 列出了 JCB 的主要内容。

**表 2-1　作业控制块**

| 作　业　名 | |
|---|---|
| 资源要求 | 要求的运行时间 |
| | 最迟完成时间 |
| | 要求的主存量 |
| | 要求外设类型、台数 |
| | 要求的文件量和输出量 |
| 资源使用情况 | 进入系统时间 |
| | 开始运行时间 |
| | 已运行时间 |
| | 主存地址 |
| | 外设台号 |
| 类型级别 | 控制方式 |
| | 作业类型 |
| | 优先数 |
| 状态 | |

表中作业名由用户命名，要求的运行时间由用户根据经验估计，最迟完成时间是用户要求完成该作业的截止时间，要求的主存量是该作业执行时所需占用的主存数量，外设类型、台数是指作业执行时所需的外设类型及每类设备的台数，要求的文件量是指该作业将存储在文件空间的文件信息总量，输出量是指该作业将输出数据的总量。所有资源要求均由用户提供。进入系统时间是指该作业的全部信息进入输入井，其状态转变为后备状态的时间；开始执行时间是指该作业被作业调度程序选中，其状态由后备状态转变为运行状态的时间；主存地址是指分配给该作业的主存区开始地址；外设台号是指分配给该作业的外设实际台

号。控制方式有联机和脱机两种；作业类型是指系统根据作业运行特性所规定的类别，例如可以把作业分成三类：占CPU时间偏多的作业，I/O量偏大的作业以及使用CPU和I/O比较均衡的作业；优先级反映了这个作业运行的紧急程度，它可以由用户自己指定，也可以由系统根据作业类型、要求的资源、要求的运行时间与系统当前状况动态地给定。状态是指本作业当前所处的状态，它可为后备状态、运行状态或完成状态中的任一种状态。

作业运行结束后，在释放了该作业所使用的全部资源后，作业调度程序调用存储管理程序，收回该作业的JCB空间，撤销该作业。

## 2.5.3　作业调度的功能及调度性能的衡量

### 1. 作业调度

作业调度又称为处理机的高级调度或宏调度，是按照某种调度算法从所有处于后备状态的作业队列中挑选一个或多个作业进入主存中运行。作业调度还要为选中的作业分配资源，做好作业运行前的准备。完成作业调度的程序称为作业调度程序。

作业调度在多道批处理系统中是非常必要的。因为，系统接纳若干用户作业，这众多的作业共享系统中的全部资源，各用户如何有效地共享系统资源，则必须有作业调度程序来解决。在分时系统中，通常只有进程调度而没有作业调度。因为，分时系统的目的是为了使各用户作业得到快速地运行，对各用户命令的及时响应。

### 2. 作业调度程序的功能

(1) 按照系统选定的调度算法，从后备作业队列中选取一个或多个作业。

(2) 为被选中的作业分配运行时所需要的系统资源。如分配主存和外设资源。

(3) 为被选中的作业开始运行做好一切准备工作。如将作业的后备状态改为运行状态等。至此，被选中的作业有了获得处理机的资格，而对处理机的分配工作则由下一章介绍的进程调度程序来完成。

(4) 作业正常运行完成或因故障而中断需要撤离系统时，作业调度程序还要完成作业的善后处理工作。如回收分给作业的全部资源，为输出必要信息编制输出文件，最后将作业从系统中撤销。

### 3. 调度性能的衡量

通常采用平均周转时间和平均带权周转时间来衡量作业调度算法性能的好坏。

作业$i$的周转时间$T_i$定义为：

$$T_i = T_{ei} - T_{si}$$

其中，$T_{ei}$为作业$i$的完成时间；$T_{si}$为作业$i$的提交时间。

$n$个作业的平均周转时间$T$为

$$T = (T_1 + T_2 + \cdots + T_n)/n$$

作业$i$的带权周转时间$W_i$定义为

$$W_i = T_i / T_{ri}$$

其中$T_{ri}$为作业$i$的实际运行时间。

$n$个作业的平均带权周转时间$W$为

$$W = (W_1 + W_2 + \cdots + W_n)/n$$

## 2.5.4 作业调度算法

确定调度算法时要考虑的因素很多，但这些因素应和主观上的目标一致。调度算法应达到的目标有以下几点：

(1) 单位时间内运行尽可能多的作业。

(2) 使处理机保持忙碌状态。

(3) 使I/O设备得以充分利用。

(4) 对所有作业公平合理。

由于这些目标往往相互冲突，那么一个调度算法想要同时满足上述所有目标是不可能的，只能根据需要而兼顾某些目标。显然，要设计一个理想的调度算法是一件很困难的事。对于一个系统来说，考虑的因素越多，就会使算法变得越复杂，从而增加系统的开销，对资源的利用反而不利。因此，大多数操作系统中往往采用比较简单的调度算法。下面介绍几种常用的作业调度算法。

### 1. 先来先服务调度算法

先来先服务调度算法(First Come First Served，FCFS)是一种最简单的算法，它按照作业到达系统的先后次序进行调度。这种算法优先考虑在系统中等待时间最长的作业，忽视它要求运行时间的长短。这种算法容易实现，但效率较低，容易被大作业垄断。

假定有4个作业，它们的提交时间和运行时间如表2-2所示。

表 2-2 作业情况表

| 作业号 | 提交时间/h | 运行时间/h |
|---|---|---|
| 1 | 8.0 | 2.0 |
| 2 | 8.5 | 0.5 |
| 3 | 9.0 | 0.1 |
| 4 | 9.5 | 0.2 |

在单道程序环境下，按先来先服务的调度算法进行调度，则调度顺序为：1→2→3→4。将求得的平均周转时间 $T$ 和带权周转时间 $W$ 的值都列入表2-3中。

表 2-3 先来先服务调度算法

| 作业 | 提交时间/h | 运行时间/h | 开始时间/h | 完成时间/h | 周转时间/h | 带权周转时间/h |
|---|---|---|---|---|---|---|
| 1 | 8.0 | 2.0 | 8.0 | 10.0 | 2.0 | 1.0 |
| 2 | 8.5 | 0.5 | 10.0 | 10.5 | 2.0 | 4.0 |
| 3 | 9.0 | 0.1 | 10.5 | 10.6 | 1.6 | 16.0 |
| 4 | 9.5 | 0.2 | 10.6 | 10.8 | 1.3 | 6.5 |
| 平均周转时间 $T=(2.0+2.0+1.6+1.3)/4=1.725$ | | | | | | |
| 平均带权周转时间 $W=(1.0+4.0+16.0+6.5)/4=6.875$ | | | | | | |

从表中可以看出，这种算法对短作业不利，因为短作业运行时间很短，若令它等待较长时间，则带权周转时间会很高。

### 2. 短作业优先调度算法

短作业优先调度算法(Shortest Job First，SJF)是依据每个作业的JCB中提供的运行时间，每次调度作业时，总是选取运行时间最短的作业运行。这种算法对短作业有利，作业的平均周转时间最佳，也容易实现，但它不考虑长作业的利益，有可能使长作业得不到运行的机会。

如果对表 2-2 中的作业采用短作业优先调度算法来进行调度，则调度顺序为：1→3→4→2。将求得的平均周转时间 $T$ 和平均带权周转时间 $W$ 的值都列入表 2-4 中。

**表 2-4 短作业优先调度算法**

| 作业 | 提交时间/h | 运行时间/h | 开始时间/h | 完成时间/h | 周转时间/h | 带权周转时间/h |
|---|---|---|---|---|---|---|
| 1 | 8.0 | 2.0 | 8.0 | 10.0 | 2.0 | 1.0 |
| 3 | 9.0 | 0.1 | 10.0 | 10.1 | 1.1 | 11.0 |
| 4 | 9.5 | 0.2 | 10.1 | 10.3 | 0.8 | 4.0 |
| 2 | 8.5 | 0.5 | 10.3 | 10.8 | 2.3 | 4.6 |
| 平均周转时间 $T=(2.0+1.1+0.8+2.3)/4=1.55$ | | | | | | |
| 平均带权周转时间 $W=(1.0+11.0+4.0+4.6)/4=5.15$ | | | | | | |

比较表 2-3 和表 2-4 可以看出，短作业优先调度算法的调度性能要好一些，因为作业的平均周转时间和平均带权周转时间都比先来先服务算法小一些。如果我们的策略是使平均周转时间为最小，那么应该采用短作业优先调度算法。

### 3. 响应比高者优先调度算法

响应比高者优先调度算法是介于先来先服务调度算法和短作业优先调度算法之间的一种折中的算法。它兼顾了运行时间短和等待时间长的作业，但算法较复杂，每当调度作业时，要计算各个作业的响应比。

响应比定义为：

响应比＝作业响应时间/估计的运行时间

其中响应时间为作业进入系统后的等待时间加上估计的运行时间。因此，响应比可写为：

响应比＝1＋作业等待时间/估计的运行时间

所谓响应比高者优先调度算法，就是每调度一个作业投入运行时，计算后备作业队列中每个作业的响应比，然后挑选响应比最高者投入运行。由上式可见，执行时间短的作业容易得到较高的响应比，因此本算法优待了短作业。但是，一个长作业的响应比会随着在系统中等待时间的增加而提高，它总有可能成为响应比最高者而获得运行的机会，而不至于无限制地等待下去。

如果对表 2-2 中的作业采用响应比高者优先调度算法来进行调度，下面计算一下每个作业运行完成时剩下的所有作业的响应比。

当作业 1 结束时：

作业 2 的响应比$=1+(10.0-8.5)/0.5=1+3=4$

作业 3 的响应比$=1+(10.0-9.0)/0.1=1+10=11$

作业 4 的响应比$=1+(10.0-9.5)/0.2=1+2.5=3.5$

从计算结果可看出，作业 3 的响应比最高，应该选择作业 3 运行。

当作业 3 结束时：

作业 2 的响应比＝1＋(10.1－8.5)/0.5＝1＋3.2＝4.2

作业 4 的响应比＝1＋(10.1－9.5)/0.2＝1＋3＝4

根据计算结果，应该选择作业 2 运行，最后运行作业 4。由此可见，调度顺序为 1→3→2→4。将求得的平均周转时间 $T$ 和平均带权周转时间 $W$ 的值都列入表 2-5 中。

**表 2-5　响应比高者优先调度算法**

| 作业 | 提交时间/h | 运行时间/h | 开始时间/h | 完成时间/h | 周转时间/h | 带权周转时间/h |
|---|---|---|---|---|---|---|
| 1 | 8.0 | 2.0 | 8.0 | 10.0 | 2.0 | 1.0 |
| 3 | 9.0 | 0.1 | 10.0 | 10.1 | 1.1 | 11.0 |
| 2 | 8.5 | 0.5 | 10.1 | 10.6 | 2.1 | 4.2 |
| 4 | 9.5 | 0.2 | 10.6 | 10.8 | 1.3 | 6.5 |
| 平均周转时间 $T$＝(2.0＋1.1＋2.1＋1.3)/4＝1.625 | | | | | | |
| 平均带权周转时间 $W$＝(1.0＋11.0＋4.2＋6.5)/4＝5.675 | | | | | | |

从表中可以看出，响应比高者优先调度算法虽然其调度性能不如短作业优先调度算法好，但是它兼顾了用户到来的先后和系统服务时间的长短，所以，它是上述两种算法的一种较好的折中。

**4. 优先数调度算法**

优先数调度算法就是选取优先数最高的作业首先运行。

确定优先数的一种较简单的方法是，当一个作业送入系统时，由用户为自己的作业规定一个优先数，这个优先数反映了用户要求运行的急切程度。为了防止有的用户为自己的作业规定一个很高的优先数，系统可对高优先数作业收取高的费用。更好的方法是由系统根据该作业执行时间的长短和对资源要求的多少来规定其优先数。这可以在作业进入系统时确定，亦可在每次选择作业时算出。例如 Lancaster 大学所用的 JUNE 系统规定，每当作业调度程序挑选作业时，它要遍访输入井，为后备队列里的每个作业算出一个优先数，然后根据优先数大小挑选作业。优先数的计算要保证使输出量最少、要求执行时间短以及已经等了很久的作业得到优先权，优先数的计算公式如下：

$$优先数＝(作业等待时间)^2－估计的运行时间－16×输出量$$

其中，等待时间是指作业在磁盘中已等候的时间(以分计)，要求运行时间(以秒计)和输出量(以行计)是根据 JCB 中的相应值推算出的。

这一系统所体现的基本思想是既保证优先照顾各种短作业，但也不使长作业因等待过久而得不到运行机会。

作业调度的算法有很多，这里不再一一介绍。

## 2.6　作业控制

在批处理系统中，程序员(或操作员)必须对从作业进入系统到作业运行完成的全过程进行控制。他需要考虑作业如何输入到系统中去、如何进行编译(或编辑)、如何进行链接装入到主存、作业在运行过程中出现故障如何处理、作业运行结束后如何撤销等等。总之，用户对作业的干预，就是所谓的作业控制。

作业控制方式有两种：一种是脱机作业控制，也称为自动控制方式，是为脱机用户提供的；另一种是联机作业控制，也称为直接控制方式，是为联机或终端用户提供的。

### 2.6.1　脱机作业控制

脱机用户必须把他对作业运行的控制意图，连同源程序和操作数据，甚至包括发生故障时的处理手段一起输入到系统中，由系统根据该意图来控制整个作业的运行。脱机作业控制通常采用两种途径：作业控制卡和作业说明书。

#### 1. 作业控制卡

作业控制卡方式是指用户将其操作意图穿孔在若干张卡片上以控制作业运行的一种形式。这种卡片与用户的源程序卡以及数据卡在形式上没什么不同，为了供系统识别，在控制卡的第一列穿上区分符（$或//）。用户按照他对整个作业的控制意图将控制卡插入到作业卡片叠的适当位置上。系统在全部或分批读入这些卡片叠后开始运行作业，并按照控制卡上的信息，指挥和控制作业的运行。

在各种作业控制卡系统中，比较有代表性的是 IBM 360/370 系统所用的作业控制系统。其作业控制卡是用作业控制语言(Job Control Language，JCL)来书写的。JCL 的语句主要有以下几种。

(1) 作业语句(JOB)。JOB 控制卡总是一个作业卡片叠的第一张，它表示一个新作业的开始，前一个作业的结束。其中还给出该作业的一些属性。其格式为：

```
$Jobname JOB Operands Comments
```

其中，Jobname 为作业名；在 Operands 域中规定一些工作参数，通常包括记账号、用户名、作业类别、时间限制、存储空间要求、作业优先级等；最后为注释。在 JOB 语句中，除了作业名和 JOB 外，其余参数都可以省略。例如：

```
$ABC JOB Lucy,CLASS = A,TIME = (5,20),REGION = 15K,PRTY = 5
```

(2) 执行语句(EXEC)。此语句标志一个作业步的开始，并规定执行的程序名及其他一些参数。其格式为：

```
$Stepname EXEC Operands Comments
```

例如：

```
$ABC1 EXEC PGM = TEXT,ACCT = 8482,TIME = (2,30),REGION = 8K,COND = ××
```

其中 Stepname 为步名；PGM 指出程序名；COND 指出作业步执行终止的条件。此语句中除了 Stepname、EXEC、PGM 外，其他参数可以省略。

(3) 数据定义语句(DD)。此语句用来描述一个作业(或作业步)中所用的数据集(数据文件)。如一个作业步中需要用到几个数据集，则在执行语句 EXEC 后跟随几个数据定义语句。其格式为：

```
$Ddname DD Operands Commends
```

其中，Ddname 是用来标识不同数据定义语句；在 Operands 域中的参数包括：数据集名、属性、要求的 I/O 设备以及辅存空间量等。例如：

```
$ D1 DD DSN = Mfile,UNIT = Disk,SPACE = 6K
```

其中，UNIT 指出保存数据集的设备；SPACE 指出它的存储空间要求。

(4) 说明语句。其格式为：

```
$ * Comments
```

此语句只起说明作用，系统不予执行。用户可用此语句在每个作业或作业步后附加一些说明，以便操作员或其他程序员了解作业的意图和注意事项。

(5) 分隔语句。其格式为：

```
$ ** Comments
```

此语句用来表示一个数据集的结束，并将输入流中的数据与其他语句隔开。

(6) 作业结束语句(EOJ)。其格式为：

```
$ Jobname EOJ Comments
```

此语句表示一个作业的结束。它位于一个作业卡片叠的最后一张。在由多个作业组成的输入流中，除最后一个作业结束语句不能省略外，其余的作业结束语句均可省略。这个语句也称为“空语句”。

必须指出，操作系统不同，为其配置的作业控制语言在语句的格式、功能上都不尽相同，条数也多少不一。

作业控制卡方式是早期的一种脱机作业控制方式，存在着以下缺陷：

(1) 使用不够灵活，因为用户要把控制卡插入到那些要控制的卡片中间，如插不准确，就会出错，很不方便。

(2) 由于作业控制卡是分散的，因此要对作业控制卡进行修改比较麻烦。此外，这些控制卡只能顺序执行，不能重复执行或跳越执行。

(3) 作业控制卡的格式表示方式不简洁，不易学会，不受用户欢迎。

**2. 作业说明书**

用作业说明书来组织作业，比起作业控制卡方式方便灵活，在功能上也强些。使用作业控制卡，人们只能依据预先设计的一种操作步骤来控制作业的运行，而使用作业说明书，人们可以像程序设计那样，为作业提供各种可能的操作路线，尽可能地使作业运行到终止。

作业说明书方式也是用作业控制语言来表达用户对作业的控制意图。不同的计算机系统其作业控制语言不尽相同。下面结合 GEORGE 系统中的作业控制语言来介绍作业说明书。GEORGE 系统的作业控制命令的基本格式为：

[标号] <动词> <参数>

其中，[]部分表示任选。标号必须以数字打头，长度不限。标号和动词之间至少有一个空格；动词与参数之间至少有一个空格。一个动词最多可以有 24 个参数，各参数间以“,”隔开。作为标识用户名的参数必须以“:”开头，标识外部设备名字的参数以“*”开头。

GEORGE 系统设置的作业控制命令及其功能如下所示。

(1) 输入输出命令。输入输出命令用来说明用户的各种信息(包括程序、数据和作业说明书)的输入,结果信息(包括编译好的目标程序、计算结果)的输出,以及输入、输出设备的使用。这类命令主要有以下几条。

① INPUT 命令。用户使用这条命令来预输入源程序和数据。

② JOB 命令。用来输入作业说明书。

③ ASSIGN 命令。用户在作业说明书中用 ASSIGN 命令把访问的某个文件同输入、输出设备联系起来。

④ LISTFILE 命令。用户在作业说明书中用 LISTFILE 命令可在指定的输出设备上输出指定的文件。

(2) 编译命令。用户用此命令调用相应的编译程序对源程序进行编译。每条"编译"命令的动词,就是相应语言的名字。例如,动词 FORTRAN 表示请求调用 FORTRAN 编译程序来进行编译。命令的参数是源程序文件的名字以及它所在的设备。例如:

```
FORTRAN * DISK FORPROG
```

表示调用 FORTRAN 编译程序对磁盘上的文件名为 FORPROG 的源程序进行编译。

编译命令还可以有其他一些参数,用来表示对编译出错时如何处理,如何列表输出,目标程序是否立即装入主存启动运行等指示。

(3) 操作命令。

① LOAD 命令。用户使用这条命令来对二进制目标模块进行装配。

② ENTER 命令。用来启动程序。命令中的参数必须是 0～9 之间的数字,表示入口点,也即告诉系统该程序本次运行从哪个入口点启动。

③ RESUME。当程序在运行过程中发生事件后,用户用此命令重新启动程序。其参数同 ENTER 命令。

④ PRINT 命令。它表示要求将某个工作区的内容输出到操作系统的监督文件中,以便最后一起打印给用户。

⑤ TIME 命令。用户使用这条命令来给出运行时间的限制。

⑥ ENDJOB。用来表示一个作业的终止。它通常是作业说明书的最后一条命令。

(4) 条件命令。主要用来表示当程序运行过程中发生了某个事件时,应该转向哪条操作命令去执行。典型的事件有:遇到了"停止程序执行"的系统调用,非法指令、外部设备失灵或程序超时等。

下面举一个用 GEORGE 系统提供的作业控制语言编写的作业说明书的例子。

```
FORTRAN * DISK,FORPROG          调用 FORTRAN 编译程序对磁盘上的源程序文件
BIN,COMPILIST                   FORPROG 进行编译,编译好的目标程序存于
                                COMPILIST 文件中
LISTFILE COMPILIST * LP         将 COMPILIST 文件在打印机上列表输出
TIME(5,10)                      建立 5 分 10 秒的运行时间限制
ENTER 3                         从第 3 个入口点启动该程序
IF HALTED GOTO 1                如遇到"停止程序执行"的系统调用,转向标
                                号为 1 的操作命令
IF FAILED GOTO 2                如遇到非法指令等 FAILED 事件,转向标号为 2 的操作命令
1 RESUME                        继续执行下一条指令
```

```
2 PRINT(1,100)          打印 1～100 号单元内容
ENDJOB                  终止作业
```

### 2.6.2 联机作业控制

联机作业控制是指用户通过使用控制台或终端发布命令对其作业运行所进行的控制。用户根据其操作意图逐个地输入命令控制，指挥作业运行。而系统也通过相应的设备把作业运行的情况和操作结果通知用户，以便用户根据当前的情况决定下一步的行动。为了实现这种方式的控制，系统提供了丰富的联机控制命令，又称键盘命令。键盘操作命令的一般格式为：

```
COMMAND ARG1 ARG2…
```

其中，COMMAND 是命令动词，表示命令所要完成的操作；ARG1 ARG2…是该命令的参数，通常表示操作的对象或操作的方式等，可有可无。键盘操作具体实现的功能包括以下几个方面：

(1) 作业控制命令；

(2) 资源申请(各种外设的使用和重定向)；

(3) 文件的各种操作命令；

(4) 目录操作命令；

(5) 控制转移命令。

在目前微型机广泛普及的环境下，我们对键盘操作命令都已经非常熟悉，在这里就不再详细介绍。

## 2.7 Windows XP 的用户接口

### 2.7.1 Windows XP 的系统命令

Windows XP 的命令界面虽然是图形化的用户界面，但它仍提供对命令行的支持。在 Windows XP 系统中，命令不再是 16 位程序，而且有些命令还与图形界面浑然一体，甚至有些命令还能直接对注册表信息进行访问。因此，可以把 Windows XP 命令看作是图形界面不可缺少的补充。

Windows XP 的命令具有以下特点：

(1) 有些命令只能通过命令行直接执行。

(2) 复制、粘贴操作不同。

(3) 能前后浏览每一步操作屏幕所显示的内容。

(4) 直接支持系统已挂接的码表输入法。在 Windows XP 的命令行下可以直接显示汉字，并能很方便地按图形界面完全相同的快捷键(热键)，直接调用系统中已经安装的各种码表输入法。

### 2.7.2 Windows XP 的 GUI

Windows XP 的图形用户界面组成元素主要有桌面、窗口、图标、菜单和对话框等。

### 1. 桌面

桌面是用户使用计算机的平台，也就是计算机屏幕。它提供了用户操作计算机的方式。Windows XP 的桌面由“开始”按钮、任务栏、图标、空白区等组成。

### 2. 窗口

窗口是用户使用某一程序的界面，它包括标题栏、菜单栏、工具栏、状态栏、最小化按钮、最大化/还原按钮、关闭按钮、滚动条、窗口边框、编辑区、控制菜单图标等图形元素，以实现其相应的功能。一个进程可以对应一个窗口，屏幕上的多窗口对应并发的多进程。窗口可以动态创建、改变和撤销。利用窗口系统的优点是操作直观，不必记命令行参数，可与多个进程交互，便于进行多媒体处理。而且交互的并发性好、传递信息量大。

### 3. 菜单

菜单是一种提供给用户执行程序的接口，由菜单条、弹出式菜单、下拉式菜单等组成。

(1) 菜单项。其类型包括普通菜单项、灰色菜单项、带“…”的菜单项和带“▼”的菜单项。

(2) 命令字母。指菜单项后面括号中带下划线的英文字母，菜单打开后可直接按该字母执行相应命令。

(3) 快捷键。指菜单项后面列出的组合键名，可直接按下该组合键来执行该命令。

(4) 分隔线。对菜单按功能分组。

### 4. 对话框

对话框是某一应用程序执行基本命令是弹出的矩形区域，它包括标题栏、文本框、列表框、下拉列表框、按钮、单选按钮、复选框、微调按钮即标签等。

(1) 标题栏。位于对话框顺部，用于标识对话框名称的区域。

(2) 文本框。用于输入文本内容的空白区域。

(3) 列表框。列出已有的选项供选择。

(4) 下拉列表框。单击右侧的下三角按钮后弹出一个列表，用户可选择其中的某一项。

(5) 按钮。对话框中的一种控件，其上标有控件相应的功能。

(6) 单选按钮。只能在一组选项里选中一种，选中后其圆形按钮中出现黑点。

(7) 复选框。可同时选中多个选项或不选，选中后其方形柜中出现“√”标记。

(8) 微调按钮。一种特殊的文本框，共右侧有向上和向下两个按钮，用于对文本框中的数字内容进行调节。

(9) 标签。有些对话框包含多组内容，用标题栏下的一排标签识别，标签上标有该组内容的名称。

(10) 选项卡。单击标签后出现的每一组内容称为选项卡，选项卡由标签命名。

## 2.7.3 Win32 API 函数

Windows 的应用程序编程接口(Application Programming Interface, APl)是 Windows 操作系统提供给程序员的编程接口，其主要功能是以 API 函数的方式向程序员提供 Windows 系统服务调用。每一个 API 函数对应一个系统服务功能，通过 API 函数，在用户程序中可以实现诸如建立窗口、绘图及使用硬件设备等功能。Win32 API 函数指的是在 32

位 Windows 系统下使用的 API 函数。

当 Windows 操作系统占据桌面应用主导地位的时候,开发 Windows 平台下的应用程序成为一种需要。在 Windows 早期的应用程序开发中,由于没有合适的开发工具,程序员想编写具有 Windows 风格的应用程序,必须借助 Windows API 函数,API 函数也因此成为程序员开发 Windows 应用程序必须掌握的工具。由于开发 Windows 应用程序是个比较复杂的工作,程序员不仅要记住很多常用的 API 函数的用法,而且还得对 Windows 操作系统内核有深入的了解。这一状况直到后来出现了许多优秀的可视化工具才有所好转。现在,程序员可以采用"所见即所得"的编程环境(如 VB、VC++、Delphi 等)来开发具有精美用户界面和功能强大的应用程序。

## 2.8 小结

系统与用户的接口是作业管理的最重要功能之一,用户通过它来控制和管理自己的作业。该接口可分为命令接口及系统调用接口两种。其中命令接口被用于组织作业的工作流程和控制作业的运行,它可具体分为键盘命令、作业控制语言和图形化用户界面三类。而系统调用是系统提供给用户编程人员的接口,编程人员将在自己的程序中通过系统调用来取得系统的服务和控制作业的运行。用户接口功能的强弱及提供给用户的使用界面是衡量操作系统优劣的重要指标。

作业是用户在一次解题或一个事务处理过程中要求计算机系统所做工作的集合,它包括用户程序、所需要的数据及控制命令等。作业是由一系列有序的作业步组成的。在作业的整个执行过程中,历经作业的创建、调度、执行及完成等一系列步骤。每个作业在生命的全部周期中,都经历提交状态、后备状态、执行状态及完成状态的转变。

作业管理的任务是对资源进行描述、分配和保证资源使用的安全性。根据作业管理的任务,可以把作业管理的功能分为作业输入、作业调度和作业控制。

作业的输入输出涉及到设备的 I/O 方式,可分为联机、脱机、直接耦合、SPOOLING 和网络输入输出等几种方式,其中前三种未使用通道,而后两种方式采用了通道来控制外设的输入与输出。

作业调度的一般功能是:从后备作业中挑选一个或多个作业,为它(它们)分配基本的内存和外设资源并建立相应进程。其基本的调度原则是:力求与系统的总体设计目标保持一致,尽量提高系统吞吐量,均衡利用资源,对所有的作业公平服务,对高优先级作业给予优先服务。

如何选择合适的调度算法是实现调度的关键。对调度算法进行评估的常用度量标准是平均周转时间和平均带权周转时间。

比较常用的作业调度算法有:FCFS(先来先服务)法、SJF(短作业优先)法、HRN(最高响应比优先)法等。这几种方法各有特点,其中 FCFS 法实现简单、公平,但效率较低且不利于短作业;SJF 法也比较简单且效率较高,但它只考虑短作业,对长作业不利;HRN 法是介于 FCFS 和 SJF 之间的一种折中算法。

对作业的控制方式有两种:一是脱机作业控制,也称为作业的自动控制方式,即采用作业控制卡或作业说明书表达用户对自己的作业的控制意图,让系统根据它来实现作业的运行；二是联机作业控制，也称为作业的直接控制方式，它是为联机或终端用户提供的，即采用操作命令语言的操作命令在终端上对作业直接实现控制的。

Windows XP 的用户接口有三种形式：系统命令、GUI 和 Win32 的 API 函数。

## 习题二

1. 系统功能调用是 OS 与用户程序的接口，库函数也是 OS 与用户程序的接口，这句话对吗？为什么？

2. 什么是系统调用？描述系统调用的主要实现过程。

3. 系统调用与普通的过程调用有什么不同？

4. 操作系统为用户提供哪些接口？它们的区别是什么？

5. 一个具有分时兼批处理功能的操作系统应怎样调度和管理作业？为什么？

6. 在一个批处理系统中，一个作业从提交到运行结束并退出系统，通常要经历哪几个阶段和哪些状态？你能说出这些状态转变的原因吗？哪些程序负责这些状态的转变？

7. 确定作业调度算法时通常要考虑那些因素，如何衡量一个调度算法的性能？

8. 给定一组作业：$J_1,J_2,\cdots,J_n$，它们的运行时间分别为 $T_1,T_2,\cdots,T_n$。假定这些作业同时到达，并且在一台处理机上按单道方式运行。试证明按 SJF 算法调度时，平均周转时间最短。

9. 作业管理主要包括哪些内容？作业调度的主要功能是什么？常用的作业调度算法有哪几种？

10. 有 5 个批处理的作业($A,B,C,D,E$)几乎同时到达一个计算中心，估计的运行时间分别为 2,4,6,8,10 分钟，它们的优先级分别为 1,2,3,4,5(1 为最低优先级)。对下面的每种调度算法，分别计算作业的平均周转时间。

(1) 最高优先级优先；

(2) 时间片轮转(时间片为 2 分钟)；

(3) FIFO(作业到达顺序为 C,D,B,E,A)；

(4) 短作业优先。

11. 假设有 5 道作业，它们的提交时间和运行时间由下表给出：

| 作业 | 提交时间 | 运行时间/h |
|---|---|---|
| 1 | 10:00 | 2 |
| 2 | 10:05 | 1 |
| 3 | 10:25 | 0.75 |
| 4 | 12:25 | 0.5 |
| 5 | 12:50 | 0.25 |

若采用 FCFS 和 SJF 两种调度算法，指出作业以单道串行方式运行时的被调度顺序及周转时间。

12. 假设有 3 道作业，它们的提交时间及运行时间由下表给出，若采用 FCFS 和 SJF 两种调度算法，试指出作业被调度的顺序，作业单道串行运行时平均周转时间，结果说明什么？

| 作业 | 提交时间 | 运行时间/h |
| --- | --- | --- |
| 1 | 10:00 | 2 |
| 2 | 10:00 | 1 |
| 3 | 10:25 | 0.25 |

13. 假设在单道批处理系统的后备状态中有四道作业,将按照"最高响应比优先法"调度运行,试将表中空缺项填入相应值,并计算平均周转时间。

| 作业号 | 提交时间 | 运行时间/h | 开始时刻 | 完成时刻 | 周转时间 |
| --- | --- | --- | --- | --- | --- |
| 1 | 8:00 | 2.00 | | | |
| 2 | 8:50 | 0.50 | | | |
| 3 | 9:00 | 0.10 | | | |
| 4 | 9:50 | 0.20 | | | |

14. 有 5 个任务 A 到 E 几乎同时到达,它们预计运行时间为 10、6、2、4、8 分钟,其优先级分别为 3、5、2、1 和 4,这里 5 为最高优先级。对于下列每一种调度,计算其平均进程周转时间(进程切换开销可不考虑)。

(1) 先来先服务(按 A,B,C,D,E);

(2) 优先级调度;

(3) 时间片轮转。

15. 简述 Windows XP 的用户接口。

21世纪

# 第3章 进程和处理机管理

操作系统的最重要的特征之一是程序的并发执行，为了描述和管理程序的执行，提高系统效率和增强系统内各种硬件的并行执行，通常引入进程概念。在现代操作系统中，进程是设计和分析操作系统的重要工具，资源分配是以进程为单位，系统运行也是以进程为基本单位，在操作系统中进程这个概念极为重要，因此本章从进程的角度来研究操作系统，最后研究了 Windows XP 中的进程管理。

## 3.1 进程的基本概念

用静态的观点看操作系统是一组程序和表格的集合，用动态的观点看操作系统是进程的动态和并发执行。而进程的概念实际上是程序这一概念的发展产物。因此，我们从分析程序入手，引出“进程”的概念。

程序的执行可分为顺序执行和并发执行两种方式。顺序执行是指操作系统依次执行各个程序，在一个程序的整个执行过程中该程序执行占用所有系统资源，不会中途暂停。顺序执行是单道批处理系统的执行方式，也用于简单的单片机系统。并发执行是指多个程序在一个处理机上的交替执行，这种交替执行在宏观上表现为同时执行。现代操作系统多采用并发执行方式，因而具有许多新的特征。引入并发执行的目的是提高计算机资源利用率。

### 3.1.1 程序顺序执行

#### 1. 程序的顺序执行

人们使用计算机的目的就是对数据进行加工处理，以此来解决各类问题。数据就是那些用来表示人们思维对象的抽象概念的物理表现，而经过解释和处理以满足特定需要的数据叫做“信息”。数据是在人与人之间、人与计算机之间传递信息的，可以存储起来供将来使用，也可以用来按某种规则予以处理以导出新的信息。

数据处理的规则叫做操作。每个操作都要有执行对象，一经启动将在一段有限的时间内执行完毕，并能根据状态的变化辨认出操作的结果。

对某一有限数据集合所实施的、目的在于解决某一问题的一组有限的操作的集合，称为一个计算。即计算是由若干个操作组成的。程序是算法的形式化描述，所以一个程序的执行过程就是一个计算。

一个程序通常是由若干个程序段组成的，一个程序段对应一个操作，这些操作必须有严格的先后顺序，仅当前一个操作执行完毕，才能执行后面的操作。

例如，一个程序在执行时，总是可以抽象为先输入用户的程序和数据，再计算，最后打印输出计算结果。如果用结点 I 表示输入操作、C 表示计算操作、P 表示输出操作，则一个程序的执行顺序就是 I、C、P。当一个程序执行完后，下一个程序才可以开始运行，如图 3-1 所示，其中，下标表示作业编号。

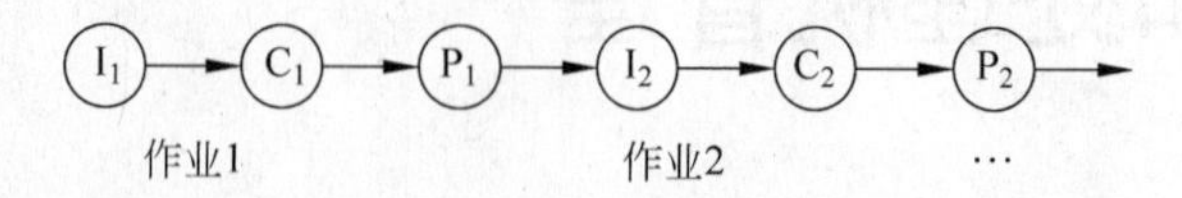


图 3-1　程序的顺序执行

另外的例子是程序源代码中顺序执行的语句，只有一个语句执行完后，后面的语句才可以开始执行。

**2. 程序顺序执行的特点**

程序顺序执行的操作是一个接一个以有限的速度向前推进，并且前后两个操作之间的数据、状态有一定的关系。由此产生了顺序程序的特点：

顺序性。一个程序的各操作在处理机上以严格的顺序执行。即下一个操作必须在上一个操作结束后才能运行。

封闭性。封闭性指程序在执行的过程中独占计算机系统的全部资源，不受外界因素的影响，系统的状态只有该程序可以改变。

可再现性。当程序重复执行时，如果初始数据相同，总是可以得到相同的结果，程序的结果与程序执行的速度无关。可再现性的特点为程序员检测和校正程序错误带来了极大的方便。

### 3.1.2 程序并发执行

**1. 程序的并发执行**

图 3-1 中，一个作业的计算过程分成 3 个操作完成，即输入、计算和打印结果，由于这 3 个操作是一个程序的逻辑顺序，因此，这 3 个操作必须顺序执行。为了增强系统硬件资源的利用率，在现代计算机系统中普遍采用同时性操作技术。从图 3-1 可以看到，3 个不同的操作分别在输入机、中央处理机和打印机上执行，这 3 个设备实际上是可以同时操作的，但是由于程序本身的逻辑性，这 3 个操作还是只能顺序执行。在顺序执行的过程中，可以发现，当其中的一个设备处于工作状态时，其他两个设备都处于空闲状态，导致了系统资源利用率不高。

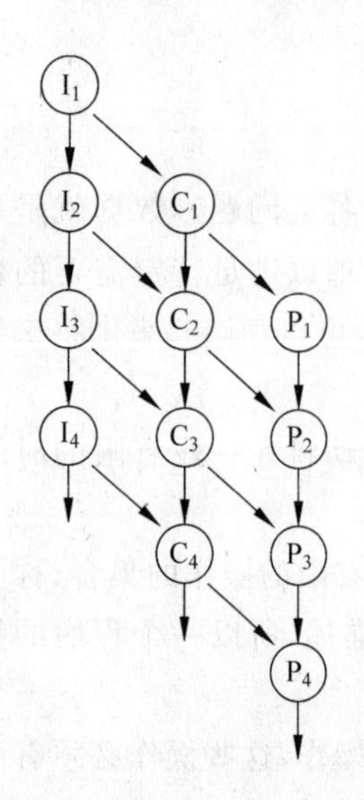


图 3-2　程序段并发执行

为了提高设备的利用率，当有一批作业需要处理时，可以让多个设备同时操作，如图 3-2 所示。图中给出了 4 个作业，每个作业都分为 3 个顺序操作：输入 I、计算 C 和结果打印 P，可以看到，$I_3$、$C_2$、$P_1$ 分别属于不同作业的操作。在某个时刻，它们分别在使用输入、计算和打印设备，从时间上看，这 3 个设备都在工作，虽然它们在执行不同的操作。如果系统中有大量的作业，并且作业都经过输入、计算和打印结果3个操作，则相应的3个设备几乎都处于满负荷工作状态。因此，设备得到了充分利用，系统的吞吐率也得到极大提高。

所谓程序的并发执行是指：若干个程序段同时在系统中运行，这些程序段的执行在时间上是重叠的，一个程序段尚未结束，另一个程序段已经开始执行，即使这种重叠是很小的一部分，也称这几个程序段是并发执行的。在描述并发执行的程序时，通常使用 Dijkstra 最先提出的方法，如图 3-2 所示，$I_3$、$C_2$、$P_1$ 是并发执行的，则使用下面的语句描述：

```
cobegin
    I3;
    C2;
    P1;
coend;
```

cobegin 和 coend 两个关键字间的语句是并发执行的，并发执行的3个语句在书写顺序上并不表示执行的先后顺序。

**2. 程序并发执行的特点**

程序并发执行提高了资源利用率和系统处理能力，但是也带来了与顺序执行程序不同的新特性。

1) 失去了程序的封闭性

在顺序执行程序的时候，系统所有的硬件资源和软件(如变量、表格等)资源由一个程序独享，程序在执行的过程中不受任何干扰，即这个程序执行后的输出结果是一个与时间无关的函数，具有封闭性。如果一个程序在执行的过程中可以改变另一个程序的变量，那么，后者的输出有可能依赖于各程序执行的相对顺序，也就是说，在并发执行程序的时候，程序失去了封闭性，多次执行时，由于执行程序的相对顺序不同，可能得到不同的结果。

```
begin
    int n = 0;
    cobegin
        while(A 任务没有完成){ //程序段 A
            ⋮
            n++;
        ⋮
        }
        while(A 任务没有完成){ //程序段 B
            ⋮
            printf("n = %d\n",n);
            n = 0;
            ⋮
        }
    coend
end
```

在上面的代码中，有两个程序段 A 和 B，A 每执行一次都要对变量 n 进行加 1 操作；B 每执行一次先打印出 n 的值，再将 n 置 0。由于 A 中的 n++ 操作既可以在程序段 B 的两个语句之前执行，也可以在中间和之后执行，对于这3种情况，打印的分别是 n++、n 和 n，执行后的值分别是 0、1、0。这种多个执行结果的错误原因在于：程序段 A 和 B 公用了一个变量

n,而程序段的执行也没有采取适当措施,这样,程序计算的结果就与时间有关,这种与时间有关的错误使程序失去了封闭性,结果便不可再现。

2) 间断性

并发执行的程序之间有两种制约关系:

(1) 间接关系,由于程序共享硬件和软件资源引起;

(2) 直接关系,因程序相互合作共同完成一项任务而产生。

例如,两个程序共享打印机资源,一个程序正在使用时,另外一个程序就只能等待,这种共享导致第二个程序处于暂停状态,打印机可用后,该程序将继续执行。这种共享资源的关系使得程序以不可预知速度向前推进,换而言之,程序之间的相互制约关系导致程序"执行—暂停—执行",即程序的执行具有间断性。

在第二种制约关系中,一个程序的若干个任务相互协作共同完成一个任务,有些任务可以并发执行,有些任务只有等到其他任务完成后才能执行,这也导致了程序执行的间断性。

3) 通信性

对于相互合作的程序,为了更有效地协调运行,相互之间应进行通信,即一个程序向另外一个程序发送消息,以便接收到消息的程序可以启动执行。如图 3-3 所示,三个程序 A、B、C 相互协作共同完成一个任务,A 和 B 可以同时执行,而 C 只有在收到 A 和 B 都完成后的消息才能开始执行,这里,A 和 C、B 和 C 之间存在消息通信,虽然 A 和 B 发送的只是一个简单的完成消息,但足以让程序 C 开始执行。在合作程序之间有时也可能发送大量的消息。

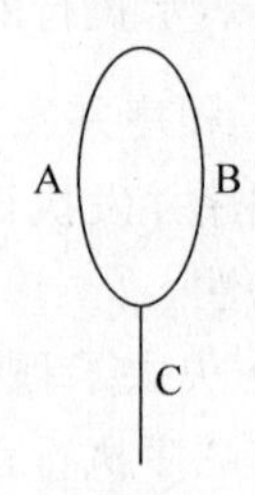

图 3-3　并发进程间的通信

4) 独立性

在并发程序的运行过程中,各程序都是一个独立运行的实体,具有作为一个单位去申请资源的独立性,否则将无法运行。例如,一个程序要从其他程序接收大量消息,则该程序必须能够申请到相应的缓冲区,只有申请到缓冲,才可以进行接收操作。信息的到达是随机的,因此,接收程序随时都可能申请缓冲,使用完再立即释放。

### 3.1.3　进程描述

#### 1. 进程定义

由于程序之间的直接和间接的制约关系,并发程序在执行时,与外界发生了密切的联系,使得程序总是在"执行—暂停—执行"这样有规律的状态之间变换,并发执行的程序因此具有间断性的特点,程序也因此失去了封闭性。

在这种情况下,如果仍然使用程序的概念,则只能对程序并发执行进行静止的、孤立的研究,不能深刻反映他们活动的规律和状态的变化。为此,人们引入了新的概念"进程"(process),以便从变化的角度,动态地分析并研究并发程序的活动。

进程的概念早在 20 世纪 60 年代初期,首先由麻省理工学院的 MULTICS 系统和 IBM 的 CTSS/360 引入。之后,许多专业人士从不同角度对进程进行了各式各样的定义。其中,最能反映进程实质的定义有:

(1) 进程是程序的一次执行活动;

(2) 进程是可以和别的计算并发执行的计算;

(3) 进程是一个程序在对应数据结构上的进行的操作；

(4) 所谓进程，就是一个程序在给定活动空间和初始环境下，在一个处理机上的执行过程；

(5) 进程是程序在一个数据集合上运行的过程，它是系统进程资源分配和调度的一个独立单位。

根据1978年在庐山召开的全国计算机操作系统会议上关于进程的讨论，结合国外的各种观点，国内关于进程的定义如下：

进程，是一个具有一定独立功能的程序，是关于某个数据集合的一次运行活动。这里给的进程定义，侧重于三点：进程是一个程序段；进程的操作对象是一个数据集合；进程是一个在处理机上的活动过程。早期关于进程的定义在本质上是相同的，只是侧重点不同。

进程和程序既有联系，又有区别，它们的区别和关系在于：

(1) 程序是指令的有序集合，其本身没有任何运行的含义，它是一个静态的概念。进程是程序在处理机上的一次执行过程，它是一个动态的概念。程序可以作为一种软件数据长期保存，而进程是有一定生命期的，它能够动态地产生和消亡。即进程可因"创建"而产生，因调度而执行，因得不到资源而暂停，以致最后因"撤销"而消亡。

(2) 进程具有并行特征，能与其他进程并行地活动；

(3) 进程是竞争计算机系统有限资源的单位，也是进行处理机调度的基本单位。

(4) 同一程序同时运行于若干不同的数据集合上，它将属于若干个不同的进程。或者说，若干不同的进程可以包含相同的程序。也就是说，用同一程序对不同的数据先后或同时加以处理，就对应于好几个进程。

(5) 进程是由程序段、数据段和进程控制块组成。它是程序段在某种数据段的执行。

**2. 进程类型**

系统中有很多进程，按照性质来分，有系统进程和用户进程。系统进程对资源进行管理、控制用户进程的执行；而用户进程主要是为用户完成计算任务。它们之间的区别在于：

(1) 系统进程被分配一个初始的资源集合，这些资源可以为系统进程独占，也可以按最高优先权限优先使用。用户进程要使用资源，必须通过系统服务请求来申请资源，并和其他用户进程竞争资源。

(2) 用户进程不能直接完成I/O操作，而系统进程可以做显示的、直接的I/O操作。

(3) 系统进程在管态下运行，而用户进程在目态下运行。

另外，还可以根据进程活动特点将其分为计算进程和I/O进程。计算进程在其活动期间主要在CPU上完成大量的计算工作，而I/O部分很少；I/O进程正好相反，其主要任务是使用I/O设备完成数据的输入/输出，而计算量很少。例如，科学计算任务往往要求大量的计算工作，占用了很多CPU时间，I/O任务很少，而数据查询检索正好相反，要求较少的计算，而要求大量的输入输出。

**3. 进程的特征和利弊**

进程具有下面的特征：

(1) 动态性。进程的定义描述了进程是程序的一次执行活动，因此，动态性是进程最基本的特征。进程因创建而产生，之后因调度而执行，因得不到资源而等待，因完成任务而消亡。可见,进程的状态是动态变化的,相应的任务完成时,其生命期就结束。

(2) 并发性。引入进程概念的原因正是因为程序并发执行的目的。并发性是进程的第二特征。程序要并发执行,首先需要系统为之创建进程,只有进程才能并发执行,程序是静止的,不能并发执行。

(3) 独立性。进程是一个能独立运行的基本单位,同时也是系统分配资源的和调度的单位。进程在获得需要的资源后就可以开始运行,如果得不到资源便暂时停止,等待资源可用。未建立进程的程序是不能作为一个单位独立运行的。

(4) 异步性/间断性。进程按照不可预知的速度向前推进,进程执行的规律是“执行—暂停—执行”,其原因在于进程之间的直接和间接的制约关系。

(5) 结构特征。为了描述进程动态变化的过程,并使之能独立运行,每个进程都有一个数据结构,这个数据结构称为进程控制块 PCB,一方面 PCB 描述进程,如对应的程序代码、运行时需要的数据和堆栈,另一方面,PCB 也包含一些控制信息。

引入进程的原因是程序并发执行的需要,只有为每道程序建立了进程,它们才能并发执行。并发可以改善系统资源利用率和系统吞吐量,因此,目前在大、中、小型计算机,甚至在高档微机中,几乎都引入了进程,但是系统也必须为引入进程增加开销:

(1) 空间开销。引入进程后,系统要为每个进程建立一个数据结构,即进程控制块 PCB,它通常要占用几十到几百个内存字节;为了协调进程间的并发活动,系统还必须设置相应的管理机构,这也需要消耗可观的内存空间。

(2) 时间开销。系统需要花时间来控制并发活动的进程,比如,在处理机上切换进程,系统需要保存前一个进程的现场,恢复后一个进程的上一次执行的状态,这都需要 CPU 花时间来处理。

**4. 进程的状态与变迁**

进程并发执行的特征决定了进程总是处于“执行—暂停—执行”状态,直到进程完成任务并消亡。在进程的生命周期,进程有时处于运行,有时因为得不到要求的资源而处于暂停状态,当要求的资源可用后因为 CPU 忙而又处于准备就绪状态。所以,一个进程至少具有三种基本状态,即就绪、执行、等待状态。

(1) 就绪状态(ready)。一个进程申请到了所需要的除 CPU 以外的资源,具备了执行的条件,但是由于 CPU 正在处理其他进程而不能在 CPU 上运行,这样的进程所处的状态就是就绪状态。就绪状态的进程一旦得到 CPU,就可以开始运行。通常,在系统中处于就绪状态的进程有多个,它们排成一个队列,称为就绪状态。

(2) 执行状态(running)。系统的进程调度程序在处理机空闲时,从就绪队列中选择一个进程,并将处理机分配给它,进程得到 CPU 资源后,便可以在处理机上执行,这时的状态为执行状态。在单处理机系统中,只有一个进程处于执行状态,在多处理机系统中,可以有多个进程处于执行状态。

(3) 等待状态(wait)/阻塞状态。正在执行的进程,因为等待某一事件发生(如等待输入输出操作完成)放弃处理机而暂时停止执行,这时,进程的状态就是等待状态。引起进程进入等待状态的典型事件有请求 I/O、申请缓冲空间等。当等待的事件发生或完成后,进程将进入就绪队列,等待被进程调度模块选中进行下一次运行。

应当指出,当正在执行的进程进入等待状态后,系统的进程调度模块立即将处理机分配给另一个就绪进程；当一个进程等待的条件发生后，该进程将由等待状态变为就绪状态重新等待获得处理，而不是直接恢复到执行状态。可见，进程的状态是不断变化的，进程的3种基本状态及其状态变迁如图3-4所示。

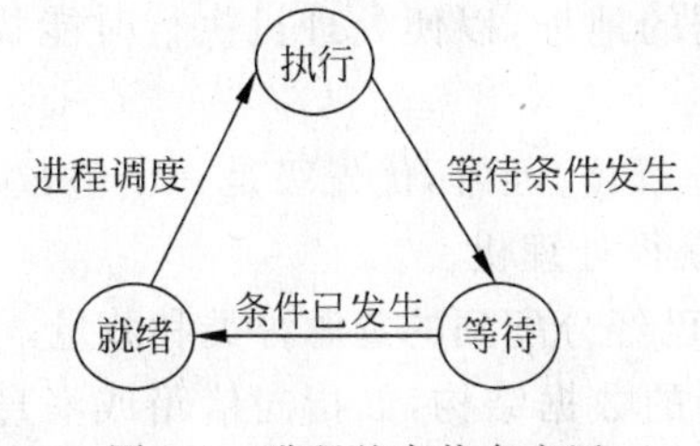


图3-4　进程基本状态变迁

上面介绍了进程的三种基本状态和其变迁，那么，进程是如何产生和消亡的呢？进程是程序的一次执行过程，是一个活动。当系统或用户需要一个活动时，可以通过创建进程的方法来产生一个进程，被创建的进程直接进入就绪状态。当一个进程的任务完成，系统可以通过撤销进程的方法使得进程消亡。

图3-4描写进程的基本状态，在不同的系统中，可以设置更多的状态，其变迁将更复杂。比如，在有的系统中，有时希望将正在执行的进程或者没有执行的进程挂起(suspend)，使之处于静止状态，以便研究该进程的执行情况或者对它进行修改，这样的进程称为挂起状态；在分时系统中，正在执行的进程因为时间片到可以直接变为就绪状态；在Linux系统中，就绪/等待状态也可以分为内存就绪/等待状态和外存就绪/等待状态，其状态变迁将更复杂。

### 5. 进程描述——进程控制块PCB

1）进程控制块的作用

引入进程概念后，系统为了描述和控制进程的运行，刻画进程在不同时期所处的状态，为每个进程定义了一个数据结构，即进程控制块(Process Control Block，PCB)。系统根据PCB感知进程的存在，因此，PCB是标识进程存在的唯一实体。当系统为用户程序创建一个进程时，实际上是为该进程分配一个PCB，并用相应的数据填充，在该进程的整个生命周期，系统使用这个PCB中的信息对该进程实施控制和管理。进程任务完成，系统回收其PCB，该进程便消亡。在一个实际的系统中，PCB的数量通常是一定的(比如200)，该数字规定了系统所允许的最多进程数。系统将所有PCB形成一个结构数组，放在操作系统专用区。

2）进程控制块的内容

进程控制块PCB是一个数据结构，包含了进程的描述信息和控制信息，常用的信息见表3-1。

**表3-1　PCB信息**

| | |
|---|---|
| 进程标识符 | 进程通信信息 |
| 进程当前状态 | 互斥和同步机构 |
| 现场保护区 | 家族联系 |
| 程序和数据地址 | 链接字 |
| 进程优先级 | 总链指针 |
| 资源清单 | |

(1) 进程标识符。每个进程都必须有一个唯一的标识符，它是一个整数，也称进程内部名称。在创建进程时，系统为之分配一个空白PCB，并分配唯一标识符。

(2) 进程当前状态。说明本进程目前的状态(就绪、执行、等待等)，作为进程调度程序分配处理机的主要依据。只有当进程处于就绪状态时，才有可能分配到处理机；当进程处于等待状态时，要在PCB中说明等待的原因。

(3) 现场保护区。当进程由于某种原因需要从执行状态变为等待状态时,其 CPU 现场信息必须保存,以便将来继续运行。要保存的信息包括: 程序状态字、通用寄存器、指令计数器等。

(4) 程序和数据地址。从进程的定义可以看到,进程是一段程序对一个数据集合的操作过程。因此,在 PCB 中要说明该进程对应的程序和数据的地址,以便处理机执行时能找到指令和数据。

(5) 进程优先级。优先级反映了进程要求 CPU 的紧迫程度,通常,优先级是一个整数,由用户预先提出或由系统指定,优先级高的进程可以优先获得处理机。

(6) 资源清单。它列出了进程所需要的资源以及当前已经分配到的资源种类和数量。

(7) 进程通信信息。用于实现进程之间的通信所需要的数据结构,如指向信箱或消息队列的指针等。

(8) 互斥和同步机构。实现进程之间互斥和同步所需的机构,如信号量和锁等。互斥和同步是进程之间的两种制约关系。

(9) 家族联系。系统为用户程序创建进程,进程又可以创建子进程,依次类推,进程之间可以形成一个家族关系。家族联系说明了本进程与其家族进程之间的关系。

(10) 链接字。指出了和本进程处于同一状态的下一个进程的指针。

(11) 总链指针。系统中有大量的进程,并且处于不同的状态,所有的进程在一个队列,形成一个链表,当前状态字区分不同进程的状态。总链指针即头指针。

3) PCB 的组织方式

一个系统中的 PCB 有很多,为了对它们进程有效管理,必须用适当的方式将它们组织起来,目前常用的组织方式有以下几种:

(1) 链接方式。如图 3-5 所示,左边是 4 个首指针,分别指向处于不同状态的进程队列,这样,系统就可以形成就绪队列、等待队列、空闲队列和执行队列。在单处理机系统中,执行队列最多只能有一个 PCB 结点。就绪队列中的 PCB 结点可以根据优先级排列; 等待队列中的 PCB 结点可以根据等待原因排列。

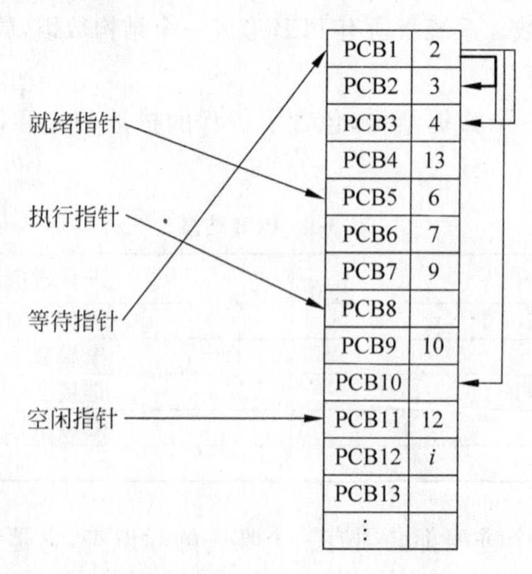


图 3-5　按链接方式组织 PCB

(2) 索引方式。系统可以根据进程的状态建立几张索引表,如图 3-6 所示,有就绪索引表、等待索引表和空闲 PCB 索引表,并将各索引表的首地址放在专用指针中。在每个索引表的表项中，记录具有相应状态的某个 PCB 在 PCB 表中的地址。

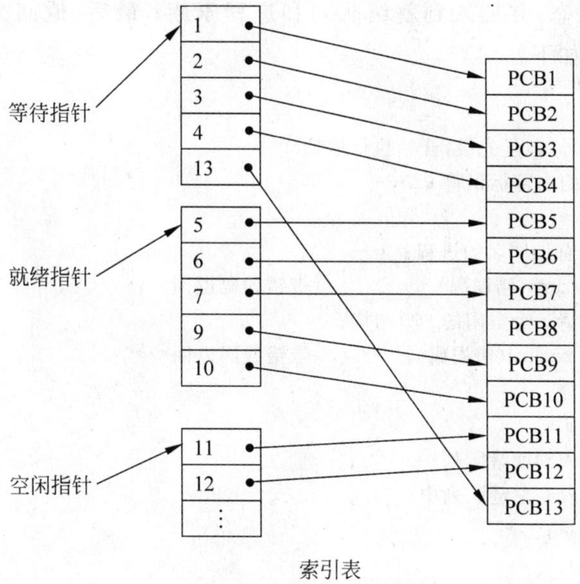

索引表

图 3-6 按索引方式组织 PCB

## 3.2 进程管理

并发系统中有许多进程，为了实现进程管理、协调并发进程之间运行，系统就必须提供对进程实行有效管理和控制的功能。进程控制的任务就是对系统中的所有进程实施有效管理，它是处理机管理的一部分。进程控制模块是操作系统内核的重要功能之一，它具有进程的创建、撤销，进程状态转换和实施进程间同步、通信等功能，这些功能往往是通过一组原语操作来实现。所谓原语，是一种机器指令的延伸，是由若干条机器指令构成用以完成特定功能的一段程序，一般为外层软件所调用。其特点是具有原子性，即原语操作是一个不可分割的操作，要么全部做，要么全部不做。在操作系统中，原语是作为一个基本单位出现的。用于进程控制的原语有创建原语、撤销原语、等待原语和唤醒原语等。

### 3.2.1 进程创建原语

在系统初启成功时，系统已经生成了一些必需的、承担系统资源分配和管理工作的进程，称为系统进程。当用户的作业进入系统，由操作系统的作业调度这一系统进程为它创建相应的若干用户进程。在层次结构的系统中，允许一个进程创建一些附属进程，以完成一些可以并行的工作，这时的创建者称为父进程，被创建者称为子进程，创建父进程的进程称为祖先进程，这样就构成了一个进程家族。用户不能直接创建进程，而只能通过系统请求的方式向操作系统申请创建进程。为用户作业创建新进程是进程管理的基本功能之一。

无论是系统还是用户创建进程，都必须调用进程创建原语来实现。进程创建原语的主要功能是为被创建进程建立一个 PCB，因此，调用创建原语的进程必须提供 PCB 的有关参数，以便填入相应的 PCB 中。填入的主要参数有新进程的符号名，优先级，开始执行地址等。其他参数可以从父进程那里直接继承。

创建进程原语的操作过程是：首先从空闲 PCB 队列中申请一个可用的 PCB，申请到后为该 PCB 分配一个内部标识符；然后填入创建者提供的参数和直接从父进程继承的参数；把新进程设为就绪状态，并插入到就绪队列和进程家族；最后，返回为新进程的内部标识 PID。创建原语描述如下：

```
算法：create
输入：新进程的符号名，优先级，开始执行地址
输出：新创建进程的内部标识符 PID
{
在总链队列上查找有无同名的进程；
if(有同名进程) return(错误码)              /*带错误码返回*/
在空闲 PCB 队列申请一个空闲的 PCB 结构；
if(无空 PCB 结构) return(错误码)；          /*带错误码返回*/
用参数填充 PCB 内容；
置进程为就绪状态；
将新进程的 PCB 插入到就绪队列；
将新进程的 PCB 插入到总链队列中；
设置进程的家族关系；
return(新进程 PID)；
}    /* create(name,priority,start-addr)   */
```

返回参数 PID 是操作系统给出的唯一标识进程存在的符号，它是一个数值型的数据，以后操作系统对该进程的操作就以 PID 为基准。要创建新进程就必须调用系统的进程创建原语，该原语被调度的时机通常是：

(1) 系统启动时调用创建原语创建系统进程；

(2) 用户作业进入系统时由作业调度进程为作业创建若干进程；

(3) 用户用显示的调用语句使用该原语创建进程。

### 3.2.2 进程撤销原语

一个进程完成任务后应予以撤销，以便及时释放其所占用的各种资源。这时应使用进程撤销原语 Kill 撤销进程。撤销原语根据调用者提供的进程标识符去检索想要撤销的进程 PCB，获得该进程的内部标识和状态。如果是正在执行的进程，则立即停止该进程运行，将 PCB 归还给系统，将所占的资源还给父进程，并从总队列中摘除它，再转进程调度程序，使得下一个合适的进程可以运行，撤销原语 Kill 操作如下：

```
void kill
输入：进程标识符 PID
输出：无
{
  由参数 PID 查找到当前进程的 PCB；
  释放本进程所占用的资源给父进程；
  将该进程从总链队列中摘除；
  释放此 PCB 结构；
  释放所占用的资源；
  转进程调度程序；
} /*  kill  */
```

**说明**：进程有家族关系，如果被撤销的进程有子孙进程，其子孙进程将全部撤销，这时递归调用 Kill 即可；在释放资源时，如果是被撤销进程自己申请的资源，则还给系统，如果是继承的父进程的资源，则还给父进程。进程撤销原语被调度的典型时机有：

(1) 一个进程运行完毕，调用该原语撤销自己；

(2) 一个进程可以调用该原语撤销其子孙进程；

(3) 系统进程调用该原语撤销用户进程。

### 3.2.3　进程等待原语

当进程需要等待某一事件完成时，它可以调用等待或者阻塞原语把自己挂起，使自己从就绪状态变为等待状态。进程一旦被挂起，它只能由另一个进程唤醒，而不能自己叫醒自己。等待原语操作过程如下：

```
void susp(chan)
输入：chan /*等待的事件(等待原因)*/
{
  保护现行进程 CPU 现场到 PCB 结构中；
  置该进程为"等待/阻塞"态；
  将该进程 PCB 插入到等 chan 的等待队列；
  转进程调度；
}  /*  susp(chan)  */
```

该原语的功能是，停止调用该原语的进程的执行；将 CPU 现场保存在该进程的 PCB 结构中；将其状态改为等待状态并加入到 chan 的等待队列；之后是控制转向进程调度程序，选择另外一个进程在 CPU 上运行。这里，处于等待状态的进程很多，可以按照等待的原因将处于等待的进程放在不同的等待队列。一般情况下，是进程自己调用等待原语将自己放在相应的等待队列。

### 3.2.4　进程唤醒原语

当进程等待的事件发生时，调用唤醒原语将等待该事件的所有进程唤醒，使得它们有机会继续执行。进程处于等待状态时，不能自己唤醒自己，只能由其他进程，或者发现者进程，或者系统监控进程唤醒它。比如，一进程在等待打印机，当正在使用打印机的进程操作完毕，这一进程将发现还有进程在等待打印机，便调用唤醒原语唤醒这一等待打印机的进程使用打印机。另一例子，是相互合作的进程之间的唤醒，如图 3-3 所示，进程 A 或者 B 完成后唤醒进程 C 执行。唤醒原语操作过程如下：

```
void wakeup(chan)
输入：chan /*等待的事件(等待原因)*/
输出：无
{
   保护现行运行进程的 CPU 现场到它的 PCB 结构中；
   置该进程为就绪状态；
   将该进程插入就绪队列；
   找到该阻塞原因的队列指针；
```

```
    for(该队列上的每一个等待进程){
        将进程移出此等待队列;
置进程状态为"就绪"并将进程放入就绪队列;
    }
    转进程调度;
}   /*  wakeup(chan)  */
```

唤醒原语的最后一步转进程调度,也可以返回到现行进程。这由系统设计者在设计该模块的时候决定。

### 3.2.5 其他原语

上面讲述了 4 个基本的原语:进程创建原语、进程撤销原语、进程等待原语和进程唤醒原语。在实际系统中,常用的还有下列原语:

(1) 进程延迟原语和延迟唤醒原语:当某进程需要延迟一段时间再继续执行时,它调用延迟原语 delay。延迟原语的功能是:将需要延迟的进程 PCB 结构按其延迟时间加入到延迟队列中的适当位置上。当某一进程延迟时间到来时,由延迟唤醒进程把它唤醒。延迟唤醒进程是一个系统进程,它在系统初始化时被创建,之后它连续地执行直到系统关闭。延迟唤醒进程是由时钟中断激活的,当时钟到来时,它取延迟队列队首元素,将该进程移入就绪队列,然后中断返回,等待下一次时钟中断的到来。

(2) 进程挂起原语和进程激活原语:进程的挂起状态是一种静止状态,它分为挂起就绪和挂起等待。处于挂起状态的进程虽然占用了系统部分资源,但是不参与进程调度,也不等待某事件的发生。当需要将进程置于挂起就绪或者挂起等待状态,便调用进程挂起原语;激活原语使挂起/静止状态的进程变为活动状态,即将静止就绪变为活动就绪、将静止等待变为活动等待。

## 3.3 线程的概念

前面讨论了有关进程的概念,进程是程序段在处理机上的一次执行过程,是处理机调度的基本单位。为了提高系统并发执行的程度,进一步提高系统吞吐量,并减少程序并发执行时的时间开销和空间开销,20 世纪 80 年代,人们提出了比进程更小的独立运行的基本单位——线程。在现代操作系统中,线程的概念已经得到了广泛的应用。

### 3.3.1 线程的概念

线程的概念最早是在多处理机系统中提出来的。在多处理系统中,每台处理机都在运行本地进程,当一台处理机上的进程要远程访问时,该处理机将出现等待现象,处理机在这段时间内处于空闲状态。为了提高处理机的并行能力,在每台处理机上,将一个进程分解为多个线程,当进程的一个线程远程访问时,该进程的其他线程便可以运行,这样就提高了该处理机的效率,对整个系统而言,吞吐率提高了。

线程是比进程更小的活动单位,它是进程的一个执行路径。一个进程可以只有一个执行路径,也可以有多个执行路径,其中的每个路径就是一个线程。这样,在进程内部就有多个可以独立活动的单位,从而提高了进程执行的速度,相应地,系统并行处理能力也得到了提高。例如,在电子表格程序中,可以设计两个线程,分为前台和后台,前台线程负责显示菜单和读取用户输入;后台线程执行用户命令并更新电子表格内容。这样就可以在前一条命令处理完前,提示用户输入下一条命令,即两个线程并发操作。

线程可以这样描述:

- 线程是进程中的一条执行路径;
- 它有自己的私用堆栈和处理机执行环境(尤其是处理器寄存器);
- 它与父进程共享分配给父进程的主存;
- 它是由单个进程所创建的众多线程中的一个线程。

### 3.3.2 线程与进程的比较

线程和进程是两个密切相关的概念,下面从调度、并发性、拥有资源和系统开销4个方面来进行比较。

#### 1. 调度

在传统的操作系统中,拥有资源的基本单位和独立调度、分派的基本单位都是进程。但在引入线程的操作系统中,把线程作为调度和分派的基本单位,而把进程作为资源拥有的基本单位,使传统的进程的两个属性分开,线程便能轻装运行,从而可显著地提高系统的并发程度。在同一进程中,线程的切换不会引起进程切换,在由一个进程中的线程切换到另一进程中的线程时,将会引起进程切换。

#### 2. 并发性

在引入线程的操作系统中,不仅进程之间可以并发执行,而且在一个进程中的多个线程之间也可并发执行,因而使操作系统具有更好的并发性,从而能更有效地使用系统资源和提高系统吞吐量。例如,在一个未引入线程的单CPU系统中,若仅设置一个文件服务进程,当它由于某种原因而被阻塞时,便没有其他的文件服务进程来提供服务;而在引入了线程的操作系统中,可以在一个文件服务进程中设置多个服务线程,当第一个线程等待时,文件服务进程中的第二个线程可以继续运行;当第二个线程受阻塞时,第三个线程可以继续执行,从而显著地提高了文件服务的质量以及系统吞吐量。

#### 3. 拥有资源

无论是传统操作系统还是设有线程的操作系统,进程都是拥有资源的一个独立单位。一般来说,线程自己不拥有系统资源(也有一点必不可少的资源),但它可以访问其隶属进程的全部资源。也就是说,一个进程的代码段、数据段以及系统资源,如已打开的文件、I/O设备等,可供同一进程的所有线程共享。

#### 4. 系统开销

由于在创建或撤销进程时,系统都要为之分配或回收资源,如内存空间、I/O设备等,因此,操作系统所付出的开销将显著地大于在创建或撤销线程时的开销。类似地,在进行进程切换时,将会涉及到整个当前进程CPU环境的保存,以及新被调度运行进程的CPU环境设置,而线程切换只需保存和设置少量寄存器内容,并不涉及存储管理方面的操作。很明显,进程切换的开销也远大于线程切换的开销。此外,由于同一进程中的多个线程具有相同的地址空间，致使它们之间的同步和通信实现也变得比较容易。在有的系统中，线程的切换、同步和通信都无须操作系统内核的干预。

### 3.3.3 线程的分类

#### 1. 线程的两种类型

对于进程来说，不论是系统进程还是用户进程，在进行进程切换时都要依赖于内核中的进程调度。也就是说，不论什么进程都是与内核有关的，是在内核支持下进行切换的。但对于线程来说，在系统中的实现方式并不完全相同，可分为以下两类：

1）内核支持线程

内核支持线程(lernel supported threads)是依赖于内核的。即无论是在用户进程中的线程，还是系统进程中的线程，它们的创建、撤销和切换都由内核实现。在内核中保留了一张线程控制块，内核根据该控制块而感知该线程的存在并对线程进行控制。

2）用户级线程

用户级线程(userlevel threads)仅存在于用户级中，对于这种线程的创建、撤销和切换，都不利用系统调用来实现，因而这种线程与内核无关。相应地，内核也并不知道有用户级线程的存在。

#### 2. 两种线程的分析

在有的系统中，特别是一些数据库管理系统(如 Informix)，实现的是不依赖于内核的用户级线程；而有的系统中实现的则是依赖于内核的内核支持线程；还有一些系统则同时实现了这两种类型的线程。这两种线程各有优缺点，因而它们有着各自的应用场合。下面从线程的调度与切换速度、系统调用和线程的执行时间等几个角度，来对它们进行分析比较。

1）线程的调度与切换速度

内核支持线程的调度和切换与进程的调度和切换十分相似。例如，线程调度时的调度方式与进程调度时一样，也有抢占式和非抢占式两种。在线程的调度算法上，也同样可采用时间片轮转法、优先权算法等(详见 3.7 节)。当由线程调度选中一个线程后，再将处理机分配给它。当然，线程与进程相比，在调度和切换上所花费的时空开销要小得多。

对于用户级线程的切换，通常是发生在一个应用进程的诸线程之间。这时，不仅无须通过中断进入操作系统的内核，而且切换的规则也远比进程调度和切换规则来得简单。例如，当一个线程阻塞后会自动地切换到下一个具有相同功能的线程。因此，用户级线程的切换速度特别快。

2）系统调用

当传统的用户进程调用一个系统调用时，要由用户态转入核心态，用户进程将被阻塞。当内核完成系统凋用而返回时，才将该进程唤醒，继续执行。而在用户级线程调用一个系统调用时，由于内核并不知道有该用户级线程的存在，因而把系统调用看做是整个进程的行为，于是使该进程等待，而调度另一个进程执行，同样是在内核完成系统调用而返回时，进程才能得以继续执行。

如果系统中设置的是内核支持线程，则调度是以线程为单位。当一个线程调用一个系统调用时，内核把系统调用只看作是该线程的行为，因而阻塞该线程，于是可以再调度该进程中的其他线程执行。

3）线程执行时间

对于只设置了用户级线程的系统，调度是以进程为单位进行的。在采用轮转法调度算法时，各个进程轮流执行一个时间片，这对诸进程而言似乎是公平的。但假如在进程 A 中包含了一个用户级线程，而在另一个进程 B 中含有 100 个线程，这样，进程 A 中线程的运行时间将是进程 B 中各线程运行时间的 100 倍，相应地，速度也就快 100 倍。假如系统中是设置的内核支持线程，其调度是以线程为单位进行的，这样，进程 B 可以获得的 CPU 时间将是进程 A 的 100 倍，进程 B 就可以使 100 个系统调用并发工作。

## 3.4 进程间的同步与互斥

进程是处理机调度和资源分配的基本单位，由于多进程系统中进程的数量很多，操作系统必须对进程进行有效控制，才能使得各进程有条不紊地向前推进。所谓进程控制，就是根据系统中进程之间的关系，协调各进程的运行顺序，保证系统资源利用率高、吞吐率大。

### 3.4.1 进程间的制约关系

在多进程的系统中，各进程可以并发执行，并以各自独立的速度向前推进。但是由于进程共享系统资源或者相互协作共同完成任务，使得进程之间产生了错综复杂的制约关系，即互斥关系和同步关系。

#### 1. 资源共享

资源共享可以减少系统配置、降低系统成本。由于实现了资源共享，现代操作系统的资源如硬件（CPU、主存、外部设备等）和软件（系统程序、数据结构、服务性程序等）便不再只为单个用户服务，而是被多个用户共同使用。

根据资源的特性，共享资源有两种方式：

1）互斥共享

系统中有些资源一次只能被一个进程使用，如处理机、打印机、表格和变量等，当一个进程正在使用这样的资源，其他进程要想使用，必须等到该资源空闲后才能够得到资源。从一段时间来看，这样的资源是被共享的，但是从微观上看，资源在某时刻只能为一个进程服务，即进程 A 和进程 B 不能在同一时刻操作同一资源，只能互斥使用。

2）同时访问

另外一些资源在同一时刻可以被多个进程共享，称为可同时访问的资源。如主存空间、辅助存储器、可重入代码段等。虽然资源是可以被同时共享的，但是系统必须有必要的控制措施，使得各进程在共享资源的同时，相互之间互不冲突、互不影响。如系统主存属于同时访问资源，但是各进程占用的空间不能相互重叠，这就要求系统有相应的主存管理模块和分配策略。

#### 2. 进程合作

一个大的任务，往往被分割成若干个子任务（进程），以便各进程能并发执行。这些进程间必然存在一种逻辑上的先后关系，或者要共享一定的数据信息。这些进程相互合作，共同完成一个任务，因此，称为合作进程。为了正确、有效地完成这一共同任务，这些合作进程需要协同操作，它们之间存在直接的相互制约关系。这种直接制约关系必然导致各进程之间存在信息传递，即进程通信。

### 3.4.2 进程互斥

**1. 互斥的概念**

在计算机系统中，很多资源一次只允许一个进程使用，如果多个进程同时使用这类资源，就会引起激烈的竞争，甚至导致计算操作结果的错误。如两个进程 A、B 要求共享打印机，若不加控制地让它们任意使用，则两个进程打印的结构就会交织在一起，很难区分。解决这一问题的方法是：进程 A 要使用打印机前先提出申请，一旦系统将资源分配给它，就一直为它所占用。若进程 B 要使用打印机，也要先提出申请，但是由于打印机被进程 A 占用，因此，进程 B 申请不到打印机资源，只能等待。直到进程 A 使用完毕并释放，系统将空闲的打印机分配给进程 B 使用。这里，进程 A 和进程 B 在逻辑上并没有直接关系，而是由于进程间共享资源而引起的一种进程间的间接制约关系，这种关系就是进程互斥。

系统中有很多只能被互斥共享的资源，这种一次只允许一个进程使用的资源称为临界资源。许多物理设备，如输入机、打印机、磁带机等都具有这种性质，属于临界资源；还有一些软件上的资源，如变量、数据、数据库中的表格、队列等也具有这一特点。这些软、硬件资源虽然可以被若干进程共享，但是，一次只能为一个进程提供服务。

软件资源如公共变量、共享存储区等也可以是临界资源。对于公共变量这样的临界资源的共享一般具有这样的特点：共享的各方不能同时读写同一数据区，只有当一方读、写完毕，另一方才能读、写。至于具体是哪一方先读、写，要根据问题的性质和设计人员的意图而定。

在每个进程中，访问临界资源的那段代码可以从概念上分离出来，称为临界区或者临界段。进程在执行的过程中，当运行到临界区中的代码或者语句，我们称进程进入了临界区。进程进入临界区必须互斥，即若干进程共享同一临界资源，它们不能同时进入临界区，仅当一进程进入临界区，操作完毕并退出临界区后，其他进程才有机会进入其对应的临界区。进程互斥进入临界区实际上就是各进程互斥使用临界资源。

值得注意的是，临界区是对某一临界资源而言的。对于不同资源的临界区，它们是不相交的，所以不必互斥地执行。而对于同一个资源的临界区，则必须互斥进入。如打印机和输入机都是临界资源，但是可以在一个进程使用打印机的同时，另一个进程可以使用输入机，因为这两个进程的临界区对应的不是同一个临界资源。如果这两个进程共享打印机或者是输入机，则必须互斥地进入临界区。

为禁止两个不同进程同时进入临界区内，可以采用软件办法或系统提供的同步机构来协调它们之间的关系。进程进入临界区要遵循下述规则：

(1) 当有若干进程欲进入临界区时，应在有限时间内使某进程进入临界区。换言之，它们不应相互阻塞而致使彼此都不能进入临界区。

(2) 每次至多有一个进程处于临界区。

(3) 进程在临界区内逗留有限的时间。

这三条准则说明，进入临界区必须互斥，但不应该相互阻塞而使彼此都无法进入。临界区应尽可能短，并使进入临界区的进程在有限时间内出来。

**2. 锁及其操作**

解决进程互斥问题一般使用锁机构。在现实生活中，锁有两种状态：开和关，可以分别表示资源的两种状态，如锁标志为0，表示资源未被使用，否则锁标志就为1，表示资源正被使用。锁表示了资源是否被使用，是一种信号，所以，有时也称锁为信号灯。系统中的每个临界资源都设置一个单独的锁，当一个进程申请使用临界资源时，首先测试锁的状态，如果锁状态为0(开)，表示该资源正空闲，进程先置锁信号为1，再进入其临界区，直接使用该资源，当进程使用完资源后，它必须将锁位置成0；如锁状态为1(关)，表示该资源正被使用，进程就不断测试锁的状态，等到该锁开以后再进入其临界区。

置锁信号为1称为上锁原语(lock)，置锁信号为0称为开锁原语(unlock)，如下代码所示。

```
/*上锁原语*/
void lock(锁变量 w) {
test:
if(w 为 1)
goto test /*测试锁位的值*/
else
 w = 1; /*上锁*/
}  /* lock(w)   */
```

```
/*开锁原语*/
void unlock(锁变量 w) {
w = 0; /* 开锁 */
} /* unlock(w) */
```

上面lock(w)原语中的goto语句使进程一直占用处理机来循环测试锁状态，而其他就绪进程又不能开始执行，浪费了大量的CPU时间。为此，将上面的上锁原语和开锁原语改进如下：

```
/*改进的上锁原语*/
void lock(锁变量) {
 while(w == 1) {
    保护现行进程 CPU 现场;
    现行进程入 w 的等待队列;
    置进程为"等待"状态;
    转进程调度;
    }
    w = 1; /* 上锁 */
} /* lock(w) */
```

```
/*改进的开锁原语*/
void unlock(锁变量) {
    if(w 等待队列不空) {
    移出等待队列队首元素;
    将该进程入就绪队列;
    置进程为"就绪"状态;
}
    w = 0; /* 开锁 */
} /* unlock(w) */
```

改进的上锁原语使得当一进程测试到锁处于关状态时，不再循环测试，而是进入到等待该临界资源的队列，之后控制转向进程调度，调度另外一个进程来使用处理机，这样提高了处理机的利用率。

相应地，改进的开锁原语要判断其等待队列中是否还有进程在等待该临界资源(发现等待资源的进程)，如果有，就必须唤醒某个等待进程(通常是队首进程)，使之进入临界区使用资源。

### 3. 使用锁实现进程互斥

使用上锁和开锁原语可以解决并发进程的互斥问题。系统初启时，为每个临界资源设置锁状态，即置锁状态为 0，表示资源可用。任何进程欲进入临界区，都必须先执行上锁原语。若上锁原语顺利通过，则进程可进入临界区，开始使用临界资源；当进程完成对临界区资源的访问后再执行开锁原语，以释放该临界资源。如图 3-7 所示，说明了两个进程使用同一临界资源时的操作。

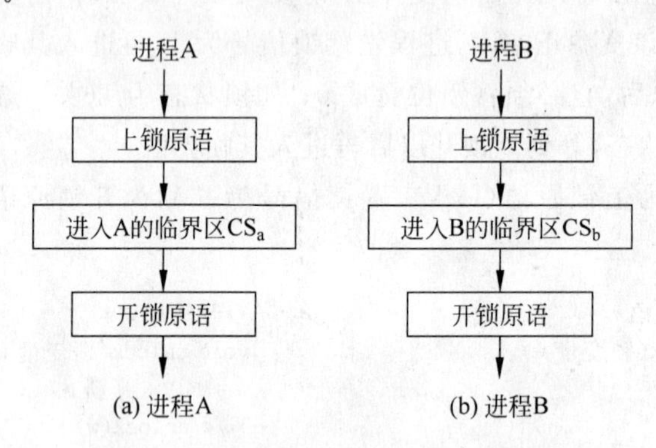


图 3-7　进程使用临界资源时的操作

与图 3-7 相应的进程互斥代码可以如下面表示。

```
main()
{  int w = 0;     //系统初启时置锁状态
   cobegin
      ppa();     //进程 A
      ppb();     //进程 B
   coend
}
ppa()//进程 A
{  …;
   lock(w);
   进程 A 的临界区 CSa;
   unlock(w);
   …;
}
ppb()//进程 B
{  …;
   lock(w);
   进程 B 的临界区 CSb;
   unlock(w);
   …;
}
```

## 3.4.3　信号灯和 P、V 操作

### 1. 信号灯的概念

信号灯机制是 1965 年由荷兰的 Dijkstra 提出的一种有效的进程同步的工具，其原理来

自铁路交通中的管理人员使用信号灯的状态控制管理交通。在计算机系统中,信号灯是一个记录型的数据结构,可以用一个确定的二元组$(s,q)$来表示,其中,$s$是一个具有非负初值的整型变量,代表资源实体或并发进程的状态,它的值可以改变;$q$是一个初始状态为空的队列,当进程申请不到该资源的时候,便进入q队列等待。

系统初启时,要为临界资源设置信号灯,即说明信号灯的初始值、范围和意义,由于系统使用信号灯对资源进行管理,并以此为依据调度进程使用资源,因此,信号灯的值只能由系统内部的原语来修改,用户是不能改变信号灯的值的。系统一般提供P、V操作原语来修改信号灯的值。

**2. P、V操作原语**

P、V操作属于原语,用来对信号灯进行操作,如果信号灯用s表示,则P操作记为P(s),V操作记为V(s)。进程可以根据信号灯的值选择相应处理。

(1) P操作过程如下:

```
void p(变量 s)
//变量 s 为信号灯
{
   s-- ;
   if(s<0) { //进程进入相应的等待队列
保留调用进程 CPU 现场;
将该进程进入 s 的等待队列;
置"等待"状态;
转进程调度;
}
} /* p(s) */
```

P操作首先对信号灯进行减1操作,再根据信号灯的值对调用P操作的进程进行相应处理:如果信号灯的值小于0,进程就进入S对应的等待队列;否则,进程继续执行,即开始使用s对应的资源。

(2) V操作过程如下:

```
void v(变量 s)
//变量 s 为信号灯
{
    s++ ;
if(s<=0) {
移出 s 等待队列首元素;
将该进程入就绪队列;
置"就绪"状态;
}
/* v(s) */
```

V操作对信号灯进行加1操作,如果信号灯的值小于等于0,表示有进程在s对应的队列中等待使用该资源,则从队列中移出一个进程,解除这个进程的等待状态;否则返回本进程继续执行。

### 3. 使用P、V操作实现进程互斥

使用信号灯可以方便地解决进程互斥使用临界资源的问题。如同使用锁概念解决互斥问题一样，在系统初启成功时，需要设置信号灯的初值，并说明其意义。下面说明两个进程使用信号灯实现进程互斥。

设系统中同类的互斥资源只有1个，因此信号灯的初值为1，表示资源可用，如果信号等的值小于等于0，表示资源已经被进程占用，则另一进程只能等待。两个进程互斥代码模块如下，其中mutex是信号灯。互斥的两个进程A、B在进入临界区前，都需要执行P操作，根据P操作的执行过程，进程有两种选择：要么进入等待队列，要么继续执行，直接开始使用临界资源。一个进程使用完临界资源后，执行V操作，执行V操作的目的主要是看等待队列是否有进程在等待，如果有，就解除其中一个等待进程的等待状态，即唤醒某个进程开始使用临界资源。

```
main()
{
    int mutex = 1;      //互斥信号灯
    cobegin
        pa();      //进程 A
        pb();      //进程 B
    coend
}
pa();     //进程 A
{  …;
    P(mutex);
    进程 A 的临界区 CSa;
    V(mutex);
…;
}
pb();     //进程 B
{ …;
    P(mutex);
    进程 B 的临界区 CSb;
    V(mutex);
…;
}
```

最开始资源是可用的，信号灯mutex的值是1，当进程A要求使用临界资源时，执行P操作，这时mutex变为0，根据P操作的意义，进程A开始使用该临界资源；在进程A释放该资源前，如果进程B申请使用该资源，同样要执行P操作，这时，由于信号灯mutex小于0，进程B就进入到等待队列，当进程A使用完资源后，会唤醒进程B，使得进程B能够使用临界资源。

一个进程要使用临界资源，首先要执行P操作，P操作相当于申请使用临界资源，能申请到就直接使用，否则就只能进入等待队列；进程使用完临界资源后执行V操作，相当于释放占有的资源，并唤醒其他进程开始使用资源。两个进程可以使用P、V操作互斥使用临界资源，多个进程同样可以。假设系统中同类型的临界资源有多个，则信号灯的初始值应设为n。多个进程互斥使用n个临界资源的相应代码请同学自己模拟上面的模块书写。

信号灯 mutex 的值有如下意义：

(1) 若初始信号灯 mutex 大于 0，表示系统中同类临界资源的数目有 mutex 个；

(2) 若在操作的过程中，信号灯 mutex 大于 0，表示可用的同类临界资源的数目为 mutex；

(3) 若在操作的过程中，信号灯 mutex 小于 0，则表示临界资源已经用完，在等待队列中有 mutex 个进程。

可见，如果 mutex 的值为 0，就表示系统中的 $n$ 个临界资源正好用完。如果系统中只有一个临界资源，被两个进程共享，则信号灯 mutex 的取值范围为：1、0、−1 三个值。即：

①若 mutex=1，表示没有进程进入临界区，资源可用；

② 若 mutex=0，表示一个进程进入了临界区，正在使用资源；

③ 若 mutex=−1，表示一个进程进入了临界区，正在使用该资源，而另外一个进程处于等待状态。

当用 mutex 实现 $n$ 个进程互斥共享一个临界资源时，其值的范围为 $1 \sim -(n-1)$

## 3.4.4 进程同步

### 1. 进程同步概念

进程同步是进程之间的另外一种制约关系。所谓进程同步，是指并发进程在一些关键点上可能需要互相等待与互通消息。同步意味着两个或更多进程之间根据它们一致统一的协议进行相互作用。同步的实质是使各个合作进程的行为保持一致性或不变关系。要实现同步，一定存在着必须遵循的同步规则。

在相互合作的一组并发进程中，每个进程都以各自独立的、不可预知的速度向前推进，但它们又需要密切合作，以实现一个共同的任务。在操作系统中，合作的进程之间有两种同步关系：

(1) 相互合作的进程在执行次序上的同步；

(2) 共享缓冲进程之间的同步。

图 3-8 和图 3-9 就是两种同步的例子。在图 3-8(a)中，s、f 分别表示任务开始和结束，三个进程合作共同完成一个任务，虽然各进程可以独立运行，但是，它们在执行的顺序上有明确的时间先后关系，即进程 a 执行完毕后，进程 b 和进程 c 才可以开始运行。如果 b 或者 c 在运行时进程 a 还没有结束，则 b 或者 c 只能停下来等待 a 执行完毕（这时 b 和 c 处于等待状态，需要被唤醒）。进程之间的这种执行顺序要求，使得各进程之间存在通信关系，比如，进程 a 执行完毕后要向进程 b 和 c 发送消息，使得进程 b 和 c 被唤醒后执行。图 3-8(b)中的三个进程也是执行顺序上的合作关系。进程 c 必须等到进程 a 和 b 都执行完毕后才能开始运行。

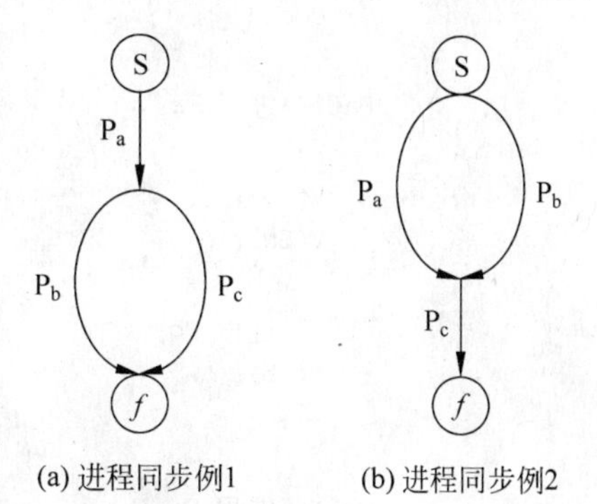

(a) 进程同步例1　　(b) 进程同步例2

图 3-8　进程合作例子

图 3-9 是两个进程共享缓冲区的同步关系图。两个进程分别是计算进程 cp 和打印进程 iop，它们共享只能存放一个数据的缓冲区 buff。计算进程负责计算等到数据，并将结果

放到缓冲；打印进程负责将缓冲区的数据取出并打印。计算进程放数据到缓冲时，要求缓冲中有空的位置，否则就要等待打印进程取走数据；打印进程取数据打印时要求缓冲中有数据，否则就要等待计算进程放入数据。

图 3-9 计算进程和打印进程之间的同步

上面两个例子中，各个进程共同合作完成一个任务，虽然在逻辑顺序上有一定的先后关系，但是，哪个进程先执行都不会影响结果的正确性，因为在各进程在执行的过程中遵循了一定的同步规则。

**2. 使用信号灯实现进程同步**

使用信号灯和P、V操作可以解决上面的两种进程间的同步问题。如图 3-8(a)所示，设两个同步信号灯 Sb、Sc，分别表示进程 Pb、Pc 是否可以开始执行，Sb、Sc 的初始值均为 0，表示进程 Pb、Pc 还不能开始执行，如果为 1，则进程 Pb、Pc 就可以开始执行。下面的代码描述了这三个进程间的同步，代码中省略了进程的逻辑操作部分。

进程 Pb、Pc 中的 P 操作起测试作用，看是否可以开始执行，如果不能开始，就只能进入等待状态；而进程 Pa 中的 V 操作相当于唤醒。其中的两个信号灯的取值范围为：0、1、−1。如果信号灯的值为−1(以 Sb 为例)，表示进程 Pa 还没有结束，进程 Pb 就开始运行，执行了一次 P 操作后，由于信号灯 Sb 小于 0，进程 Pb 就进入了等待状态。

进程同步的代码有多种书写方法，这与信号灯的初始值和规定的意义有关。图 3-8(a)中的三个进程同步也可以用下面的代码实现。

```
main()
{
   int Sb = 0;
int Sc  = 0;
   cobegin
      Pa();
      Pb();
      Pc();
   coend
}
Pa()//进程 Pa
{  …;
   V(Sb);
   V(Sc);
}
Pb()//进程 Pb
{  P(Sb);
   …;
}
Pc()//进程 Pc
{  P(Sc);
   …;
}
```

```
main()
{
   int Sa = 0;
   cobegin
      Pa();
      Pb();
      Pc();
   coend
}
Pa()//进程 Pa
{  …;
   V(Sa);
   V(Sa);
}
Pb()//进程 Pb
{  P(Sa);
   …;
}
Pc()//进程 Pc
{  P(Sa);
   …;
}
```

代码中只设置了一个信号灯 Sa,其初始值为 0。如果进程 Pa 结束前进程 Pb、Pc 开始运行,由于 Pb、Pc 进程中的 P 操作使得信号灯的值小于 0,这两个进程只能等待。因此,进程 Pa 最先结束,其中的两个 V 操作使得信号灯的值加 1 后再加 1,将唤醒另外两个进程运行,保证了三个进程间的同步顺序。图 3-9 是两个进程共享缓冲区,并合作完成一个任务的进程同步的问题。计算进程 cp 和打印进程 iop 是可以并发执行的,但由于它们共享一个缓冲区,所以必须遵循以下同步规则：

(1) 只有当 cp 进程把计算结果送入 buff 后,iop 进程才能从 buff 中取出结果去打印,即当 buff 中有信息时,iop 进程才能取数据并打印,否则必须等待；

(2) 当 iop 进程把 buff 中的数据取出打印后,cp 进程才能把下一个计算结果数据送入 buff 中,即只有当 buff 为空时,cp 进程才能将计算结果放入缓冲,否则必须等待。

根据上面的同步规则,设置两个信号灯 Sa、Sb,信号灯意义如下：

信号灯 Sa 表示缓冲中有无数据,其初值为 0,即缓冲中没有数据。每当计算进程把计算结果送入缓冲区后,便对 Sa 执行 V(Sa)操作,表示已有可供打印的结果。打印进程在执行前必须先对 Sa 执行 P(Sa)操作。若执行 P 操作后 Sa=0,则打印进程可执行打印操作；若执行 P 操作后 Sa<0,表示缓冲区中尚无可供打印的计算结果,打印进程被阻。

信号灯 Sb 用来表示缓冲区有无空位置存放计算进程的计算结果,其初值为 1,表示缓冲中有空的位置。当计算进程得到一个结果,要放入缓冲区之前,必须先对 Sb 作 P(Sb)操作,看缓冲区是否有空位置。若执行 p 操作后 Sb=0,则计算进程可以继续执行,否则,cp 进程进入等待状态,等待 iop 进程从缓冲区取走信息后将它唤醒。打印进程把缓冲区中的数据取走后,便对 Sb 执行 V(Sb)操作,用来和 cp 进程通信,告知计算进程 cp 缓冲已经有空的位置。

计算进程 cp 和打印进程 iop 的同步代码描述如下：

```
main
{   int Sa = 0;     //缓冲中没有数据
    int Sb = 1;     //缓冲中有空位置
    cobegin
      cp();
      iop();
    coend
}
cp()//计算进程
{
    while(计算没有完成) {
      计算一个结果数据;
      P(Sb);
      将结果数据送到缓冲区;
      V(Sa);
    }
}
iop()//打印进程
{
    while(打印工作没有完成) {
```

```
        P(Sa);
        将结果数据从缓冲区中取出;
        V(Sb);
        在打印机上输出;
    }
  }
```

### 3. 生产者和消费者问题

生产者——消费者问题是最著名的进程同步问题。如图 3-10 所示，有 *m* 个生产者进程 p1,p2,…,pm 和 k 个消费者进程 c1,c2,…,ck,并且假设这些进程是互相等效的。

生产者进程和消费者进程共享一个有若干数据位置的缓冲区，缓冲中有 n 个存放数据的位置，生产者生产产品放入缓冲区，而消费者从缓冲中取产品消费，如图 3-10 所示。只要缓冲未满，生产者就可以将生产的产品放入缓冲，类似地，只有缓冲中有产品，消费者就可以从缓冲中取产品消费。这种同步规则同时也表明，如果缓冲区产品满，没有空的位置，则生产者就只能等待消费者取走产品；如果缓冲中没有产品，消费者就不能取产品消费，只能等待生产者放入产品。

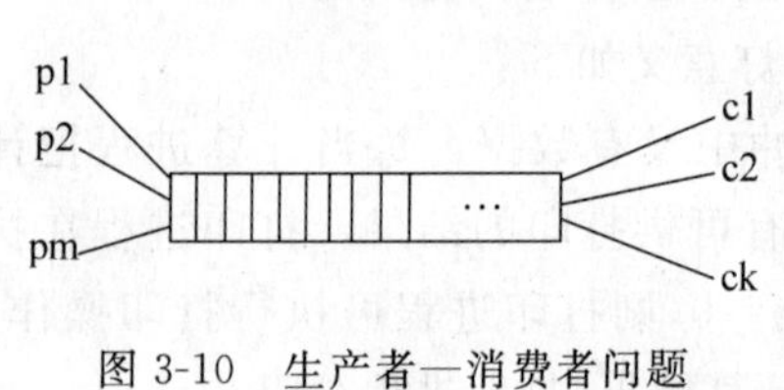


图 3-10　生产者—消费者问题

为解决生产者和消费者进程同步的问题，设置两个信号灯 full 和 empty。这里，信号灯有两个功能：首先它是资源生产和消费的计数器；其次，它是生产者和消费者之间的同步器。信号灯 full 表示缓冲中存放的产品的数量，初始值为 0。每当生产者生产一个产品放入缓冲后，就要执行 V(full)操作，V 操作是加 1 操作，表示缓冲中增加了一个产品；每当消费者在取产品前，执行 P(full)操作，其作用是判断缓冲中是否有产品，如果有，则取一个产品，P 操作使得产品数量减 1。信号灯 empty 表示缓冲中空位置的数量，初始值为 n。生产者在放入产品前，先要执行 P(empty)操作，判断缓冲中是否有空的位置，如果有，就放入产品，同时对 empty 减 1，表示放入产品后，空位置的数量减少了一个；消费者消费一个产品后，要对 empty 执行 V(empty)操作，即表示缓冲中空的位置增加了一个。另外，由于有界缓冲区是一个临界资源，必须互斥使用，因此，需要设置一个互斥信号灯 mutex，其初始值为 1。

使用信号灯解决消费者问题的代码如下：

```
main()
{   full = 0;           //缓冲区中存放的产品数量
    empty = n;          //缓冲区空位置的数量
    mutex = 1;          //对有界缓冲区进行操作的互斥信号灯
cobegin
    Producer();
    Consumer();
coend
}
Producer()
{
    while(生产未完成) {
生产一个产品;
```

```
P(empty);
P(mutex);
送一个产品到有界缓冲区;
V(mutex);
V(full);
}
}
Consumer()
{
while(还要继续消费){
P(full);
P(mutex);
从有界缓冲区中取产品;
V(mutex);
V(empty);
消费一个产品;
    }
}
```

### 4. 读者—写者问题

在实际应用中,数据经常被若干进程共享,比如数据库中的数据,共享数据的进程既可以读数据,也可以写数据。可将只要求读数据的进程称为“读者”进程,其他进程为“写者”进程。一般而言,允许多个读者进程同时读一个共享的数据对象,但是,绝对不允许一个写者和其他进程(读者或者写者进程)同时访问共享对象,因为多个读者的行为互不干扰,它们只是读数据,而不会改变数据对象的内容,而写者不同,写者要改变数据的内容,如果一个写者和其他进程同时操作数据对象,则读者的读出的内容是写者写入数据之前的内容还是写入之后的内容呢?所以,对共享资源的读写操作的同步限制条件是:

- 允许任意多的进程同时读;
- 一次只允许一个写进程进行写操作;
- 如果有一个进程正在进行写操作,不允许任何读进程进行读操作。

该问题即称为读者—写者问题,最先在1971年由Courtois等人解决。为解决该问题,先分析如下:

(1) 对任意一个读者进程而言,它首先要判断是否有其他的读者正在读操作。如果有其他进程在进行读操作(即当前的读者进程不是第一个读者),意味着写进程还没有开始,当前的读进程可以直接进行读操作;如果当前的读者进程是第一个读者进程,则需要继续判断是否有写者进程在进行写操作,读者与写者必须互斥访问共享数据对象,需要设置一个信号灯Wmutex,使得“读者—写者”互斥访问对象。

(2) 对“写者”进程而言,如果没有读者进程在读对象,即信号灯Wmutex表明对象可以操作,“写者”进程就可以进行写操作了;同时,写者和其他写者也使用互斥信号灯Wmutex共享临界资源对象。

在上面分析的第一步,由于需要判断一个读者进程是否是第一个读者,因此建立一个公共变量Rcount,作为读者数量的计数器,同时由于该变量是一个临界资源,需要互斥访问,因此,再设置一个互斥信号灯Rmutex。

为此，设置两个互斥信号灯 Rmutex、Wmutex 和一个公共计数变量 Rcount 解决“读者—写者”问题，同步代码描述如下：

```
main()
{
    int Rcount = 0;
    int Rmutex = 1;
    int Wmutex = 1;
cobegin
    reader();
    writer();
coend
}
reader()//读者进程
{   while(1){
        P(Rmutex);
        if(Rcount == 0) P(Wmutex);
        Rcount ++ ;
        V(Rmutex);
        …;
        完成读操作;
        …;
        P(Rmutex);
        Rcount -- ;
        if((Rcount == 0) V(Wmutex);
        V(Rmutex);
    }
}
writer()//写者进程
{
    while(1) {
        P(W mutex);
        完成写操作;
        V(Wmutex);
    }
}
```

## 3.5 进程通信

一个用户作业可以分解为若干进程并发执行，提高了系统的效率。各并发进程在执行的过程中保持联系，以便协调一致地完成任务。这种联系是指在进程之间需要交换一定数量的信息。交换的信息量可多可少，少的可以是仅仅交换一个数据或者状态，多的能交换成百上千个数据。显然，进程间的同步是一种简单的通信方式，即通过信号灯表明某临界资源是否可用，或者表明进程是否处于完成的状态。在生产者—消费者问题中，通过共享缓冲区可以交换更多的信息。

所谓进程通信是指进程之间可直接地以较高的效率传递较多数据的信息交换方式。这种方式中采用的是通信机构，如消息发送和接收、邮箱等，在进程通信时往往以消息形式传递信息。所谓消息是指进程之间相互传送的赖以发生交互作用的有结构的数据。

信号灯机制作为进程间的同步机制是卓有成效的,但是作为通信工具却不理想,因为进程间传递的只能是单一的信息,每次交换的信息量太少、效率低下,这种通信方式是一种低级的、间接的通信方式,是低级通信技术。然而,进程之间的信息交换可能包含着更复杂的结构,它们要交换大量的信息。本节主要是一些进程间通信的高级技术。

## 3.5.1 进程通信类型

实现进程间的通信有很多种方式,可以将它们归结为以下 3 种:

### 1. 共享存储器系统

在共享存储器系统中,相互通信的进程通过某些数据结构或者共享的存储区域通信。这种通信方式有以下两种形式。

1) 基于共享数据结构的通信方式

进程之间通过某种类型的数据结构交换信息,如生产者—消费者问题中,利用有界缓冲区这种数据结构进行通信。在这种方式中,如何设置数据结构,以及进程间同步的问题都是程序员的事情,这无疑增加了程序员的负担,而操作系统却只提供存储空间,因此,这种方式效率低,只适合传输少量的信息。

2) 基于共享存储区域的通信方式

这种通信方式的系统在存储器中划分出一块共享存储区域,各进程通过对该区域进行读或者写来进行通信。对于通信的这个区域,通信系统要指定其关键字,若系统已经给其他区域分配了这样的分区,则将该分区的描述符返回给申请者,申请者共享区域连接到本进程,这样,以后对共享区域的读写就可以像操作普通存储器一样。这种通信方式在 UNIX 系统用的较多。

### 2. 消息系统

在消息系统中,进程间的信息交换以消息或者报文为单位,程序员直接利用系统提供的一组通信命令(原语)来实现通信。由于使用了操作系统的原语,通信时程序员不需要了解通信的具体细节,这大大简化了通信程序编制的复杂性,因此,这种方式得到广泛应用。

消息系统有两种通信方式:直接通信方式和间接通信方式。前者要求发送进程和接收进程以显示的方式提供目标进程的标示符,并使用系统提供的两条原语:send(接收者 ID,消息)和 receive(发送者 ID,消息)发送和接收消息。在通信例子这一部分将对直接方式做详细说明。

间接通信方式(见图 3-11)要求在进程间有中间实体来暂时保存发送进程发送给某个或某些目标进程的消息,接收进程则从中取出发送给自己的消息,通常这种中间实体称为信箱。逻辑上,信箱有信箱头和包含若干个信格的信箱体组成,每个信箱必须有自己的标识符。利用信箱通信,用户可以不必写出接收进程的标识符,这样就可以向不知名的进程发送消息,并且信息可以安全地保存在信箱

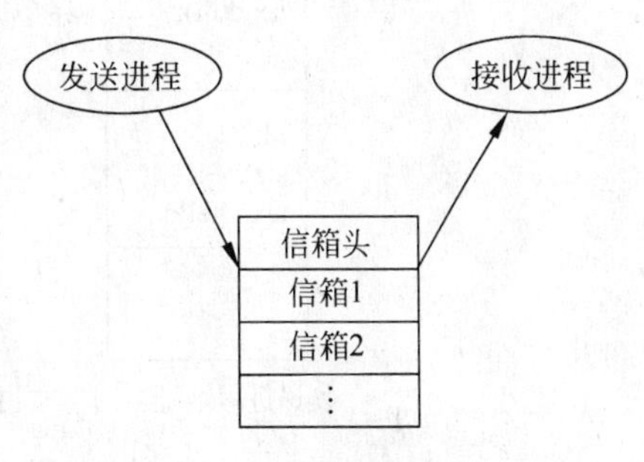

图 3-11 间接通信方式

中，允许目标进程随时读取。这种通信方式被广泛用于多机系统和计算机网络中。

下面介绍利用共享文件的通信方式。

共享文件也称为管道，即这种方式使用管道(pipe)进行通信。如图 3-12 所示，当两个进程要进行通信时，先在两个进程之间建立一个管道，发送进程可以像写文件一样往管道发送消息，而接受进程可以像读文件一样从管道读取消息。为了协调双方的通信，管道通信必须提供三方面的协调能力：

(1) 互斥，当一个进程正在对管道进行读或者写时，另一进程必须等待；

(2) 同步，当发送进程写入一定信息后便去睡眠，接收进程接收完后便唤醒发送进程；当接收进程读到空信息时就等待，发送进程将消息写入后便唤醒接收进程；

(3) 对方是否存在，只有已经确定对方存在时，才能进行通信。

图 3-12 是两个进程使用管道进行单向通信，在这两个进程之间再建立一个管道便可以进行双向通信。这样，通信两进程即可以发送消息，也可以从对方接收消息，称为双工通信。

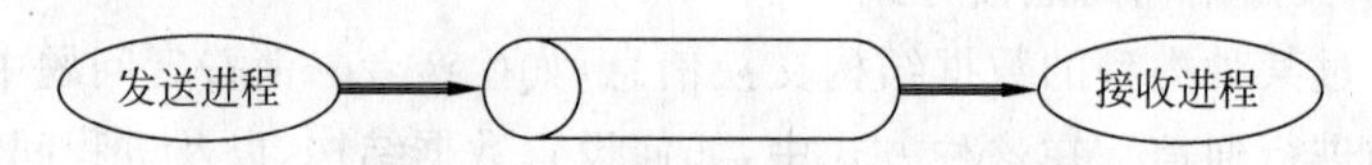


图 3-12　利用共享文件(管道)通信

### 3.5.2　消息系统—进程直接通信的例子

Hansen 在 1973 年提出用消息缓冲作为进程通信的基本手段，并已在 RC4000 系实现；其后，便广泛用于本地进程之间的通信。每当发送进程欲发送进程时，便形成消息缓冲区，其结构如下：

- Sptr　指向发送进程的指针；
- Nptr　指向消息队列中下一个消息的指针；
- Size　消息长度；
- Text　消息正文。

若消息长度为 size，则消息缓冲区的大小为 size+3。如图 3-13 所示，发送进程在发送消息之前，应先在自己的内存空间中设置一个发送区，把欲发送的消息正文以及接收进程 id 和消息长度填入其中，然后用发送原语把消息发送出去。接收进程在接收消息之前，在本进

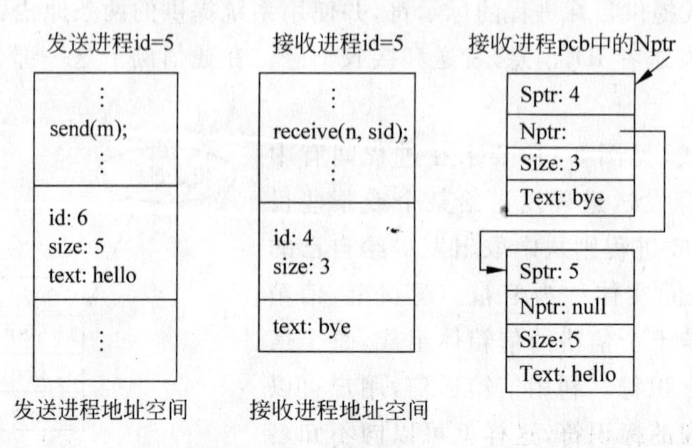


图 3-13　消息缓冲通信

程的内存空间中设置一个接收区，然后用接收原语接收消息。

在接收进程 PCB 中有一数据项：hptr，它是该进程消息队列头指针。若该接收进程与多个进程有消息通信关系，各个进程发来的消息就挂在此消息队列上，hptr 则指向该消息队列上的第一个消息。为了实现接收进程与各发送进程间的同步，应分别设置用于通信的信号灯。接收进程与某一发送进程 pi 之间用于同步的信号灯设为 si，其初值为 0。当发送进程发送一个消息给接收进程后，在此信号灯上作 v 操作，如果接收进程因等待 pi 的消息而处于等待状态时，则在此时被唤醒。当接收进程要读取 pi 进程发来的消息时，在 si 上作 p 操作。另外还需要有一个互斥信号灯 mutex。因为发送过程和接收过程都需要对消息队列进行操作，所以，为了实现对这一临界资源的互斥使用，必须设置互斥信号灯。

发送原语是把欲发送之消息从发送区复制到消息缓冲区，并将它挂到接收消息队列的末尾。如果接收进程正因等待消息而处于等待状态，则被唤醒。接收原语是将所要的消息缓冲区中的信息读到接收区。算法描述如下：

```
void send(发送区首址 m)
{   从发送区 id 域得接收进程 id 号；
    以此 id 号得接收进程 pcb 的消息队列头；
    从发送区 size 域得缓冲区大小；
    申请一个消息缓冲区 area；        //建立新的消息缓冲区
    以此大小加上缓冲区头得 area；
    发送进程 id 送 area 的 sptr 域；
    缓冲区大小送 area 的 size 域；
    发送区的 text 送 area 的 text 域；
    置 area 的勾链字为链尾标记；
    p(mutex)；                      //封锁消息队列
    将 area 入消息队列；
    v(mutex)；                      //解锁消息队列
    v(Si)；                         //与接收进程同步
}
```

一般情况下，在原语中可以不用互斥信号灯，因为原语操作是不可中断的。但是，当原语作为系统调用命令直接由用户调用，且相应的程序比较复杂时，就不一定作此限制。此时，为了实现原语功能，必须考虑对临界资源的互斥使用。

```
void receive(接收区首址 n,发送进程号)
{
p(Si)；                              //有无消息可取
p(mutex)；                           //封锁消息队列
在消息队列找到发送者为 sid 的消息；
从消息队列中摘下此消息缓冲区 area；
v(mutex)；                           //解锁消息队列
area 的 sptr 送接收区的 id 域；       //将消息缓冲区的信息复制到接收区
area 的 size 送接收区的 size 域；
area 的 text 送接收区的 text 域；
释放 area 给存储管理模块；
}
```

## 3.6 死锁

在多道程序系统中,程序并发和资源共享两大操作系统的特征改善了系统资源利用率,并提高了系统的吞吐量。但是,如果对并发管理和控制不当,则可能产生一种危险——死锁。所谓死锁,就是两个或者多个进程因为竞争资源而造成的一种僵局,使得各进程等候着永远也不可能成立的条件,在无外力的作用下,这些等待进程永远不可能向前推进。

死锁产生后会严重影响系统的性能,甚至会导致计算机系统瘫痪,不得不重新启动系统。在并发进程的活动中,各进程存在着一种合理的推进线路,这种推进线路可以使得每个进程都能运行完毕。

### 3.6.1 产生死锁的原因和必要条件

死锁产生的原因可以归结为两点:

1) 竞争资源。通常,系统配置的实际资源远远少于申请使用资源的进程数目,即系统资源不足,引起各进程对共享资源的竞争而产生死锁。

2) 进程推进顺序不当。进程运行过程中,请求或释放资源的顺序不当,而导致进程死锁。

#### 1. 竞争资源引起死锁

系统中的资源可以分为两种:可剥夺性资源和非剥夺性资源。例如处理机,当一个进程正在使用处理机时,如果有优先级别高的进程到来,便可以剥夺当前优先级别较低的进程使用处理的权利;又如存储区,可由存储管理程序根据管理需要将一个进程从一个存储区域移动到另外一个存储区域,即剥夺了进程原来占用的存储区。可见,处理机和存储器是可剥夺性资源。另外一类资源属于非剥夺性资源,如磁带机、打印机等,当系统将资源分配给某进程后,再不能强行收回,只能有进程使用完毕后自行释放,如果强行剥夺,则会导致结果错误。

这里用资源——进程有向图来说明死锁。如图 3-14 中,有两个非剥夺性资源:打印机 R1 和读卡机 R2,两个进程 P1 和 P2,其中方框代表资源,圆圈代表进程。从资源到进程的箭头表示表示资源分配给了进程;而从进程到资源的有向边表示进程请求资源。该图说明:进程 P1 在拥有资源 R1 的情况下申请资源 R2;进程 P2 在拥有资源 R2 的情况下申请资源 R1。由于打印机 R1 和读卡机 R2 属于非剥夺性资源,导致进程 P1 等待进程 P2 释放资源 R2,同时进程 P2 等待进程 P1 释放资源 R1,但是等待的条件永远都不能成立,因此,产生了死锁(此时的有向图是一个封闭的环路)。

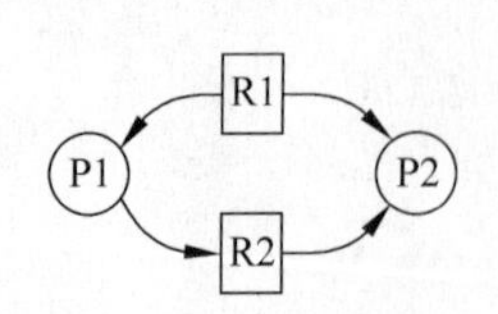

图 3-14 I/O 设备共享时的死锁

如果系统有足够的资源,比如,有两台打印机和两个读卡机,上面的例子就不会出现死锁。所以,系统资源不足是死锁产生的原因之一。

上述的打印机等资源属于可顺序重复使用的资源,称为永久性资源。还有一种所谓的临时性资源,是由一个进程产生,被另外一个进程使用短暂时间后便无用的资源,也称为消耗性资源，它同样也可能引起死锁。如图3-15所示，各进程之间的通信就产生了死锁。在这个有向图中，S1、S2、S3都是临时资源，根据箭头的方向，有如下关系：进程P1产生消息S1，要求从进程P3接收消息S3；进程P3产生消息S3，要求从进程P2接收消息S2；进程P2产生消息S2，要求从进程P1接收消息S1。如果消息通信按照下列顺序进行通信，不可能发生死锁：

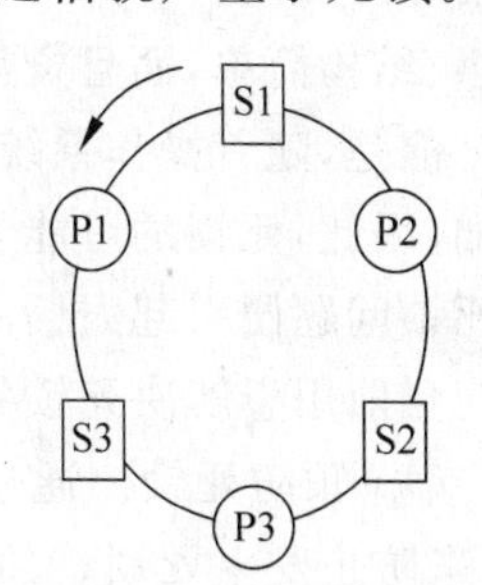


图3-15　进程之间通信时的死锁

```
P1：…;release(S1);request(S3);…
P2：…;release(S2);request(S1);…
P3：…;release(S3);request(S2);…
```

但是如果改为下面的顺序，则可能产生死锁：

```
P1：…; request(S3); release(S1);…
P2：…; request(S1); release(S2);…
P3：…; request(S2); release(S3);…
```

**2. 进程推进顺序不当引起死锁**

由于进程具有异步的特性，这就使得进程可以按照两种顺序向前推进：合法顺序和非法顺序。进程按照合法顺序推进就不会产生死锁，如果按照非法顺序推进，则会产生死锁，如图3-14的例子中有两种不同的进程推进顺序，其中前者为合法顺序，不会产生死锁，而后者是非法顺序。图3-14的例子之所以产生死锁，也与进程推进顺序非法有关，如果这两个进程不并发执行，而只是顺序执行(即不给第二个进程分配资源，这样，当第一个进程申请第二个资源的时候就可以立即得到)，死锁就不可能发生。

除了上面的例子，共享存储器在一定条件下也可能产生死锁。如系统中一个包含$m$个分配单位的存储器，被$n$个进程共享，并且每个进程都要求分配$I$个存储单位，当$m \leqslant n(I-1)$时，同样可能发生死锁。因为在各个进程获得一定的资源数目，正好消耗完$m$个资源，再申请资源时就进入不安全状态，此时，若有进程再申请资源，系统就会产生死锁。

**3. 产生死锁的4个必要条件**

综上所述，产生死锁的4个必要条件是：

(1) 互斥条件。进程要求对所分配的资源进行排他性控制，即在一段时间内，某资源仅仅为一个进程占用。

(2) 不剥夺条件。进程所获得的资源在未使用完前，不能被其他进程强行夺走，即只能有获得该资源的进程自己释放资源。

(3) 部分分配。进程每次申请它所需要的一部分资源，在等待新资源的同时，进程继续占有已经分配给它的资源。

(4) 环路条件。存在一种进程—资源的循环链，链中的每一个进程已经获得的资源同时被链中的下一个进程所申请。

**4. 解决死锁的基本方法**

并发进程共享资源时，如果处理不当会产生死锁。死锁不仅会在两个进程之间产生，也可能在多个进程之间产生，甚至会在系统全部进程之间产生。此外，死锁不仅在动态使用外部设备时产生，也可能在动态使用存储区和数据库时产生，或者在进程通信过程中以及在利用信号灯做同步工具时,由于P操作顺序不当而产生。在早期的操作系统中,由于系统规模小、结构简单,而且资源的分配常采用静态分配,使得操作系统尚未暴露死锁问题的严重性。但是,随着操作系统规模的增大,软件系统变得异常庞大复杂,系统资源的种类也日益增加,因此,死锁的可能性也大大增加。由于死锁的发生会给系统带来严重的后果,解决系统死锁问题便引起人们的普遍注意。

目前用于解决死锁的基本方法有以下4种:

(1)预防死锁。通过设置某些限制条件,以破坏产生死锁的4个条件中的一个或者几个,来防止发生死锁。预防死锁是一种比较可取的方法,已经得到广泛应用,但是可能导致系统资源利用率很低。

产生死锁有4个必要条件:

① 难以否定,因为某些资源(如读卡机等)的共享是由其固有性质确定的不仅不能否定,还必须保证。

② 容易被否定,只要指定一条简单的规则(如某进程请求不到所需要的资源时,就释放已经占有的资源;或者在申请不到时强行剥夺其他进程占用的资源)就可以,但是实现起来并不容易,如暂时让出打印机,会导致几个进程交叉输出结果。

③ 即容易否定,也容易实现,可以规定各进程所需要的全部资源必须一次性申请,在没有得到全部资源前,进程不能投入运行,其缺点是申请的资源可能被使用的时间很短,在长时间占有的情况下,其他进程不能访问这些资源,导致资源的利用率低。

④ 是一种判断死锁的方法,在系统分配资源时,考虑是否会在进程—资源有向图中出现环路,预测是否会产生死锁,如果有产生死锁的可能性,就不分配资源。

(2)避免死锁。不需要预先采取任何限制措施去破坏死锁产生的必要条件,而是在资源的动态分配过程中,使用某些方法防止系统进入不安全状态,从而避免死锁的产生。这种方法只需要预先加以较弱的限制条件,这样可以获得较高的资源利用率。

(3)检测死锁。这种方法允许系统在运行的过程中产生死锁,但是,系统中有相应的管理模块可以及时检测出已经产生的死锁,并且精确地确定与死锁有关的进程和资源,然后采取适当的措施,清除系统中已经产生的死锁。

(4)解除死锁。这是与检测死锁相配套的一种措施,用于将进程从死锁状态下解脱出来。常用的方法是撤销或者挂起一些进程以便释放出一些资源,再将它们分配给已处于等待状态的进程,使得这些进程转为就绪状态从而执行。

下面详细介绍解决死锁的4种基本方法。

### 3.6.2 预防死锁

可以通过让产生死锁的必要条件中的②、③和④不成立来预防死锁。

#### 1. 否定条件二——不剥夺条件

否定该条件只要制定简单的规则就可以,如规定一个已经占有了某些资源的进程,若申请不到新的资源时,就释放已经占有的资源,以后再需要时重新申请。这意味着,一个已经占有资源的进程,在运行的过程中会暂时释放资源,或者说被系统剥夺(某些情况下是被高优先级别的进程剥夺),从而破坏了不剥夺条件。

这种预防死锁的措施实现起来比较复杂,而且要付出很大代价。因为,一个资源在使用的过程中被释放，可能会造成前段工作的失效，即使采用某些防范措施，也还会使得前后两次运行的信息不连续(如交叉打印等)。此外，这里的规则会造成进程反复申请和释放资源，使得进程的执行会被无限期推迟，延长了进程的周转时间，也增加了系统开销，降低了系统吞吐量。

#### 2. 否定条件三——部分分配

为了否定这一条件，每个用户向系统提交作业时，需一次说明它所需要的全部资源，系统根据进程的资源要求表，查看是否能够满足进程的需求。如果系统有足够的资源，就满足进程的资源要求，将进程所需的资源全部分配给它，这样，已经投入运行的进程在运行期间就不会再提出对资源的任何要求。但是，在分配资源时，只要有一个资源要求得不到满足，则该进程就不能得到任何资源，更不用说投入运行，这时，进程就只能等待。

这种方法简单、容易实现。但是存在资源严重浪费的缺点。

当资源一旦分配给进程后，在进程整个运行期间，这些资源为进程独占，而事实上，进程对某些资源的使用时间很少，使得其他希望得到这些资源的进程不得不等待，从而造成系统资源的浪费。一个用户在作业运行之前可能提不出他的作业将要使用的全部设备。进程运行时间延迟。由于仅当进程得到其全部资源后才能投入运行，而正在运行进程在长时间内占据资源而又不使用(长时间内进程使用资源的时间很少)，使得其他进程得不到资源而进入等待状态，延迟了进程运行时间，也即增加了进程的周转时间。

#### 3. 否定条件四——环路条件

在该策略中，将所有的资源赋予一个不同的序号，并按类型线性排队。例如，输入机的序号为1、打印机的序号为2、穿孔机的序号为3、磁带机的序号为4、磁盘的序号为5等。所有进程对资源的请求必须按照资源序号递增的次序提出，即只有申请到了前面的资源，才能申请后面的序号大的资源，这样，所形成的资源分配图不可能出现环路，从而否定了环路条件(称为有序资源分配法)。事实上，一个进程占据了较高序号的资源，它继续请求序号更高的资源时，一定可以得到，因为序号更高的资源一定是空闲的，因此，进程就可以一直向前推进。换言之，系统中这种防止死锁的策略与前两种方法比较，无论是资源利用率还是系统吞吐量，都有显著的改善，但是存在下列缺点：

(1) 为系统中各种类型的资源分配的序号必须相对稳定，限制了新资源的增加。

(2) 在为资源分配序号时，尽管考虑到了大多数作业使用资源的顺序，而进程在实际使用资源时，还是会发生作业使用资源的顺序与系统规定的顺序不同的情况，造成资源浪费。如某进程先使用磁带机，后使用打印机，但是按系统规定，它应该先申请打印机，再申请磁带机，致使打印机长期闲置(分配给进程后)。

(3) 为方便用户，系统对用户编程所施加的限制条件应该尽量少，然而，这种按照规定顺序申请资源的方法，必然限制了用户简单、自由地编程。

### 3.6.3 避免死锁

为了提高资源的利用率，避免可能产生的死锁，在进行资源分配时，应采用某种算法来预测是否有可能会发生死锁，若存在可能性，就拒绝企图获得资源的请求。预防死锁和避免死锁的不同之处在于，前者所采用的分配策略本身就否定了产生死锁的四个必备条件之一，这样来保证死锁不可能发生；而后者是在动态分配资源的策略下采用某种算法来预防可能发生的死锁，从而拒绝可能引起死锁的某个资源的请求。如前面的有序资源分配法就是一种避免死锁的方法。

在避免死锁的方法中，允许进程动态申请资源，即进程在需要的时候申请资源。系统在为进程分配某个资源前，先判断资源分配的安全性。若此次分配不会导致系统进入不安全状态，就将资源分配给进程。所谓安全状态，只指系统按照某种进程顺序（如 P1，P2，…，P$n$）为每个进程分配资源，直至最大需求，每个进程都可以顺利完成。若不存在这样的安全序列，则称系统处于不安全状态。

虽然并非所有不安全状态都是死锁状态，但是，在系统进入不安全状态后，便可能进入死锁状态；反之，则只要系统处于安全状态，系统便可以避免死锁，因此，避免死锁的实质就是如何使系统不进入不安全状态。

下面用例子说明系统的安全状态和不安全状态。

假如系统有 12 台磁带机。有三个进程 P1、P2 和 P3，分别要求 10 台、4 台和 9 台磁带机。设在时刻 T0 进程 P1、P2 和 P3 分别已经获得 5 台、2 台和 2 台磁带机，如表 3-2 所示。

**表 3-2　三个进程的需求**

| 进程 | 最大需求 | 已分配 | 可用 |
|---|---|---|---|
| P1 | 10 | 5 | 3 |
| P2 | 4 | 2 | |
| P3 | 9 | 2 | |

分析发现，在时刻 T0 是安全的，因为存在一个安全序列（P2、P1、P3），即系统只要按照此进程顺序分配资源，每个进程就可以顺利完成。例如，将剩余的 2 台磁带机分配给进程 P2，P2 就可以顺利完成，完成后便释放出 4 台磁带机，使得可用的磁带机资源增加到 5 台，再将这 5 台磁带机分配给进程 P1，P1 也能够顺利完成，之后进程 P1 释放其占用的磁带机，能满足进程 P3 的要求。这样，三个进程都可以顺利完成，因此，在时刻 T0 系统处于安全状态。

如果不按照安全顺序分配资源，则系统就可能由安全状态进入不安全状态。例如，在时刻 T0 以后，P3 又申请到一台磁带机，则系统可用的磁带机就只要 2 台，此时，系统便进入了不安全状态。因为将剩余的 2 台分配给进程 P2，完成后也只能释放出 4 台磁带机，即不能满足进程 P15 台的要求，也不能满足进程 P36 台的要求，这样，进程 P1 和 P3 都不能运行完毕，彼此等待对方释放资源，结构将导致死锁。这里，从将一台磁带机分配给进程 P3 开始，系统便进入了不安全状态。由此可见，在进程 P3 申请资源时，尽管系统中有 3 台可用，但是不能为其分配资源，而必须让它一直等到 P2 和 P1 完成释放资源后，才将资源分配给 P3。

银行家算法是一种避免死锁的方法，该方法由 E. W. Dijkstra 于 1968 年提出。该算法需要检查申请者对各类资源的最大需求量，如果系统现存的各类资源可以满足当前它对各类资源的最大需求量时，就满足当前的申请，仅当申请者可以在一定时间内无条件地归还它所申请的全部资源时，才能把资源分配给它。

按银行家算法来分配资源是不会产生死锁的。因为按该算法分配资源时，每次分配后总存在着一个进程，如果让它单独运行下去，必然可以获得它所需的全部资源。也就是说，它能结束，而它结束后可以归还这类资源以满足其他申请者的需要。这也说明了存在一个合理的系统状态序列。所以，按银行家算法可以避免死锁。

这种算法的主要问题是，要求每个进程必须先知道资源的最大需求量，而且在系统运行过程中，考查每个进程对各类资源的申请，因而需要花费较多的时间。另外，这一算法本身也有些保守，因为它总是考查最坏可能的情况，即所有进程都可能请求最大需求量(类似银行提款)，并在整个执行期间随时提出要求。因此，有时为了避免死锁，可能拒绝某一请求，实际上，即使该请求得到满足，也不会出现死锁。银行家算法过于谨慎以及所花费的较大开销是使用该算法的主要障碍。

### 3.6.4 死锁的检测与恢复

当死锁发生时，能够检测出死锁，并进行适当地恢复。发现死锁的原理是考查某一时刻系统状态是否合理，即是否存在一组可以实现的系统状态，能使所有进程都得到他们所申请的资源而运行结束。

检测死锁算法的基本思想是：得到某时刻 $t$ 时系统中各类可利用资源的数目向量 $W(t)$，对于系统中的一组进程 $\{p_1, p_2, \cdots, p_i, \cdots, p_n\}$，找出那些对各类资源请求数目均小于系统现在所拥有的各类资源数目的进程。我们可以认为这样的进程可以获得他们所需要的全部资源，并运行结束。当他们运行结束后释放所占有的全部资源，从而使可用资源数目增加，这样的进程加入到可运行结束的进程序列 $L$ 中，然后对剩下的进程再作上述考查。如果一组进程 $\{p_1, p_2, \cdots, p_n\}$ 中有几个进程不属于序列 $L$ 中，那么他们会被死锁。

死锁检测的时机如下：

(1) 检测可以在每次分配后进行。但是由于检测死锁的算法比较复杂，所花的检测时间长，系统开销大。因此也可以选取比较长的时间间隔来进行。

(2) 定期检查，如一天，一星期或一月一次。如果没有死锁发生，此时需要记住每个进程的当前状态，称为这些进程达到了一个检测点，为死锁恢复保留一个返回状态点。

只有在可接受的、修复能够实现的前提下，死锁的检测才是有价值的。在死锁现象发生之后，只有在收回一定数目的资源后，才有可能使系统脱离死锁状态。如果这种收回资源的操作要扔掉某一作业并且破坏某些信息的话，那么运行时间上的损失是很大的。

下面列出几种排除死锁的实用方法：

(1) 最简单的办法是把那些陷于死锁的全部进程一律撤销。

从某个存在的中间检测点重新启动各死锁进程，若使用不得法，将可能又返回到原先的死锁状态。但是由于异步系统的不确定性，故一般不会发生这种情况。

(2) 逐个作废死锁进程，直至死锁不再存在。作废的次序可以按已使用的资源耗损最小为依据，这种方法意味着每次作废后，需重新调用检测算法来检查死锁是否还存在。

(3) 从死锁进程中逐个地强迫抢占些资源，直至死锁不再存在。像(2)中指出的一样，其次序可以是以花费最小为原则。每次"抢占"后，需要再次调用检测算法。资源被抢占的进程为了再得到该资源，必须重新提出请求。

实际中对死锁的检测常常是由计算机操作员来处理，而不是由系统本身来完成的。

## 3.7 处理机调度

在计算机中最关键的资源之一是CPU,每一个任务必须使用它。那么,处理机以什么方式为多任务所共享?由于处理机是单入口资源,任何时刻只能有一个任务得到它的控制权,只有一个程序在其上运行,即多任务只能互斥地使用处理机。人们对这一种资源最感兴趣的是“运行时间”,而整个处理机时间是以分片方式提交给用户任务使用的。这就提出以下几个问题:处理机时间如何分片?为适应不同需要和满足不同系统的特点,时间片的长短如何确定?以什么策略分配处理机?谁先占用?谁后占用?这些就是处理机分配的策略问题。另外还必须注意到,每个任务占用处理机时,系统必须建立与其相适应的状态环境。在处理机控制权转接的时刻,系统必须将原任务的处理机的现场保留起来,并以新任务的处理机现场设置其状态环境,以确保任务正常地执行。为了实现对处理机时间的分用,系统必须花费交换控制权的开销。交换控制权的频繁程度和开销之间必须权衡,以使系统效率达到理想的程度。

### 3.7.1 处理机的多级调度

**1. 处理机调度的功能**

(1) 确定数据结构;

(2) 制订调度策略(调度原则);

(3) 给出调度算法;

(4) 具体的实施处理机分派。

不同类型的操作系统往往采用不同的处理机分配方法。

**2. 批处理系统中的处理机调度**

不同类型的操作系统往往采用不同的处理机分配方法。在多用户批处理处理操作系统中,对处理机的分配分为两级:作业调度(在第2章我们已经讲述过)和进程调度。在这样的系统中,每个用户提交的算题任务,往往作为系统的一个处理单位,称为作业。这样一道作业在处理过程中又可以分为多个并发的活动过程,称为进程。

作业调度称为宏观调度,其任务是对提交给系统的、存放在辅存设备上的大量作业,以一定的策略进行挑选,分配主存储器等必要的资源,建立作业对应的进程,使其投入运行,亦即使该作业对应的进程具备使用处理机的权利。而进入主存的诸进程,各在什么时候真正获得处理机,这是由处理机的微观调度(一般称为进程调度)来决定的。进程调度的对象是进程,其任务是在进入主存的所有进程中,确定哪个进程在什么时候获得处理机,使用多长时间。

**3. 多任务操作系统中的处理机调度**

在分时系统或支持多任务并发执行的个人计算机操作系统中,系统将用户提交的任务处理为进程,这些进程都是分配资源和处理机的单位。一个进程又可以创建多个子进程,形成可以并发执行的多进程。在支持多进程运行的系统中,系统创建进程时,应为该进程分配必要的资源。

进程调度要完成的任务是，当处理机空闲时，以某种策略选择一个就绪进程去运行，并分配处理机的时间。

**4. 多线程操作系统中的处理机调度**

在现代操作系统中，有些系统支持多线程运行。在这样的系统中，一个进程可以创建一个线程，也可以创建多个线程。系统为进程分配它所需要的资源，而处理机的分配单位则为线程，系统提供线程调度程序，其功能是当处理机空闲时，以某种策略选择一个就绪线程去运行，并分配处理机的时间。

### 3.7.2 进程调度

在操作系统中，由于进程总数多于处理机，他们必然竞争处理机。进程调度的功能就是按一定策略，动态地把处理机分配给处于就绪队列中的某一进程，并使之执行。根据不同的系统设计目标，可有多种选择某一进程的策略，例如，系统开销较少的静态优先数法，适合于分时系统的轮转法，以及 UNIX 采用的动态优先数反馈法等。

进程调度(也称 CPU 调度)是指按照某种调度算法(或原则)从就绪队列中选取进程分配 CPU，主要是协调进程对 CPU 的争夺使用，也称为低调。完成进程调度功能的程序成为进程调度程序。

进程调度算法的选择会影响到系统的设计目标和工作效率，例如，有的算法有利于充分利用系统资源，发挥最大的处理能力；有的算法有利于公平地响应每一个用户的服务请求；有的算法有利于提高操作系统的工作效率等。这些要求往往要综合考虑，不能顾此失彼。如有的算法可能较好地满足了用户要求，但给系统实现带来了复杂性，使系统的时间和空间开销增加。因此，自主选择算法上要权衡各方面的因素，选择某种现实的算法或者几种算法的组合。

对于各种调度算法，我们采用如下的指标来衡量其性能的优劣。

1) CPU 利用率

CPU 利用率＝CPU 利用的时间/开机运行的总时间。它是进程调度算法追求的主要目标。

2) 等待时间

进程的等待时间是指进程在就绪状态下的等待时间。若进程的平均等待时间越小，则调度算法性能越好。

3) 响应时间

在分时系统中，为用户在终端上发出一个请求，到计算机在终端上做出回答，这段间隔时间成为系统的响应时间。实际工作时，应尽可能使平均响应时间缩短。

4) I/O 设备的利用率

系统必须尽可能地实现 CPU 与 I/O 设备的并行工作。

5) “时空”代价

希望时间尽可能短，空间开销尽可能省。

进程调度方式通常有两种：剥夺调度和非剥夺调度。剥夺调度是进程处于就绪状态中只要出现更为“紧迫或重要”的进程时，则立即停止正在运行的进程(即将其改为就绪状态)，而把 CPU 分配给当前优先权高的进程。所谓出现“紧迫或重要”的进程，可以表现为：就绪状态出现了优先权更高的进程；或者系统规定的轮转调度时间片已经用完等。这种方法使用面广，系统并发性强，但设计或控制较复杂。“非剥夺调度”是指一旦某个进程被选中运行，则该进程就一直运行下去(不管有没有“紧迫或重要”的进程)，可以表现为：直至该进程完成，或者因为某些事件(如等待 I/O)自动放弃 CPU 进入相应的等待状态时，才把 CPU 分配给其他进程。该方式减少了系统进程调度的次数，简化了程序设计，但损失了系统的并发性。

目前，只有一些小型操作系统或批处理系统中采用“非剥夺调度”方式，而在许多实际系统中，都采用“剥夺调度”方式，这是根据实际需要而选取的。

下面介绍几种常见的进程调度方法。这些算法与作业调度中的某些算法有相似之处，不过作业调度负责对 CPU 之外的系统资源，其中包含有不可抢占资源(如打印机等资源)的分配。进程调度仅负责对 CPU 进行分配，CPU 属于可抢占的资源。

**1. 先来先服务**

将用户作业和就绪进程按提交顺序转变为就绪状态的队列，并按照先来先服务(First Come First Service，FCFS)的方式进行调度处理，这是一种最简单的方法。在没有特殊理由要优先调度某类进程时，从处理的角度看，FCFS 方式是一种最合适的方法，因为无论是追加还是取出一个队列元素，在操作上都是最简单的。该算法的优点是实现简单，缺点是对那些执行时间较短的进程来说，将等待较长的时间，从而降低 CPU 的利用率。在实际操作系统中，FCFS 算法常常和其他的算法配合起来使用，例如，基于优先级的调度算法就是对具有同样优先级的进程采用 FCFS 算法。

考虑表 3-3 所列的 3 个进程，它们按 1、2、3 的顺序处于就绪队列中。

表 3-3　进程的下一个 CPU 周期

| 进程 | 下一个 CPU 周期 | 进程 | 下一个 CPU 周期 |
|---|---|---|---|
| P1 | 24 | P3 | 3 |
| P2 | 3 | | |

按照 FCFS 算法，其执行情况如图 3-16 所示。

此时 P1 的 TT=24，P2 的 TT=27，P3 的 TT=30，故 ATT=(24+27+30)/3=27，即平均周转时间为 27。如果不按 FCFS 调度，而是按图 3-17 方式执行，则平均周转时间 ATT=(3+6+30)/3=13，比上面的 27 少得多，所以 FCFS 调度算法性能不佳。

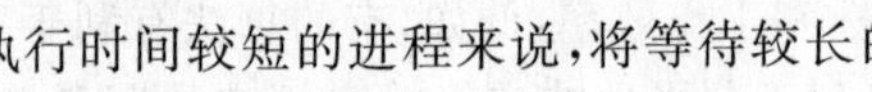

P1　P2　P3　时间
0　24　27　30

图 3-16　执行过程 1

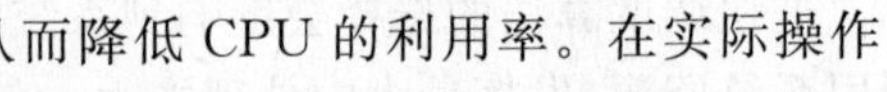

P2　P3　P1　时间
0　3　6　30

图 3-17　执行过程 2

**2. 轮转法**

轮转法(Round Robin，RR)的基本思路是让每个进程在就绪队列中的等待时间与享受服务的时间成比例。轮转法的基本概念是将 CPU 的处理时间分成固定大小的时间片。例如，几十毫秒到几百毫秒。如果一个进程被调度选中后用完了规定的时间片，但又未完成要求的任务，则自行释放所占的 CPU 而排到就绪队列的末尾，等待下一轮调度。同时，进程调度程序又去调度当前就绪队列中的第一个进程。显然,轮转法只能用来调度分配那些可以抢占的资源。CPU 是可抢占的资源的一种,但打印机等是不可抢占的资源。另外,时间片长度的选择是根据系统队列响应时间的要求和就绪队列中所允许的最大进程数确定的。

在分时系统中常用时间片轮转法。

轮转法的关键问题是如何确定时间片的大小。如果时间片太大,以致每个进程的 CPU 周期都能在一个时间片内完成,则轮转法实际上脱化为 FCFS。如果时间片太小以致 CPU 切换过于频繁,则会增加 CPU 的额外开销,降低了 CPU 的有效利用率。这是因为,每次 CPU 切换涉及到保存原运行进程的现场和恢复新运行进程的现场,这些操作一般需要 10～100μs 的时间。例如,设有一个 CPU 周期为 10 单位的进程,在时间片取 12、6、1 时的调度切换次数分别为 0、1、9。令时间单位为 1ms,1 次调度的开销为 100ms,则在时间片等于 1 时,CPU 的额外开销和有效开销之比为 1∶10,这是不容忽视的。

时间片的大小不仅影响 CPU 的利用率,也影响平均周转时间。设有表 3-4 所列的 4 个就绪进程。

**表 3-4 进程的下一个 CPU 周期**

| 进程 | 下一个 CPU 周期 | 进程 | 下一个 CPU 周期 |
|---|---|---|---|
| P1 | 6 | P3 | 1 |
| P2 | 3 | P4 | 7 |

则它们的平均周转时间 ATT 与时间片 $q$ 之间的关系如图 3-18 所示。

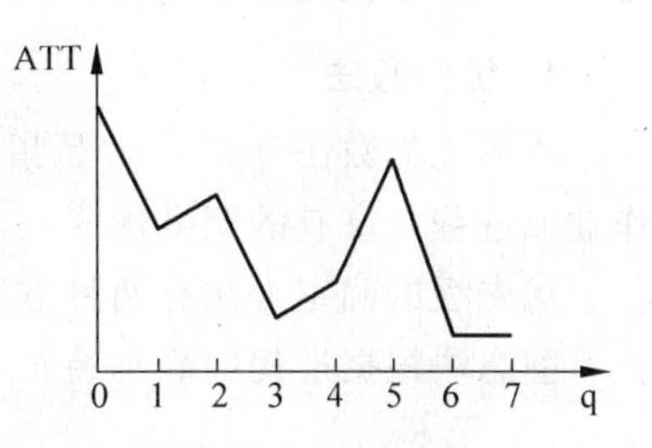

图 3-18 平均周转时间 ATT 与时间片 $q$ 之间的关系

实验表明,对于批处理系统,应使 80%左右的 CPU 周期在一个时间片内完成;对于分时系统,时间片长度的选择是根据系统对响应时间 RT 的要求和就绪队列中所允许的最大进程数 $N_{max}$ 来确定,可表示为

$$\text{时间片 } q = RT/N_{max}$$

令 RT=3s,$N_{max}=30$,则 $q=0.1$s。在保证 RT 的情况下,增大时间片 $q$ 可以减少进程调度的次数达到减少 CPU 额外开销的目的。一种可行的方法是每当一轮调度开始时,根据就绪队列中当前进程个数重新计算时间片 $q$。也就是说,时间片 $q$ 是动态变化的。

**3. 多级反馈轮转法**

在轮转法中,加入到就绪队列的进程有如下 3 种情况。

(1) 分给它的时间片用完,但进程还未完成,回到就绪队列的末尾等待下次调度去继续执行。

(2) 分给该进程的时间片未用完,只是因为请求 I/O 或由于进程互斥与同步关系而被阻塞,当阻塞解除之后再回到就绪队列。

(3) 新创建进程进入就绪队列。

如果对这些进程区别对待,给予不同优先级和时间片,可提高系统资源的利用率。可以将就绪队列分为 $N$ 级,每个就绪队列分配给不同时间片,优先级高的为第一级队列,时间片最小，随着队列级别的降低，时间片加大。各个队列按照先进先出调度算法，当一个新进程就绪后进入第一级队列；如果某进程由于等待而放弃 CPU 后，进入等待队列，一旦等待的事件发生，则回到原来的就绪队列；当有一个优先级更高的进程就绪时，可以抢占 CPU，被抢占进程回到原来一级就绪队列末尾；当第一级队列空时，就去调度第二级队列，以此类推；当时间片到后，进程放弃 CPU，回到下一级队列。

多级反馈轮转法(Round Robin With Multiple Feedback)与优先级法在原理上的区别是：一个进程在它执行结束之前，可能需要反复多次通过反馈循环执行，而不是优先级中的一次执行。

例如考虑由 3 个队列组成的多级队列调度。3 个队列的编号分别为 0，1，2，如图 3-19 所示。

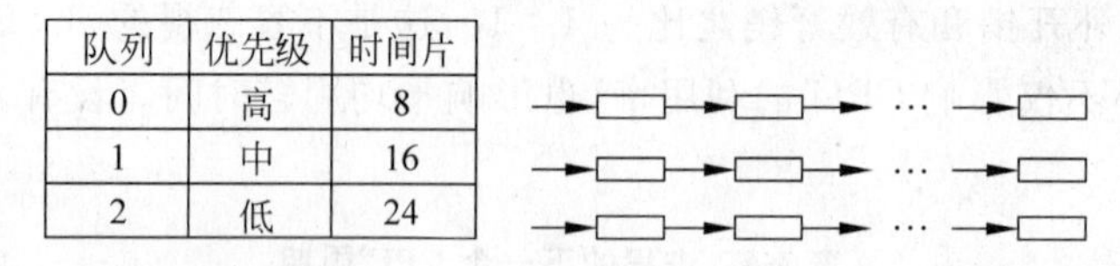

| 队列 | 优先级 | 时间片 |
|---|---|---|
| 0 | 高 | 8 |
| 1 | 中 | 16 |
| 2 | 低 | 24 |

图 3-19　举例

调度算法首先调度 0 号队列中的进程；当 0 号队列为空时才调度 1 号队列中的进程；当 0 号与 1 号队列都为空时才调度 2 号队列中的进程。在剥夺方式下，新进入 0 号队列的进程将剥夺 1 号或 2 号队列中正在执行的进程的 CPU，而新进入 1 号队列的进程将剥夺 2 号队列中正在执行的进程的 CPU。

**4. 优先数法**

所谓优先数法(priority)是指系统或用户按某种原则为进程指定一个优先级来表示该作业或进程所享有的调度优先权。该算法的核心是确定进程的优先级。

优先级的确定方法有两种方法，分为动态法和静态法。

静态法根据进程的静态特征，在进程开始之前就确定它们的优先级，一旦开始就不再改变。

动态法是把进程的静态特征和动态特征结合起来确定作业或进程的优先级，随着进程的执行过程，其优先级不断变化。

确定静态优先级可以采取以下方法。

(1) 按进程类型指定。操作系统通常分为两类进程：系统进程和用户进程。前者为后者服务，通常系统进程的优先权高于用户进程的优先权，例如，系统中用于处理输入输出的系统进程，专门接收用户进程的输入输出请求，用户进程的运行速度要依赖于这种系统进程的运行速度，因而应使系统进程优先运行。

(2) 按资源的要求指定。系统资源包括 CPU 时间、内存容量和外设等，可根据对资源要求的数量指定进程优先数，例如，短进程优先(Shortest Process First，SPF)，即 CPU 使用时间少或占用内存小的进程优先权高，首先分配给 CPU，使之运行。

(3) 按用户要求指定。用户可以指定自己的优先数，或用较高的代价去购买优先数，例如，某人的机时费出得高，则优先权就要高一些等。

基于静态优先级的调度算法的优点是实现简单、系统开销小；缺点是系统的效率低下、调度性能不高。

动态优先数的确定通常取决于以下几个原则：

(1) 合理地分配 CPU 时间。在计算优先数时，要使得有利于等待 CPU 时间最长的进程最先调度。一个进程占用 CPU 的时间越长，其调度优先权就越低，反之，一个进程放弃 CPU 的时间越长，它的调度优先权就越高。

(2) 紧急的程序优先。由于一个进程要执行许多程序，有用户程序、系统程序等。系统程序应优先于用户程序，急需处理的程序应优于一般程序。

基于动态优先级的调度算法的优点是调度性能高、系统资源的利用率高；缺点是系统开销大。

下面结合实例解释。

**例 3-1**　假设就绪状态有 4 个进程，每个进程所需运行时间如表 3-5 所示。

**表 3-5　进程所需时间**

| 进程 | 所需运行时间 | 进程 | 所需运行时间 |
|---|---|---|---|
| 1 | 6 | 3 | 1 |
| 2 | 3 | 4 | 7 |

进程到达次序为 1,2,3,4。试分别按先来先服务调度算法、短进程优先调度算法和时间片轮转法(时间片分 1,3,5,6) 给出进程调度顺序，并计算平均等待时间。

**解：**

(1) 先来先服务调度算法进程调度顺序如图 3-20 所示。

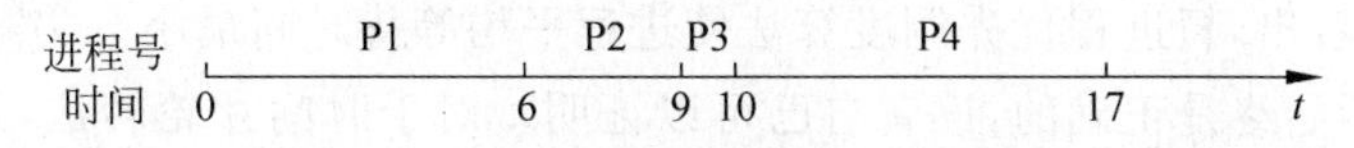


图 3-20　先来先服务调度算法调度顺序

平均等待时间为

$$T=1/4\times(0+6+9+10)=6.25$$

(2) 短进程优先调度算法进程调度顺序如图 3-21 所示。

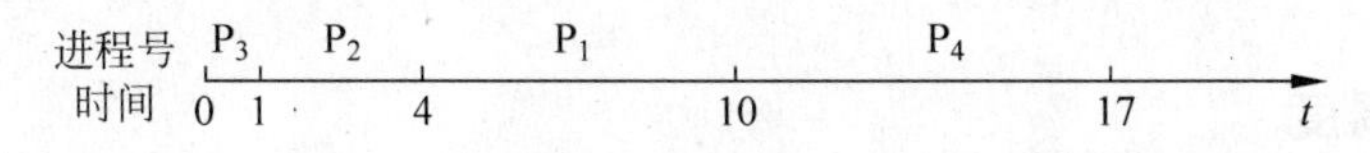


图 3-21　短进程优先调度算法进程顺序

平均等待时间为

$$T=1/4\times(4+1+0+10)=3.75$$

(3) 时间片轮转法

① 时间片为 1，进程调度顺序如图 3-22 所示。

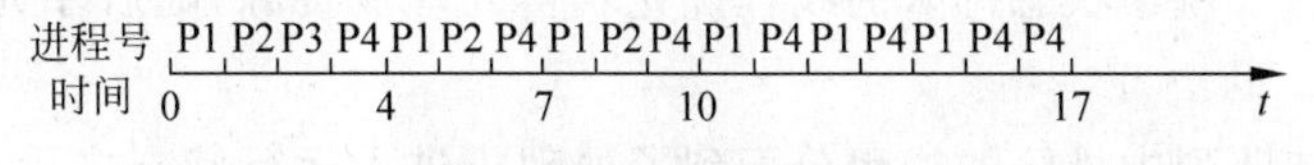


图 3-22　时间片轮转法调度顺序(1)

平均等待时间为

$$T=1/4\times((0+3+2+2+1+1)+(1+3+2)+2+(3+2+2+1+1+1))$$
$$=1/4\times(9+6+2+10)=6.75$$

② 时间片为 3,进程调度顺序如图 3-23 所示。

| 进程号 | P1 | P2 | P3 | P4 | P1 | P4 | P4 | |
|---|---|---|---|---|---|---|---|---|
| 时间 | 0 | 3 | 6 | 7 | 10 | 13 | 16 | 17 |

图 3-23　时间片轮转法调度顺序(2)

平均等待时间为

$$T=1/4\times((0+7)+3+6+(7+3))$$
$$=1/4\times(7+3+6+10)=6.5$$

③ 时间片为 5,进程调度顺序如图 3-24 所示。

| 进程号 | P1 | P2 | P3 | P4 | P1 | P4 | |
|---|---|---|---|---|---|---|---|
| 时间 | 0 | 5 | 8 | 9 | 14 | 15 | 17 |

图 3-24　时间片轮转法调度顺序(3)

平均等待时间为

$$T=1/4\times((0+9)+5+8+(9+1))$$
$$=1/4\times(9+5+8+10)=8$$

④ 时间片为 6,相当于先来先服务调度算法。其进程调度顺序和平均等待时间与先来先服务调度算法相同。

从上例可以看出,短进程优先调度算法使进程平均等待时间最小。实际上,对于给定的进程集合,这句话始终是正确的,读者自己可以证明。对于时间片轮转法,进程平均等待时间与时间片的大小有关。根据经验表明,时间片的取值,应该使得 80%的进程在时间片内完成所需的一次 CPU 运行活动。

在实际的操作系统中,进程的调度算法是相当复杂的,它们往往是上述各种方法的混合。一般地说,静态优先数多用于批处理系统和实时系统,时间片轮转法多用于分时系统,而动态优先法可用于这两者。

### 3.7.3　线程调度

在现代操作系统中(如 Windows),线程调度采用优先调度算法。系统给每一个线程分配一个优先级。任务较紧急、重要的线程,其优先级就较高;相反则较低。例如,用于屏幕显示的线程需要尽快地被执行,可以赋予较高的优先级;用于收集主存碎片的垃圾回收线程则不那么紧急,可以赋予较低的优先级,等到处理机较空闲时再执行。

线程就绪队列按优先级的高低排序。对于优先级相同的线程,则遵循队列的“先进先出”的原则,即先进入就绪状态排队的线程优先获得处理机资源,随后才为后进入队列的线程服务。

当一个在就绪队列中排队的线程分配到了处理机进入运行状态之后,这个线程称为是被“调度”的。

# 3.8 Windows XP 的进程和线程管理

## 3.8.1 Windows XP 的进程

### 1. Windows XP 的进程对象

Windows XP 的进程是系统中分配资源的基本单位，具有 3 个重要特征：

(1) 进程作为对象来控制和管理；

(2) 一个进程可以包含一个或多个线程；

(3) 进程对象和线程对象具有内置的同步功能。

Windows XP 的进程用对象表示，可以通过句柄(handle)来引用进程对象。进程对象的结构如图 3-25 所示。每个进程由许多属性定义，并封装了它可以执行的一系列动作或服务。当进程收到一个消息以后，执行相应的服务。当 Windows XP 创建一个进程后，它使用系统中为进程定义的、用作模板的对象类或类型来产生一个新的对象实例，并在创建对象时赋予其属性值。进程对象的属性见表 3-6。

**表 3-6 Windows XP 进程对象的属性**

| 属性名称 | 属性含义 |
|---|---|
| 进程 ID | 进程的唯一标识 |
| 安全描述符 | 描述谁创建对象、谁可以访问/使用对象或禁止谁访问对象 |
| 基本优先级 | 进程中线程的基本优先级 |
| 默认处理器集合 | 可以运行的进程中线程的默认处理器集合 |
| 定额限制 | 页式存储器及页式文件空间，进程可使用的处理器最大时间 |
| 执行时间 | 进程中的所有线程已经执行的时间总量 |
| I/O 计数器 | 记载进程中线程已执行的 I/O 操作数量、类型的变量 |
| VM 操作计数器 | 记载进程中线程已执行的虚拟存储操作数量、类型的变量 |
| 异常/调试端口 | 进程中的线程异常时，用于进程管理器发送消息的通信信道 |
| 退出状态 | 进程终止的原因 |

### 2. Windows XP 的进程 TDB(任务数据库)

当 Windows XP 启动一个进程时，将为其建立一个类似于 PCB 的结构，其中包括很多项，主要项目如图 3-26 所示。

(1) 私有堆栈。每个进程都有自己的堆栈。当 Windows XP 切换到一个新任务时，堆栈寄存器便装入值。

(2) 链接指针。指向系统中下一个进程的 TDB。

(3) 状态标志。标志一个进程阻塞还是就绪状态。实际上，该域包含系统消息队列中该进程的等待事件个数。Windows 是一个基于消息驱动的系统，任何事件(如击键盘)产生后会在系统中产生相应的消息，该消息先被放入系统消息队列。当某个进程未处理完它的事件，则在系统消息队列中该进程的等待事件个数不为零，这时该进程处于就绪状态，若系统消息队列中该进程的等待事件个数为零，则进程处于阻塞状态。

(4) 优先级。用于调度。

## 3.8.2 Windows XP 的线程

### 1. Windows XP 的线程对象

Windows XP 的一个进程至少包含一个执行线程，该线程还可以创建新的线程。Windows XP 的线程属于内核级线程，系统以线程为调度单位。因此，多处理机系统中，同一个进程的多个线程可以并行的执行。Windows XP 的线程对象的结构如图 3-27 所示，线程对象的属性如表 3-7 所示。

| | |
|---|---|
| 对象类型 | 进程 |
| 对象体属性 | 进程ID<br>安全描述符<br>基本优先级<br>默认处理器集合<br>定额限制<br>执行时间<br>I/O计数器<br>VM操作计数器<br>异常/调试端口<br>退出状态 |
| 服务 | 创建进程<br>打开进程<br>查询进程信息<br>设置进程信息<br>当前进程<br>终止进程 |

图 3-25　Windows XP 的进程对

| |
|---|
| 私有堆栈 |
| 链接指针 |
| 状态标志(事件计数) |
| 优先级 |
| ⋮ |

图 3-26　Windows XP 的进程 TDB

| | |
|---|---|
| 对象类型 | 线程 |
| 对象属性 | 线程ID<br>动态优先级<br>基本优先级<br>线程处理器集合<br>线程执行<br>警告状态<br>挂起计数器<br>假冒标志<br>终止端口<br>线程退出状态 |
| 服务 | 创建线程<br>打开线程<br>查询线程信息<br>当前线程<br>终止线程<br>获取上下文<br>设置上下文<br>挂起<br>恢复<br>警告线程<br>测试线程警告<br>寄存器终止端口 |

图 3-27　Windows XP 线程对象

**表 3-7　Windows XP 线程对象的属性**

| 属性名称 | 属　性　含　义 |
|---|---|
| 线程 ID | 当线程调用一个服务程序时，标识该线程的唯一值 |
| 线程上下文 | 定义线程执行状态的一组寄存器值和其他易失的数据 |
| 动态优先级 | 任何给定时刻，线程执行优先级 |
| 基本优先级 | 线程动态优先级的下限 |
| 线程处理器集合 | 可以运行的线程的处理器集合 |
| 线程执行时间 | 线程在用户模式和内核模式下执行的时间总量 |

续表

| 属性名称 | 属 性 含 义 |
|---|---|
| 警告状态 | 表示线程是否将执行一个异步过程调用的标志 |
| 挂起计数器 | 记载线程被挂起的次数(但未恢复) |
| 假冒标志 | 允许线程代表另一进程执行的临时访问标志(供子系统使用) |
| 线程退出状态 | 线程终止的原因 |

### 2. Windows XP 的线程状态

Windows XP 的线程具有 7 种状态：初始化状态、就绪状态、备用状态、运行状态、等待状态、转换状态和终止状态。其状态转换模型如图 3-28 所示。

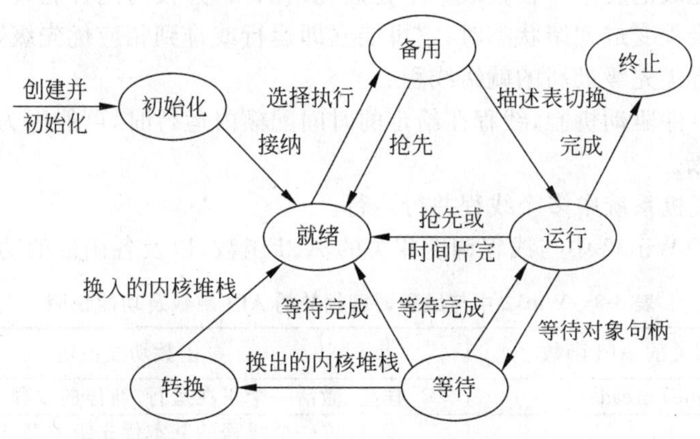


图 3-28　Windows XP 线程状态转换

(1) 初始化状态(Initialized)。线程创建过程中的线程状态。

(2) 就绪状态(Ready)。线程已获得除处理机外的所需资源,正等待调度执行。

(3) 备用状态(Standby)。已选择好线程的执行处理机,正等待描述表切换,以进入运行状态。系统中每个处理机上只能有一个处于备用状态的线程。

(4) 运行状态(Running)。已完成描述表切换,线程进入运行状态。线程会一直处于运行状态,直到被抢先或时间片用完,线程终止或进入等待状态。

(5) 等待状态(Waiting)。线程正等待某对象以同步线程的执行。当等待事件出现时,等待结束,并根据优先级进入运行或就绪状态。

(6) 转换状态(Transition)。转换状态与就绪状态类似,但线程的内核堆栈位于外存。当线程等待事件出现而它的内核堆栈处于外存时,线程进入转换状态；当线程内核堆栈被调回内存时,线程进入就绪状态。

(7) 终止状态(Terminated)。线程执行完就进入终止状态；如执行体有一指向线程对象的指针,可将处于终止状态的线程对象重新初始化,并再次使用。

### 3. Windows XP 的线程控制

Windows XP 提供了一组用于线程控制的系统调用：CreateThread、ExitThread、SuspendThread、ResumeThread 等。其中,CreateThread 完成线程创建,在调用进程的地址空间上创建一个线程,以执行指定的函数,其返回值为所创建线程的句柄；ExitThread 结束当前线程；SuspendThread 可挂起指定的线程；ResumeThread 可激活指定线程,其对应操作是递减指定线程的挂起计数，当挂起计数减为 0 时，线程恢复执行。

#### 4. Windows XP 的线程调度

Windows XP 的调度对象是线程。Windows XP 的线程调度并不是单纯使用某一种调度算法，而是多种算法的综合，针对实际系统的需要进行针对性的优化和改进。Windows XP 采用严格的抢先式动态优先级调度，根据优先级和分配时间配额（quantum）进行调度。时间配额是 Windows XP 允许线程连续运行的最大时间长度，即时间片。当一个线程运行完一个时间配额以后，系统中断该线程的执行，并判断是否需要降低该线程的优先级，检查是否有其他高优先级或相同优先级的线程正在等待执行。系统还允许修改时间配额的大小。线程调度遵循以下原则。

（1）相同优先级的就绪线程排成一个先进先出队列，并按时间片轮转算法进行调度。

（2）当一个线程变成就绪状态时，它可能立即运行或排到相应优先级队列的尾部。

（3）总是运行优先级最高的就绪线程。

（4）完全的事件驱动机制，线程在给定的时间配额内运行时，可能因为高优先级的线程抢先执行而被中断。

（5）在多处理机系统中多个线程并行运行。

表 3-8 列出了 Win32 中与线程调度相关的 API 函数，以及各函数的功能介绍。

**表 3-8　Win32 中与线程调度相关的 API 函数及功能说明**

| 与线程调度有关的 API 函数 | 函数功能说明 |
|---|---|
| Suspend/ResumeThread | 挂起/激活一个正在运行/暂停的线程 |
| Get/SetPriorityClass | 读/设置一个线程的基本优先级类型 |
| Get/SetThreadPriority | 读/设置一个线程的相对优先级 |
| Get/SetProcessPriorityBoost | 读/设置当前进程的默认优先级提升控制 |
| Get/SetThreadPriorityBoost | 读/设置暂时提升线程优先级状态：在可调范围内 |
| Get/SetProcessAffinityMask | 读/设置一个进程的默认处理器集合 |
| SetThreadAffinityMask | 设置线程的默认处理器集合 |
| SetThreadIdealProcessor | 设置线程的首选处理器，但不限制线程在该处理器 |
| SwitchToThread | 当前线程放弃一个或多个时间配额的运行 |
| Sleep | 使当前线程等待一个指定的时间段 |
| SleepEx | 使当前线程进入等待状态 |

### 3.8.3 Windows XP 的进程互斥和同步

Windows XP 提供了互斥对象、信号量对象和事件对象等 3 种同步对象和相应的系统调用，用于进程和线程同步。从本质上讲，这组同步对象的功能是相同的，但它们适用的场合和效率有所不同。

#### 1. 互斥、互斥对象与临界区对象

互锁变量访问是最基本的互斥手段，其他的互斥和共享机制都以此为基础。它相当于硬件 Test and Set 指令。用于对整型变量的操作，可避免线程间切换对操作连续性的影响。Windows XP 中用于互锁变量访问的 API 函数包括 InterlockedExchange、InterlockedExchangePointer、InterlockedCompareExchange、InterlockedCompareExchangePointer、InterlockedExchangeAdd、InterlockedDecrement 以及 InterlockedIncrement。其中：

- InterlockedExchange 用于进行 32 位数据的先读后写原子操作；
- InterlockedExchangePointer 对指针的 Exchange 原子操作；
- InterlockedCompareExchange 用于依据比较结果进行赋值的原子操作；
- InterlockedCompareExchangePointer 对指针的 CompareExchange 原子操作；
- InterlockedExchangeAdd 为先加后存结果的原子操作；
- InterlockedDecrement 为先减 1 后存结果的原子操作；
- InterlockedIncrement 为先加 1 后存结果的原子操作。

互斥对象 Mutex 是 Windows 提供的一种可实现线程互斥的对象，相当于互斥信号量。互斥对象任何时刻只能被一个线程使用，故可用于协调共享资源的互斥访问。例如，要避免两个线程同时对某共享内存的写操作，可为该共享内存创建一对应的 Mutex 对象。每个线程在执行访问该内存的代码之前请求对 Mutex 对象的所有权。在写入共享内存之后，线程释放 Mutex。

- Windows XP 中与互斥对象有关的 API 函数包括：
- CreateMutex，创建一个互斥对象，返回对象句柄；
- OpenMutex，返回一个已存在的互斥对象的句柄，用于后续访问；
- ReleaseMutex，释放对互斥对象的占用，使之成为可用。

线程可以使用 CreateMutex 函数建立一个 Mutex 对象，并为 Mutex 对象指定一个名字，其他进程中的线程可以通过调用 OpenMutex 函数，并以 Mutex 对象名字作为参数来获得该 Mutex 对象的句柄。(注意，这里的句柄是一个代表 Mutex 对象的整数，线程获得句柄以后，就可以通过它访问 Mutex 对象。)任何有 Mutex 对象句柄的线程可以使用等待函数 WaitForSingleObject 请求对 Mutex 对象的所有权。若调用该函数时请求的 Mutex 对象被另一个线程占有，那么该请求将一直阻塞到该 Mutex 对象被释放。即只有当拥有该 Mutex 对象的线程调用 ReleaseMutex 函数释放该 Mutex 对象时，请求该 Mutex 对象的线程才会被唤醒而继续执行。

Windows XP 提供了两个统一的同步对象等待操作：WaitForSingleObject，在指定的时间内等待指定对象为可用状态，以及 WaitForMultipleObjects，在指定的时间内等待多个对象为可用状态。

可以使用 Mutex 对象保护共享资源，防止多个线程或进程同时访问临界资源。每当线程执行临界区之前，必须使用等待函数 WaitForSingleObject，请求对与该临界资源对应的 Mutex 对象的所有权。只有得到了该 Mutex 的所有权，才能访问该临界资源。例如，有几个线程同时修改一张数据库表格时，可以使用 Mutex 对象，实现对数据块表格的互斥写操作。

Windows XP 中与临界区对象(Critical Section)有关的 API 函数包括：InitializeCriticalSection、EnterCriticalSection、TryEnterCriticalSection、LeaveCriticalSection 和 DeleteCriticalSection。其中：

- InitializeCriticalSection 用于对临界区对象进行初始化；
- EnterCriticalSection 用于等待占用临界区的使用权，得到使用权时返回；
- TryEnterCriticalSection 用于非等待方式申请临界区的使用权，申请失败时，返回 0；
- LeaveCriticalSection 用于释放临界区的使用权；
- DeleteCriticalSection 用于释放与临界区对象相关的所有系统资源。

**2. 事件对象**

事件对象(event)相当于"触发器",可以通知一个或多个线程某事件的出现。Windows XP 中有关的 API 函数包括：CreateEvent、OpenEvent、SetEvent/PulseEvent、ResetEvent。其中,CreateEvent 创建一个事件对象,返回对象句柄；OpenEvent 返回一个已存在的事件对象的句柄,用于后续访问；SetEvent/PulseEvent 设置指定事件对象为可用对象；ResetEvent 设置指定事件对象为不可用状态。

### 3.8.4 Windows XP 的进程间通信

**1. Windows XP 的信号**

Windows XP 提供了软中断——信号(signal)通信方式。进程可以通过指定信号处理例程,发送或接收信号。Windows XP 提供了两组与信号相关的系统调用,分别处理不同的信号。

(1) SetConsoleCtrlHandler 和 GenerateConsoleCtrlEvent。SetConsoleCtrlHandler 可定义或取消本进程的信号处理例程(HandlerRoutine)列表中用户定义的处理例程。例如,默认时,每个进程都有一个信号 Ctrl+C 的处理例程,可利用本调用来忽视或恢复对 Ctrl+C 的处理。GenerateConsoleCtrlEvent 可以发送信号到与本进程共享同一控制台的控制台进程组。

(2) signal 和 raise。Signal 用于设置中断信号处理例程。Raise 用于发送信号。

**2. Windows XP 基于文件映射的共享存储区**

Windows XP 可以将整个文件映射为进程虚拟地址空间的一部分进行访问,实现共享存储。可以通过 CreateFileMapping 和 OpenFileMapping 指定对象名称。CreateFileMapping 为指定文件创建一个文件映射对象,返回对象指针；OpenFileMapping 打开一个命名的文件映射对象,返回对象指针。MapViewOfFile 把文件映射到本进程的地址空间,返回映射地址空间的首地址。FlushViewOfFile 可把映射地址空间的内容写到物理文件中。UnmapViewOfFile 拆除文件映射与本进程地址空间间映射关系。当完成文件到进程地址空间的映射以后,可以利用首地址进行读写。通过一个进程向共享存储区写数据,别的进程从共享存储区读数据,实现进程之间交换大量信息。最后,利用 CloseHandle 关闭文件映射对象。

**3. Windows XP 的管道**

Windows XP 提供无名管道和命名管道两种管道机制。可以利用 CreatePipe 创建无名管道,并得到两个读/写句柄。然后,利用 ReadFile 和 WriteFile 进行无名管道的读/写。

命名管道为服务器端与客户进程间提供通信管道,可实现不同机器上的两个进程之间的通信。当 A、B 进程需要进行通信时,由 A 进程调用 CreateNamedPipe 函数建立一个管道,这时称 A 为服务器进程,B 为客户进程,客户进程 B 可以通过 CreateFile 或 CallNamedPipe 函数连接到一个管道。因此,命名管道通常采用 client/server 模式,连接本机或网络中的两个进程。命名管道服务器支持多客户,为每个管道实例建立单独线程或进程。与命名管道有关的 API 函数包括 CreateNamedPipe 在服务器端创建并返回一个命名管道句柄；ConnectNamedPipe 在服务器端等待客户进程的请求；CallNamedPipe 从管道客户进程建立与服务器的管道连接。

命名管道的读写方式包括 ReadFile、WriteFile(用于阻塞方式)、ReadFileEx、WriteFileEx(用于非阻塞方式)。

服务或客户进程可以通过 ReadFile 和 WriteFile 函数对管道进行读写操作。它们类似于 Send 和 Receive 系统调用。对管道的读写操作可分为阻塞、无阻塞两种方式。采用阻塞读/写方式时，若管道为空，ReadFile 操作必须等到来自线程的数据写到另一端时才能成功结束并返回。当管道缓冲器中没有足够空间存储数据时，WriteFile 操作一直要等到另一线程从管道另一端读出数据，缓冲器中产生足够空间时才能完成并返回。即，线程对管道进行读/写操作时，可能会被阻塞。

#### 4. Windows XP 的邮件槽

类似于邮箱通信。邮件槽(mailslot)是一种伪文件，它驻留在内存中，采用不定长数据块(报文)和不可靠传递方式。通常采用 client/server 模式，邮件槽服务器(server)是建立和拥有邮件槽的进程。负责创建邮件槽，接收 client 发送来的消息，它可从邮件槽中读消息。邮件槽客户(client)利用邮件槽的名字向 server 发送请求消息。对于本地邮件槽，其名字格式为：\\.\mailslot\[path]name，对于远程邮件槽，其名字格式为：\\computername\mailslot\[path]name。

Windows XP 有关邮件槽的 API 函数包括：CreateMailslot、GetMailslotInfo、SetMailslotInfo、ReadFile、CreateFile 和 WriteFile 等。其中，CreateMailslot 用于服务器方创建邮件槽，返回其句柄；GetMailslotInfo 用于服务器查询邮件槽的信息，如消息长度、消息数目、读操作等待时限等；SetMailslotInfo 用于服务器设置读操作等待时限；ReadFile 用于服务器读邮件槽；CreateFile 用于客户方打开邮槽；WriteFile 用于客户方发送消息。与管道操作一样，邮件槽的 ReadFile 和 WriteFile 内部将完成读/写进程间的同步。

当调用 CloseHandle 函数关闭所有打开的服务器句柄，或拥有邮件槽句柄的所有服务器进程退出邮件槽时，邮件槽被关闭。这时，任何未读出的消息都将从邮件槽中删去，所有邮件槽的客户句柄都被关闭，邮件槽本身也从内存中删去。

#### 5. Windows XP 套接字

套接字是一种网络通信机制，它通过网络为不同计算机上的进程之间提供双向通信服务。套接字采用的数据格式为可靠的字节流(一对一)，或不可靠的报文(多对一，一对多)。通信模式可为 client/server 模式或 peer-to-peer 对等模式。

UNIX 系统中使用的 BSD 套接字主要基于 TCP/IP 协议，系统提供了一组标准的系统调用实现通信连接的维护和数据收发。例如，send 和 sendto 用于数据发送，recv 和 recvfrom 用于数据接收。

Windows XP 中的套接字规范称为 Winsock，它除了支持标准的 BSD 套接字以外，还实现了一个真正与协议独立的应用程序编程接口，可支持多种网络通信协议。例如，在 Winsock 中分别把 send、sendto、recv 和 recvfrom 扩展成为 WSASend、WSASendto、WSARecv 和 WSARecvfrom。

#### 6. 剪贴板

剪贴板(Clipboard)是 Windows XP 提供的一种信息交流方式，可增强进程的信息交流能力，帮助进程之间按照约定格式交流复杂信息。当执行复制操作时，应用程序将选中的数据以标准的格式，或者应用程序定义的格式放到剪贴板中。其他的应用程序可以从剪贴板中以其可以支持的格式获取所需要的数据。

Windows XP 提供了一组相关的 API 函数,用以完成应用进程与剪贴板间的格式化信息交流。与剪贴板相关的 API 包括: OpenClipboard 打开剪贴板; CloseClipboard 关闭剪贴板; EmptyClipboard 清空剪贴板; SetClipboardData 把数据及其格式加入剪贴板; GetClipboardData 从剪贴板读取数据; RegisterClipboardFormat 注册剪贴板格式。

## 3.9 小结

本章从进程角度来研究操作系统。程序的顺序执行的特点是顺序性、封闭性、可再现性。程序的并发执行提高了资源利用率和系统处理能力,但失去了程序的封闭性,同时使程序具有间断性、通信性。系统中有很多进程,按照性质来分,有系统进程和用户进程。系统进程对资源进行管理、控制用户进程的执行; 而用户进程主要是为用户完成计算任务。进程具有动态性、并发性、异步性/间断性、结构特征等特性。进程并发执行的特征决定了进程总是处于"执行—暂停—执行"状态,直到进程完成任务并消亡。进程控制块 PCB 是一个数据结构,包含了进程的描述信息和控制信息。

用于进程控制的原语有: 创建原语、撤销原语、等待原语、唤醒原语等。进程共享系统资源或者相互协作共同完成任务,使得进程之间产生了错综复杂的制约关系,即互斥关系和同步关系。其中共享资源有两种方式: 互斥共享和同时访问。由于进程间共享资源而引起的一种进程间的间接制约关系,这种关系就是进程互斥。解决进程互斥问题一般使用锁机构。信号灯机制是一种有效的进程同步的工具,系统一般提供 P、V 操作原语来修改信号灯的值。进程同步是进程间的一种直接制约关系,可以使用信号灯和 P、V 操作实现进程的同步。

线程是比进程更小的活动单位,它是进程的一个执行路径。线程和进程是两个密切相关的概念,本章从调度、并发性、拥有资源和系统开销四个方面进行比较。

线程可分为内核支持线程(kernel-supported threads)和用户级线程(user-level threads),这两种线程存在区别。

进程通信是指进程之间可直接地以较高的效率传递较多数据的信息交换方式。实现进程间通信有很多种方式,可以将它们归结为以下 3 种: 共享存储器系统、消息系统、利用共享文件的通信方式。也可以利用消息系统实现进程直接通信。

死锁是指两个或者多个进程因为竞争资源而造成的一种僵局,使得各进程等候着永远也不可能成立的条件,在无外力的作用下,这些等待进程永远不可能向前推进。死锁产生的原因可以归结为两点: 系统资源不足以及进程推进顺序不当。产生死锁的四个必要条件是: 互斥条件、不剥夺条件、部分分配、环路条件。对死锁的防范措施通常有: 死锁检测、死锁预防和死锁恢复等。

处理机调度主要是进程调度和线程调度。进程调度(也称 CPU 调度)是指按照某种调度算法(或原则)从就绪队列中选取进程分配 CPU,主要是协调进程对 CPU 的争夺使用,也称为低调。进程调度算法有先来先服务、轮转法、多级反馈轮转法、优先数法等。线程调度主要采用优先调度算法。

本章最后给出了一个实例——Windows XP 的进程和线程管理。

# 习题三

1. 为什么引入进程？它与程序的区别？

2. 简述进程的内存映象有哪些部分组成？它们的作用是什么？

3. 进程的基本状态有哪些？说明它们之间的变迁的可能性及条件。

4. 设有三个进程A、B和C，其中A和B构成一对生产者－消费者(A为生产者，B为消费者)，它们共享一个由$m$个缓冲区组成的缓冲池；B和C构成一对生产者-消费者(B为生产者，C为消费者)，它们共享另一个由$n$个缓冲区组成的缓冲池。用P、V操作描述它们之间的同步关系。

5. 什么是死锁？它形成的必要条件是什么？

6. 什么是进程通信？简述它们的形式。

7. 现有若干个进程，它们属于两类：一类是读数据进程；另一类是写数据进程。这些进程共同对一份数据进行处理(读、写)。要求：当写进程将数据写入数据区时其他所有进程不能做任何事，而读进程们可以同时读取这份数据。请用P、V操作描述这一问题。

8. 简述进程创建原语的主要工作。

9. 一环形消息缓冲器由$m$个相同单元组成，发信者与收信者利用它进行通信。当缓冲器未满时，发信者可将信置入、当缓冲器未空时，收信者可从中取信。发信者和收信者分别用指针W和R来访问缓冲器。请写出利用P、V操作描述发信者和收信者的算法。

10. 5个进程合作完成一任务，它们的流程图如图3-29所示。请说明它们间的同步关系，并用P、V操作描述这5个进程的同步关系。

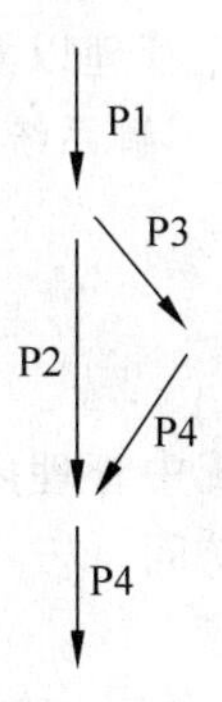


图3-29　5个进程合作完成一任务流程图

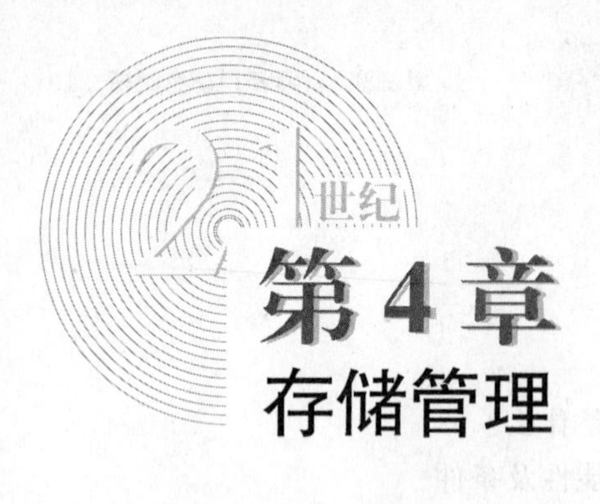

# 第4章 存储管理

冯·诺依曼体系的计算机都要求程序首先装入内存才能运行，就目前的计算机而言，差别只在于程序是部分装入还是全部装入。因此操作系统要能够很好地管理计算机系统中的重要资源——内存，使得它按规则并被高效地使用，这是操作系统的起码要求。在单道程序系统中内存仅仅被分成操作系统部分（常驻管理与内驻等）与正在运行的用户程序两部分，其内存管理相对较为简单。在现代多道程序系统中，内存除被分配给操作系统之外，还要分配给用户程序所共享的多个进程，处于内存的这些进程有的处于运行状态，有的处于等待状态，有的处于就绪状态，因此操作系统可以采取不同的方式分别对待它们，有的进程只被分配所需内存空间的一部分，将其剩余部分驻留在磁盘，而有的进程所需内存可以全部满足。

操作系统可以采取一定的策略，根据用户程序要求的分配空间，动态地在内存与外存之间调入/调出，使得在一定的内存情况下，尽可能多的运行程序。所有这些要求都增加了操作系统自身的难度，使得它成为人们研究的重点。

本章首先介绍存储管理的一般性概念，然后从存储管理解决问题的过程与技术发展分别讨论了分区式管理、分页式管理、分段式管理以及段页式管理的原理，学习中要注意每种管理方式提出的背景和解决的问题，还要了解系统内部提供的软硬件支持。

## 4.1 存储管理概述

操作系统的内存管理系统是操作系统中管理内存使其高效使用的功能集合，它将用户对内存的请求转化成内存硬件的按地址访问。

### 4.1.1 内存概念与存储器层次

计算机系统由计算子系统（处理机与CPU）、存储子系统、I/O子系统组成，如图4-1所示。程序运行时，CPU直接存取指令和数据的存储器是内存。内存用于存放操作系统内核、用户程序指令与程序运行所需数据。程序当前运行时所用的指令与数据被放在内存的特定单元中。内存由一维的地址空间组成，CPU使用单元地址来读/写内存单元的信息。

内存的速度与CPU的速度有一定的差别，但它比外存又快了许多数量级。为了提高CPU访问内存的速度，目前计算机系统中引入了高速缓存（cache），它由硬件寄存器组成，具有比内存更高的速度，但由于cache的价格比内存高了许多，所以它的空间很难做得较大。外存一般用来存放程序的所有代码与数据，它是程序和数据的持久完整集。由于程序

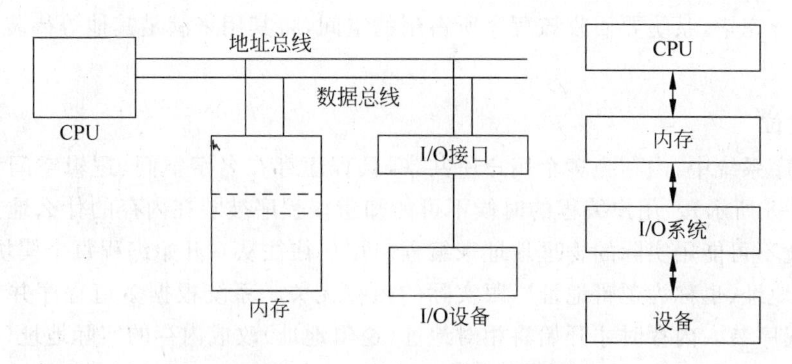


图 4-1 计算机系统中内存的位置

具有局部性原理——任何时候正在使用的信息总是所有存储信息的一部分。因此采用不同的存储介质来存取系统中不同频度的信息,使这些存储器有机的联系形成一个体系,这就是计算机的存储层次,如图 4-2 所示。

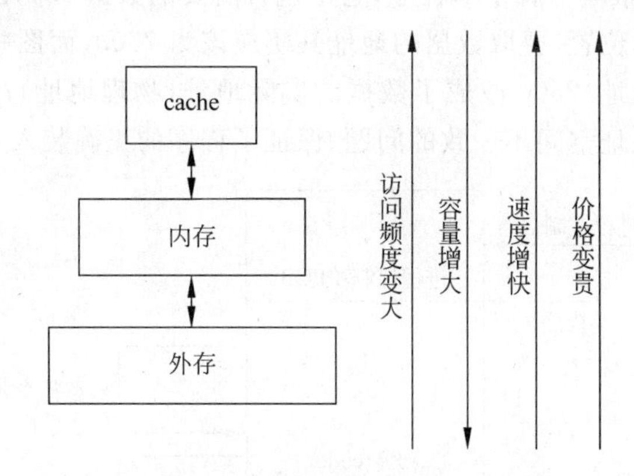


图 4-2 存储层次关系

在这一个层次结构中 cache 空间最小,只有 256KB 的大小,它用于存放高频的指令与数据。由于它的速度为几十纳秒,所以它可快速访问而减少对相对低速(几十到几百纳秒)的内存的访问,从而提高了系统的处理速度。而外存读取时每秒只有几十万字节,若仅仅少量数据的访问,可能会由于存在机械的动作而变得更慢。

## 4.1.2 存储管理

### 1. 内存空间管理

内存空间管理系统首先要记录内存的各级分配单元的使用状态,负责内存区域的分配与回收。根据不同的分配方法,大的内存区域分割成大小不同的子区域以适应不同的用户对内存的请求,因此系统要记录这些区域的位置划分和使用情况,系统负责响应用户请求,以适合的空间分配给它,并修改使用状态来反映当前系统的状态。这里的分配可以是静态分配,即运行前一次分配进程需要的所有空间,运行时不再请求。系统也可采用动态分配,即运行开始时只分配进程运行最低要求的空间,它往往小于整个进程运行的所有要求,所以运行后还需要根据运行的进展分配再追加内存。由于系统的内存被多道程序共享,因此,当某个程序运行完毕，系统要回收该程序所占用的空间，将其用来满足其他等待装入内存运行的程序。

**2. 重定位**

多道程序系统中，内存为多个用户所共享，且程序存在名字空间、逻辑空间和物理地址空间(如图 4-3 所示)。用户编程的时候不可能知道该程序被装在内存的什么地方(地址)运行，因此它就不可能用实际的物理地址来编程。用户往往从 0 开始编程每个模块，这个地址称之为相对地址(也称为逻辑地址)，跟实际的内存无关。系统根据多道程序并行运行的特点，只有到程序装入内存时才开始将相对地址(逻辑地址)改成内存的实际地址(物理地址)，完成从逻辑地址到物理地址的映射，这样程序才能正确运行，访问到所要的单元。

如图 4-4 所示，假设用户取数据语句“A＝data1;”被编译成为一条指令“mov r,2500”，意思是将存放数据的地址为 2500 内存单元的内容 234 送到寄存器 r 中。倘若只是简单地将该段程序装入到内存中从地址 5000 开始的区域，则该指令将内存 2500 单元内容送寄存器 r，而内存 2500 单元根本不属于本程序，它不包含所要的数据 234，因此这样做是错误的。根据该程序装入的起始位置，要取数据的地址其实应该为 7500，而图中方式二(右边实线所指)将相对地址(逻辑地址)2500 改成了数据的实际地址(物理地址)7500，它解决了程序的物理地址空间与逻辑地址空间不一致的问题，保证了程序的正确装入与运行。

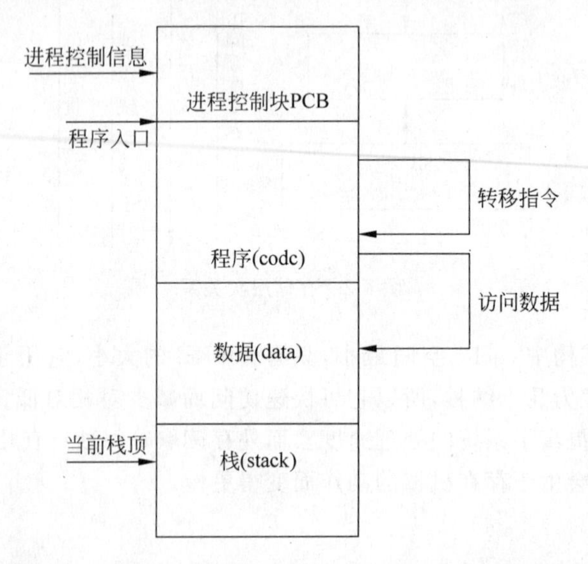


图 4-3　程序的名字空间、逻辑地址空间和物理地址空间

这种由相对地址到物理地址的地址变换称为重定位。这个变换工作可以在操作系统将程序与数据装入内存形成进程时来实现，使得进程的指令地址反映进程的内存映像。

1) 静态重定位

静态重定位是在程序运行之前进行重定位的一种地址变换方式，它是由装入程序(loader)在程序装入内存的同时，逐条指令分析是否为访存指令，若是则对其逻辑地址部分根据程序装入内存的实际情况进行调整，然后将地址部分修改过的指令写入内存。

图 4-4 中装入程序将用户地址空间装入到内存 5000 开始的地址连续的内存块中，所以装入程序会将“mov r,2500”这条指令改成:“mov r,7500”，具体地就是在逻辑地址上加上一

个内存区域的起始地址。

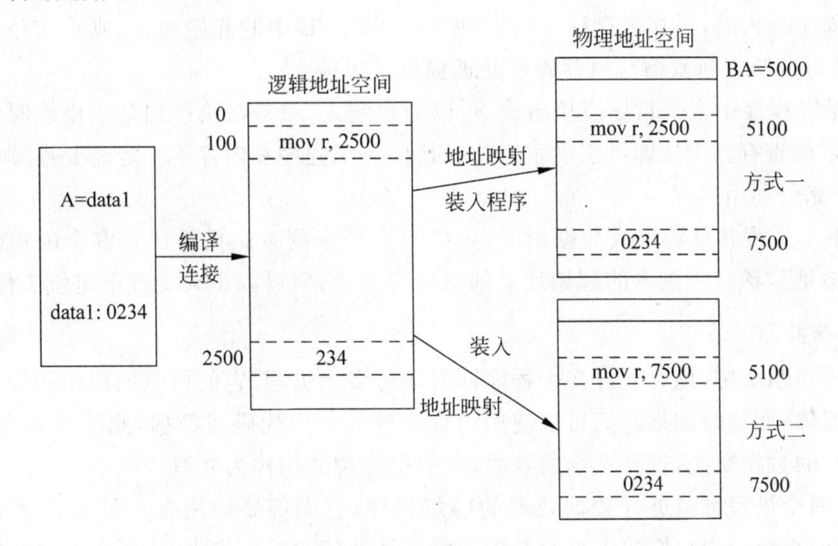


图 4-4 进程的寻址要求

当程序所有信息装入内存时作了静态重定位后，程序即可启动运行。而在整个程序运行过程中，地址变换不会再发生。静态重定位可以完全由操作系统的装入程序完成，而不要额外的硬件支持，它简单易行，但静态重定位也有不足：

(1) 一旦程序装入后，不能在内存中移动，为了充分利用空间与获取更大的可用空间以适应大作业时移动是必须的。

(2) 它要求分配给程序的内存空间连续，这有时不易做到，尤其在内存被多次利用后。

(3) 这种静态分配相对于多进程共享程序不利，使得系统必须为共享程序的进程开启新的副本，因为在多用户进程中共享程序段的逻辑地址空间不同，无法使用唯一的重定位。

2) 动态重定位

动态重定位是指是在程序运行过程中通过硬件来实现虚-实地址变换。动态重定位的系统中，装入程序只是简单地将程序装入到内存，而不进行地址的部分修改，重定位工作是在访存指令执行中，由硬件自动连续地进行，这个硬件就是地址变换机构，最简单的地址变换机构就是重定位寄存器 RR。

程序的目标模块装入内存时，访存指令的地址不作修改。如图 4-5 所示，即“mov r, 2500”的地址仍然是 2500，当该程序被调度到处理机上运行时，操作系统使用特权指令将该模块装入内存的起始地址 5000 送入处理机的重定位寄存器 RR，一旦程序执行到“mov r, 2500”这样的访存指令，地址变换机构自动将指令中的逻辑地址(2500)与重定位寄存器 RR 中的内容相加，并用相加的结果作物理地址(7500)去访问内存，可见这时访问得到的数据为所需的 234，显然这个结果是正确的，符合用户的意图。

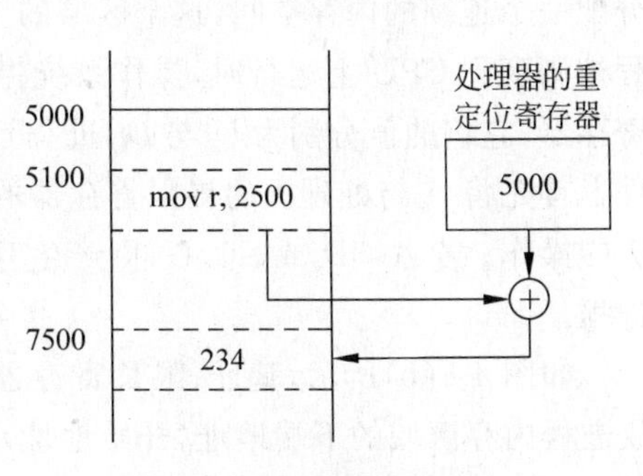


图 4-5 动态重定位的过程

动态重定位的时机是在访存指令执行时由硬件动态进行的，除了具有高效的优点外，另外它还有下列优点：

(1) 程序装入后，再在内存移动时，只要修改其 PCB 中的起始地址，则重定位依然能正确运行，这为存储空间紧缩与内存碎片处理提供了可能。

(2) 系统程序由多个目标模块组成，可以分块装入，只是在执行到某个模块时将其起始地址送重定位寄存器 RR 即可正确重定位。这使一个程序在内存不一定需要连续的内存空间，有利于充分利用内存。

(3) 多个进程共享程序或数据段时，可以只要一个副本。只要建立多个进程的共享模块的起始地址到该唯一副本的起始地址的对应关系表，就可以正确实现重定位工作。

### 3. 内存共享

多道程序系统中，内存允许多个程序同时运行多个进程，它们可能调用相同程序段或使用同一数据体，而这时如果它们可以使用内存中的同一份代码或数据，则可节省内存空间，减少内外存的数据交换，提高系统的效率，我们把这种共用称为共享。

例如，两个进程都是进行数据处理的应用程序，它们都要调用有关信号处理的程序模块，这时操作系统只为它们在内存中准备一份信号处理的模块代码，让两个数据处理应用的进程共享这一份信号处理程序，这样可以节省内存空间，使之满足更多的需求，共享内存可以提高内存的使用率，增加系统的吞吐率。

共享内存要求存储保护进行改进，使得进程能在受控的前提下访问共享内存空间。

### 4. 存储保护

无论是操作系统的程序与数据，还是各个用户进程都应该进行保护，而不能受到其他进程的干扰。其他进程在未经本进程的授权或约定的情况下，也不能读/写本进程的存储单元。这是保障操作系统安全稳定、用户程序执行正确的保证和要求。

对于取地址操作不应该超出进程的代码区域范围，否则就是执行了别的进程代码，这不仅不符合程序逻辑，而且也是极端危险的；对于写数据越界的后果，可能将不正确的数据写到别的进程的数据区域，这样可能造成数据歧义或出错，有时引起灾难性的错误。写到别的进程的代码区域则造成别的进程运行时指令错误，如果数据写到别的进程的代码部分，运行时会出现指令错而中断那个进程。为了防止这些由于不加任何限制而造成的混乱，必须为进程的内存区域加上隔离性的保护。

1) 上下界限保护

上下界限保护是一种常用的存储保护措施。如图 4-6(a)所示，当操作系统为用户进程分配一个连续的内存空间，这个区域的上下端地址 $U$ 与 $D$ 被保存到进程的 PCB 中，当该进程被调度到 CPU 上运行时，操作系统将进程的 PCB 中的有关内容送入 CPU 的上、下界限寄存器，它们的值分别为 $U$ 与 $D$，进程运行中执行了访存指令，其访问使用地址为 $A$，则硬件上首先将 $A$ 与处理机的界限寄存器的 $U$ 和 $D$ 进行比较，若 $D \leqslant A \leqslant U$，则正常地执行相应的操作；若 $A < D$ 或 $A > U$，则产生存储保护中断，这时由操作系统中止这个企图越界的进程。

如图 4-6(b)所示，基址、限长寄存器保护是上述方法的一种变种。这里基址寄存器存放进程内存区域的下端地址（开始地址），而限长寄存器存放该内存区域的长度，通过它们同样可以限制进程在区域内执行和访问。如果地址越界则产生中断信号，由操作系统中止它，而让其他进程来运行。

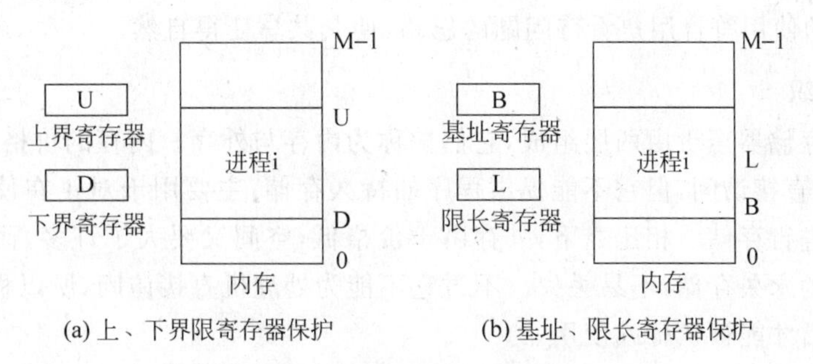


图 4-6 界限寄存器的存储保护

2）存储键保护

这种方式为每个进程的连续存储区域分配一个若干位组成的存储保护键(钥匙)。当用户程序被允许进入内存，操作系统分给它一个唯一的保护键号，并将分配给该进程的各存储块的存储保护键也置成同样键号(锁)。当该进程被调度运行时，该进程的存储保护键也被放入到处理机的状态字(PSW)中的存储保护键域中，每当 CPU 访问内存时，都要检测 PSW 中的保护键(钥匙与内存块的存储保护键——锁)，若匹配，则允许访问指令执行；否则拒绝访存，产生保护错误中断。存储保护键的内存保护如图 4-7 所示。

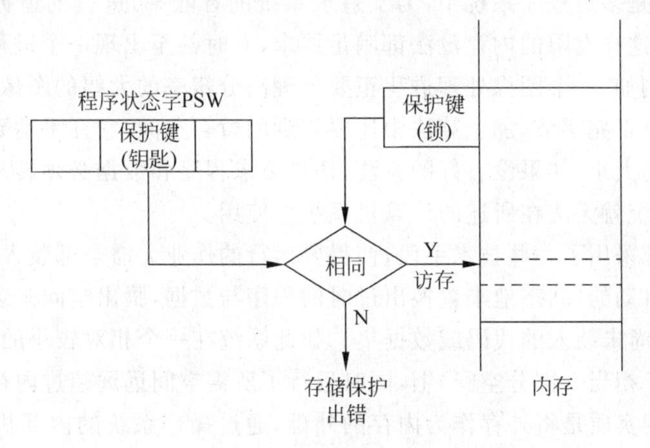


图 4-7 存储保护键的内存保护

**5. 逻辑组织**

计算机系统中的内存被组织成一维的地址空间，它由一系列以字节为单位的存储单元组成。而用户在进行程序设计时，不可能也被要求按一维地址空间来进行编程，人们往往根据思维习惯，是将程序按系统功能模块、按编程思考的方式进行组织，这样更加符合编程工作的功能性和局部性，所以程序被逻辑化地组织成一系列的模块。另外程序模块是不可修改的，只有部分数据模块可修改(写入)。如果操作系统能适应与处理这种多维的模块组织结构，可以带来下列好处：

(1) 以模块单独编写与编译，所有关于此模块的引用就可以放在该模块运行时由操作系统来解决，这样可以方便程序的编写与功能分解。

(2) 可以按模块的特性赋以不同的保护特征(读/写),有利于软件的保护。

(3) 模块的使用符合用户看待问题的思路,使其共享变得自然。

**6. 物理组织**

计算机的存储器至少由两层组成,它们被称为内存与外存。内存的价格较高,存储速度快,处理机可以直接访问,但它不能提供程序的持久存储,主要用于对正在使用或经常使用的程序与数据进行存储。相比之下,外存由于价格低,空间又要大了许多,而且还可以提供对程序与数据的永久存储,不易丢失。不过它不能为处理机直接访问,所以程序与数据必须被装入内存之后才能被执行或使用。

对于存储器的二层模型,内外存之间的信息流组织——内外存程序与数据的转移是存储管理的一个主要问题,它由操作系统自动流畅地进行,这可以有下列好处:

(1) 由于模块运行时间的不同,用户的不同模块可以由系统放置于同一内存区域,这样可以解决内存不足,使有限内存提供更大服务可能。

(2) 由于逻辑地址与物理地址无关,用户程序员编程只要在逻辑空间进行,不管程序最终装入内存的位置,使得编程较为单纯。

**7. 虚拟存储器**

内存是一种价格较高的资源,因此其空间有限,比其外存它小了不少。但是用户的要求是越来越大,尤其是多道程序系统中,为了追求系统的吞吐率,进程的道数增加。每个进程都要很大的空间,这样有限的内存没法都满足要求,有时甚至出现一个进程的空间要求都难以支持的情况。例如,一个图像处理进程正要处理高分辨率的大幅的图像,其一幅图像本身的数据空间就达上百兆字节,加上算法中还要用到的暂存空间,它几乎达到了所用的计算机系统的实际内存的大小,如果没有好的方法,还是要求程序和数据必须转入内存才能运行的话,这样的应用系统就无法在所述的计算机系统上使用。

现代操作系统采用了一些技术手段,使得要运行的作业无需全部装入便投入运行,而在运行期间由系统自动的、动态地来置换出过时的程序与数据,腾出空间来装入接下来要运行的、因为空间原因尚未装入的代码或数据集。如此系统在一个相对较小的内存(其实还被操作系统本身占用了相当一部分空间)上,同时运行了所需空间远远超过内存空间的程序及数据集。这种技术的实质是将外存作为内存的外延,通过操作系统的内部机制将内存和外存有机的结合,它可以检测到要访问的作业空间是否在内存,以及当不在内存时可以到外存的合适位置读入,保证进程执行的连贯。

对于应用程序而言,它根本不知道系统实际上不是一次性装入与程序相关数据执行的,而以为系统提供了一个足以存放当前系统运行的所有用户进程的程序与数据集的、比实际内存空间大的多的存储空间,这个存储空间就是虚拟存储器。因为系统实际没有这么大,而是用户感到好像有的空间,所以称之为“虚拟的”。

## 4.2 简单的存储管理

### 4.2.1 单一连续区分配

单一连续区分配,是一种最简单的存储管理方案,对硬件无特殊要求。它用在早期的单道批处理和现在广泛流行的个人计算机中。单一连续区分配是指主存中只有一个用户作业,用户把程序从磁盘或磁带上装入主存,并占据全部存储空间和所有系统资源。这种存储管理技术没有提供资源共享的功能。

在个人计算机中,这种管理方法如图4-8所示。存储器划分为两部分：一部分是操作系统；另一部分是用户作业(或进程)。操作系统驻留在RAM(Random Access Memory)低地址部分；或驻留在ROM(Read Only Memory)高地址部分；或设备驱动程序驻留在ROM的高地址部分,操作系统的其余部分在RAM的低地址部分(分别见图4-8(a)、(b)、(c))。IBM PC的操作系统采用图4-8(c)的结构,设备驱动程序位于ROM的高地址部分,这部分程序叫做BIOS(Basic Input Output System)。

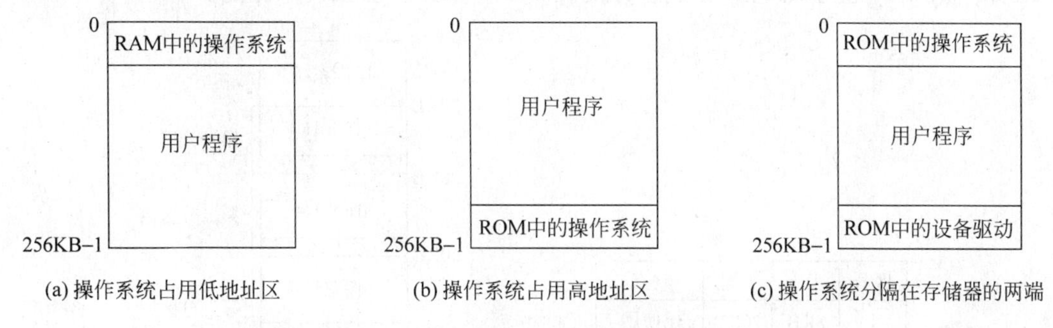


图4-8 单一连续区的存储空间的组织

单一连续区分配方案的主要缺点有：

(1) 存储器得不到充分利用。如果作业要求的存储量小于可分配的存储空间时,多余的存储空间被浪费了。

(2) 处理机的利用率比较低。由于调入主存的作业独占所有资源,在作业提出I/O请求并等待通道完成其操作期间,CPU一直处于空闲等待。

(3) 周转时间长。一旦一个大作业装入系统运行后,新到的作业即使是一个要求运行时间很短的小作业,也必须等待大作业完成后,方能装入运行。

(4) 缺乏灵活性。作业的大小受主存容量的限制,当主存容量小于作业的地址空间时,作业无法运行。

单一连续区分配的存储保护很容易实现,只要求对操作系统区域加以保护。被保护区的始址或末端地址存放在界限寄存器中。采用静态重定位方式时,由装入程序将其绝对地址与界限寄存器中的地址进行比较,检查是否超过了存储空间允许的地址范围。若超出,产生地址越界错误,终止程序执行。采用动态重定位时,由硬件地址转换机构根据程序执行中的逻辑地址和重定位寄存器的内容产生的绝对地址与界限寄存器中的地址进行比较,检查地址是否在限定的存储空间内。若在,允许程序继续执行；否则,产生地址越界错误,终止程序执行。

需要说明的是,个人计算机操作系统通常没有存储保护功能,故使计算机系统经常受到“病毒”的侵袭,使整个系统瘫痪。

### 4.2.2 分区分配

分区式分配是能满足多道程序设计技术而产生的最简单的存储管理技术。它把主存划分成若干个连续的区域，每个用户占有一个，这样就实现了多个用户作业共享主存空间。

根据分区方式的不同，分区存储管理技术又可分为固定式分区和可变式分区。

### 1. 固定式分区

固定式分区方式预先将主存分为数个大小不等的分区。当作业到达时，选择一个能满足作业要求的空闲分区分给作业，将其装入。当分区不空闲时，让其在等待分区队列中等待。若找不到大小足够的分区，则拒绝为该作业分配主存。这种分区方式又称为静态分区。

为了实现固定式分区管理，系统通常设置一个分区说明表，用以描述各分区的分配情况。此表可由系统操作员决定，也可以安排在操作系统中，如图 4-9(a)所示。图 4-9(b)表示在某一时刻，作业 J1、J2、J3 分别被分配到 1、3、2 分区，4 分区尚未分配。

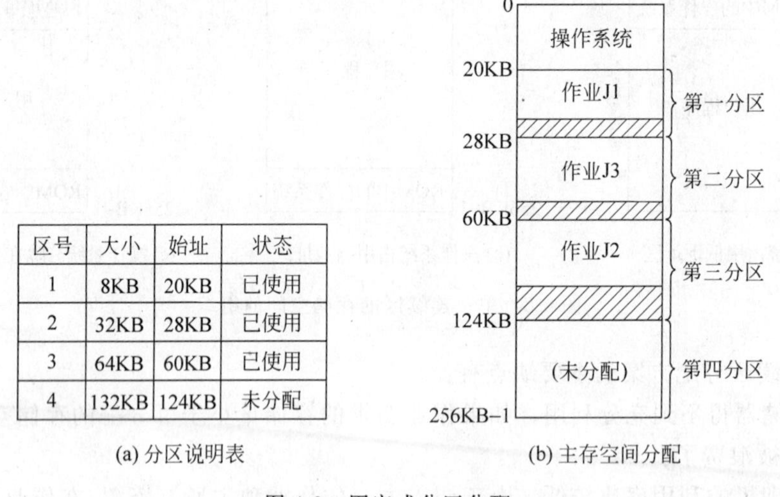

| 区号 | 大小 | 始址 | 状态 |
|---|---|---|---|
| 1 | 8KB | 20KB | 已使用 |
| 2 | 32KB | 28KB | 已使用 |
| 3 | 64KB | 60KB | 已使用 |
| 4 | 132KB | 124KB | 未分配 |



(a) 分区说明表　　(b) 主存空间分配

图 4-9　固定式分区分配

采用这种技术，虽然可以使多个作业共享内存，但由于作业的大小不可能刚好等于某个分区的大小，所以主存的利用是不充分的。如图 4-9(b)所示，每个已分配的分区，都有一块用阴影标出的浪费掉的区域，有时这种浪费还相当严重。

### 2. 可变式分区

可变式分区方式对存储空间的划分是在装入作业时进行的。当作业要求运行时，由系统从空闲可用的存储空间划分出一块刚好等于作业要求的大小的存储区分配给作业。这种分区方式又称为动态分区。显然，可变式分区比固定式分区更灵活，提高了主存的利用率。

下面用一个例子说明动态分区的主存分配情况。设某系统有 256KB 主存，操作系统占用低地址主存区 20KB。当有一个作业队列请求进入系统时，动态分区存储管理方案中的主存分配情况如图 4-10 所示。作业情况：J1(32K)、J2(14K)、J3(64K)、J4(100K)、J5(58K)同时到达，J3 先完成，然后 J2 完成，J6(6K)到达。

但是，每种存储组织方案都包含一定程度的浪费。在动态分区方案中，主存中的作业在开始装入时，只有主存最后一部分可能小于任一作业的需要而空闲(见图 4-10(b))，但当系统运行一段时间后，作业陆续完成时，它们要释放主存区域，在主存中形成一些空闲区，这些空闲区可以被其他作业使用，但由于空闲区与后继的作业的大小不一定正好相等，因而这样剩余的空闲区域变得更小(见图4-10(d))。当系统运行相当长的时间后,主存中有可能会出现一些更小的空闲区。

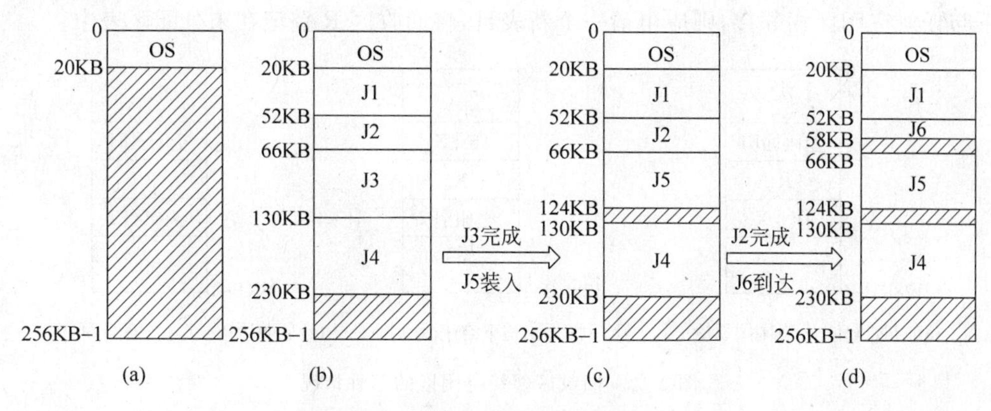


图4-10 可变式分区主存分配情况

可变式分区能改进主存的使用效率,却使主存的分配与回收工作更为复杂。如图4-10所示,主存中的分区数目和大小随着系统的运行在不断发生变化。为了方便主存的分配和回收,可采用以下两种方法对可变式分区进行管理。

1) 分区说明表

分区说明表由两张表格组成:一张是已分配区说明表;另一张是未分配区说明表。分别登记每个已分配的和未分配的分区的大小、主存中的起始地址等。如图4-11所示,图中的两张表的内容是对图4-10(d)情况的描述。

| 始址 | 大小 | 占用标志 |
|---|---|---|
| 20KB | 32KB | J1 |
| 52KB | 6KB | J6 |
| 66KB | 58KB | J5 |
| 130KB | 100KB | J4 |
| | | 空表目 |
| | | 空表目 |
| | | ⋮ |

(a) 已分配区表

| 始址 | 大小 | 占用标志 |
|---|---|---|
| 58KB | 8KB | 可用 |
| 124KB | 6KB | 可用 |
| 230KB | 26KB | 可用 |
| | | 空表目 |
| | | 空表目 |
| | | 空表目 |
| | | ⋮ |

(b) 未分配区表

图4-11 可变式分区说明

当作业到达时,从未分配区表中找到一个足以容纳该作业的可用空闲分区,如果这个分区比所要求的大,则将它分成两部分:一部分成为已分配的分区;另一部分仍为未分配的空闲分区。修改两张说明表的有关信息。当作业运行完撤离系统时,检查回收的分区是否与空闲区邻接,有则加以合并,使之成为一个连续的大空闲区,将回收的分区登记在未分配区表中。修改两张说明表的有关信息。

一个回收区R邻接空闲区的情况有三种,如图4-12所示。

图4-12(a)是回收区R与上面的空闲区F1邻接,合并后仍为空闲区F1,其始址不变,其大小应改为F1的大小与R的大小之和;图4-12(b)是回收区R与下面的空闲区F2邻接,合并后仍为空闲区F2,但其始址应改为R的始址,大小应改为F2的大小与R的大小之

和；图 4-12(c) 是回收区 R 与上下两个空闲区 F1、F2 邻接，合并后应撤销空闲区 F2，保留空闲区 F1，其始址不变，其大小应改为 F1 的大小、R 的大小与 F2 的大小之和。如果回收区 R 不与任何空闲区相邻接，则应申请一个新表目，将回收区 R 登记在未分配区表中。

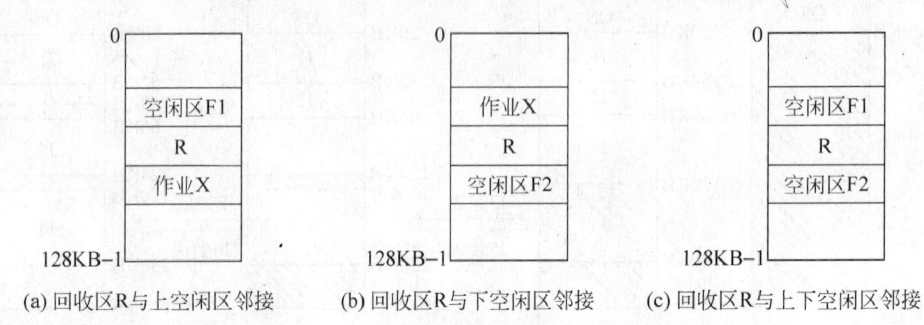

(a) 回收区R与上空闲区邻接　(b) 回收区R与下空闲区邻接　(c) 回收区R与上下空闲区邻接

图 4-12　回收区邻接空闲区的三种情况

采用分区说明表比较直观、简单，但检查是否有邻接的空闲区比较麻烦，而且由于主存分区个数不定，因而表目数是不固定的。表格的长度设置太短，会造成表格溢出，设置太长，在一般情况下，往往有多数表目是空表目。所以，这种方法不是很理想。

2) 空闲区链

记录存储空间使用情况的一种较好的方法是，在每个已分配的分区和未分配的空闲分区中附上表格信息，一般将表格信息放在每个分区的首尾两个字中。然后用地址指针把所有空闲区链接起来，形成空闲区链，并设置一个指向链首分区和链尾分区的系统指针。

表格信息包括：

(1) 状态信息。值为 1 表示已分配，值为 0 表示空闲区。

(2) 分区大小。表示该区的长度(这里以字为单位)。

(3) 指针。只空闲区有。首字指针，又称前向指针，它指向下一个空闲分区；尾字指针，又称后向指针，它指向上一个空闲分区。图 4-13 给出了带有表格信息的分区格式。

| 1(状态位) | $N+2$(分区大小) | |
|---|---|---|
| 大小为 $N$ 的已分配区 | | |
| 1 | $N+2$ | |

(a) 已分配区

| 0(状态位) | $N+2$(分区大小) | 前向指针 |
|---|---|---|
| 大小为 $N$ 的空闲区 | | |
| 0 | $N+2$ | 后向指针 |

(b) 未分配区

图 4-13　附有表格信息的分区格式

常用空闲区链的管理方法有三种：

(1) 首次适应算法(First-Fit)。即链中的空闲区按其起始位置的大小从小到大排列，并设置一个指向链首分区和链尾分区的系统指针。若采用首次适应算法，则图 4-11(b)的未分配区表用空闲区链表示时，变为图 4-14。

当作业要求装入主存时，存储管理程序从系统指针的链首指针指向的第一个空闲区开始查寻，直到找到第一个满足要求的空闲区为止。若从头到尾都没有找到符合条件的空闲区，则发出“暂不能分配”的信息。

当系统分配一个分区时，一般情况下，其大小不一定刚好合适。如果找到的分区比要求的超过了 X 个字(X 的值视具体情况而定)，则把它一分为二：一个已分配区，大小刚好等于作业要求的大小；一个空闲区，仍留在链中原来的位置上，修改相关的表格信息。如果找到的分区比要求的超过量不足X个字，则不再划分，全部分配给作业，修改相关的表格信息。

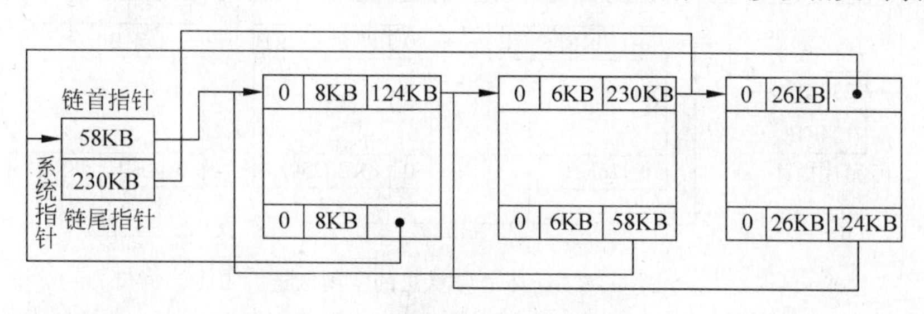


图4-14 首次适应算法的空闲区链

当系统回收一个分区时，首先检查该区是否有邻接的空闲区。如有，则按前述方法加以合并，合并后的空闲区保持在链中原来的位置上，修改相关的表格信息。如回收的分区不和空闲区邻接，则应根据其起始地址大小，插入链中相应的位置，修改相关的表格信息。

这种算法的实质是，尽可能地利用存储器的低址部分的空闲区，保留高址部分的大空闲区。好处是当需要一个较大的空闲区时，便有希望找到足够大的空闲区以满足要求。这种算法的缺点是，在回收一个分区时，需要花费较多的时间去查找链表，以确定它的位置。

(2) 最佳适应算法(Best-Fit)。即链中的空闲区按其分区大小从小到大排列，系统指针的链首指针总是指向最小的一个空闲区。在进行分配时，总是从最小的一个空闲区开始查寻，因而找到的第一个能满足要求的空闲区便是最佳的一个，即该空闲区的大小最接近作业要求。若采用最佳适应算法，则图4-11(b)的未分配区表用空闲区链表示时，变为图4-15。

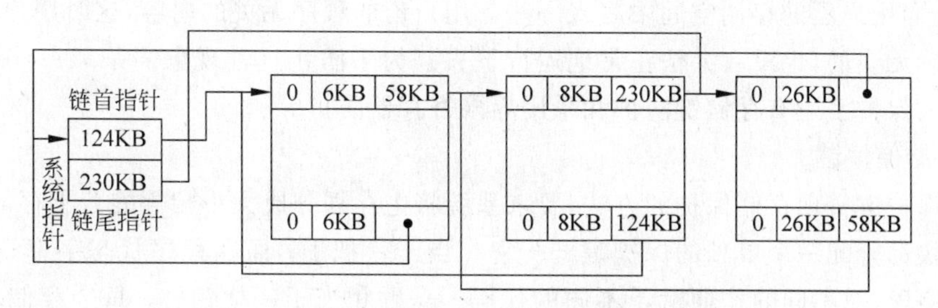


图4-15 最佳适应算法的空闲区链

最佳适应算法的优点是，如果链中有和作业要求大小相同的空闲区，则必然被选中；如没有这样的空闲区，也只会对比要求稍大的空闲区进行划分，绝对不会去划分一个更大的空闲区。那么以后遇到大的存储要求时，满足的可能性就比较大。这种算法的缺点是，选中的空闲区一般不可能正好和要求的大小相等，因而要将其分割成两部分，这往往使剩下的空闲区非常小，以至于几乎无法使用。也就是说，系统运行较长一段时间后，会得到许多非常小的分散的空闲区，造成主存空间的浪费。

(3) 最坏适应算法(Worst-Fit)。与最佳适应算法相反，链中的空闲区按其分区大小从大到小排列，系统指针的链首指针总是指向最大的一个空闲区。在进行分配时，总是将一个作业放入主存中最不适合它的空闲区，即最大的空闲区中。若采用最坏适应算法，则图4-11(b)

的未分配区表用空闲区链表示时，变为图 4-16。

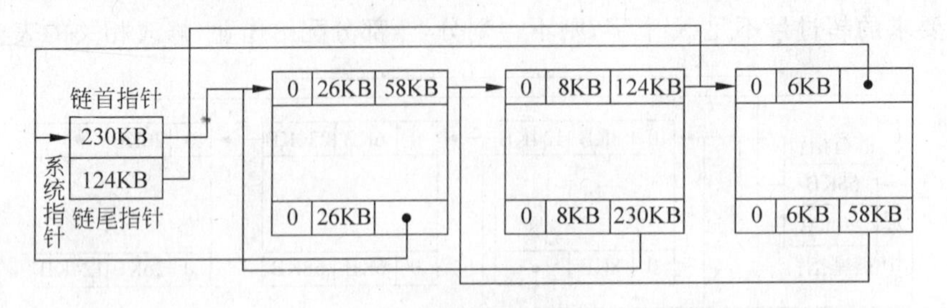


图 4-16　最坏适应算法的空闲区链

这个方法初看起来十分荒唐，但其实是有它的理由的。在大空闲区中放入作业后，剩下的空闲区常常也很大，于是也能装下一个较大的作业。但这样一来，一旦遇到一个有很大的存储要求的作业时，可能没有一个空闲区满足其要求而过早地被阻塞在主存之外。

这三种算法到底哪一种好，不能一概而论，要针对具体的作业序列来分析。对于某种作业序列来说，若某种算法能将该作业序列中的所有作业安置完毕，那我们就说该算法对这一作业序列是合适的。对于某种算法而言，如它不能立即满足某种要求(即在某个被分配的分区回收之前无法进行分配)，而其他算法却可以满足此要求，则这一算法对该作业序列是不合适的。

### 3. 分区管理的存储保护

在多道程序共享主存的情况下，为了各程序之间互不影响，必须由硬件(软件配合)保证每道程序只能在给定的存储区域内活动，这种措施叫做存储保护。存储保护的目的是防止用户之间的相互干扰。例如，用户甲与用户乙各分配到一块存储空间，若用户甲的程序有错误，就可能向用户乙的存储空间中写入一些与用户乙的程序无关的内容，这时用户乙的程序即使是正确无误的，也没有办法正常地运行下去。为了防止这种现象需采取一些隔离性措施。通常的保护手段有存储键防护和采用界限寄存器防护等。

1) 存储保护键

采用保护键实现存储保护的方法，要求系统将主存划分成大小相等的若干存储块，并给每个存储块都分配一个单独的保护键——它相当于一把锁；而在程序状态字 PSW 中设置有保护键字段，对不同的作业赋予不同的代码——它相当于一把钥匙；每个存储块还可以设置保护方式，例如，只能执行、只能读、读/写均不行等。同时还要求分区的分配必须以存储块为单位，即一个作业的分区必须是存储块的整数倍。当一个运行进程对某存储块存取时，若钥匙和锁相配，则读、写存储块访问均是允许的；若钥匙和锁不匹配，则由存取控制决定是否允许访问。如只是受写保护的，则可允许读(这提供了共享某一数据段的手段)；如读/写均受保护，则不匹配时读/写都被禁止。当作业在运行过程中产生不正确的访问时，系统将发出保护性中断信号，终止程序的执行，从而使存储区得到保护。只有操作系统才能够修改保护键，这样用户作业就不能通过修改保护键彼此干扰，更重要的是保护操作系统不受破坏。

2) 界限寄存器

采用界限寄存器方法实现存储保护又有两种方式：

(1) 上、下界防护。硬件为分给用户作业的连续的主存空间设置一对上、下界寄存器，由它们分别指向该存储空间的上界与下界。图4-17(a)所示为一种采用上、下界寄存器的方案。这里作业1已分配到60～124KB的一个分区内，当作业1的相应进程要在CPU上运行时，由操作系统分别把下界寄存器置为60KB，上界寄存器置为124KB。在进程运行过程中，产生出每一个访问主存的物理地址D，硬件都要将它与上、下界比较，判断是否越界。在正常情况下，应满足60KB≤D＜124KB。如访问主存的物理地址超出了这个范围，便产生保护性中断。此时，控制将自动地转移到操作系统，它将停止这个有错误的进程。当控制交给另一个作业的相应进程时，操作系统必须调整上、下界寄存器的内容。

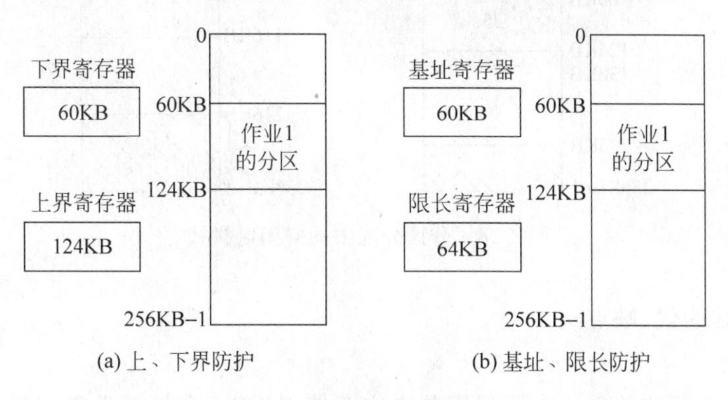


图4-17 界限寄存器保护

(2) 基址、限长防护。图4-17(b)所示为采用基址、限长寄存器的办法。基址寄存器用来存放当前正执行着的程序地址空间所占分区的始址，限长寄存器用来存放该地址空间的长度。这里的基址寄存器实际上起着重定位寄存器的作用，相应进程运行时所产生的逻辑地址和限长寄存器的内容比较，如超过限长，则发出越界中断信号。

**4. 碎片问题**

分区存储管理技术能满足多道程序设计的需要，但它也存在着一个非常严重的问题——碎片问题。所谓碎片是指在已分配区之间存在着的一些没有被充分利用的空闲区。在按区分配方法中，根据申请按区分配主存，会把主存越分越零碎。在整个系统运行一段时间后，甚至会出现这样的局面：分布在主存各处破碎空闲区占据了相当数量的空间，当一个作业申请一定数量的主存时，虽然此时空闲区的总和大于新作业所要的主存容量，但却没有单个的空闲区大到足够装下这个作业。

解决这个问题的办法之一是采用拼接技术。所谓拼接技术是指移动存储器中某些已分配区中的信息，使本来分散的空闲区连成一个大的空闲区，如图4-18所示。

拼接时机的选择，一般有以下两种方案：其一是在某个分区回收时立即进行拼接，于是，在主存中总是只有一个连续的空闲区而无碎片，但这时的拼接频率过高，系统开销加大；其二是当找不到足够大的空闲区，而空闲区的存储容量总和却可以满足作业需要时进行拼接，这样，拼接的频率比上一方案要小得多，但空闲区的管理稍为复杂一些。

拼接技术的缺点是：

(1) 消耗系统资源，为移动已分配区信息要花费大量的CPU时间。

(2) 当系统进行拼接时，它必须停止所有其他的工作。对交互作用的用户，可能导致响应时间不规律；对实时系统的紧迫任务而言，由于不能及时响应，可能造成严重后果。

(3) 拼接需要重新定义已存入主存的作业。

由于拼接要消耗大量的系统资源，且有时为拼接所花费的系统开销要大于拼接技术的效益，因而这种方法的使用受到了限制。

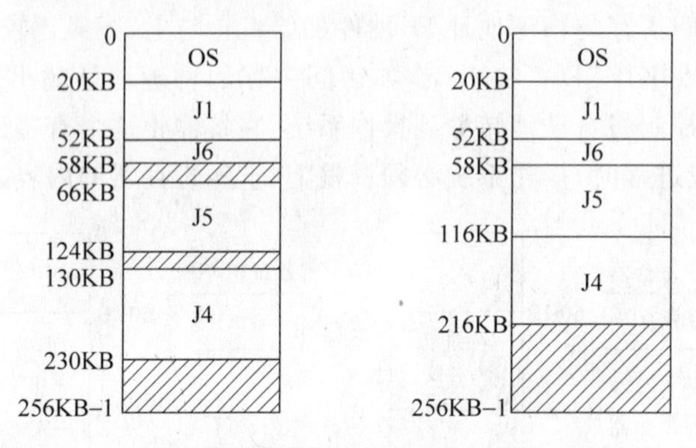


图 4-18　分区分配中的空闲区拼接

**5. 分区管理的优、缺点**

主要优点为：

(1) 实现了主存的共享。多道程序共享主存使得 CPU 和外部设备的利用更充分，系统的吞吐量和周转速度都得到相应改善，从而提高了作业的处理速度。至于主存利用率，可变式分区比固定式分区高些。

(2) 实现分区管理的系统设计相对简单，不需要更多的系统软硬件开销。

(3) 实现存储保护的手段也比较简单。

主要缺点为：

(1) 主存利用仍不够充分，存在严重的碎片问题。即使不是碎片，较大的空闲区也可能因为容纳不下一个作业而造成浪费。

(2) 不能实现对主存的“扩充”，当作业的地址空间大于存储空间时，作业无法运行。也即作业的地址空间受实际存储空间限制。

(3) 和单一连续区分配一样，要求一个作业运行之前必须全部装入主存。

## 4.2.3　覆盖与交换

上面介绍的单一连续区和分区管理对作业大小都有严格的限制。当作业要求运行时，系统将作业的全部信息一次装入主存，并一直驻留主存直至运行结束。当作业的大小大于主存可用空间时，该作业就无法运行。这些管理方案限制了在计算机系统上开发较大程序的可能。

**1. 虚拟存储器**

人们注意到了这个事实，即大多数程序运行时，在一段时间内仅使用它的程序编码的一部分，即并不需要在全部时间内将该程序的全部指令和数据都放在主存中，所以，程序的地址空间部分装入主存时，它还能正确地运行。例如，在按名字进行工资分类和按工作证号进行工资分类的程序中，由于这二者每次必定只选用一种，所以只装入其中一部分程序仍能正常运行。

那么当一个作业程序的地址空间比主存可用空间大时，操作系统可将这个程序的地址空间的一部分放入主存内，而其余部分放在辅存上。当所访问的信息不在主存时，再由操作系统负责调入所需要的部分。这样的计算机系统好像为用户提供了一个其存储容量比实际主存大得多的存储器，这个存储器称为虚拟存储器。之所以称它为虚拟存储器，是因为这样的存储器实际上并不存在，只是由于系统采用了部分装入程序并能根据程序运行的需要调入将使用的内容，并置换出不再使用或暂不使用的内容，给用户造成了一种幻觉，仿佛有一个很大的主存供他使用一样。

虚拟存储器的实质是让作业存在的地址空间和运行时用于存放作业的存储空间区分开。程序员可以在地址空间内编写程序，而完全不用考虑实际主存的大小。

实现虚拟存储技术，需要有一定的物质基础。其一要有相当数量的外存，足以存放多用户的作业；其二要有一定容量的主存，因为在处理机上运行的作业必须有一部分信息存放在主存中；其三是地址变换机构，以动态实现虚地址到实地址的地址变换。

**2. 覆盖**

所谓覆盖，是指同一主存区可以被不同的程序段重复使用。通常一个作业由若干个功能上相互独立的程序段组成，作业在一次运行时，也只用到其中的几段，那么就可以让那些不会同时执行的程序段共用同一个主存区。我们把可以相互覆盖的程序段叫做覆盖。把可共享的主存区叫做覆盖区。把程序执行时并不要求同时装入主存的覆盖组成一组，叫覆盖段，并分配同一个主存区。

覆盖的基本原理可用图 4-19 加以说明。作业 J 由 A、B、C、D、E、F 共 6 个程序段组成，图 4-19(a)给出了各段之间的逻辑调用关系：主程序 A 是一个独立的段，它调用过程 B 和过程 C，且过程 B 和过程 C 是互斥被调用的两个段；在过程 B 执行过程中，又调用过程 F；而过程 C 执行过程中又调用过程 D 和过程 E，显然过程 D 和过程 E 也是互斥被调用的。因此我们可以为作业 J 建立如图 4-19(b)所示的覆盖结构：主程序段是作业 J 的常驻主存段，而其余部分组成覆盖段。根据上述分析，过程 B 和过程 C 组成覆盖段 0，过程 D、过程 E 和过程 F 组成覆盖段 1，为了实现真正覆盖，相应的覆盖区应为每个覆盖段中最大覆盖的大小，于是形成图 4-19(b)所示的主存分配。

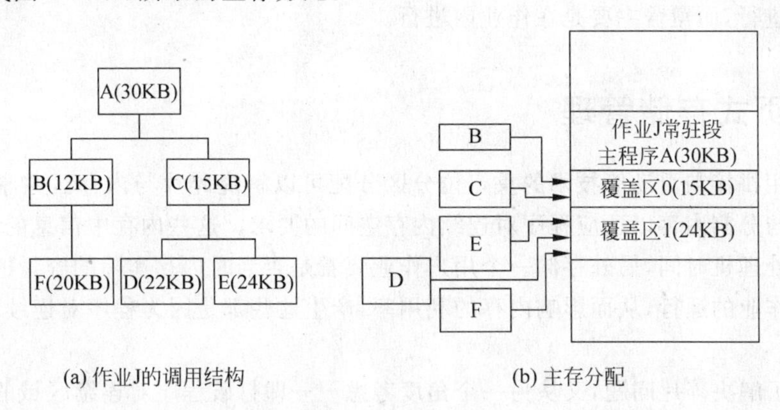


图 4-19 覆盖示例

为了实现覆盖管理,系统必须提供相应的覆盖管理控制程序,当作业装入运行时,由系统根据用户提供的覆盖结构进行覆盖处理。当程序中引用当前尚未装入覆盖区的覆盖中的例程时,则调用覆盖管理控制程序,请求将所需的覆盖装入覆盖区中,系统响应请求,并自动将所需覆盖装入主存运行。

覆盖技术的关键是提供正确的覆盖结构。通常,一个作业的覆盖结构要求编程人员事先给出,对于一个规模较大或比较复杂的程序来说是难以分析和建立它的覆盖结构的。因此,通常覆盖技术主要用于系统程序的主存管理上。例如,磁盘操作系统分为两部分,一部分是操作系统中经常用到的基本部分,它们常驻主存且占有固定区域;另一部分是不经常用的部分,它们放在磁盘上,当调用时才被装入主存覆盖区中运行。

覆盖技术的主要特点是打破了必须将一个作业的全部信息装入主存后才能运行的限制。在一定程度上解决了小主存运行大作业的矛盾。

### 3. 交换

所谓交换,就是系统根据需要把主存中暂时不运行的某个(或某些)作业部分或全部移到辅存,而把辅存中的某个(或某些)作业移到相应的主存区,并使其投入运行。

这种交换技术,最早是和单一连续区分配存储管理方法配合使用。原则上,在任何时刻,主存中只保存一个用户作业。当它运行了一段时间后(或因分配给它的时间片已用完;或因等待输入输出),系统把它交换到辅存,同时把另一个作业调入主存让其运行。由于这种交换系统只保留一个运行作业在主存中,故它不能使主存得到充分利用,也不能保证分时用户的合理响应时间。

交换系统的进一步发展,将交换技术与多道程序技术结合起来,使主存同时保留多个作业,每个作业占用一个分区,这样既减少了交换次数,也提高了各作业的响应时间。

采用交换技术,实际上是用辅存作缓冲,让用户在较小的存储空间中通过不断地换出作业而运行较大的作业,以提高作业周转速度和主存利用率。显然,获得上述好处是以牺牲处理机时间为代价的。因此,如何使交换的信息量最少,是研究这种交换技术的核心问题。为减少交换的信息量,可将作业的副本保留在外存,每次换出时,仅换出那些修改过的信息即可。

与覆盖技术相比,交换技术不要求程序员给出程序段之间的覆盖结构,而且,交换主要是在作业间进行,而覆盖主要是在作业内进行。

## 4.3 分页式存储管理

虽然采用拼接与浮动等技术的重定位分区分配可以解决碎片与内存区共享的问题,其实都是调整与分割内存以适应程序对连续内存空间的要求。这些内存中信息的大量移动需要相当多的处理机时间,另外存储一个用户作业要看是否当时内存实际的容量的分布,它限制了一些大作业的运行,从而影响内存的利用率,产生这些都是因为程序对连续内存空间的要求引起的。

人们为了解决碎片问题,又从另一个角度考虑——即打破程序对连续区域的要求,将用户程序的地址空间进行划分,去适应内存的当时状态。

如果将内存分成相对较小,但大小相等的块,同时将要调入的用户程序的地址空间也分成同样大小的区域，称之为页，然后将这些逻辑的页放于内存的各块上，这样只要内存有足以放下这些页的空闲块，无论它们是否相邻而构成连续的大空间，均可运行该程序，它省去了要内存空闲区的拼接带来的耗时，系统有更高的效率。

## 4.3.1 页面与物理块

在分页式存储管理系统中，首先将内存空间划分成固定大的相等大小的小区域，这些小区域被称为内存的物理块或块。它们从地址 0 开始递增编号，当系统为一个作业分配内存前，也将作业的逻辑地址空间划分成若干与内存块大小相等的区域，它称为页或页面，每页也从地址 0 开始顺序编号。

在分页式系统，块与页大小相等，一个块正好放置一个页面不会产生碎片，作业分配空间其实只要为逻辑地址空间的各页找到一个块将其放下，而不是苛求这些块是连续相邻的，而可构成大的空间，这样可以减少为了空闲区合并来解决碎片问题所进行的移动。

当然分页式系统中很少会有逻辑地址空间正好是页的大小的整数倍的情形。大多数时，进程的最后一页中可能装不满，它形成不可利用的碎片，称之为页内碎片，其大小平均为页的一半。

按照分页式的概念，用户程序中的逻辑地址被理解成为由相对页号与页内有偏移地址两部分组成：页号＋页内地址。

如在一个字长为 16 位，页长为 1KB 的分页系统中，一个地址 1042 表示了页 1 中的相对偏移为 18 的地址单元，如图 4-20 所示。

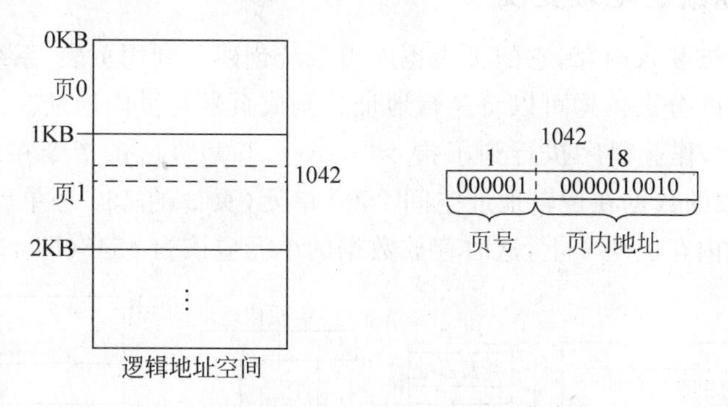


图 4-20 逻辑地址空间的分页

当执行到访存指令，系统将页号转换成该页被放置的物理块号。而页内地址不变，这样来构成访问内存的实际物理地址。

页面的大小一般为 1KB。若页面空间过大，则会退化为分区管理，以形成与分区分配类似的问题，反之若页面太小，则会造成存放页与块存放对应关系的表太大，增加内存开销，而且还会造成查表太慢，影响效率。

## 4.3.2 页表

分页式系统中，一个完整连续的逻辑地址空间被分割成大小相等的页面被分布到内存中分散的若干块上，系统为了掌握各个页面被具体放置的物理块，则必须为每个进程建立一张页表，如图 4-21 所示。

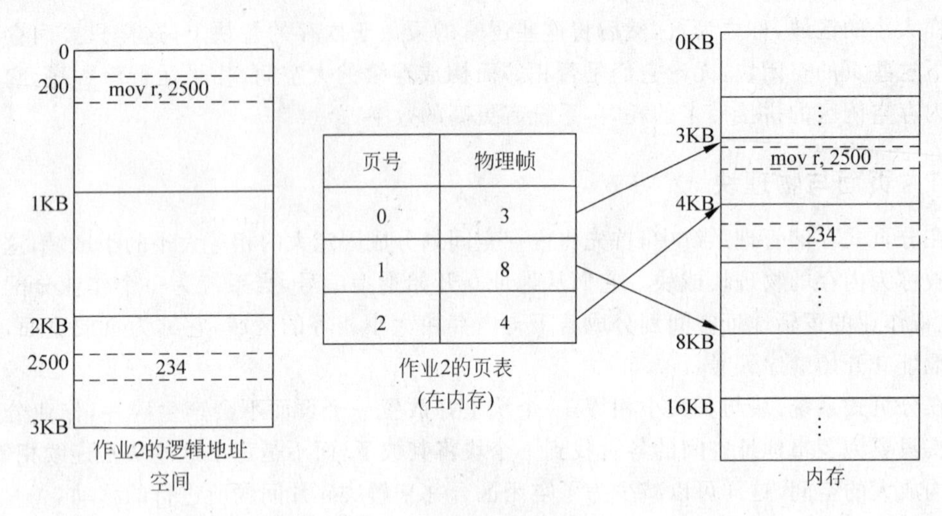


图 4-21　内存的分页和页表

虽然一个内存块是连续的区域，但系统不再要求整个作业在内存是连续完整的区域。作业的页表索引了分配给该作业的每个内存块。

页表的表目由页号和物理块号组成，它实现了从逻辑的页号到物理的块号的映射。它反映了该作业逻辑地址空间的每个页面在物理内存的存放位置。

## 4.3.3 分页式系统的地址变换

一个作业一旦被装入内存，它的页表也就由系统创建。利用页表，系统动态地进行重定位工作。分页系统的分页机构可以将逻辑地址分割成页号与页内地址。

如图 4-22 所示，作业程序执行到了指令“mov r,2500”，这条指令在内存 3272(即 3×1KB+200)，它要取的数据在逻辑地址空间 2500 单元(页 2 的 452 号单元)上，因为由页表可知页 2 被装入到内存的块 4 上，这时存放数据的单元应该为 4548(即 4×1KB+452)。

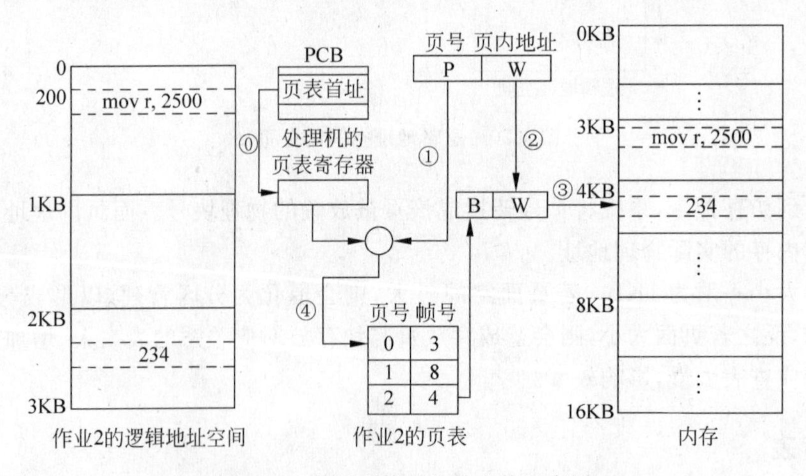


图 4-22　分页系统的地址变换示意图

当作业 3 被调度执行时，其页表首址被从进程的 PCB 中取出填入处理机的页表寄存器，当执行到指令“mov r,2500”，逻辑地址的页号部分被用来与页表寄存的内容组合到作业

2 的页表中的指定表目，从而可知逻辑地址所对应的页 2 被放到了块 4 上。用查页表得到的块号与逻辑地址中的页内地址部分进行组合得到逻辑地址 2500 对应的物理地址 4548（即 4×1KB+452），最后使用物理地址来访问内存，放到所要的数据 234。

上述的分页系统的地址变换过程中，逻辑地址被划分成页号与页内地址。逻辑地址空间的分页、物理内存的分块、逻辑地址的两部分划分以及地址变换等都是由系统自动完成。程序只是在它自己的逻辑空间上进行。它由编译与连接程序形成一个连续的地址空间，而不用管分页机制的存在，所以分页机制对程序员是透明的。

## 4.3.4 采用快表的地址变换

如果将页表存放于内存，则为了读取一个数据，首先要进行地址变换，而地址变换就要查询内存的页表，取出块号以得到物理地址，然后才能真正的访问内存，这种两次访存使访存指令执行的速度下降一倍。为了提高地址变换的速度，很多系统增加了一个高速缓冲存储器，它由处理机速度相近的半导体存储器构成，具有并行查询能力，这种存储器称为联想存储器。系统通常将页表中当前访问的那些表目放于联想存储器，这个部分的页表称为"快表"，它一般为十几个表目，是页表的当前活动子集。

如图 4-23 所示，当处理机要用逻辑地址（P、W）访问内存时，地址变换机构首先用页号 P 去快表进行查询，由于快表高速且并行地对所在表目进行匹配，所以可以很快有结果。若找到与 P 相等的表目，则取其块号 B，并与逻辑地址的页内地址的部分组合得到物理地址，进行真正的访存；若未找到，则系统还要用页号 P 到内存中的页表中取物理块号 B，然后块号 B 与页内地址 W 组合去访存，同时要修改快表，将刚才访问的页号与块号（P、B）放入快表，当然这时如果快表已经满的话，还要采用算法淘汰快表中旧的表目以保证新的加入。

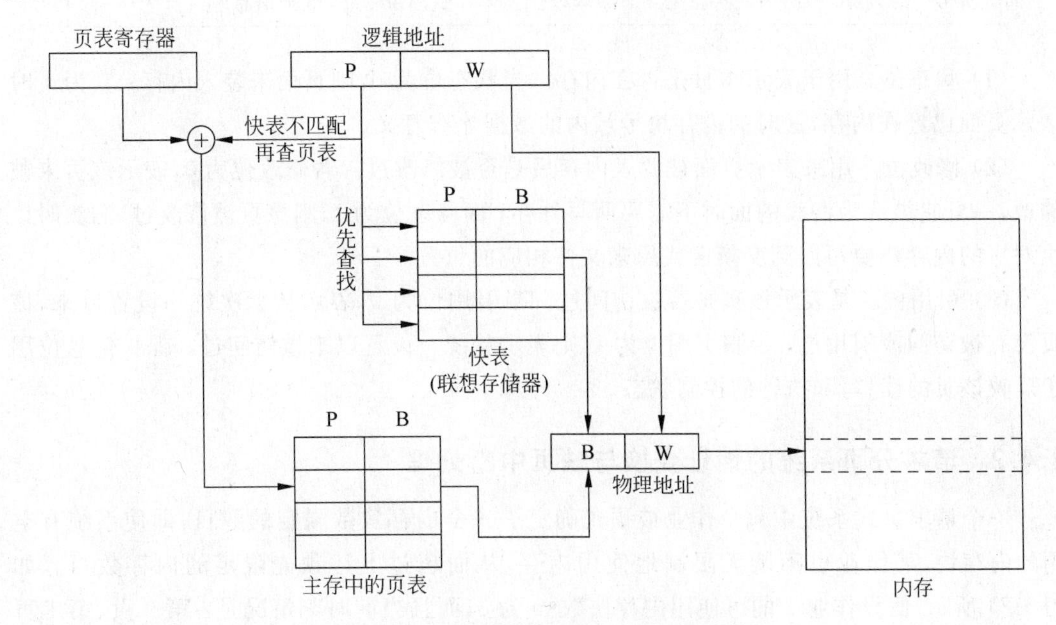


图 4-23 分页系统中采用快表的地址变换

## 4.4 请求分页存储管理

前两节所讨论的分区式系统与分页式系统中，一个作业要进入系统运行的前提是必须要一次全部装入，所以才有分区式系统中要采用空闲分区合并技术，以供大空间要求的程序使用。而分页式系统虽然解决了碎片以及程序必须为连续空间的问题，但这些却没有解决程序可以不需要一次全部装入内存就可以运行的问题。

请求式分页系统可以在只装入程序地址空间中的部分页面的情况下就运行该程序，而当需要用到(访问)其他页面时，系统选择一些空白区域或将暂时不用的页交换到外存，而调入所需要的页面到内存。

请求式分区系统要达到上述效果，应该解决：怎样发现要访问的页是否在内存；对于要访问的页不在内存时怎样处理。

如果能很好解决它们，系统就可以将内存与外存进行很好地耦合，理想状态下使得可运行作业的空间限制只受外存空间的影响。

### 4.4.1 页表

页式系统的地址变换由页表来实现。在请求页式系统中为了刻画一个页是否在内存、在内存什么位置、不在内存时，从何处来装入逻辑页、要选择淘汰时是否可以不用回写其内存块上的信息等，页表应该包括下列信息：页号、内存块号、状态位、修改位、引用位以及保护权限等。

| 页号 | 内存块号 | 状态位 | 修改位 | 引用位 | 保护信息 | …… |
|---|---|---|---|---|---|---|

(1) 状态位。用于表示本页是否在内存。当状态位为0，则页面未装入内存；它为1时表示页面已经在内存，这时的内存块号域内的数据才有意义。

(2) 修改位。用来表示页面被调入内存后是否被修改过。若修改位为0，表示该页未被修改，一旦它被选为淘汰的面时不需要回写外存；而修改位为1，则该页被修改过，淘汰时该页对应的内存块要写回到交换区或原来文件相应的位置。

(3) 引用位。是表示该页是否被访问过。当引用位为0，表示从上次统一设置以来，该页没有被访问或引用过；否则引用位为1，则表示从统一设置以来被访问过。保护信息位用于反映该页的读、写和执行的控制状态。

### 4.4.2 请求分页系统的地址变换与缺页中断处理

一个请求页式系统中每个作业被预先确定了一个内存块数限定的数目，即使系统有空闲的内存块，某作业也不能无限制地使用内存，从而超过上述预先限定的内存数目。如图4-24所示，假设作业2的可使用内存块数m为3，而且当前时刻情况是：第0页、第1页已经被装入内存的第3块与第8块。此时在请求页式系统中作业2便开始运行，当它执行到“mov r,2500”指令时，分页单元的地址变换机构发现地址2500的页号为2，而由于页2

的状态位为0，系统便知，被访问的2500所在页数还未装入内存，这时产生一个缺页中断。此时操作系统得到处理机的控制权，执行缺页中断处理程序来处理缺页中断事件。

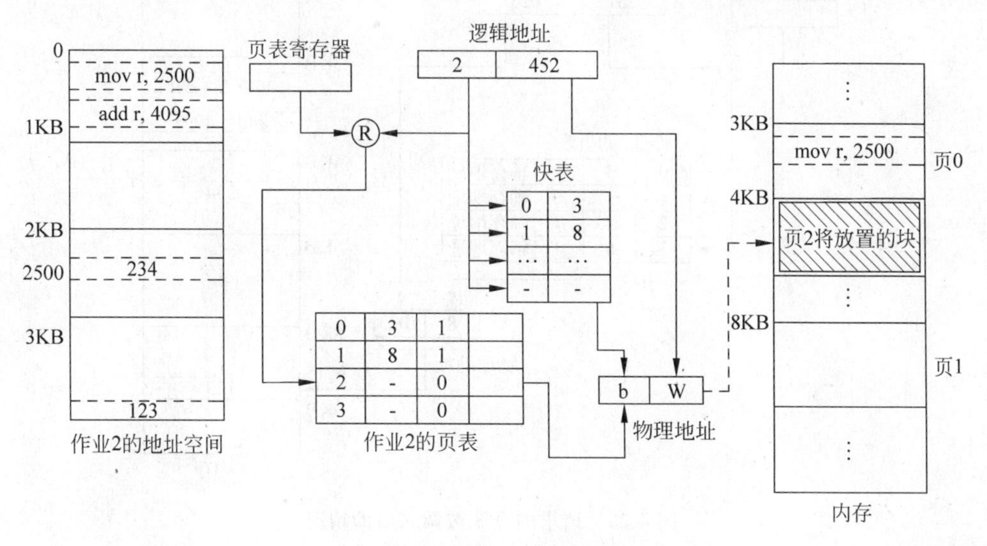


图 4-24　请求页式的地址变换

缺页中断处理时，系统有两种情况：一是内存尚有可用的空闲块，而且本作业的可用内存块数 $m$ 能够满足，则找一个空闲块，将页从外存调入，修改页表中的对应表目的内容（状态位、块号等）以及可用内存数 $m$；二是内存没有可用的空闲块，则必须来用某种策略淘汰或置换已在内存中的页面。

中断处理完成后，返回被中断的位置继续执行。本例中直接将页2装入内存的块4，经过修改页表的第3表目（块号为4，状态位为1）作业2已使用的内存块数为3。

当程序连续执行到“add r,4095”，需要访问页3而它不在内存，缺页中断出现时，由于该作业的可用内存块数m与已用内存块数已经相等，已没有可用的内存块来供作业使用，必须淘汰作业中已在内存的页了。

系统必须根据有关依据，采用一定的策略来淘汰或置换已在内存中的页面。页表中的修改位与引用位就是为了给淘汰算法提供依据的。如算法可以由引用位的值来知道从上次设置以来哪些页面被访问过。这时从未被访问过的页面中任选一个来淘汰，这是因为未被访问过的页面很有可能是过期而不会再被用到的页，另外由修改位判断被选中的页是否要写回磁盘，通过淘汰这个页面所占的内存块便腾出来了，可供“缺页”的那个页面调入之用。从页表的“外存地址”指定的位置读入该页到刚腾出的内存块。修改腾出页面与调入页面的页表的表目信息，前者将状态位置为0，后者将状态位置为1，内存块号设为刚调入位置，修改位置0，引用位置0。中断完成后同样返回原来的断点执行。

在图4-25中，假设由引用经决定淘汰页1，并且页1未修改过（修改位为0）则“add r,4095”执行时将页3调入原来页1所占用的内存块8，这时系统内存状况如图4-25所示。经过请求页式的地址变换，物理地址由块号8与页内地址1023组合而成，它的地址值为9215。请求页式系统的地址变换与缺页中断处理的过程如图4-26所示。

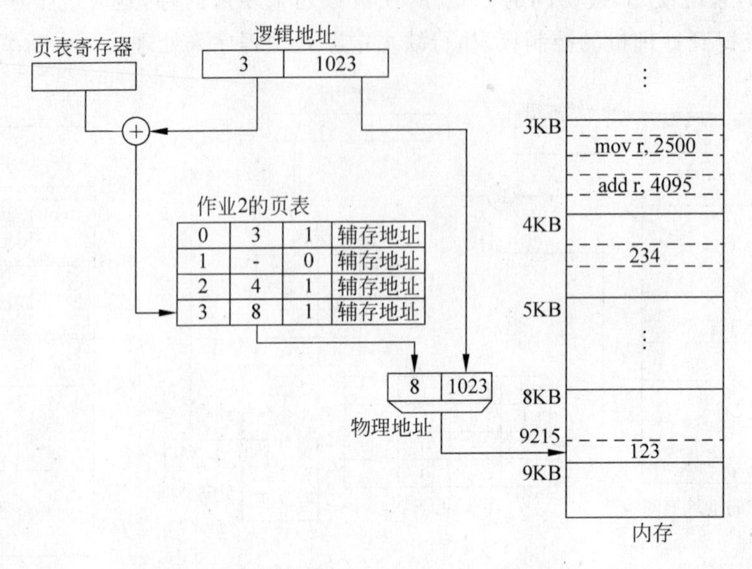


图 4-25 请求的页 3 被调入后的情况

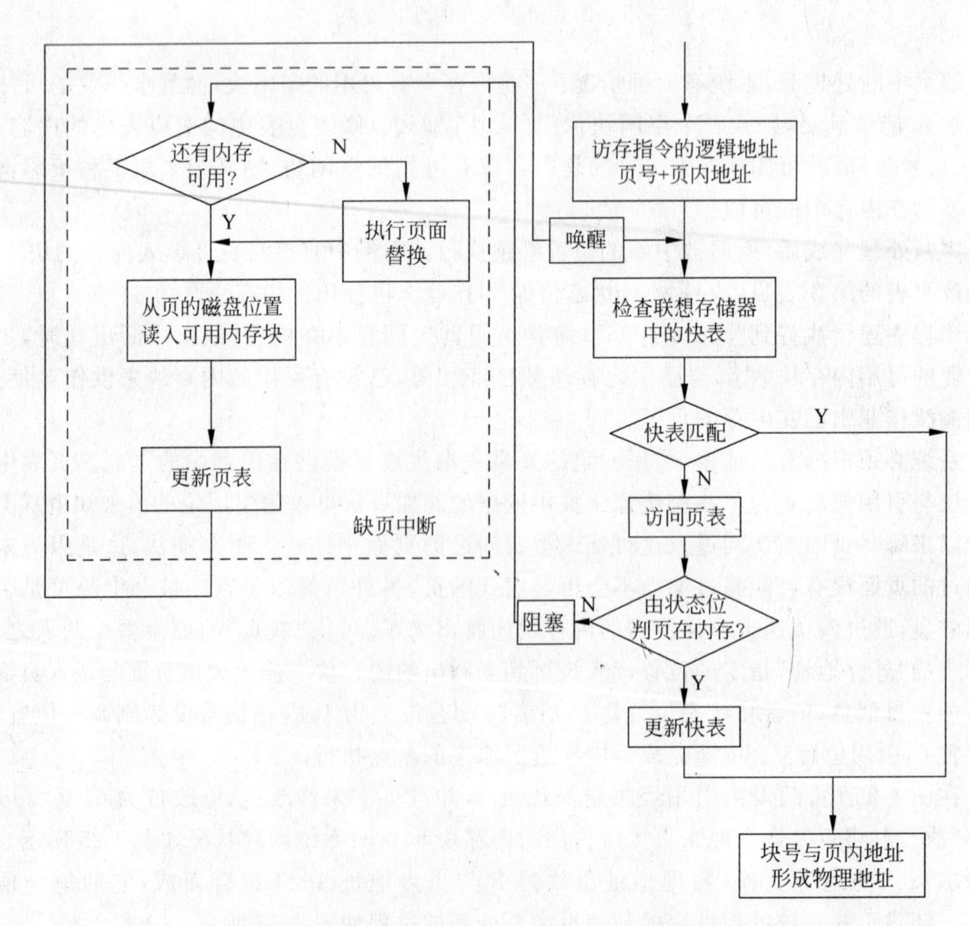


图 4-26 请求页式系统的地址变换与缺页中断处理

### 4.4.3 页面淘汰算法

请求页式系统中要访问一个页面而该页面尚未调入内存,则存储管理系统会自动调入该页,但若内存没有可用空闲块或分配给本进程的可用空闲块数 $m$ 已经用完,则必须从本进程的已经调入的页面中采用一定规则选择一个页面来淘汰出去,这个规则就是淘汰算法。

淘汰算法是请求页式系统的存储管理必须解决的问题。在多道程序设计的环境中,尤其操作系统本身越来越大的情况下,很难给出足够内存空间将作业的程序与数据一次全部调入,所以淘汰是难以避免的。

淘汰算法的效率严重影响系统的效率,因为淘汰算法设计不合理的话会造成刚调入不久的页面被淘汰出内存,而不久以后随着程序执行要用到刚淘汰的页面上的信息,这样又要重新调入。而页面的调入调出是由磁盘这样的外存设备的读/写块完成的,它相对于处理机的运行速度很慢,所以一个不好的淘汰算法会引起系统的页面置换频繁发生,页面在内存与外存之间来回的颠簸进出,这种现象称为抖动。它造成大量处理机时间被消耗在页面调度,从而造成系统效率大幅减低,甚至趋于系统崩溃。

#### 1. 最佳算法

最佳算法是选择距下次被引用时间间隔最大的页来淘汰。对于一个页面很难有一个衡量下次引用时间的具体函数或计算公式。因此通用的最佳算法无法实现。该算法被用于经过人工计算一个具体的序列的有关统计参数,以评估其他算法的优劣。图 4-27(a)中给出了一个最佳算法的分配与置换的情况。

#### 2. 先进先出算法

程序顺序执行的可能性最大,先进先出算法是首先选择在内存中驻留时间最长的一页进行淘汰。一般而言,页号相邻的页面之间的逻辑关系最紧密,所以最早调入内存的页,不被使用的可能性也比最近调入内存的页要大。

先进先出算法实现起来比较简单,但是存在一些缺点:当程序局部循环或某些数据被反复使用时,采用先进先出算法会导致这些页面反复调入调出。

在图 4-27 中,假设作业的最大可用内存块数 $m$ 为 3,而本进程执行的页面访问序列为 2、3、2、1、5、2、4、5、3、2、5、2,它们总共访问了 5 个页面,而系统最多给它 3 个内存块,所以一定会有页面的置换。图 4-27 表示了随着页面的访问内存中分配给本进程的三个内存块上所存放页面的变化情况。

#### 3. 最近最久未使用算法

最近最久未使用算法是把到目前为止最长时间没有被使用的页淘汰。根据程序局部性原理可知,最久未使用的页面最不可能再被使用,选择它进行淘汰是合理的。但最近最久未使用算法实现上比较难,一般采用近似的 LRU 算法。可以在页表中增加一个计数器。

一旦该页被调入内存或被访问,则计数器复位。而系统每隔时间 $T$ 为这些计数器做加 1 操作。淘汰时选在内存中计数器值最大的页面淘汰出内存。

最近最久未使用算法除了对完全顺序的程序不太理想,总的说来,它的适应性较好。

#### 4. 时钟算法

时钟算法是寻找一个从上次检查以来没有被访问过的页面,它实现的过程类似于一个

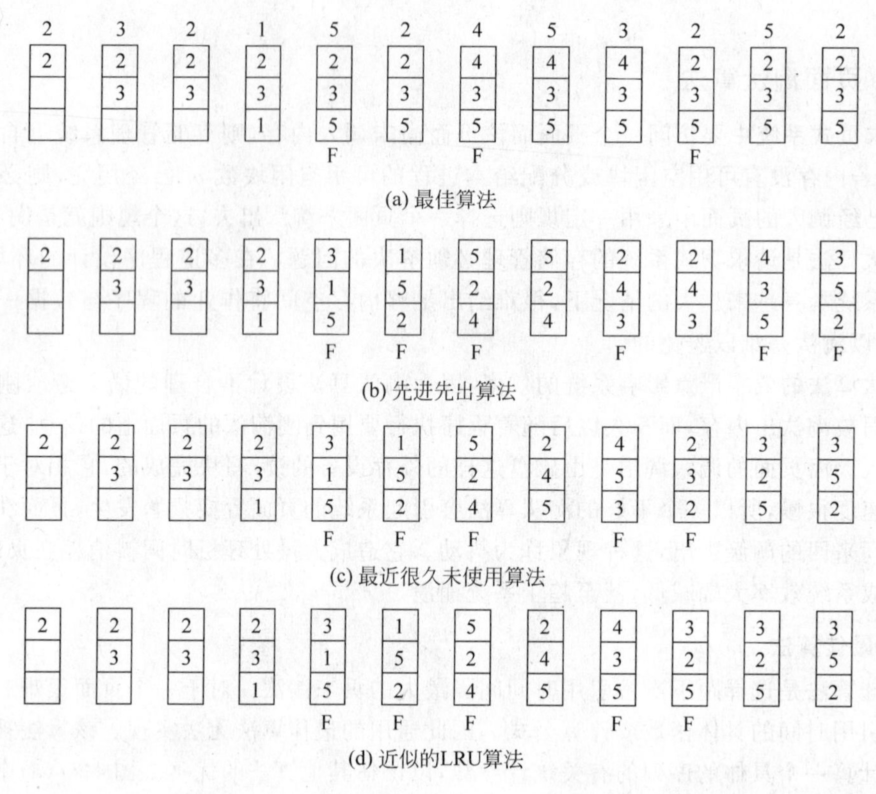

图 4-27　不同淘汰算法对同一页面请求序列的效果

时钟的原理，具体算法：当一个页面被调入内存时，它的引用位设为 0，当原来该页被引用，则引用位改为 1。已在内存的页面构成一个环形链，它形如一个时钟的钟面，另外有一个类似于时钟指针的指针，指向已经被置换的页的下一个页面。当缺页中断处理时，系统扫描环形链，找引用位为 0 的页。查找时遇到引用位为 1 的页，则将其引用位置为 0，并使指针下移一个页。若遇到引用位为 0 的页，则它为要淘汰的页。特别地环链中所有的引用位为 1，则遍历整个环链，将它们全清 0，当回到原来的位置，因其引用位为 0，则停下来，将其淘汰。

时钟算法的性能在许多情况下，接近于 LRU 算法。

## 4.5　分段存储管理

分区存储管理与分页存储管理系统中，逻辑地址空间都是一维的，所以要访问内存只要给一个数值的地址信息，但大型程序系统开发中大量的子程序功能模块存在，而且程序员习惯了模块化的结构与相关的设计方法，这样的程序环境信息被按内容组织成若干功能或逻辑的段，每个段有自己的名字，它们是一个连续的地址空间，且用户根据段名来访问相应的程序或数据段，由此就形成了分段的存储管理。在程序运行时，这些分段被分别装入内存的分区中，虽然分区是连续的，但这些内存分区可以是不连续的。

### 4.5.1　有关分段的基本概念

#### 1. 分段

分段式存储管理中分段是一组逻辑信息的集合，如代码分段(子程序或页数)，数据分段、堆栈、分段。一个作业包含若干逻辑分段，它是由用户在编程时决定的，这些分段构成了一个作业的地址空间。

程序员用名字来标识每个分段，编译后段名用段号来替换。每个分段是由从0开始编址的连续的地址空间，它的长度由逻辑信息的内容多少决定，因此各分段的长度是不一致的。

分段系统中逻辑地址由段号S与段内地址W构成。

| 段号S | 段内地址W |
|---|---|

虽然看起来分段系统中地址是由段号＋段内地址组成，与分页系统在形式上相似，但其实有区别：分页式系统的地址是由系统内部自动且透明地进行的，但分段式系统中地址的两部分是由程序员给编译系统转换到的，所以这是由程序员负责的。

**2. 段表**

分段存储管理系统中，一个作业要运行，则要将它装入内存，一个作业的逻辑地址空间是由若干的连续区域组成，它是二维的，但内存是一维的，所以要建立一个二维到一维的变换。这里由段表来完成的。

一个作业被调度运行时，一旦它被调入内存，系统为它创建一个段表，其每个表目描述一个分段的情况，包括段号、内存起始地址以及段长。

| 段号 | 内存起始地址 | 段长 |
|---|---|---|

## 4.5.2 段式系统的地址变换

**1. 地址变换**

如图4-28所示，段式系统中某个作业被调度到，则该作业的段表的起始地址被送处理机的段表寄存器，而段表的表目数(分段数)送到段表长度寄存器。

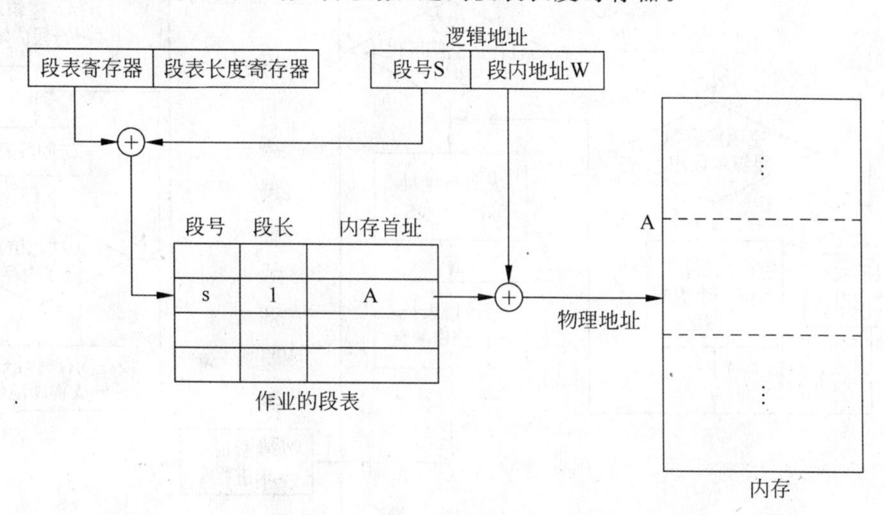


图4-28 分段存储管理的地址变换

一旦执行访存指令，系统通过段表寄存器的引导，由段号来查作业的段表，找到相应的表目从而知道了要访问的段在内存的起始地址。只要将段的内存首址加上逻辑地址中的段内地址就得到了该逻辑地址的物理地址，用它即可以访问内存。

段表长度与段长可以解决段式系统的存储保护，以防止地址越界。

### 2. 段表扩展

简单的分段式系统中要求二维的逻辑地址空间一次被装入内存，这时形成的段表所在表目都有内存起始地址，它没有虚拟存储器的概念。要想内存充分被利用，尽可能多满足更多的进程使用。如果能像请求页式系统，作业不用全部装入所有的段即可运行，等到要访问不在内存的段时，系统才自动到外存上调入内存，这样的系统叫请求分段存储管理。系统必须对分段系统的段表进行扩展，在段表中除了原来的段号、段长，内存首址外还要增加段。

- 状态位　表示该段是否在内存。
- 访问位　该段被访问过或访问的频度。
- 修改位　表示该段自调入内存后，内容被修改过。
- 存取方式　表示本段的存取属性(读、写、执行)。
- 外存起址　由于段不是一次读入，在缺页时系统从外存此外调入段。
- 增补位　表示段的内容不仅被修改而且内容增加了，回写时系统要开辟额外的外存空间。

这样段表中包括了缺段中断处理时所要的各项信息。

### 3. 缺段中断

请求分段系统中，当进程要访问的段经查段表还没有调入内存，则产生一个缺段中断信号，然后存储管理的缺段中断处理程序根据段表的信息从外存上将所需的段调入内存，如图 4-29 所示。

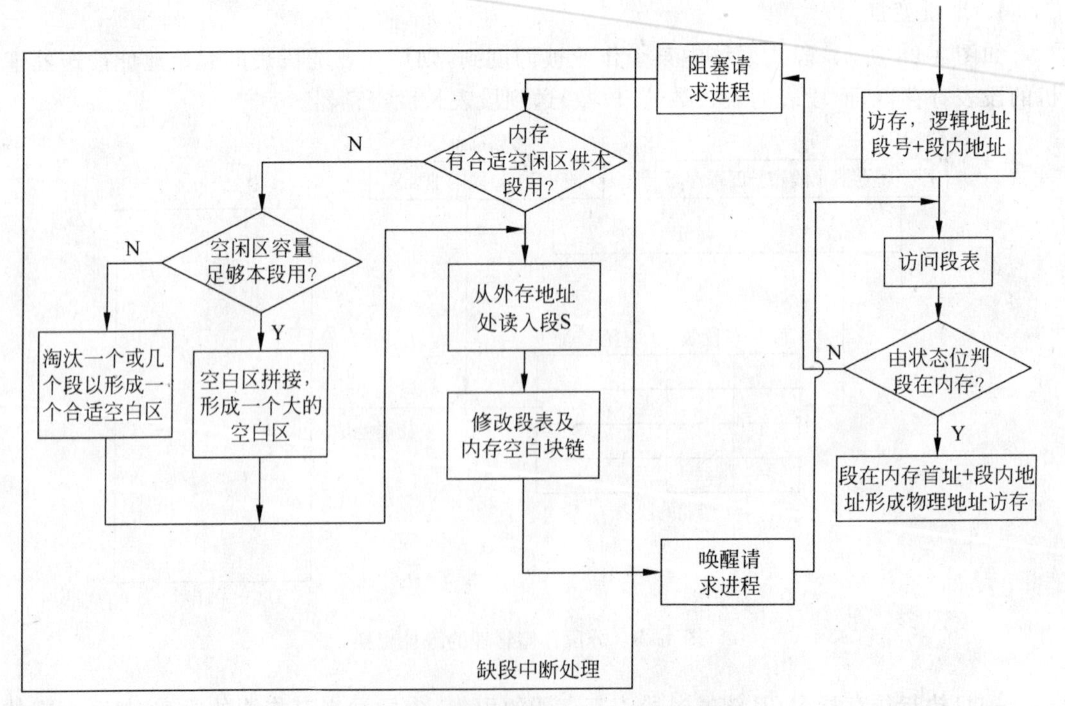


图 4-29　分段管理的内存访问与缺段处理

### 4.5.3 分段式系统共享与保护

#### 1. 段的共享

所谓段的共享是指两个以上的作业使用同一段的代码或数据，而在内存中又只有这些代码或数据的一个副本，这种被多个进程所共享的分段称为共享段。

在分段系统中段的共享是比较容易实现的，只要将不同的作业或进程的段表中的共享段表目设置成相同的属性即可完成段共享。

图 4-30 中作业 $i$ 的段 1 与作业 $j$ 的段 2 是共享段，它使用内存中地址 A 开始的唯一的副本。要实现上述思想，系统建立一张共享信息表，即共享段的段表目形成的子段表，它包括共享段的段名(段号)，状态位、内存起址以及相关信息。若用户要共享段，则只要使用共享信息表中规定的相同段名，则作业的段表中就填相同信息。若共享段没有调入内存，则调入并且填写共享段信息表与本作业(进程)的段表。共享段信息表应该是操作系统所拥有的。

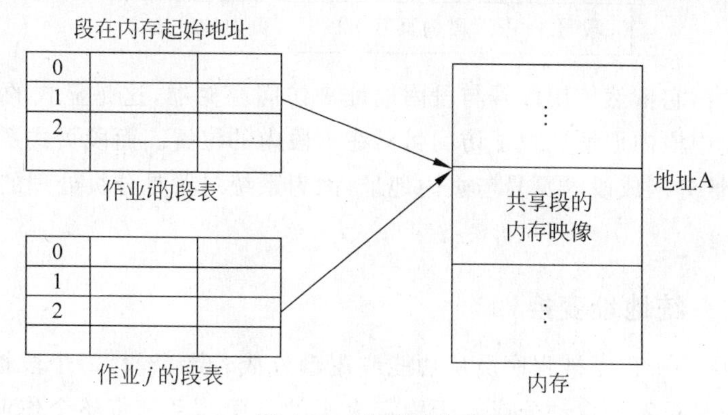


图 4-30 分段的共享

#### 2. 段的保护

每个分段是逻辑上独立的，因而比较容易实现保护。分段存储管理中段的保护主要有地址越界保护与存取方式控制两方面。地址越界是利用处理机段表寄存器中的段表长部分与段表的段长属性来实现的。逻辑地址的段号与段表长寄存器比较，若段号大于段表长寄存器的内容，则产生越界。逻辑地址的段内地址部分与段表表目的段长属性比较，若段内地址大于段长属性的值也产生越界。前者为段数超出，后者为地址超出本段的范围。存取方式主要由段表中的存取方式位来控制。它将段的访问方式限定为读、写、执行三种之一或组合。当对存取方式读的段进行写操作的访问时，系统马上可以检测到存取方式不匹配而产生保护性错误。这些机制保证了分段访问的正确性，防止有意无意地破坏程序与数据。

## 4.6 段页式存储管理

分页式系统将内存分块，能够减少碎片，有效地利用了内存空间；而分段式系统更加符合用户使用与管理要求而受到喜爱，但它在内存使用方面有点类似于可变式分区管理，在空闲分区划分时会产生碎片，由于碎片的拼接又可能造成 CPU 时间的浪费而使系统低效。那么能不能将分页与分段有机结合而取它们各自的优势呢？回答是可能的，段页式存储管理正是顺应了这一需求。

### 4.6.1 基本概念

段页式存储管理中，为了克服分段产生的碎片，而将分段的地址空间划分成等长的页，它们从0开始编号页面。内存空间也作适应性分块，对于单一分段的处理使用了如同分页式系统中对一个作业的处理方法。因此为了每个段应该建立一个页表，它记录该段中的每个页面在内存与否，如在内存又究竟在内存的什么具体块。对于整个作业的管理，系统为其建立一个段表，段表的每个表目又描述了一个段的信息。它的内容包括段表的长度(即有多少页)，该段的页表起始地址，以及其他信息。因为段的具体情况由页表来描述了，所以在段表的表目中只要包含页表的首地址就可以索引到该段的各页情况了。“段表-页表”这种二级层次构成了一个作业的各个部分在内存的完整表示。

在段页式系统中逻辑地址被分成段号、段内页号以及页内地址三部分。

| 段号 $s$ | 段内页号 $p$ | 页内地址 $w$ |
|---|---|---|

对于用户而言，它依然使用段号与段内地址来访问存储器，这是显式的形式，用户必须给出这两部分，其中段内地址反映了访问目标在本段内的位置。而段页式系统，还会自动且透明地将段内地址分割成段内页号与页内地址，因为系统对段是分页处理的，一个段被分割成页面后存储。

### 4.6.2 段页式系统地址变换

段页式系统中一个程序被程序员从功能或逻辑分成若干个段，每个段被赋予不同的分段标识符，每一段又被系统自动分成若干固定大小的页面。系统将整个作业或作业的部分调入内存，分散放置于内存中与页面等大小的块上。在执行访问内存过程中，怎样将用户给出的由段号与段内地址构成的逻辑地址变成具体内存块中的物理地址呢？图中4-31描述了这个过程。

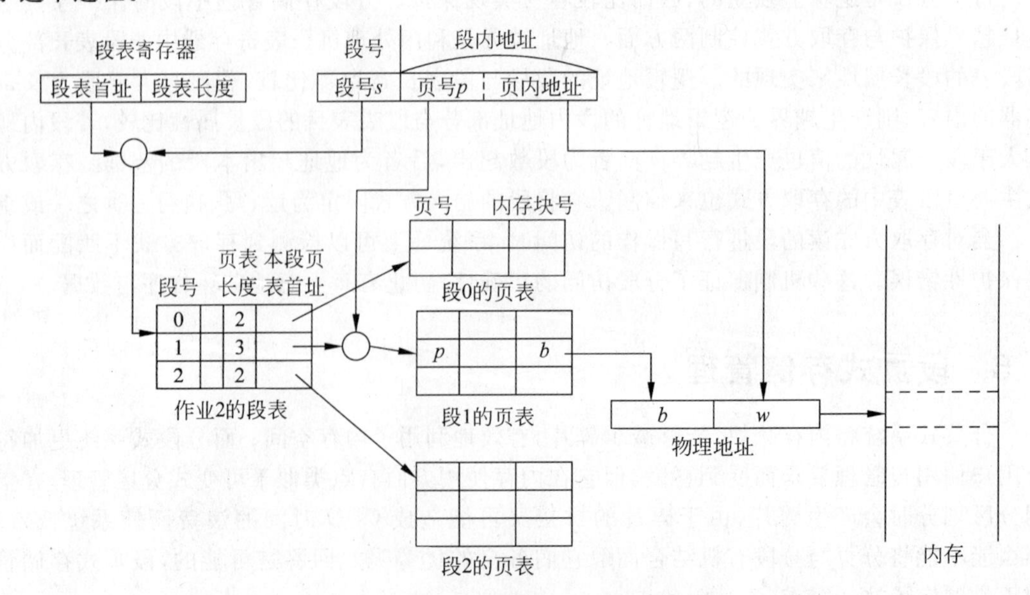


图 4-31 段页式存储管理的地址变换

具体过程描述如下：当作业2被调度运行，其作业段表的起始地址与段表长度被从作业进程的PCB中取出送段表寄存器。

(1) 当进程执行到访存指令，则用逻辑地址中的段号与段表寄存器的段表长比较，若段号超过最大的段表长，则产生越界中断，否则由寄存器中的段表首址与段号组合，得到相应段的表目的位置。

(2) 将段表中的页表长度与逻辑地址中的页号 $p$ 进行比较，若页号 $p$ 大于页表长度，则发生越界中断，否则继续正常进行。

(3) 将该段的页表首址与页号 $p$ 组合，到页表中段 $s$ 的页 $p$ 的表目。

(4) 从该页表的表目中读出该页的状态位，判断访问的页是否在内存，若在内存则用块号 $b$ 与页内地址 $w$ 组合成物理地址访存。

(5) 若要访问的页未调入内存(状态位为0)，则发生缺页中断。系统的缺页中断处理程序调入该页后，有了内存块号 b，它与页内地址组合后即可访存。

从上述过程看，段页式可以在段表与页表两处引入状态位来分别表示段或页是否在内存，当段表的某个表目的状态位为0，则访存该段时产生缺段中断，这样系统可以不要求所有段都调入或所有段至少有部分调入内存，当页表的某个表目的状态位为0，则访问该页时产生缺页中断的，系统可不要求段的所有页全装入内存即可运行。这种请求段页式存储管理为系统实现了虚拟存储功能。

## 4.7 Windows XP 的内存管理

Windows XP 的存储器管理由内存管理模块负责完成，该模块包含在 Ntoskrnl.exe 文件中。Windows XP 的内存管理程序主要由3大部分构成：一组系统服务程序，用于虚拟内存的分配、回收和管理；一个转换无效和访问错误陷阱处理程序，用于解决硬件监测到的内存管理异常，并代表进程将虚拟页面装入内存。运行在6个不同的核心系统线程上下文中的关键组件，包括工作集管理程序(working set manager)、进程/堆栈交换程序(process/stack swapper)、被修改页面写入程序(modified page writer)、映射页面写入程序(mapped page writer)、废弃段线程(dereference segment thread)以及零页线程(zero page thread)。Windows XP 的内存管理模块利用几个不同的内部同步机制控制管理内存所需的数据结构，如旋转锁、执行程序资源等。

### 4.7.1 Windows XP 的虚地址映射

默认情况下，32位的 Windows XP 系统能提供4G的地址空间，其中用户进程可以占用2G的私有地址空间，操作系统自身占用2G地址空间。Windows XP 的高级服务器和 Windows XP 数据中心服务器支持一个引导选项，允许用户地址空间增加到3GB，只留下1GB地址空间作为系统空间。该功能是为了支持某些应用程序对大内存空间的特殊需要，尤其对于某些高性能、大容量的服务器，它们需要的内存空间可能超过2GB。例如，某些数据库服务器需要在内存中保存超过2GB地址空间的数据，用以支持数据挖掘系统、决策支持系统等。对于大多数服务器而言，使用大地址空间可以大幅度地提高应用程序的性能。

Windows XP 默认的虚地址空间由4个域组成，如图4-32所示。其中：

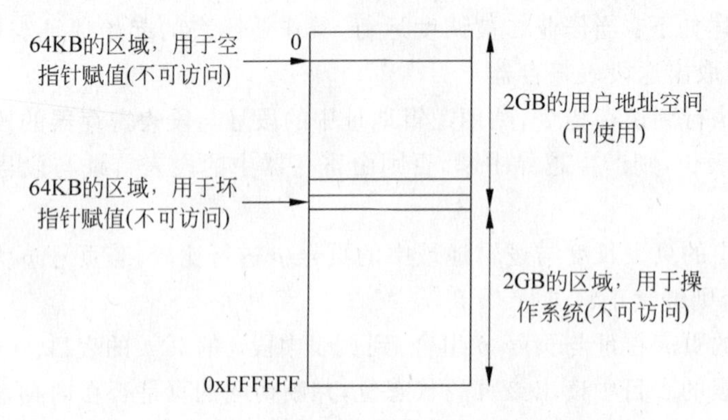


图 4-32　Windows XP 默认的虚拟地址空间

- 0x00000000 到 0x0000FFFF　保留区域，用于帮助程序员避免错误的指针引用。
- 0x00010000 到 0x7FFEFFFF　用户进程可使用的地址空间。该空间被系统划分成大小相同的页，便于将用户程序和数据按页装入内存。
- 0x7FFF0000 到 0x7FFFFFFF　用于内存保护，用户不能访问。利用地址空间，操作系统可以很容易地检查出内存地址越界错误。
- 0x80000000 到 0xFFFFFFFF　系统地址空间。共计 2GB 的内存空间，用于存储 Windows XP 的执行程序、微内核和设备驱动程序等。

## 4.7.2　Windows XP 中进程页面的状态

Windows XP 采用分页管理技术管理系统内存。为了便于计算和管理，Windows XP 的一个进程页面可以处于空闲、保留、提交三种状态之一。其中，“空闲”状态表示页面当前没有被进程使用。Windows XP 的应用程序可以首先保留地址空间，然后向此地址空间提交物理页面。它们也可以通过一个函数调用同时实现保留和提交，这些功能是通过 Win32 VirtualAlloc 和 VirtualAllocEx 函数实现的。保留地址空间是一段连续的虚拟地址空间，可能很快将被使用，也可能将来才会被使用。一个线程的保留地址空间不能被其他线程使用。保留地址空间在分配给进程使用之前，都不计入进程的存储器分配额中。“提交”状态表示，当“保留”页面被进程使用以后，系统将其中的内容从内存写出到磁盘文件时，这类页面所处的状态。在保留区域中，提交页面必须指出将物理存储器提交到何处以及提交多少。提交页面在访问时会转变为物理内存中的有效页面。

为什么在 Windows XP 系统中需要将页面状态进一步区分为“保留”状态和“提交”状态呢？一方面，这样可以减少为某一特定进程保留的磁盘空间总量，系统可以提供更多的磁盘空间为其他进程使用；另一方面，当一个进程或线程申请内存空间时，系统可以很快地满足其请求。保留内存是 Windows XP 中既快速又便宜的操作，因为保留内存操作不占用和消耗内存空间和磁盘交换区空间。

## 4.7.3　Windows XP 分页系统的数据结构与地址变换

Windows XP 分页系统采用了二级页表结构，一个 32 位虚拟地址被划分为 3 部分：页目录索引、页表索引和字节索引。通过这 3 个索引就能定位到进程某个页面内的某一个字节。其虚拟地址结构如图 4-33 所示。

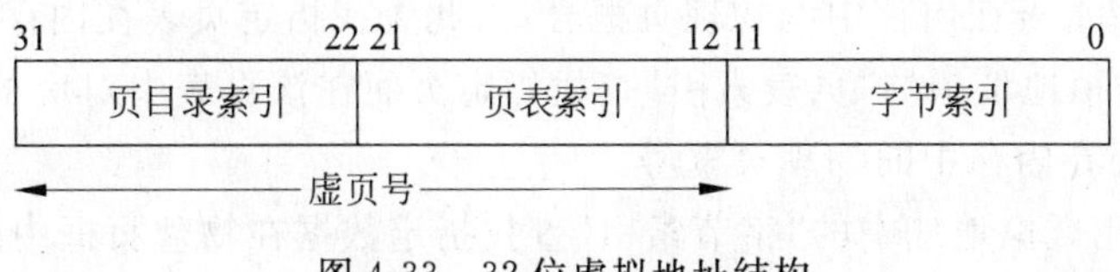


图 4-33 32 位虚拟地址结构

(1) 页目录索引。用于指出虚拟地址的页目录在页表中的位置。每个进程都拥有一个独立的页目录,用于映射进程所有页表的位置。处理机硬件中有一个寄存器专门存储进程的页目录的物理地址,便于处理机很快找到进程的页目录。当进程切换时,该寄存器的内容将会改变为被调度进程的页目录地址。页目录是由页目录项(Page Directory Entry,PDE)组成的,每个页目录项占 4 个字节,用于描述进程所有页表的状态和位置。页表的位置可以用页表占用的页框号(Page Frame Number,PFN)表示。

(2) 页表索引。用于确定页表项在页表中的位置。Windows XP 中每个进程的私有地址空间可以映射到多个页表。页表由若干页表项(Page Table Entry,PTE)构成,一个有效的页表项包含两个属性:物理页框号以及描述页状态与保护限制的标志位。Windows XP 还支持用于描述系统空间的页表,称为系统页表。系统页表供所有进程共享。当进程初始被创建时,系统空间的页目录项被初始化为指向现有的系统页表。

(3) 字节索引。用于定位物理页中的某个具体位置。当内存管理程序找到需要的物理页以后,还必须在页内找到所需的数据。这就是字节索引的用途。处理机根据虚地址中的字节索引值获得所需数据在页内的偏移量。

图 4-34 描述了通过页目录索引、页表索引以及字节索引将虚拟地址转换为物理地址的变换过程。

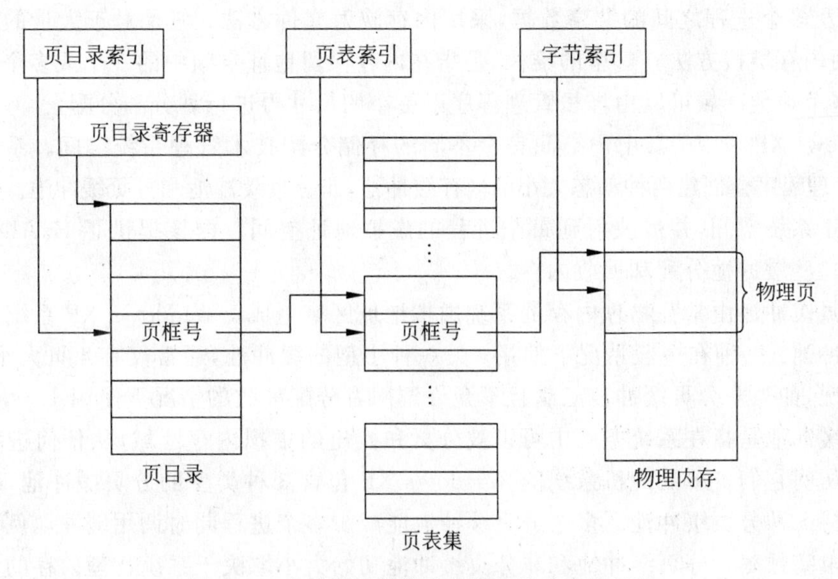


图 4-34 虚拟地址转换为物理地址的变换过程

Windows XP 虚拟地址变换过程如下:

(1) 由页目录寄存器的内容确定当前进程的页目录在内存中的位置。

(2) 利用虚拟地址中的“页目录索引”找到所需页表在页目录中对应的页目录项。页目录项中包含有对应页表在内存中的物理页框号,由此查找指定页表在内存中的位置。

(3) 再利用虚拟地址中的“页表索引”查找指定页面在该页表中对应的页表项。页表项中包含有指定页面在内存中的物理页框号。

(4) 最后,利用虚拟地址中的“字节索引”查找指定数据在物理页框中的位置。

值得注意的是,在虚拟存储系统中,进程的页面不可能全部装入内存。若当前需要的页面不在内存,则页表项中不会包含对应页面的物理页框号。此时,称进程所需页是无效的。如果页表项表明当前所需页是无效的,内存管理模块中的故障处理程序就会定位该页,并进行缺页中断处理,从外存装入该页。必要时将进行页面置换。

Windows XP 分页系统的主要数据结构除了页目录和页表以外,还有支持快速地址变换的快表 TLB。因为,Windows XP 的地址变换需要经历两次查找内存:首先,需要查找页目录,找到页表;其次,需要在页表中找到需要的页表项。地址变换的两次访问内存将严重降低系统的性能。所以,大多数处理机在地址变换过程中应用了高速缓存技术,即快表,或 TLB。Windows XP 的 TLB 是一个向量,其存储单元能被同时读取,并与目标值比较。TLB 中包含了大多数最近用过的虚拟页到物理页的映射以及每页的页保护类型。TLB 的表项包含标识符和数据两部分,标识符属性用于存储虚地址的一部分,数据部分保存物理页号、保护域和有效位,通常还有一个用于标志被高速缓存的页表项对应页的状态的修改位。

### 4.7.4 Windows XP 的内存分配技术

Windows XP 对于系统内存空间和应用程序占用的用户空间分别采用不同的内存分配技术。对于用户空间,系统根据不同的应用程序类型,分别采用 3 种不同的存储分配技术:一是对于大型对象或结构数组,采用以页为单位的虚拟内存分配方法;二是对于大型数据流文件以及多个进程之间的共享数据,采用内存映射文件方法;三是对于大量的小型内存申请,采用内存堆栈方法。这里的堆栈,是指在内存保留地址空间中的一个或多个页面组成的区域,这个地址区域可以由堆栈管理程序以更小的尺寸再进行划分和分配。

Windows XP 采用了与用户空间完全不同的存储分配技术管理系统空间。系统初始化时,内存管理程序会创建两种动态大小的内存缓冲池,非分页缓冲池和分页缓冲池。这两种缓冲池都位于系统空间,并被映射到每个进程的虚拟地址空间。内核提供了 ExAllocatePool 等函数从这些缓冲池分配和回收内存。

非分页缓冲池由常驻物理内存的系统虚拟地址区域组成。Windows XP 系统支持两种非分页缓冲池:一种在一般情况下使用;另一种小型的缓冲池,通常仅有 4 页大小,用于某些紧急情况,如当非分页缓冲池已满且不允许调用者分配失败的情况下使用。

分页缓冲池是指在系统空间中可以被分页和换出的虚拟内存区域,从任何进程的上下文都可以访问它们。单处理机系统的 Windows XP 包含 3 种类型的分页缓冲池,而多处理机系统支持 5 种分页缓冲池。多个分页缓冲池能减少多个进程同时调用缓冲池例程时的系统代码的阻塞频率。分页缓冲池和非分页缓冲池初始大小取决于系统物理内存的大小。随着它们被不断使用,它们的容量将动态增加,直到达到系统定义的最大值。

Windows XP 同时提供了一种快速内存分配机制,称为后备链表(Look-Aside List)。缓冲池和后备链表的区别在于,缓冲池的大小可以动态改变,而后备链表仅包含固定长度的块,进行内存空间分配时,不必查找一个大小合适的空闲空间,故分配速度很快。

如果一个后备链表为空,例如,首次创建时,系统必须从分页或非分页缓冲池中进行分配。如果有空闲块,该分配将能很快得到满足。当块被返回时,链表长度增加。缓冲池例程根据设备驱动程序或子系统从链表分配内存的频率调整后备链表的空闲缓冲区数量。分配越频繁,将有更多缓冲区存入链表。如果后备链表的分配频率很低,其大小将自动减少。

### 4.7.5 Windows XP 的缺页中断处理过程

Windows XP 的进程页表项中有一位标志页面是否有效的"有效"位。进程访问一个无效页面时,将发生缺页错误。内核中断处理程序将此类错误转由内存管理故障处理程序解决,后者运行在引起错误的线程环境下,并负责解决故障或引发适当的异常。引起缺页错误的情形有很多种,主要包括:

(1) 进程访问的页面在磁盘上的某个页文件或映射文件中,尚未进入内存。对此的处理为:为进程分配一个物理页框,将所需的页面从外存装入,并放入进程的工作集。

(2) 所访问的页面在后备链表或修改链表中。对此的处理为:将该页移到进程或系统的工作集中。

(3) 所访问的页面不包含在进程页目录中,但该页面存在于系统空间且有效。对此的处理为:从主系统页目录结构复制相应的页目录项,并消除异常。

(4) 对于一个写时复制的页面执行写操作。对此的处理为:为进程复制一个私有页面备份。

(5) 几类属于非法访问的操作:访问的页面尚未提交,如保留的地址空间或未分配的地址空间;在用户态访问一个仅允许在核心态访问的页面;对一个只读页面执行写操作;对于一个写保护页面执行写操作等。

当出现缺页错误,需要启动 I/O,从磁盘读入需要的进程页面时,将产生页面调入 I/O。由于 Windows XP 系统中进程的页表也是分页存储的,因此,当访问到尚未进入内存的页表时,也会引起页面调入 I/O。

Windows XP 中,页面调入 I/O 操作与线程的执行同步,线程必须阻塞等待 I/O 完成。页面调度程序使用 I/O 请求功能中的一个专门的修改程序来完成页面调入 I/O 操作。当指定的页面成功装入内存时,I/O 系统触发一个事件来唤醒页面调度程序,并允许它继续进行页面调入操作。

由于 Windows XP 系统支持多线程,当一个进程的某一个线程发生缺页错误被阻塞,且正在进行该页面调入时,该进程的其他线程可以继续执行。这些线程也可能发生同样的缺页错误。这就要求页面调度程序能识别此类情况,并进行相应处理。类似情况包括:

(1) 冲突页错误。即同一进程中的另一个线程,或其他进程的线程,可能由于相同的页面导致缺页错误。

(2) 页面可能已经从虚拟地址空间中删除,并重新映射。

(3) 页面的保护权限可能已经被修改等。

页面调度程序通过在提出调页 I/O 之前,在线程的核心堆栈中保存足够的状态信息。当请求结束,页面调度程序根据这些信息检测并处理上述问题。

### 4.7.6 Windows XP 的页面调度策略

Windows XP 采用了请求调页技术,并以簇为单位装入页面。当线程发生缺页中断时,页面调度程序将请求的页面以及其后续的少量页面(一簇)装入内存。根据局部性原理,这些预先装入的页面可能很快将被使用,从而减少页面 I/O 的次数。

当线程发生缺页中断时,内存管理程序还必须确定将新装入的页面放置在内存的什么位置。用于确定最佳位置的一组规则称为"置页策略"。选择最佳页框的基本原则是,使处理机内存高速缓存不必要的震荡最小。因此,Windows XP 需要考虑处理机内存高速缓存的容量。

如果发生缺页错误时,物理内存已经装满,则必须进行页面置换。在多处理机系统中,Windows XP 采用了局部"先进先出"置换策略。在单处理机系统中,Windows XP 采用了类似"最近最久未用(LRU)"置换策略。

Windows XP 为每个进程分配一定数量的页框,称为进程工作集。相应地,为系统代码和数据的可分页部分分配的页框,称为系统工作集。当进程的工作集达到其给定的界限时,或者由于系统中其他进程需要大量内存空间时,系统将调整工作集。可见,Windows XP 采用了可变工作集管理策略。

### 4.7.7 Windows XP 的工作集管理

Windows XP 使用的工作集管理采用"可变分配,局部置换"策略。系统初始化时,根据无理内存的大小计算默认的最小/大工作集。当进程第一次被激活时,系统给每个进程分配相同数量的页框数,作为其默认工作集。当进程执行过程之中,其工作集大小可以动态调整。但工作集的调整只能局限在默认最小和最大尺寸之间。

当发生缺页错误时,需要首先检查进程的工作集范围和当前系统中的空闲内存空间大小。如果当前存在足够大的内存空间,系统允许增加进程的工作集,直到其最大界限值。相反,如果内存空间紧张,系统将在进程的工作集内实施页面置换。

除了进程工作集,Windows XP 还管理一个系统工作集。其中包含系统高速缓存页面、分页缓冲池、Ntoskrnl. exe 中可分页的代码和数据、设备驱动程序中可分页的代码和数据以及系统映射视图等 5 类系统页面。

## 4.8 小结

操作系统可以采取一定的策略,根据用户程序要求的分配空间,动态地在内存与外存之间调入 / 调出,使得在一定的内存情况下,尽可能多地运行程序。CPU 能够直接存取指令和数据的存储器是内存。内存用于存放操作系统内核、用户程序指令与程序运行所需数据。高速缓存(cache)、内存、外存构成了计算机的存储层次。由相对地址到实际物理地址的地址变换称为重定位,有动态和静态两种重定位方式。多道程序系统中,允许同时有多个程序运行同一个进程,它们可能调用相同程序段或使用同一数据体,这种方式叫内存共享。存储保护对操作系统的程序与数据和各个用户进程进行保护,保证它们不受到其他进程的干扰。它有上下界限保护和存储键保护两种方式。计算机的内存有逻辑组织和物理组织两个层次。

最常见的内存管理方式有分区式管理、分页式管理、分段式管理以及段页式管理4种。

内存被划分成若干个连续区域，每个区域被分配给一个程序使用。这就是分区管理，它有固定式分区和可变式分区两种方式。其中可变式分区有空闲分区表和空闲分区链两种形式。操作系统的内存管理程序依据一个策略来决定哪个分区分配给该进程，这种策略或算法被称为放置算法。可变式分区中有首次适应算法、最佳适应算法和最坏适应算法三种内存调度算法。

将内存分成相对较小，但大小相等的块，同时将要调入的用户程序的地址空间也分成同样大小的区域，称之为页。将这些逻辑的页放于各内存块上，这样只要内存有足以放下这些页的空闲块，无论它们是否相邻而构成连续的大空间，均可运行该程序，这种管理方式叫分页式管理。页表的表目由页号和物理块号组成，它实现了从逻辑的页号到物理的块号的映射。页表方式的地址变换有一般方式和采用快表的地址变换两种方式。

请求式分页系统可以在只装入程序地址空间中的部分页面的情况下就运行该程序，而当需要用到(访问)其他页面时，系统选择一些空白区域或将暂时不用的页交换到外存，而调入所需要的页面到内存。当把暂时不用的页交换到外存时，要采用一定规则选择一个页面来淘汰出去，这个规则就是淘汰算法。页面淘汰算法有最佳算法、先进先出算法、最近最久未使用算法、时钟算法等4种。

分段的存储管理把程序环境信息按内容组织成若干功能或逻辑的段，用户根据段名来访问相应的程序或数据段。段表中的表目描述分段的情况，包括段号、内存起始地址以及段长。在请求分段系统中，当进程要访问的段经查段表还没有调入内存，则产生一个缺段中断信号，然后存储管理的缺段中断处理程序根据段表的信息从外存上将所需的段调入内存。所谓段的共享是指两个以上的作业使用同一段的代码或数据，而在内存中又只有这些代码或数据的一个副本，这种被多个进程所共享的分段称为共享段。

段页式存储管理把分页式管理和分段的存储管理结合起来。在段页式系统中逻辑地址被分成段号、段内页号以及页内地址3部分。

本章最后给出一个实例——Windows XP 的内存管理。

## 习题四

1. 什么是逻辑地址空间？什么是物理存储空间？
2. 动态重定位实现的方法是什么？系统要增加什么设施？
3. 可变式分区在固定式分区上解决什么问题？它怎样解决的？
4. 分页系统是怎样解决碎片的？对于内存做些什么？
5. 请求分页系统是怎样实现虚拟存储功能的？它在分页系统上做了什么改进？
6. 简单评述一下几种页面淘汰算法。
7. 为什么操作系统要采用分段存储管理？分段系统怎样才能实现虚拟存储？
8. 简述段页式系统地址变换机构中的二级内存块索引机制。
9. 段页式系统是怎样实现存储保护的？
10. 系统抖动是怎样形成的？它的不利作用是什么？

11. 现有一个内存为256KB的系统，操作系统部分占了32KB的空间(低地址部分)，有一个作业组的序列如下表所示。

| 作　业 | 内存要求/KB |
|---|---|
| 作业1 | 到达,60 |
| 作业2 | 到达,120 |
| 作业3 | 到达,80 |
| 作业1 | 完成 |
| 作业3 | 完成 |
| 作业4 | 到达,160 |
| 作业5 | 到达,40 |

请用首次适应算法、最佳适应算法，和最坏适应算法来处理上述作业序列。

(1) 画出作业1和3完成后的空闲分区链。

(2) 画出每步骤的内存分配状态图。

12. 一个物理内存为16MB的计算机系统，其内存物理地址用________位表示，逻辑地址为32位，其上的用户程序地址空间可达________B。用户程序中的一个逻辑地址42C3(十六进制)，所对应的逻辑页号为________(十进制)，物理块号为________(十进制)，物理地址为________(十六进制)。该系统的内存管理模式为页式管理，页长为4KB，进程的页表(十进制)如下表所示。

| 页号 | 块号 |
|---|---|
| 0 | 6 |
| 1 | 23 |
| 2 | 321 |
| 3 | 13 |
| 4 | 7 |
| 5 | 54 |
| 6 | 24 |
| 7 | 76 |
| 8 | 121 |
| 9 | 14 |
| 10 | 52 |
| ⋮ | ⋮ |

# 第5章 设备管理

本章在明确设备管理的主要目标的前提下,要求读者了解外设的不同分类、设备控制器的功能,理解I/O控制方式的发展过程,熟练掌握DMA方式和通道方式;掌握一些常见的缓冲技术;在深刻理解设备独立性的基础之上,掌握设备分配原则和设备分配所需的数据结构;深刻理解Spooling技术及虚拟设备的概念;在对比理解磁盘调度各算法的基础上,能熟练应用各个算法解决问题;了解设备驱动程序。

计算机系统的强大功能是以其有种类繁多、功能各异的设备为基础的。除了构成计算机系统的CPU、内存、显示器、键盘、鼠标、硬盘驱动器和软盘驱动器等设备之外,还配置有光盘驱动器、声卡、音箱、调制解调器、扫描仪等设备,使计算机具有能处理图形图像、文字、声音、视频等各种媒体的功能。其中,在计算机系统中用于与人通信或与其他计算机通信的所有设备以及所有外存设备称为外部设备或输入输出设备,也简称为外设。

随着计算机软、硬件的飞速发展,计算机的外设不断大量涌现,如数码相机、探头录像机等。为了有效管理以及让用户简便地使用这些种类繁多的外设,操作系统提供了设备管理功能,它是操作系统的重要组成部分。设备管理的主要目标是采用各种I/O技术尽量提高CPU与外设之间的并行操作程度,以提高设备利用率;同时将复杂的具体设备操作控制过程屏蔽起来,通过统一的结构进行I/O操作,以提供给用户一个统一、方便的设备使用环境。

设备管理为了实现上述目标,采用了一系列的技术。本章主要讨论了设备管理的基本概念和技术,包括I/O设备、I/O控制方式、缓冲技术、设备分配、Spooling技术、磁盘调度和设备驱动技术。

## 5.1 I/O系统

通常把计算机的主存和外设的介质之间的信息传送操作称为输入输出操作,把I/O设备及其接口线路、控制部件、通道和管理软件称为I/O系统。随着计算机技术的飞速发展和应用领域的扩大,计算机的输入输出信息量急剧增加,输入输出操作极大地影响着计算机系统的通用性和综合处理能力。

### 5.1.1 I/O设备

现代计算机系统中配置了大量的外设。一般来说,这些种类繁多的外设分为两大类:一类是存储型设备(如磁盘机、磁带机等),以存储大量信息和快速检索为目标,它们在系统中作为主存储器的扩充,故又称为辅助存储器;另一类是输入/输出型设备,它们是计算机与外部交换信息的设备。输入设备是计算机用来“感受”或“接触”外部世界的设备,它将外部世界的信息输入给计算机,例如键盘、光字符阅读机、电传输入机、数字化仪、模数转换器等。输出设备是计算机用来“影响”或“控制”外部世界的设备,它将计算机加工好的信息输出给外部世界,输出设备有打印机、绘图仪、显示器等。有的设备既可作为输入设备,也可作为输出设备,如磁盘驱动器。

I/O设备类型繁多,从操作系统的观点看,其重要的性能指标有:数据传输率、数据传输单位、设备共享属性等,因而可以从这些角度对设备分类。一般而言,不同的设备需要不同的设备管理程序。但同类设备在硬件特性上是十分相似的,因此可以利用相同的设备管理程序,或只需作很少的修改即可。对设备进行分类可以简化设备管理程序。

I/O设备按不同的角度分类如下:

**1. 按数据传输率分类**

按数据传输率的高低,可将I/O设备分为3类:一类是低速设备,它是指数据传输速率为每秒钟几个字节至数百个字节的设备,典型的低速设备有键盘、鼠标等;另一类是中速设备,即数据传输率为每秒钟数千个字节至数万个字节的设备,打印机就是一种典型的中速设备;还有一类是高速设备,它是指数据传输速率为每秒钟数百千个字节至数兆字节的设备,典型的高速设备有磁盘机、光盘机等。

**2. 按信息交换的单位分类**

按照信息交换的单位,I/O设备则可分为字符设备和块设备。输入型外设和输出型外设一般为字符设备,它与主存进行信息交换的单位是字节,即一次交换一个或多个字节的信息内容。字符设备的特征是传输速率低和不可寻址,即输入/输出时不能指定数据的源地址及输出的目标地址。块是存储介质上连续信息所组成的一个区域,块设备即是每次与主存交换一个或几个块信息的设备。存储型外设一般是块设备,它的特征是传输速率较高而且可寻址,即对它可随机地读/写任意一块。

**3. 按设备的共享属性分类**

按共享属性可将I/O设备分为3类:独占设备、共享设备和虚拟设备。

独占设备是指在一段时间内只允许一个进程访问的设备,也即临界资源。因此,对于多个并发进程而言,应互斥地访问这类设备。对于独占设备的分配也应注意其可能引发死锁。打印机就是典型的独占设备。

共享设备是指在一段时间内允许多个进程同时访问的设备。当然,对于某一时刻而言,仍然只允许一个进程访问此类设备。共享设备必须是可寻址的和可随机访问的设备。典型的共享设备是磁盘机。

虚拟设备是指通过虚拟技术将一台独占设备变换为多台逻辑设备,供多个用户进程同时使用,通常把这种经过虚拟技术处理的设备称为虚拟设备。

### 5.1.2 设备控制器

I/O设备通常包括一个机械部件和一个电子部件。为了达到设计的模块性和通用性,一般将其分开。电子部件就是设备控制器或适配器,机械部件则是设备本身。区分设备控制器和设备本身是因为操作系统基本上是与设备控制器打交道的,而并非设备本身。

设备控制器是CPU和设备之间的一个接口，它接收从CPU发来的命令，控制I/O设备操作，实现主存和设备之间的数据传输操作，从而使CPU从繁杂的设备控制操作中解脱出来。

设备控制器是一个可编址设备。当它仅控制了一个设备时，它只有一个唯一的设备地址；若控制器连接了多个设备，则应含有多个设备地址，并使每一个设备地址对应一个设备。设备控制器的复杂性因不同设备而异，相差很大。在个人计算机中，它常常是一块可以插入主板扩充槽的印刷电路板，也称为接口卡。

设备控制器有以下主要功能：

(1) 接收和识别CPU或通道发来的命令。CPU可以向控制器发送多种不同的命令，设备控制器应能接收并识别这些命令。因此，控制器中应具有相应的控制寄存器用来存放接收的命令和参数，并对命令进行译码。

(2) 实现数据交换。数据交换包括设备和控制器之间的数据传输；控制器和主存之间通过数据总线进行数据传输。

(3) 标识和报告设备的状态。控制器应记录下设备的状态，是通过设置其状态寄存器中相应的内容来实现的。当CPU将该状态寄存器的内容读入后，便可了解该设备的状态。

(4) 设备地址识别。如同内存中每个单元都有唯一的地址一样，系统中的每个设备也都有一个地址。设备控制器必须能够识别被它所控制的每个设备的地址。

由于设备控制器是CPU与I/O设备之间的接口，位于CPU和设备之间。一方面它要与CPU通信，接收从CPU发来的命令；另一方面还要与设备通信，具有按CPU所发出的命令去控制设备工作的功能。因此，设备控制器必须含有以下3个部分：

(1) 设备控制器与CPU的接口。该接口通过数据线、地址线和控制线这三类信号线实现设备控制器与CPU的相连。

(2) 设备控制器与设备的接口。一个设备控制器可以连接一个或多个设备，因此，控制器中便可以有一个或多个设备接口，每个接口连接一台设备。

(3) I/O逻辑。在设备控制器中，I/O逻辑用于实现对设备的控制。它可以根据从地址线收到的地址进行译码，并进行设备选择与控制。

### 5.1.3 I/O控制方式

I/O控制在计算机处理中具有重要的地位，为了有效地实现物理I/O操作，必须通过硬、软件技术，对CPU和I/O设备的职能进行合理分工，以调解系统性能和硬件成本之间的矛盾。随着计算机技术的发展，I/O控制方式也在不断地发展，但其始终贯穿着这样一条宗旨，即尽量减少CPU对I/O控制器的干预，把CPU从繁杂的I/O控制事务中解脱出来，以便更多地去完成数据处理任务。按照I/O控制器功能的强弱，以及和CPU之间联系方式的不同，可把I/O设备的控制方式分为4类，它们的主要差别在于中央处理器和外设并行工作的方式不同，并行工作的程度不同。中央处理器和外设并行工作有重要意义，它能大幅度提高计算机效率和系统资源的利用率。

#### 1. 循环测试方式

这种方式只在早期的计算机中使用。在该方式中，I/O控制器有两个寄存器：数据缓冲寄存器和控制寄存器。数据缓冲寄存器是CPU与I/O设备之间进行数据传送的缓冲区。控制寄存器有几个重要的信息位：启动位、完成位等。完成位表示设备是否完成一次操作，当输入设备完成一个输入后，就把完成位置1；启动位是CPU要启动I/O设备进行物理操作时，将此位置1，设备就开始工作。

下面通过具体事例来分析循环测试方式的具体实现过程。假如某进程要通过输入设备输入一个数据，那么循环测试方式的工作过程可以描述如下：

(1) 把一个启动位为"1"的控制字写入该设备的控制寄存器，从而启动该设备进行输入操作。

(2) CPU反复读取控制寄存器的内容，并测试其中的完成位。完成位若为"0"，则转(2)，否则转(3)。

(3) 把数据缓冲区的数据读入CPU或主存。

由上面的步骤可见，一旦启动了I/O设备，CPU便不断测试I/O设备的完成情况，而终止了原程序的运行。CPU在反复的测试过程中，浪费了宝贵的CPU时间。另一方面CPU参与了数据传送工作，因此不能执行原程序，可见CPU与I/O设备是串行工作的，从而主机不能充分发挥效率，外设也不能得到合理的使用，整个系统的效率很低。

**2. 中断方式**

中断机制引入后，外设有了反映其状态的能力，仅当操作正常结束或异常结束时才中断CPU。这种机制实现了一定程度的CPU与I/O设备并行工作。为了改变循环测试中CPU因反复测试而导致整个系统效率低下的局面，引入了中断方式。为此，必须在控制状态寄存器中增设一位"中断允许位"。仍用上述事例来分析中断方式的具体实现过程，其工作过程可以描述如下：

(1) 要求输入数据的进程将一个启动和中断允许位为"1"的控制字写入设备控制状态寄存器中，从而启动设备开始工作。

(2) 该进程因等待输入操作的完成而进入等待状态。于是进程调度程序调度另一进程运行。

(3) 当完成了输入工作时，设备向CPU发出中断信号。通过中断进入，CPU转向该设备的中断处理程序。

(4) 中断处理程序首先保护现场，然后把输入缓冲寄存器的输入数据转送到指定单元中，以便要求输入的进程使用，同时把该进程唤醒。最后中断处理程序恢复被中断程序的现场，并返回到被中断的进程继续执行。

中断方式中，由于在I/O设备输入每个数据的过程中无须CPU忙测试I/O设备的状态，可实现CPU与I/O设备的部分并行。与循环测试方式相比，中断方式使CPU的利用率得到了提高。例如，从终端输入一个字符的时间约为100ms，而将字符送入终端缓冲区的时间小于0.1ms。若采用循环测试方式，CPU约有99.9ms的时间处于忙式测试状态中。采用中断方式后，CPU可利用这99.9ms的时间去做其他的事情，而仅用0.1ms的时间来处理由控制器发来的中断请求。可见中断方式可成倍地提高CPU的利用率。

**3. DMA方式**

虽然中断方式消除了循环测试方式的忙测试，提高了CPU资源的利用率，但是在响应中断请求后，必须停止现行的程序转向中断处理程序并参与数据传输操作。若I/O设备能直接与主存交换数据而不占用CPU，那么CPU资源的利用率还可提高。这样就出现了直接主存存取DMA(Direct Memory Access)方式。

在DMA方式中，I/O控制器有更强的功能。它除了具有上述的中断功能外，还有一个DMA控制机构，它可以接管地址线的控制权，而直接控制DMA控制器与主存的数据交换。所以，设备和主存之间可以成批地进行数据交换，而不用CPU的干预。DMA控制器与CPU、主存及I/O设备之间的关系如图5-1所示。

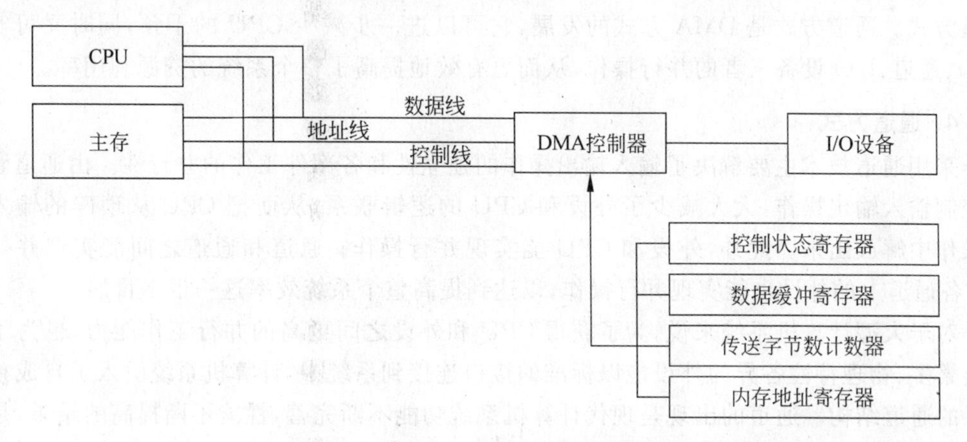


图5-1　DMA控制器与其他部件关系

在DMA方式下进行数据输入的过程如下：

(1) 当一个进程准备要求输入一批数据时，把要求传送的主存始址和要传送的字节数分别送入DMA控制器的主存地址寄存器和传送字节数计数器。

(2) 将一个启动位和中断允许位为“1”的控制字写入设备控制状态寄存器中，从而启动设备开始进行数据的成批传送。

(3) 该进程将自己挂起，等待一批数据输入完成，于是进程调度程序调度另一进程运行。

(4) 当一批数据输入完成时，输入设备完成中断信号以中断正在运行的进程，控制转向中断处理程序。

(5) 中断处理程序首先保护现场，唤醒等待输入完成的进程，然后恢复现场，并返回到被中断的进程继续执行。

(6) 当进程调度程序调度到要求输入的进程时，该进程按照指定的主存始址和字节数对输入数据进行加工处理。

执行到上述步骤(2)之后，DMA硬件马上控制I/O设备与主存之间的信息交换。每当I/O设备把一个数据读入到DMA控制器的数据缓冲寄存器之后，DMA控制器立即取代CPU，接管地址总线的控制权，并按照DMA控制器中的主存地址寄存器内容把输入的数据送入相应的主存单元。然后，DMA硬件电路自动地把传送字节数计数器减1，把主存地址寄存器加1，并恢复CPU对主存的控制权。DMA控制器对每一个输入的数据重复上述的过程，直到传送字节数寄存器中的值为0时，向CPU发出中断信号。

中断方式中由于每台设备每次输入或输出一个数据，CPU都会被中断。当系统配置的设备数目较大时，CPU就会频繁地被中断，极大地影响了CPU的工作效率。DMA方式与中断方式相比已经显著地减少了 CPU 的干预，即已由以字节为单位的干预减少到以数据块为单位的干预。但 CPU 每发一条 I/O 指令也只能去读或写一个连续的数据块。而当需要一次去读多个数据块且将它们分别传送到不同的内存区域，或者相反时，则须由 CPU 分别发出多条 I/O 指令及进行多次中断处理才能完成。

为了进一步减少 CPU 对 I/O 操作的干预，不再是以一个数据块为单位的干预，而是以多个不连续数据块为单位的干预；同时使 CPU 与外设获得更高的并行工作能力，又引入了通道方式。通道方式是 DMA 方式的发展，它可以进一步减少 CPU 的干预，同时又可实现 CPU、通道、I/O 设备三者的并行操作，从而更有效地提高了整个系统的资源利用率。

**4. 通道方式**

采用通道技术主要解决了输入输出操作的独立性和各部件工作的并行性。由通道管理和控制输入输出操作，大大减少了外设和 CPU 的逻辑联系，从而把 CPU 从琐碎的输入输出操作中解放出来。此外，外设和 CPU 能实现并行操作；通道和通道之间能实现并行操作；各通道上的外设也能实现并行操作，以达到提高整个系统效率这一根本目的。

对于大型计算机系统来说，为了获得 CPU 和外设之间更高的并行工作能力，也为了让种类繁多、物理特性各异的外设能以标准的接口连接到系统中，计算机系统引入了自成独立体系的通道结构。通道的出现是现代计算机系统功能不断完善，性能不断提高的结果，是计算机技术的一个重要进步。

通道又称输入输出处理器，是用来控制外设和主存之间进行成批数据传输的部件。通道有着自己的一套简单的指令系统并执行通道程序，它接收 CPU 的委托，而又独立于 CPU 工作。因此，通道实际上是一种小型的 I/O 处理机。但通道又和一般的处理机不同，主要表现在两个方面：一方面是其指令类型单一，即由于通道硬件比较简单，其所能执行的指令主要局限于与 I/O 操作有关的指令；另一方面是通道没有自己的内存，通道所执行的通道程序是存放在主机的内存中的，换而言之，通道与 CPU 共享内存。

具有通道装置的计算机，主机、通道、控制器和设备之间采用四级连接，实施三级控制，如图 5-2 所示。通常，一个中央处理器可以连接若干通道，一个通道可以连接若干控制器，一个控制器可以连接若干台设备。中央处理器执行输入输出指令对通道实施控制，通道执行通道命令对控制器实施控制，控制器发出动作序列对设备实施控制，设备执行相应的输入输出操作。

采用通道技术后，输入输出操作过程如下：中央处理机在执行主程序时遇到输入输出请求，则它启动指定通道上选址的外设，一旦启动成功，通道开始控制外设进行操作。这时中央处理器就可执行其他任务并与通道并行工作，直到输入输出操作完成，通道发出操作结束中断时，中央处理器才停止当前工作，转向处理输入输出操作结束事件。

按照信息交换方式和连接设备种类不同，通道可分为 3 种类型：

(1) 字节多路通道。它以字节为单位传输信息，可以分时地执行多个通道程序。当一个通道程序控制某台设备传送一个字节后，通道硬件就转去执行另一个通道程序，控制另一台设备的数据传送。字节多路通道主要用来连接大量低速设备。

(2) 选择通道。该类型通道一次从头到尾执行一个通道程序，只有执行完一个通道程序之后再执行另一个通道程序，所以它一次只能控制一台设备进行 I/O 操作。由于选择通道能控制外设高速连续地传送一批数据，因此常用来连接高速外设，如磁盘机等。

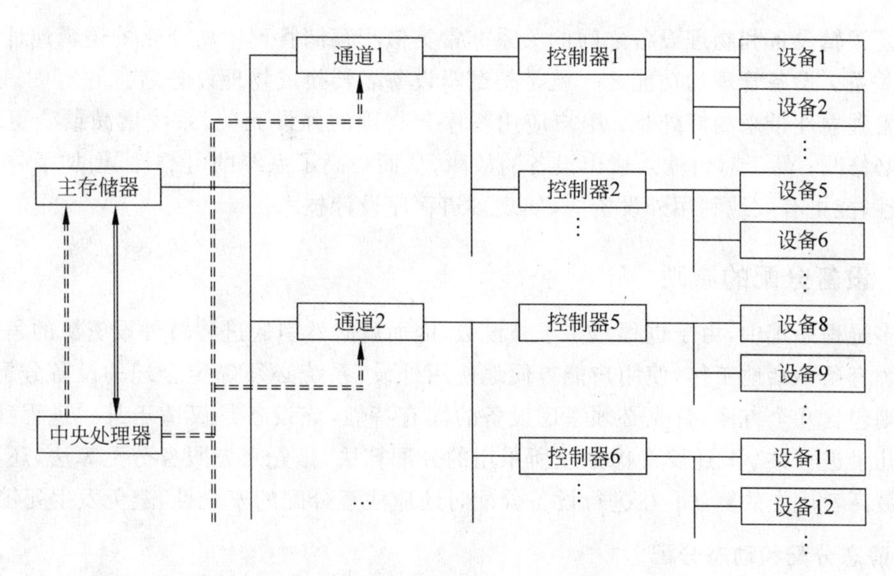


图 5-2 通道方式的计算机系统结构

(3) 数组多路通道。它以分时的方式执行几个通道程序,每执行完一个通道程序的一条通道指令就转向另一通道程序。因为每条通道指令可以控制传送一组数据,所以数组多路通道既具有选择通道传输速率高的优点,又具有字节多路通道分时操作,可同时管理多台设备操作的优点。一般来说,数组多路通道用于连接中速设备,如磁带机等。

## 5.2 设备分配

现代计算机在多道程序环境下可以同时承担多用户的若干个计算任务。计算机完成每项计算任务时,或多或少地需要使用各种外设。系统中的设备虽然供所有进程共享,但为了防止进程对系统资源的无序竞争,必须规定系统设备不允许用户自行使用,而由系统统一分配。操作系统的设备管理的功能之一就是为计算机系统接纳的每一个作业分配它们所需要的外设。

### 5.2.1 设备独立性

现代计算机系统常常配置许多类型的外设,同类设备又有多台,尤其是多台磁盘机、磁带机的情况很普遍。作业在执行前,应对静态分配的外设提出申请要求,如果申请时指定某一台具体的物理设备,那么分配工作就很简单,但当指定的某台设备有故障时,就不能满足申请,该作业也就不能投入运行。例如,系统拥有 A、B 两台卡片输入机,现有作业 J2 申请一台卡片输入机,如果它指定使用 A,那么作业 J1 已经占用 A 或者设备 A 坏了,虽然系统还有同类设备 B 是好的且未被占用,但也不能接受作业 J2,显然这样做很不合理。

为了解决这一问题,通常用户不指定特定的设备,而指定逻辑设备,使得用户作业和物理设备独立开来,再通过其他途径建立逻辑设备和物理设备之间的对应关系,我们称这种特性为“设备独立性”。具有设备独立性的系统中,用户编写程序时使用的设备与实际使用的设备无关,即逻辑设备名是用户命名的,是可以更改的。物理设备名是系统规定的,是不可更改的。逻辑设备和物理设备之间的关系非常类似于存储管理中所介绍的逻辑地址和物理地址的关系。设备管理的功能之一就是把逻辑设备名转换成物理设备名。

设备独立性带来的好处是：用户应用程序与物理的外设无关，系统增减或变更外设时程序不必修改；易于对付输入输出设备的故障，从而提高了系统的可靠性，增加了外设分配的灵活性，能更有效地利用外设资源，实现多道程序设计技术。

### 5.2.2 设备分配的原则

在多进程系统中，由于进程数多于外设数，因而就必然引起进程对外设资源的争夺。为了使系统有条不紊地工作，使用户能方便地使用外设，系统必须确定合理的设备分配原则。这些原则包含几个方面，首先必须考虑设备的固有特性，该设备是仅适于某一进程独占，还是可供几个进程共享；还要考虑系统所采用的分配算法，是先来先服务分配算法，还是采用优先级最高者优先的算法；在进行设备分配时还应注意分配的安全性，避免发生死锁。

#### 1. 静态分配和动态分配

分配设备时应考虑设备的属性，有的设备仅适于某作业独占，有的设备可为多进程所共享。从设备分配的角度看，外设分为独占设备和共享设备两类。对独占设备一般采用静态分配，一旦分配给作业或者进程，就由它们独占使用，直至该进程完成或释放该设备。然后，系统才能再将该设备分配给其他进程使用。这种分配策略的缺点是设备得不到充分的利用，而且还可能引起死锁。而共享设备则采用动态分配方法，并在进程级实施。进程在运行过程中，需要使用某台设备进行 I/O 传输时向系统提出要求，系统根据设备情况和分配策略实施分配，一旦 I/O 传输完成，就释放该设备。这样可使一台设备交替地为多个进程服务，从而提高了设备的利用率。

#### 2. 设备分配算法

对设备分配的算法，和进程调度算法有些相似，但相对简单，通常只采用以下两种分配算法：

(1) 先来先服务分配算法。当有多个进程对同一设备提出 I/O 请求或同一进程要求在同一设备上进行多次传输时，均要先形成 I/O 请求块，然后根据进程发出 I/O 请求的先后次序将这些 I/O 请求块链接成一个设备请求队列。当设备空闲时，它将处理该队列中的第一个 I/O 请求。

(2) 优先级最高者优先分配算法。该算法要求设备请求队列中的 I/O 请求块根据进程的优先级高低进行排序，即将进程的优先级赋予相应的 I/O 请求块。这是为了进程调度中优先级高的进程优先获得处理。若对它的 I/O 请求也赋予高的优先级，显然有助于该进程尽快完成，从而尽早地释放它所占有的资源。对于优先级相同的 I/O 请求块，则按先来先服务分配原则排队。

#### 3. 设备分配的安全性

对于独占设备，一般在作业调度时就进行分配，而且一旦分配，该独占设备一直为这个作业所占有。采用这种独占分配方式是不会产生死锁的。

在进行动态分配时也分为两种情况。在某些系统中，每当进程以命令形式发出 I/O 请求后，它便立即进入阻塞状态，直到所提出的 I/O 请求完成才被唤醒。此时，一个进程只能提出一个 I/O 请求，因而它不可能同时去操作多个外设。在这种情况下，死锁产生的必要条件之一——循环等待资源这一条件就不会成立，因此就不会产生死锁。但在有的系统中，允许某些进程以命令形式发出 I/O 请求后仍可继续运行，且在需要时又可发出第二个 I/O 请求、第三个 I/O 请求……，仅当进程所请求的设备为另一进程占用时才进入阻塞状态。在一个进程同时操作多个外设的情况下，是有可能产生死锁的。所以，在这种系统中，设备分配程序应先作死锁的检测工作，以避免死锁的发生。

### 5.2.3　设备分配中的数据结构

在进行设备分配时，通常都要借助于一些表格的帮助。在表格中记录了相应设备或控制器的状态及设备或控制器进行控制所需的信息。在进行设备分配时所需的数据结构有：设备控制表 DCT、系统设备表 SDT、控制器表 COCT 和通道控制表 CHCT 等。

#### 1. 设备控制表 DCT

设备控制表 DCT 反映设备的特性、设备和 I/O 控制器的连接情况。包括设备标识、使用状态和等待使用该设备的进程队列等。系统中每个设备都必须有一张设备控制表，且在系统生成时或在该设备和系统连接时创建，但表中的内容则根据系统执行的情况而被动地修改。设备控制表包括以下内容：

(1) 设备标识符。它是用来区别设备的。

(2) 设备类型。反映设备的特性，例如终端设备、块设备或字符设备等。

(3) 设备地址或设备号。每个设备都有相应的地址或设备号。这个地址既可以和内存统一编址，也可以单独编址。

(4) 设备状态。指设备是处于工作状态还是空闲中。

(5) 等待队列指针。等待使用该设备的进程组成等待队列，其队首和队尾指针存放在其中。

(6) I/O 控制器指针。该指针指向该设备相连接的 I/O 控制器。

#### 2. 系统设备表 SDT

系统设备表 SDT 在整个系统中只有一张，它记录已被连接到系统中的所有物理设备的情况，并为每个物理设备分配一个表目项。系统设备表 SDT 的每个表目项包括的内容有：

(1) DCT 指针。该指针指向有关设备的设备控制表。

(2) 正在使用设备的进程标识。

(3) 设备类型和设备标识符，其含义与 DCT 中的相同。

#### 3. 控制器表 COCT

每个控制器都有一张控制器表 COCT，它反映 I/O 控制器的使用状态以及和通道的连接情况等(在 DMA 方式时，该项是没有的)。

#### 4. 通道控制表 CHCT

该表仅在通道控制方式的系统中存在，也是每个通道一张。它包括通道标识符、通道忙/闲标识、等待获得该通道的进程等待队列的队首指针与队尾指针等。

SDT、DCT、COCT 和 CHCT 之间的关系如图 5-3 所示。

下面通过一个具有 I/O 通道系统的例子来介绍设备分配的基本过程。当某个进程提

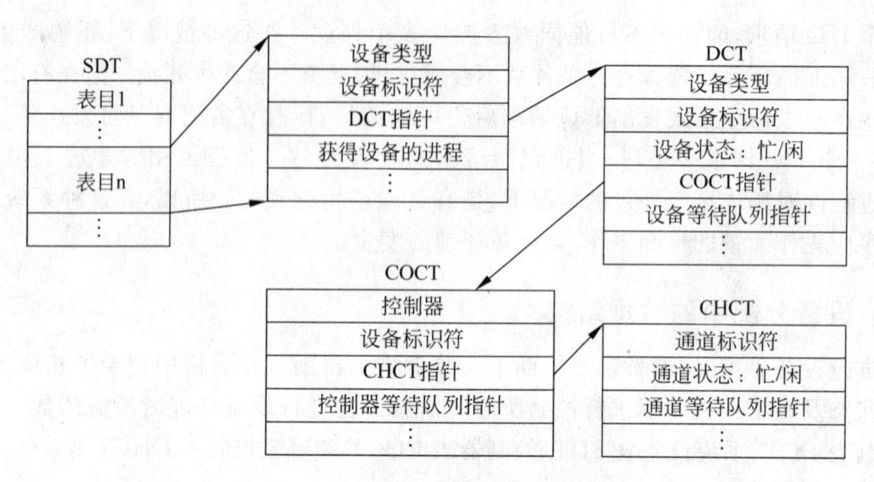


图 5-3　四张表之间的关系

出 I/O 请求后，系统的设备分配程序执行步骤可描述如下：

(1) 分配设备。首先根据 I/O 请求中的物理设备名查找系统设备表 SDT，从中找出该设备的 DCT 指针，再查找到设备控制表 DCT，根据 DCT 中的设备状态字段可知设备是否忙。如果忙，则将请求 I/O 的进程的 PCB 挂在设备队列上；否则，便按照一定的算法来计算本次设备分配的安全性。若不会导致系统进入不安全状态，便将设备正式分配给该进程；否则仍将其 PCB 插入设备等待队列。

(2) 分配控制器。在系统把设备分配给请求 I/O 的进程后，再到其设备控制表 DCT 中找出与该设备连接的控制器的 COCT 指针，根据该指针找到控制器表 COCT，从 COCT 的状态字段中可知该控制器的状态。如果忙，则将请求 I/O 的进程的 PCB 挂在该控制器的等待队列上；否则，便将该控制器分配给进程。

(3) 分配通道。在该控制器的控制器表 COCT 中又可找到与该控制器连接的通道控制表的指针，通过该指针找到通道控制表 CHCT，再根据 CHCT 内的状态信息了解通道的状态。如果忙，则将请求 I/O 的进程的 PCB 挂在该通道的等待队列上；否则，便将该通道分配给进程。

显然，一个进程只有获得了通道、控制器和所需的设备三者之后，才具备了进行 I/O 操作的物理条件。

仔细研究上述的设备分配步骤可以发现进程是以物理设备名来提出 I/O 请求的。然而操作系统提供了设备独立特性后，程序员应利用逻辑设备进行输入输出，而逻辑设备与物理设备之间的转换通常由操作系统的命令或语言来实现。为此，系统必须设置一张逻辑设备表 LUT。在该表的每个表目中包含了三项：逻辑设备名、物理设备名和设备驱动程序的入口地址。当进程用逻辑设备名请求分配 I/O 设备时，系统为它分配相应的物理设备，并在 LUT 上建立一个表目，填上应用程序中使用的逻辑设备名和系统分配的物理设备名，以及该设备驱动程序的入口地址。当以后进程再利用逻辑设备名请求 I/O 操作时，系统通过查找 LUT，便可找到物理设备和驱动程序。

LUT 的设置可以采用两种方式：一种是在整个系统中只设置一张 LUT。由于系统中所有进程的设备分配情况都记录在同一张 LUT 中，因而不允许在 LUT 中具有相同的逻辑设备名,这就要求所有的用户都不使用相同的逻辑设备名。在多用户环境下这个通常是难以做到的,因而这种方式主要用于单用户系统中;另一种是为每个用户设置一张LUT。每当用户登录时,便为该用户建立一个进程,同时也为之建立一张LUT,并将该表放入进程的PCB中。

## 5.3 虚拟设备

虚拟性是现代操作系统的四大特征之一。如果说,可以通过多道程序技术将一台物理CPU虚拟为多台逻辑CPU,从而允许多个用户共享一台主机。那么,通过Spooling技术便可以将一台物理I/O设备虚拟为多台逻辑设备,同样允许多个用户共享一台物理设备。通过Spooling技术实现的虚拟设备缓和了CPU与低速I/O设备之间速度不匹配的矛盾,提高了输入输出操作的效率。

### 5.3.1 Spooling技术

对于独占性的设备采用静态分配方式是不利于提高系统效率的。首先,占有这些设备的作业不能有效地充分利用它们。一台设备在作业执行期间,往往只有一部分,甚至很少一部分时间在工作,其余时间均处于空闲状态。其次,这些设备被分配给一个作业后,再申请这类设备的作业将被拒绝接受。例如,一个系统拥有两台卡片输入机,它就难于接受4个要求使用卡片输入机的作业同时执行,而占用卡片输入机的作业却又在占用的大部分时间里让它闲着。另外,这类慢速设备联机传输大大延长了作业的执行时间。为此,现代操作系统都提供虚拟设备的功能来解决这些问题。

早期,为了缓和CPU的高速性与I/O设备低速性的矛盾而采用脱机外围设备操作。该技术使用一台外围计算机,它的功能是以最大速度从读卡机上读取信息并记录到输入磁带上,然后,把这些输入磁带人工移动到主处理机上。在多道程序环境下,可让作业从磁带上读取各自的数据,运行的结果信息写入到输出磁带上。最后,把输出磁带移动到另一台外围计算机上,其任务是以最大速度读出信息并从打印机上输出。完成上述输入和输出任务的计算机叫外围计算机,因为它不进行计算,只实现把信息从一台外围设备传送另一台外围设备上。这种操作独立于主机处理,而不在主处理机的直接控制下进行,所以称作脱机外围设备操作。

脱机外围设备操作把独占使用的设备转化为可共享的设备,在一定程度上提高了效率,但却带来了若干新的问题:增加了外围计算机,不能充分发挥这些计算机的功效;增加了操作员的手工操作,在主处理机和外围处理机之间要来回装上和取下输入输出卷,这种手工操作出错机会多,效率低;不易实现优先级调度,不同批次中的作业无法搭配运行。

由于现代计算机有较强的并行操作能力,在执行计算的同时可进行联机外围操作,故只需使用一台计算机就可完成上述三台计算机实现的功能,从而也能避免脱机外围设备操作所带来的问题。操作系统将大批信息从输入设备上预先输入到辅助存储器磁盘的输入缓冲区域中暂时保存,这种方式称为“预输入”。此后,由作业调度程序调出执行。作业使用数据时不必再启动输入设备,而只要从磁盘的输入缓区域中读入。类似地,作业执行中不必直接启动输出设备输出数据,而只要将作业的输出数据暂时保存到磁盘的输出缓冲区域中,在作业执行完毕后，由操作系统组织信息成批输出。这种方式称为“缓输出”。这样，设备的利用率提高了。其次，作业执行中不再和低速的设备联系，而直接从磁盘的输入缓冲区获得输入数据，并且只要把输出信息写到磁盘的输出缓冲区就认为输出结束了，这样就减少了作业等待输入输出数据的时间，也就缩短了它的执行时间。此外，还具有能增加多道程序的道数，增加作业调度的灵活性等优点。

从上述分析可以看出，操作系统提供了外围设备联机同时操作功能后，系统的效率会有很大提高。与脱机外围设备操作相比，辅助存储器上的输入和输出缓冲区域相当于输入磁盘和输出磁盘，预输入和缓输出程序完成了外围计算机所做的工作。联机的同时外围设备操作又称作假脱机操作，即Spooling技术。采用这种技术后，使得每个作业感到各自拥有独占使用的设备若干台。例如，虽然系统只有两台行式打印机，但是可使在处理机中的5个作业都感到各自有一台速度如同磁盘一样快的行式打印机，所以说采用这种技术的操作系统提供了虚拟设备。Spooling技术就是用一类物理设备模拟另一类物理设备技术，是使独占使用的设备变成可共享设备的技术。操作系统中实现这种技术的功能模块称Spooling系统。

总结起来，Spooling系统具有以下特点：

(1) 提高了I/O的速度。这里，对数据所进行的I/O操作，已从对低速I/O设备进行的I/O操作，演变为对输入井或输出井中数据的存放，如同脱机输入输出一样，提高了I/O速度，缓和了CPU与低速I/O设备之间速度不匹配的矛盾。

(2) 将独占设备改造为共享设备。因为在Spooling系统中，实际上并没有为任何进程分配设备，而只是在输入井或输出井中为进程分配一个存储区和建立一张I/O请求表。这样，便把独占设备改造为共享设备。

(3) 实现了虚拟设备功能。宏观上，虽然是多个进程在同时使用一台独占设备，而对于每个进程而言，它们都认为自己独占了一个设备。当然，该设备只是逻辑上的设备，Spooling系统实现了将独占设备变换为若干台对应的逻辑设备的功能。

### 5.3.2 Spooling系统的组成和实现

Spooling技术是对脱机输入、输出系统的模拟。相应地，Spooling系统必须建立在具有多道程序功能的操作系统上，而且还应有高速随机外存的支持，这是采用磁盘存储技术。

为了存放从输入设备输入的信息以及作业执行的结果，系统在辅助存储器上开辟了输入井和输出井。“井”是用作缓冲的存储区域，采用井的技术能调节供求之间的矛盾，消除人工干预带来的损失。同时，还必须建立用来控制作业和辅助存储器缓冲区域之间交换信息的井管理程序以及用来模拟脱机I/O时的外围控制机的两个进程，即预输入进程和缓输出进程。

为了实现Spooling系统，每个用户作业还要拥有一张预输入表用来登记该作业的各个文件的情况，包括设备类、信息长度及存放位置等，并将系统拥有的一张作业表用来登记进入系统的所有作业的作业名、状态、预输入表位置等信息。作业表指示了哪些作业正在预输入，哪些作业已经预输入完成，哪些作业正在执行等。作业调度程序根据预定的调度算法选择预输入已完成的作业执行，作业表是作业调度程序进行作业调度的依据，是Spooling系统和作业调度程序共享的数据结构。

Spooling 系统的组成如图 5-4 所示，由下 4 个部分组成：

(1) 输入井和输出井。这是在磁盘上开辟的两个大存储空间。输入井是模拟脱机输入时的磁盘设备，用于暂存 I/O 设备输入的数据；输出井是模拟脱机输出时的磁盘，用于暂存用户程序的输出数据。

输入井中的作业有四种状态：输入状态即作业的信息正从输入设备上预输入；后备状态(即作业预输入)结束但未被选中执行；执行状态即作业已被选中正在运行中，它可从输入井读取信息，也可向输出井写信息；完成状态即作业已经撤离，该作业的执行结果等待缓输出。

(2) 输入缓冲区和输出缓冲区。为了缓和 CPU 和磁盘之间的速度不匹配的矛盾，在内存中要开辟两个缓冲区：输入缓冲区和输出缓冲区。输入缓冲区用来暂存由输入设备送来的数据，以后再传送到输入井。输出缓冲区用于暂存从输出井送来的数据，以后再传送给输出设备。

(3) 预输入进程和缓输出进程。这里利用两个进程来模拟脱机 I/O 时的外围控制机。其中，预输入进程模拟脱机输入时的外围控制机，将用户要求的数据从输入机通过输入缓冲区再送到输入井。当 CPU 需要输入数据时，直接从输入井读到内存；缓输出进程模拟脱机输出时的外围控制机，把用户要求输出的数据先从内存送到输出井。当计算机的 CPU 有空闲时，操作系统调出缓输出进程进行缓输出工作，它查看缓输出表，将需要的文件从输出井中取出送到相应的外设上输出。当一个作业的文件信息输出完毕后，将它占用的井区回收以供其他作业使用。

(4) 井管理程序，即用来控制作业和辅助存储器缓冲区域之间交换信息的程序。当作业执行过程中要求启动某台设备进行输入或输出操作时，操作系统截获这个要求并调出井管理程序控制从相应输入井读取信息或将信息送至输出井内。

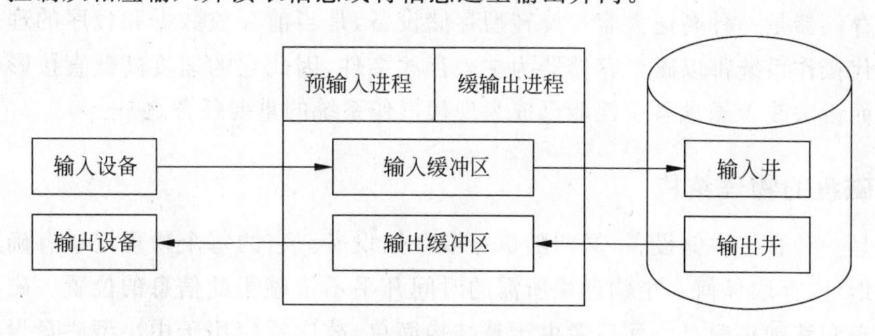


图 5-4 Spooling 系统的组成

### 5.3.3 Spooling 应用实例

Spooling 技术是多道程序系统中处理独占设备的一种技术，已被广泛地应用于许多场合，下面是两个具体的应用实例。

#### 1. 共享打印机

打印机是经常要用到的输出设备，属于独占设备。利用 Spooling 技术可将其改造为一台可供多个用户共享的设备，从而提高设备的利用率，也方便了用户。共享打印机技术已被广泛地应用于多用户系统和网络中。

当用户进程请求打印输出时，Spooling 系统同意为其打印输出，但并不真正立即把打印机分配给该用户进程，只为其做两件事：一是由缓输出进程在输出井中为之申请一个空闲磁盘块区，并将用户要打印的数据送入其中；二是缓输出进程再为用户进程申请一张空白的用户请求打印表，并将用户的打印要求填入其中，再将该表挂到请求打印队列上。如果还有进程要求打印输出，系统仍可接受该请求，也同样为该进程做上述两件事。

如果打印机空闲，缓输出进程将从请求打印队列的队首取出一张打印请求表，根据表中的要求将要打印的数据从输出井传送到内存缓冲区，再由打印机进行打印。打印完后，缓输出进程再查看请求队列中是否还有等待打印的请求表。若有，又取出队列中的第一张表，并根据要求打印，如此继续下去直到请求打印队列为空，缓输出进程才将自己阻塞起来。仅当下次再有打印请求时，缓输出进程才被唤醒。

#### 2. 网络通信 Spooling 守护进程

通过网络转移文件时常常利用网络通信 Spooling 守护进程。为了把一个文件发往某处，用户将它送到一个特定的目录下。随后，由网络通信 Spooling 守护进程将它再取出并发送出去。这种文件传送方式的用途之一是 Internet 电子邮件系统(USENET)。该网络由遍布全世界的数以千万台计的计算机连接组成，通过拨号电话线或其他通信网络进行通信。为了向 USENET 上的某人发送电子邮件，先调用一个类似 send 的程序，它接收要发的信件并将其送入一个固定的 Spooling 电子邮件目录下等待以后发送。整个邮件系统在操作系统之外运行。

## 5.4 磁盘存储器管理

磁盘存储器是一种高速大容量旋转型存储设备，是当前存放数据和程序的理想辅助存储器。现代操作系统都以磁盘存储器为主来存放文件，因此它的速度高低直接影响系统的性能。因而设法改善磁盘系统性能已成为现代操作系统的重要任务之一。

### 5.4.1 磁盘的物理结构

磁盘是一种直接存储设备，又叫随机存取存储设备。它的每个物理记录有确定的位置和唯一的地址，存取任何一个物理块所需的时间几乎不依赖于此信息的位置。磁盘可分为固定头磁盘和移动头磁盘。而后者由于其结构简单，故广泛应用于中小型磁盘设备中。在微机上配置的温盘和软盘都是采用移动头磁盘，所以本书主要针对此类磁盘的 I/O 进行讨论。此类磁盘包括多个盘面用于存储数据。每个盘面有一个读写磁头，所有的读写磁头都固定在唯一的移动臂上同时移动。在一个盘面上的读写磁头的轨迹称为磁道，在磁头位置下的所有磁道组成的圆柱体称柱面。一个磁道又可分为一个或多个物理块。

文件的信息通常不是记录在同一个盘面的各个磁道上，这样可使移动臂的移动次数减少，缩短存取信息的时间。为了访问磁盘上的一个物理记录，必须给出 3 个参数：柱面号、磁头号和块号。磁盘设备在工作时，以恒定的速率旋转。为了读或写，磁头必须移到所要求的磁道上，并等待所要求的扇区的开始位置旋转到磁头下，然后再开始读或写数据。故可把对磁盘的访问时间分为以下 3 个部分。

### 1. 查找时间 $T_s$

这是指磁盘机根据柱面号控制磁臂作机械的横向移动，带动读写磁头到达指定柱面所经历的时间。该时间是启动磁臂的时间 $s$ 与磁头移动 $n$ 条磁道所花费的时间之和，即

$$T_s = m \times n + s$$

其中，$m$ 是一常数，与磁盘驱动器的速度有关，对于一般的磁盘，$m=0.2$；对高速磁盘，$m \leqslant 0.1$，磁臂的启动时间约为2ms。这样，对一般的温盘，其查找时间 $T_s$ 将随寻道距离的增加而增大，大体上是5～30ms。

### 2. 搜索延迟 $T_\tau$

这是指从磁头号可以确定数据所在的盘，然后等待被访问的信息块旋转到读写头下面所经历的时间。对于硬盘，典型的旋转速度大多是5400r/min，每转需时11.1ms，平均搜索延迟 $T_\tau$ 为5.55ms；对于软盘，其旋转速度为300r/min或600r/min，这样，$T_\tau$ 平均为50～100ms。

### 3. 传输时间 $T_t$

这是指把数据从磁盘读出或向磁盘写入数据所经历的时间。$T_t$ 的大小与每次所读/写的字节数 $b$ 和旋转速度有关：

$$T_t = \frac{b}{rN}$$

其中，$r$ 为磁盘每秒钟的转数；$N$ 为一条磁道上的字节数，当一次读/写的字节数相当于半条磁道上的字节数时，$T_t$ 与 $T_\tau$ 相同。因此可将访问时间 $T_a$ 表示为

$$T_a = T_s + \frac{1}{2r} + \frac{1}{rN}$$

由上式可以看出，在访问时间中，查找时间和搜索延迟基本上都与所读/写数据的多少无关，而且它通常占据了访问时间的大部分。可见适当地集中数据传输将有利于提高传输效率。

## 5.4.2　磁盘调度

磁盘是一种共享设备，在繁重的输入输出负载之下，同时会有若干个输入输出请求到来并等待处理。系统必须采用一种调度策略，使之能按最佳次序执行要求访问的若干请求，使得各进程对磁盘的平均访问时间最小。由于在访问磁盘的时间中，主要是查找时间，因此磁盘调度的目标是使磁盘的平均查找时间最小也即平均寻道长度最短。下面介绍几种常用的磁盘调度算法。

### 1. 先来先服务FCFS

这是一种最简单的磁盘调度算法。它按照进程请求访问磁盘的先后次序进行调度。此算法的优点是简单、公平，不会出现某一进程的请求长期得不到满足的情况。但此算法由于没有作任何优化处理，所以平均查找时间可能较长。表5-1列出了8个进程先后提出磁盘I/O请求时，按FCFS算法进行调度的情况。这里按各进程发出请求的先后次序排队，可知其平均寻道距离为75条磁道，与后面即将介绍的几种调度算法相比，其平均寻道距离较大，故FCFS算法仅仅适用于请求磁盘I/O的进程数目较少的场合。

### 2. 最短查找时间优先算法 SSTF

此算法考虑了各个请求之间的区别，总是先执行查找时间最短的那个磁盘请求，从而比FCFS算法有较好的寻道性能，但它并不能保证平均查找时间最短。表5-2列出按SSTF算法调度时，各进程被调度的次序，每次磁头移动的距离，以及平均寻道长度。比较表5-1和表5-2可以发现，SSTF算法的平均寻道长度明显低于FCFS，因此曾一度被广泛采用。但SSTF算法存在“饥饿”现象，即随着源源不断靠近当前磁头位置读写请求的到来，使早来的但距离当前磁头位置远的读写请求进程被无限期的推迟。

**表 5-1　FCFS 调度算法表**

| 磁头初始位于磁道 53 | |
|---|---|
| 被访问的下一磁道号 | 移动的磁道数 |
| 98 | 45 |
| 183 | 85 |
| 37 | 146 |
| 122 | 85 |
| 14 | 108 |
| 124 | 110 |
| 65 | 59 |
| 67 | 2 |
| 平均寻道距离为 75 | |

**表 5-2　SSTF 调度算法表**

| 磁头初始位于磁道 53 | |
|---|---|
| 被访问的下一磁道号 | 移动的磁道数 |
| 65 | 12 |
| 67 | 2 |
| 37 | 30 |
| 14 | 23 |
| 98 | 84 |
| 122 | 24 |
| 124 | 2 |
| 183 | 59 |
| 平均寻道距离为 29.5 | |

### 3. 扫描算法 SCAN

此种算法不仅考虑了欲访问的磁道与当前磁道间的距离，更有限考虑的是磁头当前移动的方向。按照这种思想，每次总是选择沿臂的移动方向最近的那个柱面。若沿这个方向没有访问请求且当移动臂也扫描到头时就改变臂的方向，然后处理所遇到的最近的I/O请求。这种调度算法可以避免SSTF算法中出现的“饥饿”现象，但它偏向那些最接近移臂方向的请求，对最近扫描跨过去的区域响应将比较慢。表5-3列出了按SCAN算法对8个进程进行调度及磁头移动的情况。

### 4. 循环扫描算法 CSCAN

SCAN算法虽然能杜绝“饥饿”现象，但性能尚待改进。在磁盘请求对柱面的分布是均匀的情况下，当磁头到头并转向时，靠近磁头一端的请求特少，有许多请求集中分布在远离磁头的一端，而这些请求等待的时间会较长。循环扫描算法能克服这个缺点，这是为适应不断有大量柱面均匀分布的存取请求进入系统的情况而设计的一种扫描方式。移动臂总是从0号柱面至最大号柱面顺序扫描，然后直接返回0号柱面重复进行，归途中不再服务，构成了一个循环，这就减少了处理新来请求的最大延迟。表5-4列出了CSCAN算法对8个进程调度次序及每次磁头移动的距离。

### 5. 电梯调度算法

顾名思义这种调度算法非常类似于电梯的调度规则，它是一种简单又很实用的调度算法。这种算法每次总是选择沿臂的移动方向最近的那个柱面。若沿这个方向没有访问请求时就改变臂的方向，然后处理所遇到的最近的I/O请求。它与扫描算法的区别在于：该算法当沿臂的移动方向暂时没有请求时，就改变臂的方向。而扫描算法是即使该移动方向没有了请求，移动臂也要扫描到头。

**表 5-3 SCAN 调度算法表**

| 磁头初始位于磁道 53，向磁道号减小的方向移动 | |
|---|---|
| 被访问的下一磁道号 | 移动的磁道数 |
| 37 | 16 |
| 14 | 23 |
| 65 | 79 |
| 67 | 2 |
| 98 | 31 |
| 122 | 24 |
| 124 | 2 |
| 183 | 59 |
| 平均寻道距离为 29.5 | |

**表 5-4 CSCAN 调度算法表**

| 磁头初始位于磁道 53，向磁道号减小的方向移动 | |
|---|---|
| 被访问的下一磁道号 | 移动的磁道数 |
| 65 | 12 |
| 67 | 2 |
| 98 | 21 |
| 122 | 24 |
| 124 | 2 |
| 183 | 59 |
| 14 | 197 |
| 37 | 23 |
| 平均寻道距离为 42.5 | |

### 6. 分步扫描算法 *N*-Step-SCAN

一个或多个进程重复请求同一磁道的访问，将会垄断整个磁盘设备，造成"磁臂粘着"现象。采用分步扫描算法可避免这个现象。*N* 步扫描算法是将 I/O 请求队列分成若干子队列，每个子队列不超过 *N* 个请求，每次选一个子队列进行扫描。磁盘调度按 FCFS 算法依次处理这些子队列，而每个子队列处理时又是按 SCAN 算法。当正在用 SCAN 算法扫描某子队列时，若又有新的磁盘 I/O 请求，便将它放入其他子队列，这样就避免了"磁臂粘着"现象。这种调度算法能保证每个存取请求的等待时间不至于太长。当 *N* 很大时。此算法接近于 SCAN 算法性能；当 $N=1$ 时，又接近于 FCFS 算法性能。

扫描算法和最短查找时间优先算法两种算法在单位时间内处理的输入输出请求较多，即吞吐量较大，但请求的等待时间较长。分步扫描算法使得各个输入输出请求等待时间之间的差距最小，而吞吐量适中。扫描算法能杜绝"饥饿"现象，性能适中。循环扫描算法仅适应于不断有大批量柱面均匀分布的输入输出存取请求，且磁道上存放记录数较大的情况。

上面讨论的磁盘调度算法能减少输入输出请求时间，但都是以增加处理器时间为代价的。排队技术并不是在所有场合都适用的。这些算法的价值依赖于处理器的速度和输入输出请求的数量。如果输入输出请求较少，采用多道程序设计后就可以达到较高的吞吐量。如果处理器速度很慢，处理器的开销可能掩盖这些调度算法带来的好处。

## 5.4.3 提高磁盘 I/O 速度的其他方法

目前，磁盘的 I/O 速度远低于对内存的访问速度，通常要低 4～6 个数量级，因此磁盘 I/O 已经成为计算机系统的瓶颈。于是，人们千方百计地去提高磁盘 I/O 的速度。下面介绍几种能有效提高磁盘 I/O 速度的方法。

### 1. 磁盘高速缓存

磁盘通常设置为高速缓存，这样能显著减少等待磁盘 I/O 的时间。这里所说的磁盘高速缓存，并非通常意义下的内存和 CPU 之间所增设的一个小容量的高速存储器，而是指利用内存中的存储空间，来暂时存放从磁盘中读出的信息。因此，这里的高速缓存是一组在逻辑上属于磁盘,而在物理上是驻留在内存中的盘块。高速缓存在内存中可分为两种形式。一种是在内存中开辟一个单独的存储空间来作为磁盘高速缓存,其大小是固定的,不会受应用程序的多少的影响;另一种是把所有未利用的内存空间变为一个缓冲池,供请求分页系统和磁盘 I/O 时共享。此时的高速缓存的大小显然不再是固定的。当磁盘 I/O 的频繁程度较高时,该缓冲池可能包含更多的内存空间;而在应用程序运行得较多时,该缓冲池可能只剩下较少的内存空间。

**2. 提前读**

用户经常采用顺序方式访问文件的各个盘块上的数据,在读当前盘块时已能知道下次要读出的盘块的地址。因此,可在读当前盘块的同时,提前把下一个盘块的数据也读入磁盘缓冲区。这样一来,当下次要读盘块中的那些数据时,由于已经提前把它们读入了缓冲区,便可直接使用数据,而不必再启动磁盘 I/O,从而减少了读数据的时间,也就相当于提高了磁盘 I/O 的速度。

**3. 延迟写**

在执行写操作时,磁盘缓冲区中的数据本来应该立即写回磁盘,但考虑到该缓冲区中的数据不久之后再次被输出进程或其他进程访问。因此,并不马上把缓冲区中的数据写盘,而是把它挂在空闲缓冲区队列的末尾。随着空闲缓冲区的使用,存有输出数据的缓冲区也不停地向队列头移动,直至移动到空闲缓冲区队列之首。当再有进程申请缓冲区,且分到了该缓冲区时,才将其中的数据写到磁盘上,于是该缓冲区可作为空闲缓冲区分配了。只要存有输出数据的缓冲区还在队列中,任何访问该数据的进程可直接从中读出数据,不必访问磁盘。这样做,可以减少磁盘的 I/O 时间,相当于提高了 I/O 的速度。

**4. 虚拟盘**

虚拟盘指用内存空间去仿真磁盘,又叫 RAM 盘。该盘的设备驱动程序可以接受所有标准的磁盘操作,但这些操作的执行,不是在磁盘上而是在内存中。操作过程对用户是透明的,即用户不会发现这与真正的磁盘操作有什么不同,而仅仅是快一点。一旦系统或电源发生故障,或重新启动系统时,原来保存在虚拟盘中的数据会丢失。因此,该盘常用于存放临时性的文件。虚拟盘与磁盘高速缓存的主要区别是前者内容完全由用户控制,而后者的内容由操作系统控制。

## 5.5 设备驱动程序

### 5.5.1 驱动技术的发展

I/O 驱动技术是随着计算机体系结构、外设和操作系统的发展而发展的。

在电子管计算机时代,所谓的 I/O 设备只有灯泡、氖灯、开关及接插板,对它们的控制是由专门的人员建造、连接和控制的,机器语言是控制这些设备的基本语言,并由专人编制指令串对硬件电路和设备进行操作。

到了晶体管计算机时代,增加了穿孔卡片、读卡机、纸带穿读机、磁带机、磁鼓和打印机等外设,对它们的控制也开始采用汇编语言或者高级语言,以作业控制语句或者 I/O 语句使用外设,但仍然必须由专门人员编写专门的控制驱动程序来驱动 I/O 设备。

集成电路计算机时代是 I/O 设备及其驱动技术蓬勃发展的时代,计算机体系结构的发展增加了单独的I/O操作指令和I/O地址空间，引进了中断技术和DMA技术，极大地增强了系统处理的I/O处理能力。此时，新型I/O设备如磁盘等大容量存储设备、各类显示器、打印机的生产层出不穷。随着操作系统中多道程序的引入，使I/O操作可以分离出来，组成设备管理系统，提高系统运行效率和设备资源利用率。Spooling技术的引入又大大丰富了I/O设备的改变，产生了虚拟设备的概念。I/O设备不再被看成仅仅是一个孤立的物理设备，而且把它们与文件系统联系起来，看作是一种流式文件，建立了设备文件的概念，采用了直接I/O端口控制语句和文件操作语句来进行I/O设备操作，使I/O设备的操作更加灵活。但是，如果要在已有的系统中配置一个新的设备，其过程是很复杂的。想要对系统进行增添、扩展I/O功能、进行系统配置等，甚至需要重新对操作系统进行编译、链接，难度可想而知。

20世纪80年代以来，微电子及超大规模集成电路的发展，以及个人计算机的迅速普及，形成所谓个人计算机时代，I/O设备种类层出不穷，各类I/O适配器、控制器、连接部件种类繁多。此时，要在一个I/O管理系统中适应各种I/O设备已经不现实，且是不可能的。进入90年代后，网络计算、并行计算形成热潮，开放式计算机体系结构成为软、硬件设计的标准，操作系统成为一种可配置的系统软件。对于新的I/O设备，通过编写具有标准接口的I/O驱动程序就可以把它加载到已有的系统中去。对于过时的或不用的设备，可以通过卸载从现有的系统中去掉。由于系统是开放式的，系统的重新配置和增添变得更加灵活，即插即用技术、动态链接技术得到迅速发展。每个操作系统都提供了大量的有关I/O操作的应用程序接口，I/O操作、文件操作和其他系统操作在接口上得到了统一。

目前，I/O设备及其驱动技术的发展有如下特点：

(1) 各种I/O设备及其接口逐步标准化、智能化和网络化。设备的I/O驱动软件分别装在操作系统中和智能化的I/O设备中，形成了系统和I/O设备的动态配置，即插即用的概念得到迅速推广。

(2) 开放式和统一应用程序接口的普及使I/O驱动软件编写、控制、修改、更新更加灵活，设备资源的利用率大大提高。

(3) 多媒体技术的发展，丰富了I/O设备的概念，信息设备的引入产生了远程设备的概念。这样，在I/O系统中形成了物理设备、逻辑设备、虚拟设备和远程设备层次化的结构。也就是说，可以由简单的物理设备构造复杂的虚拟设备，继而由这些虚拟设备构造更为复杂的虚拟I/O设备。

(4) 由于软件固化和微码控制芯片的发展，提出了“软件IC”的概念，这些软件IC的连接和组合形成了一类新的“设备”，对它们的操作和访问与其他设备的管理趋于统一。

(5) 面向对象理论和编程技术的发展，将I/O设备的概念推向广泛和抽象，形成一种具有输入输出和可配置性的抽象设备，如对象概念。使设备管理的体系结构和机制焕然一新。

### 5.5.2 设备驱动程序的功能和特点

I/O设备的控制与驱动技术包括了硬件驱动技术和驱动软件。前者是I/O设备厂商设计建立的与设备密切相关的技术，这些技术根据不同的设备依赖性很大。后者涉及系统所有I/O处理的软件，通过它们完成整个I/O操作。为了使这两者对用户透明，由操作系统本身来自动处理I/O设备的请求、处理和驱动。因此，I/O驱动软件成为一种带有标准接口的可选型的软件，操作系统内核中只保留与设备无关的那部分软件，而将与设备有关的驱动软件作为一种可装卸的程序，可以按照系统配置的需求进行配置。

为了易于理解、编写和使用,操作系统中的I/O驱动软件一般分为几个层次,如中断处理程序、设备驱动程序、操作系统I/O原语和用户级软件。中断处理程序位于最底层,它作为系统和I/O操作的激励,响应来自系统内部和外部的I/O请求。设备驱动程序处理一种设备类型或者一类密切相关的设备,程序代码依赖于设备操作,其任务是接收来自于设备无关的上层软件的抽象请求,确保操作的具体实施。操作系统I/O原语是系统和用户进程请求I/O操作的抽象的高级的操作,它们不针对具体设备,而在I/O处理过程中由设备控制表和设备驱动程序转接到物理设备。用户级软件是用户程序中负责处理I/O操作的程序部分,经编译后产生对I/O的高级处理,操作再逐层下交。

为了实现I/O进程与设备控制器之间的通信,设备驱动程序应具有以下功能:

(1) 接收由I/O进程发来的命令和参数,并将命令中的抽象要求转换为具体要求,例如,将磁盘块号转换为磁盘的盘面、磁道号及扇区号。

(2) 检查用户I/O请求的合法性,了解I/O设备的状态,传递有关的参数,设置设备的工作方式。

(3) 发出I/O命令,如果设备空闲,便立即启动I/O设备去完成指定的I/O操作,如果设备处于忙的状态,则将请求者的请求块挂在设备队列上等待。

(4) 及时响应由控制器或通道发出来的中断请求,并根据其中断类型调用相应的中断处理程序进行处理。

(5) 置有通道的计算机系统,驱动程序还应能够根据用户的I/O请求,自动地构成通道程序。

在不同的操作系统中所采用的设备处理方式并不完全相同。根据在设备处理时是否设置进程,以及设置什么样的进程而把设备处理方式分为以下3类:

(1) 为每一类设备设置一个进程,专门用于执行这类设备的I/O操作。例如,为所有的交互式终端设置一个交互式终端进程;又如,为同一类型的打印机设置一个打印进程。

(2) 在整个系统中设置一个I/O进程,专门用于执行系统中所有各类设备的I/O操作。也可以设置一个输入进程和一个输出进程,分别处理系统中所有各类设备的输入或输出操作。

(3) 不设置专门的设备处理进程,而只为各类设备设置相应的设备处理程序,供用户进程或系统调用。

设备驱动程序属于低级的系统例程,它与一般的应用程序及系统程序之间,有下述明显差异:

(1) 驱动程序主要是指在请求I/O的进程与设备控制器之间的一个通信和转换程序。它将进程的I/O请求经过转换后,传送给控制器;又把控制器中所记录的设备状态和I/O操作完成情况及时地反映给请求I/O的进程。

(2) 驱动程序与设备控制器和I/O设备的硬件特性紧密相关,因而对不同类型的设备应配置不同的驱动程序。

(3) 驱动程序与I/O设备所采用的I/O控制方式紧密相关。常用的I/O控制方式是中断驱动和DMA方式。这两种方式的驱动程序明显不同,因为后者应按数组方式启动设备及进行中断处理。

由于驱动程序与硬件密切相关,因而其中的一部分必须用汇编语言书写。目前有很多驱动程序的基本部分已经固化在ROM中。

### 5.5.3 设备驱动程序的处理过程

不同类型的设备应有不同的设备驱动程序，但大体上它们都可以分为两部分。其中除了要有能够驱动 I/O 设备工作的驱动程序外，还要有设备中断处理程序以处理 I/O 完成后的工作。

设备驱动程序的主要任务是启动指定设备。但在启动之前，还必须完成必要的准备工作，如检测设备状态等。在完成所有的准备工作后，才最后向设备控制器发送一条启动命令。

设备驱动程序的处理过程如下：

(1) 具体化用户的要求。因为在操作系统中设备驱动程序必须清楚了解设备控制器的具体物理细节(如控制器中寄存器的个数和作用)，所以设备驱动程序可将用户的抽象要求转换成硬件的具体要求。

(2) 检查 I/O 请求的合法性。对于任何输入设备，都是只能完成一组特定的功能，若该设备不支持这次的 I/O 请求，则认为这次 I/O 请求非法。此外，还有一些设备虽然是既可读，又可写的，如磁盘。但若在打开这些设备时规定的是读，则用户的写请求必然被拒绝。

(3) 读出和检查设备的状态。在启动某个设备进行 I/O 操作时，其前提条件应是该设备正处于空闲状态。因此在启动设备之前，要从设备控制器的状态寄存器中，读出设备的状态。例如，为了向某设备写入数据，应先检查该设备是否处于接收就绪状态，如果是，启动其设备控制器，否则等待。

(4) 传送参数。设备驱动程序在给控制器传送指令的同时，还要传送一些为完成该任务所必要的参数。

(5) 启动 I/O 设备。在完成上述准备工作后，驱动程序可以向控制器中的命令寄存器传送相应的控制命令。驱动程序发出 I/O 命令后，其余的 I/O 操作是在设备控制器的控制下完成的。通常，I/O 操作所要完成的工作较多，需要一定的时间，如读/写一个盘块中的数据，此时驱动(程序)进程把自己阻塞起来，直到中断到来时才将它唤醒。

## 5.6 Windows XP 的 I/O 系统

Windows XP 的 I/O 系统是 Windows XP 执行体的组件，存在于 NTOSKRNL. EXE 文件中，它接受来自用户态和核心态的 I/O 请求，并且以不同的形式把它们传送到 I/O 设备。Windows XP 的 I/O 系统的设计目标如下：高效快速进行 I/O 处理；使用标准的安全机制保护共享的资源；满足 Win32、OS/2 和 POSIX 子系统指定的 I/O 服务的需要；允许用高级语言编写驱动程序；根据用户的配置或者系统中硬件设备的添加和删除，能在系统中动态地添加或删除相应的设备驱动程序；为包括 FAT、CD-ROM 文件系统(CDFS)、UDF 文件系统和 Windows XP 文件系统(NTFS)的多种可安排的文件系统提供支持；允许整个系统或者单个硬件设备进入和离开低功耗状态，这样可以节约能源。

Windows XP 的 I/O 系统定义了 Windows XP 上的 I/O 处理模型，并且执行公用的或被多个驱动程序请求的功能。它主要负责创建代表 I/O 请求的 IRP 和引导通过不同驱动程序的包，在完成 I/O 时向调用者返回结果。I/O 管理器通过使用 I/O 系统对象来定位不同的驱动程序和设备，这些对象包括驱动程序对象和设备对象。内部的 Windows XP 的 I/O 系统以异步操作方式获得高性能，并且向用户态应用程序提供同步和异步 I/O 功能。

### 5.6.1 Windows XP 的 I/O 系统结构和组件

Windows XP 的 I/O 系统由一些执行体组件和设备驱动程序组成，如图 5-5 所示。

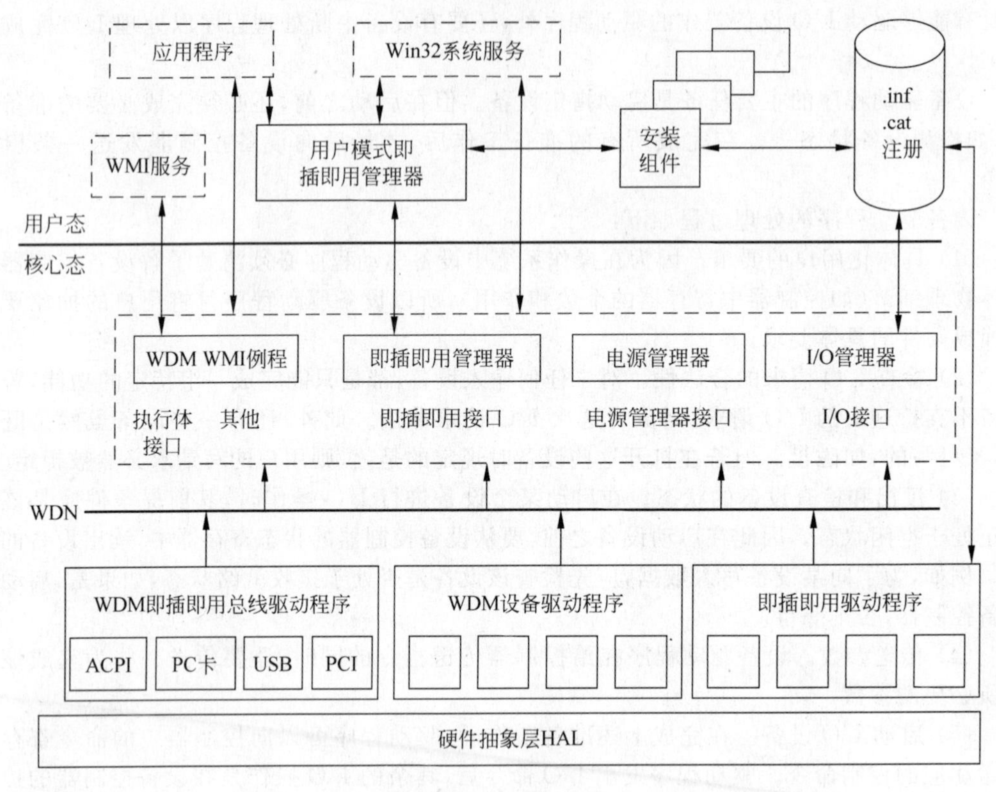


图 5-5 I/O 系统组件

(1) 用户态即插即用组件。用于控制和配置设备的用户态 API。

(2) I/O 管理器。把应用程序和系统组件连接到各种虚拟的、逻辑的和物理的设备上，并且定义了一个支持设备驱动程序的基本构架。负责驱动 I/O 请求的处理，为设备驱动程序提供核心服务。它把用户态的读写转化为 I/O 请求包 IRP。

(3) 设备驱动程序。为某种类型的设备提供一个 I/O 接口。设备驱动程序从 I/O 管理器接受处理命令，当处理完毕后通知 I/O 管理器。设备驱动程序之间的协同工作也通过 I/O 管理器进行。

(4) 即插即用管理器 PnP(plug and play)。通过与 I/O 管理器和总线驱动程序的协同工作来检测硬件资源的分配，并且检测相应硬件设备的添加和删除。

(5) 电源管理器。通过与 I/O 管理器的协同工作来检测整个系统和单个硬件设备，完成不同电源状态的转换。

(6) WMI(Windows Management Instrumentation，Windows 管理规范)支持例程。也叫做 Windows 驱动程序模型 WDM(Windows Driver Model)WMI 提供者，允许驱动程序使用这些支持例程作为媒介，与用户态运行的 WMI 服务通信。

(7) 即插即用 WDM 接口。I/O 系统为驱动程序提供了分层结构，这一结构包括 WDM 驱动程序、驱动程序层和设备对象。WDM 驱动程序可以分为 3 类：总线驱动程序、驱动程序和过滤器驱动程序。每一个设备都含有两个以上的驱动程序层,用于支持它所基于的I/O总线的总线驱动程序,用于支持设备的功能驱动程序,以及可选的对总线、设备或设备类的I/O请求进行分类的过滤器驱动程序。

(8) 注册表。作为一个数据库,存储基本硬件设备的描述信息以及驱动程序的初始化和配置信息。

(9) 硬件抽象层(Hardware Abstract Layer,HAL)。I/O访问例程把设备驱动程序与多种多样的硬件平台隔离开来,使它们在给定的体系结构中是二进制可移植的,并在Windows XP支持的硬件体系结构中是源代码可移植的。

大部分I/O操作并不会涉及所有的I/O组件,一个典型的I/O操作从应用程序调用一个与I/O操作有关的函数开始,通常会涉及I/O管理器、一个或多个设备驱动程序以及硬件抽象层。

在Windows XP中,所有的I/O操作都通过虚拟文件执行,隐藏了I/O操作目标的实现细节,为应用程序提供了一个统一的到设备的接口。所有被读取或写入的数据都可以看作是直接读写到这些虚拟文件的流。用户态应用程序(不管它们是Win32、POSIX或OS/2)调用文档化的函数(公开的调用接口),这些函数再依次调用内部I/O子系统函数来从文件中读取、对文件写入和执行其他的操作。I/O管理器动态地把这些虚拟文件请求指向适当的设备驱动程序。

## 5.6.2 Windows XP设备驱动程序

Windows XP支持多种类型的设备驱动程序和编程环境,在同一种驱动程序中也存在不同的编程环境,具体取决于硬件设备。这里主要讨论核心模式的驱动程序,核心驱动程序的种类很多,主要分为以下几种:

(1) 文件系统驱动程序。接受访问文件的I/O请求,主要是针对大容量设备和网络设备。

(2) 同Windows XP的PnP管理器和电源管理器有关的设备驱动程序。包括大容量存储设备、协议栈和网络适配器等。

(3) 为Windows NT编写的设备驱动程序。可以在Windows XP中工作,但是一般不具备电源管理和PnP的支持,会影响整个系统的电源管理和PnP管理的能力。

(4) Win32子系统显示驱动程序和打印驱动程序。将把与设备无关的图形(GDI)请求转换为设备专用请求。这些驱动程序的集合被称为“核心态图形驱动程序”。显示驱动程序与视频小端口(miniport)驱动程序是成对的,用来完成视频显示支持。每个视频小端口驱动程序为与它关联的显示驱动程序提供硬件级的支持。

(5) 符合Windows驱动程序模型的WDM驱动程序。包括对PnP、电源管理和WMI的支持。WDM在Windows XP、Windows 98和Windows Me中都是被支持的,因此,在这些操作系统中是源代码级兼容的,在许多情况下是二进制兼容的。有3种类型的WDM驱动程序:

(1) 总线驱动程序(bus driver)管理逻辑的或物理的总线。例如,PCMCIA、PCI、USB、IEEE1394和ISA,总线驱动程序需要检测并向PnP管理器通知总线上的设备,并且能够管理电源。

(2) 功能驱动程序(function driver)管理具体的一种设备,对硬件设备进行的操作都是通过功能驱动程序进行的。

(3) 过滤器驱动程序(filter driver)与功能驱动程序协同工作,用于增加或改变功能驱动程序的行为。

除了以上驱动程序类型外,Windows XP 还支持一些用户模式的驱动程序。例如,虚拟设备驱动程序(VDD),通常用于模拟 16 位 MS-DOS 应用程序。它们捕获 MS-DOS 应用程序对 I/O 端口的引用,并将其转化为本机 Win32 I/O 函数。因为 Windows XP 是一个完全受保护的操作系统,用户态 MS-DOS 应用程序不能直接访问硬件,而必须通过一个真正的核心设备驱动程序。

Win32 子系统的打印驱动程序将与设备无关的图形请求转换为打印机相关的命令,这些命令再发给核心模式的驱动程序,例如,并口驱动(Parport. sys)、USB 打印机驱动(Usbprint. sys)等。除了总线驱动、功能驱动、过滤器驱动外,硬件支持驱动可以分为以下类型:

- 类驱动程序(classdriver) 为某一类设备执行 I/O 处理,例如磁盘、磁带或光盘。
- 端口驱动程序(portdriver) 实现了对特定于某一种类型的 I/O 端口的 I/O 请求的处理,如 SCSI。
- 小端口驱动程序 把对端口类型的一般的 I/O 请求映射到适配器类型。例如,一个特定的 SCSI 适配器。

### 5.6.3 Windows XP I/O 处理

在了解了驱动程序的结构和类型以及支持该结构和类型的数据结构之后,现在来看 I/O 请求是如何在系统中传递的。一个 I/O 请求会经过若干个处理阶段,而且根据请求是指向由单层驱动程序操作的设备还是一个经过多层驱动程序才能到达的设备,它经过的阶段也有所不同。因为处理的不同进一步依赖于调用者是指定了同步 I/O 还是异步 I/O,所以,先了解一下这两种 I/O 类型的处理以及其他几种不同类型的 I/O。

#### 1. I/O 的类型

应用程序在发出 I/O 请求时可以设置不同的选项,例如,设置同步 I/0 或者异步 I/O,设置应用程序获取 I/O 数据的方式等。

1) 同步 I/O 和异步 I/O

应用程序发出的大多数 I/O 操作都是"同步"的,也就是说,设备执行数据传输并在 I/O 完成时返回一个状态码,然后程序就可以立即访问被传输的数据。ReadFile 和 WriteFile 函数使用最简单的形式调用时是同步执行的,在把控制返回给调用程序之前,它们完成一个 I/O 操作。

"异步 I/O"允许应用程序发布 I/O 请求,然后当设备传输数据的同时,应用程序继续执行。这类 I/O 能够提高应用程序的吞吐率,因为,它允许在 I/O 操作进行期间,应用程序继续其他的工作。要使用异步 I/O,必须在 Win32 的 CreateFile 函数中指定 FILE_FLAG_OVERLAPPED 标志。当然,在发出异步 I/O 操作请求之后,线程必须小心地不访问任何来自 I/O 操作的数据,直到设备驱动程序完成数据传输。线程必须通过等待一些同步对象(无论是事件对象、I/O 完成端口或文件对象本身)的句柄,使它的执行与 I/O 请求的完成同步。当 I/O 完成时，这些同步对象将会变成有信号状态。

与 I/O 请求的类型无关，由 IRP 代表的内部 I/O 操作都将被异步执行，也就是说，一旦一个 I/O 请求已经被启动，设备驱动程序就返回 I/O 系统。I/O 系统是否返回调用程序取决于文件是否为异步 I/O 打开的。可以使用 Win32 的 HasOverlappedToCompleted 函数去测试挂起的异步 I/O 的状态。

2）快速 I/O

快速 I/O 是一个特殊的机制，它允许 I/O 系统不产生 IRP 而直接到文件系统驱动程序或高速缓存管理器去执行 I/O 请求。

3）映射文件 I/O 和文件高速缓存

映射文件 I/O 是 I/O 系统的一个重要特性，是 I/O 系统和内存管理器共同实现的。"映射文件 I/O"是指把磁盘中的文件视为进程的虚拟内存的一部分。程序可以把文件作为一个大的数组来访问，而无需做缓冲数据或执行磁盘 I/O 的工作。程序访问内存，同时内存管理器利用它的页面调度机制从磁盘文件中加载正确的页面。如果应用程序向它的虚拟地址空间写入数据，内存管理器就把更改作为正常页面调度的一部分写回到文件中。

通过使用 Win32 的 CreateFileMapping 和 Map ViewOfFile 函数，映射文件 I/O 对于用户态是可用的。在操作系统中，映射文件 I/O 被用于重要的操作中，例如，文件高速缓存和映像活动(加载并运行可执行程序)。其他重要的使用映射文件 I/O 的程序还有高速缓存管理器。文件系统使用高速缓存管理在虚拟内存中的映像文件数据，从而，为 I/O 绑定程序提供了更快的响应时间。当调用者使用文件时，内存管理器将把被访问的页面调入内存。尽管多数高速缓存系统在内存中分配固定数量的字节给高速缓存文件，但 Windows XP 高速缓存的增大或缩小取决于可以获得的内存有多少。这种大小的变化是可能的，因为，高速缓存管理器依赖于内存管理器来自动地扩充(或缩小)高速缓存的数量，它使用正常工作集机制来实现这一功能。通过利用内存管理器的页面调度系统，高速缓存避免了重复内存管理器已经执行了的工作。

4）分散/集中 I/O

Windows XP 同样支持一种特殊类型的高性能 I/O，它被称作"分散/集中"(scatter/gather)，可通过 Win32 的 ReadFileScatter 和 WriteFileScatter 函数来实现。这些函数允许应用程序执行一个读取或写入操作，从虚拟内存的多个缓冲区读取数据并写到磁盘上文件的一个连续区域里。要使用分散/集中 I/O，文件必须以非高速缓存 I/O 方式打开，被使用的用户缓冲区必须是页对齐的，并且 I/O 必须被异步执行。

**2. 对单层驱动程序的 I/O 请求**

单层核心态设备驱动程序的同步 I/O 请求处理包括以下 6 步：

(1) I/O 请求经过子系统 DLL。

(2) 子系统 DLL 调用 I/O 管理器的 NtWriteFile 服务。

(3) I/O 管理器以 IRP 的形式给设备驱动程序发送请求。

(4) 驱动程序启动 I/O 操作。

(5) 在设备完成了操作并且中断 CPU 时，设备驱动程序服务于中断。

(6) I/O 管理器完成 I/O 请求。

## 5.7 缓冲管理

为了改善中央处理器与外设之间速度不匹配的矛盾，以及协调逻辑记录大小与物理记录大小不一致的问题，提高 CPU 和 I/O 设备的并行性，减少 I/O 对 CPU 的中断次数和放宽对 CPU 中断响应时间的要求，在现代操作系统中普遍采用了缓冲技术。

缓冲用于平滑两种不同速度部件或设备之间的信息传输，其实现方式有两种。缓冲器是以硬件的方法来实现缓冲的，它容量较小，是用来暂时存放数据的一种存储装置。由于硬件实现缓冲成本太高，从经济上来考虑，除了在关键地方采用必要的硬件缓冲器之外，大都采用第二种实现方式即软件缓冲，在主存开辟一个存储区称为缓冲区，专门用于临时存放 I/O 数据。

缓冲技术实现的基本思想：当用户要求在某设备上进行读操作时，从系统中获得一个空的缓冲区，并将一个物理记录读到缓冲区中。当用户要求使用这些数据时，系统将根据用户要求，把当前需要的逻辑记录从缓冲区中取出并发送到用户进程存储区中。当缓冲区空，进程又要从中取出数据时，该进程才会被迫等待。当用户要求写操作时，先从系统中获得一个空的缓冲区，并将一个逻辑记录从用户进程存储区高速传送到缓冲区中。若为顺序写请求，则可以不断地把数据送到缓冲区直到它被装满为止。此后，进程可以继续它的计算。同时，系统将缓冲区内容写到设备上。只有在系统还来不及腾空缓冲区之前，进程又要输入数据时，它才需要等待。

由此可见，缓冲技术可以提高 CPU 和 I/O 设备的并行性，以及 I/O 设备之间的并行性，从而提高整个系统的效率。在操作系统的管理下，常常辟出许多专用主存区域的缓冲区用来服务于各种设备，支持 I/O 管理功能。常见的缓冲技术有：单缓冲、双缓冲、循环缓冲和缓冲池。

### 5.7.1 单缓冲

单缓冲是操作系统提供的一种简单的缓冲技术。在单缓冲情况下，每当用户进程发出一个 I/O 请求时，操作系统便在主存中为之开设一个缓冲区，如图 5-6 所示。

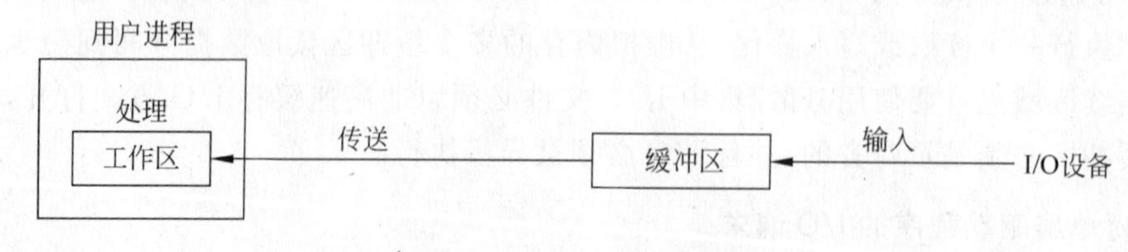


图 5-6 单缓冲工作示意图

在块设备输入时，假定从磁盘把一块数据传送到缓冲区的时间为 $T$，操作系统把该缓冲区中的数据传送到用户区的时间为 $M$，而 CPU 对这批数据的处理计算时间为 $C$。若不采用缓冲技术，数据直接从磁盘到用户区，每批数据的处理时间大约是 $T+C$。而采用单缓冲，由于 $T$ 和 $C$ 是可以并行的，当 $T>C$ 时，系统对每批数据的处理时间为 $M+T$，反之则为 $M+C$。故可把系统对每一块数据的处理时间表示为 $\mathrm{Max}(C,T)+M$。通常 $M$ 远小于 $C$ 或 $T$，所以速度快了许多。在块设备输出时，先把数据从用户区复制到系统缓冲区，用户进程可以继续请求输出，直到缓冲区填满后，才启动I/O写到磁盘上。

在字符设备输入时，缓冲区用于暂存用户输入的一行数据。在输入期间，用户进程被挂起以等待数据输入完毕；在输出时，用户进程将一行数据输入到缓冲区后，继续执行处理。当用户进程已有第二行数据输出时，如果第一行数据尚未被提取完毕，则此时用户进程应阻塞。

## 5.7.2　双缓冲

为了加快I/O速度，提高设备利用率，又引入了双缓冲工作方式，也称为缓冲交换，如图5-7所示。在输入数据时，首先填满缓冲区1。进程从缓冲区1提取数据使用的同时，输入设备填充缓冲区2。当缓冲区1空出时，进程又可以从缓冲区2获得数据。同时，输入设备又可以填充缓冲区1。两个缓冲区交替使用，使CPU和I/O设备的并行性进一步提高，仅当两个缓冲区都取空，进程还要提取数据时，它才被迫等待。这种情况只有在进程执行频繁，又有大量的输入输出操作时才会发生。因此，双缓冲对于一个具有低频度活动的I/O系统是比较有效的。

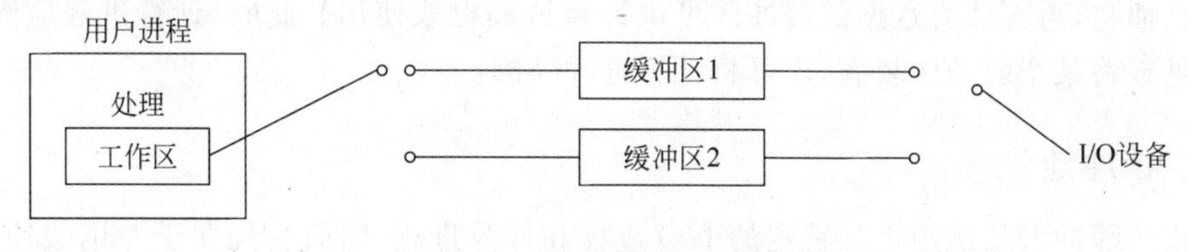


图5-7　双缓冲工作示意图

粗略估计一下双缓冲方式下传输和处理一块数据的时间。若$C<T$，即输入操作比计算操作慢，这时$M$远小于$T$，故在磁盘上的一块数据传送到一个缓冲区期间(所花时间$T$)，计算机已完成了将另一缓冲区中的数据传送到用户区并对这块数据进行计算的工作。所以，一块数据的传输和处理时间为$T$即$\mathrm{Max}(C,T)$。显然，此种情况下块设备是连续工作的。若$C>T$，即计算操作比输入操作慢。每当上一数据块计算完毕后，仍需把一个缓冲区中的数据传送到用户区(所花时间$M$)，然后再对该块数据计算(所花时间$C$)，所以一块数据的传输和处理时间为$C+M$，即$\mathrm{Max}(C,T)+M$。显然，此种情况下进程不必等待数据的输入了。

## 5.7.3　循环缓冲

当输入设备或输出设备与处理进程的速度基本匹配时，采用双缓冲能获得较好的效果。但若两者的速度相差甚远，双缓冲的效果则不够理想。举例来说，若输入设备的速度高于进程消耗这些数据的速度，则输入设备很快就把两个缓冲区填满；有时由于进程处理输入数据速度高于输入的速度，很快又把两个缓冲区抽空，造成进程等待。解决此问题经常使用的方法是增加更多的缓冲区。随着缓冲区数量的增加，会使情况有所改善。因此，又引入了多缓冲机制。可将多缓冲组织成循环缓冲形式。

在循环缓冲中包括多个缓冲区，每个缓冲区的大小相同。并且每个缓冲区有一个指针用以指示下一个缓冲区的地址，最后一个缓冲区指针指向第一个缓冲区地址，这样N个缓冲区就形成了一个环状。作为输入的循环缓冲中应包含有三种状态的缓冲区：用于装输入数据的空缓冲区 E、已装满数据的缓冲区 F 和计算进程正在使用的缓冲区 U。因此,就必须还要设置三个指针:用于指示计算进程下一个可用的缓冲区 F 的指针 nextf、指示输入进程下一个可用的空缓冲区 E 的指针 nexte,以及用于指示计算进程正在使用的缓冲区 U 的指针 current。

系统初始时,指针被初始化为 current= nexte=nextf。对于读数据而言,从设备接收数据时,数据输入到 nexte 指针指向的缓冲区,当数据输入完毕,nexte 指针指向下一个空的缓冲区。当进程从缓冲区提取数据时,提取由 nextf 指针所指的缓冲区的内容时,使 current 指针指向该缓冲区,并将 nextf 指针指向下一个满的缓冲区。

系统必须要考虑到这种方案的一种约束关系:nexte<>nextf。设备输入数据的操作和进程处理数据的操作两者共用循环缓冲时有一定的同步关系。当 nexte 指针追赶上 nextf 时,意味着输入进程输入数据的速度大于计算进程处理数据的速度,已把全部可用的空缓冲区装满,再无缓冲区可用。此时,输入进程应阻塞,直到计算进程把某个缓冲区中的数据全部提取完,使其成为空缓冲区,并释放后,才可将输入进程唤醒。当 nextf 指针追赶上 nexte 时,意味着输入进程输入数据的速度低于计算进程处理数据的速度,使全部装满的缓冲区已抽空,再无装有数据的缓冲区可供计算进程提取使用。此时,计算进程应阻塞,直到输入进程将某个缓冲区装满,才可将计算进程唤醒。

### 5.7.4 缓冲池

上述的缓冲区仅适用于某特定的 I/O 进程和计算进程,因而它们属于专用缓冲区。当系统较大时,将会有许多这样的循环缓冲,这样将消耗大量的内存空间,而且利用率又不高,造成资源的浪费。因此,引入了缓冲池机制,即从自由主存区中分配一组缓冲区组成缓冲池。每个缓冲区的大小可以等于物理记录的大小。在缓冲池中各个缓冲区作为系统公共资源为若干进程所共享,并由系统进行统一分配和管理。

对于既可用于输入又可用于输出的公用缓冲池,其中至少应有空缓冲区、装满输入数据的缓冲区和装满输出数据的缓冲区这三种类型。为了便于管理,可将相同类型的缓冲区组成一个队列,于是可形成 3 种队列:空缓冲队列、输入队列和输出队列。缓冲池中的队列本身是临界资源,所以多个进程在访问一个队列时既应互斥,且须同步。因此,在数据结构课程中所学习的关于队列的入队、出队操作必须通过使用信号量机制加以改造才能应用于缓冲池中的队列。

除了上述 3 个队列之外,还应具有 4 种工作缓冲区,即缓冲区可以工作在收容输入、提取输入、收容输出和提取输出 4 种工作方式下。

收容输入即在输入进程需要输入数据时,从空缓冲队列的队首取得一个缓冲区,作为收容输入工作缓冲区 hin。然后把数据输入其中,装满后将其挂在输入队列上。

提取输入即当计算进程需要输入数据时,从输入队列的队首取得一缓冲区,作为提取输入工作缓冲区 sin,计算进程从中提取数据。当计算进程用完该数据后,将该缓冲区挂到空缓冲队列上。

收容输出即当计算进程需要输出时,从空缓冲队列的队首取得一空缓冲,作为收容输出工作缓冲区 hout。当其中装满数据后,将该缓冲区挂在输出队列的末尾。

提取输出即从输出队列的队首取得一装满输出数据的缓冲区,作为提取输出工作缓冲区 sout。当数据提取完后，将该缓冲区挂在空缓冲队列的末尾。

## 5.8 Windows XP 的高速缓存管理

### 5.8.1 Windows XP 高速缓存管理器的主要特征

Windows XP 高速缓存管理器是一组核心态的函数和系统线程，它们与内存管理器一起为所有 Windows XP 文件系统驱动程序提供数据高速缓存(包括本地与网络)。Windows XP 高速缓存管理器提供了一种高速、智能的机制，用以减少磁盘 I/O 和增加系统的整体吞吐量。基于虚拟块的高速缓存使 Windows XP 高速缓存管理器能够进行智能预读。依靠全局内存管理器的映射文件机制访问文件数据，高速缓存管理器提供了特殊的快速 I/O 机制减少了用于读写操作的时间，而且将与物理内存有关的管理工作交给了 Windows XP 全局内存管理器，这样减少了代码的冗余，提高了效率。

Windows XP 高速缓存管理器的主要特征：

#### 1. 单一集中式系统高速缓存

Windows XP 提供了一个集中的高速缓存工具来缓存所有的外部存储数据，包括在本地硬盘、软盘、网络文件服务器或是 CD-ROM 上的数据。任何数据都能被高速缓存，无论它是用户数据流(文件内容和在这个文件上正在进行读和写的活动)或是文件系统的元数据(metadata)(例如目录和文件头)。Windows XP 访问缓存的方法是由被缓存的数据的类型所决定的。

#### 2. 与内存管理器结合

Windows XP 高速缓存管理器不知道多少数据存在物理内存，因为它采用将文件视图映射到系统虚拟空间的方法访问数据，在这过程中使用了标准区域对象(section object)。访问位于映射视图中的地址时，内存管理器不在物理内存的逻辑块中分配页面。以后需要内存时，内存管理器再将高速缓存中的数据页面换出，写回映射文件。

通过映射文件实现基于虚拟地址空间的高速缓存，高速缓存管理器在访问缓存中文件的数据时避免产生读写 I/O 请求包(1RP)。取而代之，它仅仅在内存和被缓存的文件部分所被映射的虚拟地址之间拷贝数据，并依靠内存管理器去处理换页。这种设计使打开缓存文件就像将文件映射到用户地址空间一样。

#### 3. 高速缓存的一致性

高速缓存管理器一个重要的功能是保证任何访问高速缓存数据的进程可得到这些数据的最新版本。当进程打开一个文件(这个文件被缓存了)而另一个进程直接将文件映射到它的地址空间(运用 Win32 MapViewOfFile 函数)，问题就产生了。这种潜在的问题不会在 Windows XP 中出现，因为高速缓存管理器和用户应用程序使用相同的内存管理文件映射服务将文件映射到它们的地址空间。而内存管理器保证每一个被映射文件只有唯一的版本，它映射文件的所有视图到物理内存页面的单独集合。

#### 4. 虚拟块缓存

大多数操作系统高速缓存管理器(包括 NetWare、OpenVMS、OS/2 和老的 UNIX 系统)基于磁盘逻辑块(logical block)缓存数据。用这种方式,高速缓存管理器知道磁盘分区中的哪些块在高速缓存中。与之相比,Windows XP 高速缓速管理器用一种虚拟块缓存(virtual block caching)方式,管理器对缓存中文件的某些部分进行追踪。通过内存管理器的特殊系统高速缓存例程将 256KB 大小的文件视图映射到系统虚拟地址空间,高速缓存管理器能够管理文件的这些部分。

**5. 基于流的缓存**

Windows XP 高速缓存管理器与文件缓存相对应也设计了字节流的缓存。一个流是指在文件内的字节序列。一些文件系统,像 NTFS,允许文件包括多个流对象。高速缓存管理器通过独立地缓存每一个字节流来适应这些文件系统。NTFS 能够拥有这种特点,得益于把主文件表放入字节流中并缓存这些字节流。事实上,虽然 Windows XP 高速缓存管理器被认为是高速缓存文件,但它实际上缓存的是字节流。这些字节流通过文件名标识,如果在文件中有多个字节流存在,还要标明字节流名。

**6. 可恢复文件系统支持**

可恢复文件系统(recoverable file system),如 NTFS,在系统失败后可以修复磁盘卷结构。这就是说,当系统失败时正在进行的 I/O 操作必须全部完成,或在系统重启时从磁盘中全部恢复。未完成的 I/O 操作可能破坏磁盘卷,甚至导致整个磁盘卷不可访问。为了避免这个问题,在改变卷之前,可恢复文件系统会维护一个日志文件(log file)。在每一次涉及文件系统结构(文件系统的元数据)的修改写入卷之前,该日志文件进行记录。如果因系统失败中断了正在进行的卷修改,可恢复文件系统可以根据日志文件中的信息重新执行卷修改操作。

为保证成功地恢复一个卷,在卷修改操作开始之前,记录卷修改操作的日志记录必须被完全写入磁盘。由于写磁盘操作可以被高速缓存,因此高速缓存管理器和文件系统必须协同工作以确保下列操作按顺序进行:

(1) 文件系统写一个日志文件记录,记录将要进行的卷修改操作。

(2) 文件系统调用高速缓存管理器将日志文件记录刷新到磁盘上。

(3) 文件系统把卷修改内容写入高速缓存,即修改文件系统在高速缓存的元数据。

(4) 高速缓存管理器将被更改的元数据刷新到磁盘上,更新卷结构。

### 5.8.2 高速缓存的结构

Windows XP 系统高速缓存管理器基于虚拟空间缓存数据,所以它管理一块系统虚拟地址空间区域,而不是一块物理内存区域。高速缓存管理器把每个地址空间区域分成 256KB 的槽(slot),被称为视图(view)。

文件第一次 I/O(读或写)操作时,高速缓存管理器将文件中包含被请求数据的 256KB 对齐的区域映射为一个 256KB 视图,放入到系统缓存空间的一个空闲槽内。例如,如果从偏移量为 300000 字区域处开始读入 10 字节数据,被映射的视图将在偏移量 262144 处开始(文件第二个 256KB 对齐区域)容量为 256KB。

高速缓存管理器在文件视图和缓存地址空间的槽之间循环进行映射,将所请求的第一个视图映射到第一个 256KB 槽中,再将第二个视图映射到第二个 256KB 槽中,以此类推。

高速缓存管理器只映射活跃的视图。然而只有在读或写文件操作时，视图被标记为活跃。除非进程用带有 FILE-FLAG-RANDOM-ACCESS 标志的 CreatFile 函数打开一个文件，否则高速缓存管理器在映射文件新视图时，不映射那些未被激活的文件视图。当高速缓存管理器需要映射一个文件视图但缓存内没有空余的槽时，它将取消最近一个未激活映射视图，并使用这个槽。

## 5.8.3 高速缓存的大小

### 1. 缓存区的虚拟大小

系统高速缓存虚拟大小是已安装物理内存总量的函数，默认大小为 64MB。如果系统物理内存多于 4032 页(16MB)，缓存大小设定为以 128MB 为基础，物理内存每比 16MB 多 4MB，则增加 64MB 缓存区。利用这种算法，有 64MB 物理内存的计算机系统虚拟缓存将是：128MB＋(64MB－16MB)/4MB×64MB＝896MB。

对于 x86 2GB 系统空间，系统缓存的最小(Min System Cache Start)和最大(Max System Cache End)的虚拟容量为 64/960MB(开始与结束地址为 0xC1000000～E0FFFFFF)。如果系统计算出虚拟缓存大于 512MB，缓存就被赋予额外的地址区域，称为缓存附加内存。

### 2. 缓存的物理大小

Windows XP 的高速缓存与其他操作系统设计上最大不同是由全局内存管理器来管理物理内存。正因为这样，用来处理工作集的扩展和收缩、管理已修改和未修改链表的代码也被用来控制系统缓存的大小，并动态地平衡进程和操作系统间对物理内存的需求。

## 5.8.4 高速缓存的操作

### 1. 回写缓存和延迟写

Windows XP 高速缓存管理器实现了一个带有延迟写(lazy writing)的回写(write-back)高速缓存，这意味着写入文件的数据首先被存储在高速缓存页面的内存中，然后，再被写入磁盘。因此。写操作允许在短时间内积累，并一次性刷新到磁盘，这可以减少磁盘的 I/O 次数。

### 2. 计算脏页阈值

脏页阈值(threshold)是系统唤醒延迟写系统线程将页面写回到磁盘之前，保存在内存中的系统高速缓存的页面数。该数值在系统初始化时计算，且依赖于物理内存大小和注册表项：HKLM \ SYSTEM \ CurrentControlSet \ Control \ SeSSiOnManager \ MemoryManagement \ LargeSystemCashe。在 Windows XP Professional 中这个值默认是 0，在 Windows XP Server 中默认是 1。可以在 Windows XP Server 系统图形界面中通过修改文件服务属性来调整这个值。尽管这项服务也存在于 Windows XP Professional，但它的参数不可以调整。

脏页阈值的计算按系统内存容量是小、中、大，分别为物理页面数除 8、物理页面数除 4、上面两数值的和。当系统最大工作集的大小超过 4MB 时，计算将被忽略，脏页阈值被设置为系统最大工作集大小减去 2MB 的页数。

### 3. 屏蔽对文件延迟写

在调用 Win32 CreateFile 函数时指定 FILE_ATTRIBUTE_TEMPORARY 标志创建

一个临时文件,延迟写器就不会将脏页写回磁盘,除非物理内存严重不足或文件关闭。

### 4. 强制写缓存到磁盘

由于一些应用程序不允许在向磁盘写文件和查看磁盘数据更新之间出现即使很短的延迟,所以高速缓存管理器也支持基于单个文件的通写高速缓存,即数据一经改变被立即写入磁盘。要启动通写高速缓存,需要在调用 CreateFile 函数时设置 FILE_FLAG_WRITE_THROUGH 标志。作为另一种选择,当一个线程需要把数据写入磁盘时,可以使用 Win32FlushFileBuffers 函数显式地刷新一个打开的文件。

### 5. 刷新被映射的文件

如果延迟写器必须从映射到其他进程地址空间的视图向磁盘写入数据,情况就有些复杂,高速缓存管理器仅知道它修改过的页面。为了处理这种情况,当用户映射一个文件时,内存管理器就会通知高速缓存管理器。当该文件在高速缓存内被刷新时(例如,调用了 Win32FlushFileBuffers 函数),高速缓存管理器将缓存中的脏页写入磁盘,然后,检查文件是否被其他进程映射。如果文件也被其他进程映射了,那么高速缓存管理器把文件区域所对应的整个视图刷新一遍,以便将第二个进程可能改变的页面写入磁盘。如果用户映射了一个也在高速缓存中打开的视图,当该视图被取消映射时,修改过的页被标记为"脏"以便延迟写线程将来刷新该视图时,将这些脏页写入磁盘。这些过程只有按下列次序进行才能正常起作用:

(1) 用户取消了视图的映射;

(2) 进程刷新文件缓冲区。

如果没有遵守这个次序,则无法预测哪些页面会被写入磁盘。

### 6. 智能预读

Windows XP 高速缓存管理器运用空间局部性原理,基于进程当前所读取数据预测其下一步可能读的数据,从而实现智能预读(intelligent read-ahead)。因为系统缓存是以虚拟地址为基础,而虚拟地址对于一个文件而言是连续的,它们在物理内存中是否连续并不重要。基于逻辑块的高速缓存系统是以磁盘上被访问的数据的相对位置为基础,而文件未必连续存储在磁盘上。所以对于逻辑块高速缓存的文件预读会更复杂,而且需要文件系统驱动程序和逻辑块高速缓存的紧密配合。

### 7. 虚拟地址预读

当内存管理解决缺页时,它会将被访问页面相近的几个页一起读到内存中,这种方法叫做簇。对于顺序读的应用程序,这种虚拟地址预读(virtual address read-ahead)操作减少了获取数据所需的磁盘读操作次数。内存管理器的这种方法唯一缺点是:由于这种预读方式是在处理缺页的上下文中进行的,所以它必须同步进行,此时等待页面数据的线程必须处在等待状态。

### 8. 带历史信息的异步预读

由内存管理器进行的虚拟地址预读提升了系统的 I/O 性能,但是它只对顺序访问的数据有利。为了将预读的好处扩展到特定的随机访问数据中,高速缓存管理器在文件的私有缓存映射结构中为正在被访问的文件句柄保存最后两次读请求的历史信息,这种方法被称为“带历史信息的异步预读”(asynchronous read-ahead with history)。

### 9. 系统线程

高速缓存管理器通过向公共临界系统工作线程池发送请求来实现延迟写和预读的I/O操作。然而,可供使用的线程数有限制,对于小型和中型内存的系统,数目比临界工作系统线程的总数少一个(大内存系统少两个)。在内部,高速缓存管理器将它的工作请求组织到两张表中(尽管是同一组工作线程为这些表服务):

(1) 用于预读操作快速队列;

(2) 用于延迟写扫描(刷新脏页数据)、后台写和延迟关闭的常规队列。

为了追踪工作线程需要进行的工作项目,高速缓存管理器创建了自己内部的处理器后备链表。每个处理器有一个定长的包含工作队列项目结构的表。工作队列项目的数量取决于系统大小:小内存系统为32,中内存系统为64,大内存 Windows XP Professional 系统为128,大内存 Windows XP Server 系统为256。

### 10. 快速I/O

由于 Windows XP 高速缓存管理器能够追踪哪些文件的哪些块在高速缓存中,所以文件系统驱动程序能够利用高速缓存管理器通过简单的拷贝那些在高速缓存中的页面来访问数据,而不用产生IRP。

## 5.9 小结

设备管理的主要任务是控制外设和CPU之间的I/O操作,同时还要尽量提高设备与设备,设备与CPU之间的并行性,使得系统效率得到提高,并且尽可能地为用户使用I/O设备屏蔽硬件细节,提供方便易用的接口。

目前,常用的设备和CPU之间的数据传送控制方式有4种:循环测试方式、中断方式、DMA方式和通道方式。循环测试方式和中断方式都只适用于简单的,外设很少的计算机系统。DMA方式和通道方式采用了外设和内存直接交换数据的方式,两者均是只有在一段数据传送结束时,才发出中断信号要求CPU做善后处理,从而把CPU从繁杂的I/O事务中解脱出来。

在现代操作系统中,几乎所有的I/O设备在与CPU(内存)交换数据时,都使用了缓冲技术。缓冲技术主要用于缓和CPU与I/O设备之间速度不匹配的矛盾;减少对CPU的中断频率,放宽对中断响应时间的限制;提高CPU和I/O设备之间的并行性。本章介绍了常用的缓冲技术:单缓冲、双缓冲、循环缓冲和缓冲池。

在多进程系统中,由于进程数多于设备数,因而就必然引起进程对设备资源的争夺。为了使系统有条不紊地工作,使用户能方便地使用外设,系统必须确定合理的设备分配原则。系统在进行设备分配时,应考虑设备的固有属性、设备分配算法、设备分配的安全性以及设备的独立性。

虚拟性是操作系统的四大特征之一。通过 Spooling 技术便可将一台物理I/O设备虚拟为多台逻辑I/O设备,同样允许多个用户共享一台物理I/O设备。Spooling 系统主要由输入井和输出井,输入缓冲区和输出缓冲区以及预输入进程和缓输出进程、井管理程序四部分组成。它的特点是提高了I/O操作的速度；将独占设备改造为共享设备；实现了虚拟设备的功能。

磁盘I/O速度的高低和磁盘系统的可靠性将直接影响到系统性能。为了提高性能，系统采用5种磁盘调度策略：先来先服务、最短查找时间优先、扫描、循环扫描、分步扫描等。提高磁盘I/O速度的其他方法有：磁盘高速缓存、提前读、延迟写、虚拟盘。

设备驱动程序是I/O进程与设备控制器之间的通信程序。它接收上层发来的抽象请求，再把它转换为具体要求后，发送给设备控制器，启动设备去执行；此外，它也将由设备控制器发来的信号传送给上层软件。

## 习题五

1. 设备管理的主要目的和功能是什么？

2. 有几种I/O控制方式？各有什么特点？

3. 从分配角度看，可将设备分成哪些类型？各类设备的物理特性是什么？

4. 什么是缓冲？为什么要引入缓冲？

5. 常用的缓冲技术有哪几种？试举一例说明采用缓冲技术可以提高设备并行操作能力。

6. 在某系统中，从磁盘将一块数据输入到缓冲区需要花费的时间为 $T$，CPU对一块数据进行处理的时间为 $C$，将缓冲区的数据传送到用户区所花时间为 $M$。那么在单缓冲和双缓冲情况下，系统处理大量数据时，一块数据的处理时间为多少？

7. 通道有几种类型？它们之间的区别是什么？

8. 系统在进行设备分配时，应考虑哪几个因素？设备分配程序的功能是什么？

9. 简述常用的两种设备处理方式。

10. 简述用户进程调用外部设备的过程。

11. 什么叫磁道？什么叫扇区？

12. 磁盘的存取速度由哪几部分组成？

13. 假设移动头磁盘有200个磁道(0～199号)。目前正在处理143号磁道上的请求，而刚刚处理结束的请求是125号，如果下面给出的顺序是按FIFO排成的等待服务队列顺序：

86,147,91,177,94,150,102,175,130

那么，用下列各种磁盘调度算法来满足这些请求所需的总磁头移动量是多少？

(1) FCFS (2) SSTF (3) SCAN (4) LOOK (5) C-SCAN

14. 对于请求分布均匀时，下列各调度算法有何不同？

(1) FCFS (2) SSTF (3) SCAN (4) LOOK (5) C-SCAN

# 第6章 文件系统

操作系统是一个对计算机系统资源进行管理和控制的软件系统。其中资源是指硬件资源和软件资源。前几章我们讨论的处理机管理，存储管理和设备管理都是针对硬件资源的；本章讨论操作系统对软件资源的管理。现代计算机系统都把软件资源看作是一组相关信息的集合，即把它们统一看作文件。操作系统提供的文件系统就是存取和管理信息的机构，它借助大容量外存设备作为存放文件的存储器——文件存储器。因此，文件系统是用户和外存的接口。

本章介绍文件及文件系统的概念，文件的逻辑组织与存取方法，文件的物理结构，实现“按名存取”的文件目录结构和管理，文件系统的共享与安全。

## 6.1 文件系统的概念

### 6.1.1 什么叫文件

在计算机系统中，把逻辑上具有完整意义的信息集合称为“文件”，每个文件都要用一个名字作标识，称为“文件名”。

文件管理是操作系统的基本功能之一。计算机可以将信息存储在各种不同的物理设备上。磁盘、磁带是最常用的存储设备，这些设备都有其自身的特性。在现代计算机操作系统中，为方便用户，把设备也作为文件来统一管理，而不管存储设备的物理特性如何，从某种意义上说，这一概念拓宽了文件的含义。文件是一个逻辑存储单位，是由文件系统存储和加工的逻辑部件，文件通过操作系统映像到物理设备中去。

文件是计算机系统中信息存放的一种组织形式，两种有代表性的文件定义是：

(1) 文件是具有符号名的信息(数据)项的集合。

(2) 文件是具有符号名的有关联的信息单位(记录)的集合。

第一种形式说明文件是由字节组成，这是一种无结构的文件，或称流式文件。目前UNIX操作系统，MS-DOS系统均采用这种文件形式。

第二种形式说明文件是由记录组成。记录是一些相关信息的集合，记录可以由若干个数据项组成，数据项的类型可以是字符型、数值型、布尔型等。例如，一个学生登记表可以由学号、姓名、性别、出生日期、各科成绩等多个数据项构成。所有学生登记表组成一个学生文件。若干个文件按某种数据模型可构成数据库。

每一个文件都有一个名字，操作系统根据其名字对文件进行访问。操作系统中只涉及基本文件系统，即文件记录的简单逻辑组织，也就是在操作系统级上认为文件是无结构和无解释的信息集合。因此，这里所说的文件基本上都是程序和有关数据的集合。

例如，一个源程序给予命名后就是一个源程序文件，它通过编译，装配后得到的目标程序赋予一个新的符号名就是一个目标程序文件。一些慢速字符设备也被看作是一个“文件”，在这些设备上传输的信息均可看作是一组顺序出现的字符序列。严格地说，是把这些字符设备传输的信息看作是一个顺序组织的文件，这些文件通常赋予一个规定的以特殊字符(如$)打头的固有名。例如，纸带输入机的文件名为$PTR，纸带穿孔机的文件名为$PTP，行式打印机为$LPT，读卡机为$CDR，穿卡机为$CDP等。

引入文件的概念后，用户就可以用统一的观点去看待和处理存储在各种存储介质上的信息，即可用虚拟I/O指令(即文件命名)读“下一张”卡片，在行式打印机上印出“下一行”字符，或者在磁带，磁盘上存取某个文件的一个记录等，而用户无需去考虑保存其文件的设备差异，这将给用户带来很大的方便，从这个意义上说，文件管理为用户使用外存储器及其他外部设备提供了一个方便的接口。

### 6.1.2 文件分类和文件的属性

#### 1. 文件分类

为了管理和控制文件的方便，通常把文件分成若干类型。

1) 文件按用途划分

(1) 系统文件。由操作系统及其他系统程序有关的一些信息所组成的文件。这类文件对用户不直接开放，只供系统自身调用，或通过系统调用为用户服务。

(2) 库文件。由标准子程序及常用的实用程序组成的文件。如SIN、SQRT等，这类文件允许用户使用，但不能修改。

(3) 用户文件。由用户的信息所组成的文件，如用户的源程序文件，数据文件，目标代码文件，计算结果文件等。这类文件只能由拥有者和授权者进行读写或者其他操作。

2) 文件按操作保护划分

(1) 只读文件。允许对其执行读操作的文件，不允许执行其他操作的文件。

(2) 读写文件。允许拥有者和授权者对其执行读写操作，而禁止其他用户对其进行任何访问的文件。

(3) 执行文件。允许用户调用执行，但不允许读，也不允许写的文件。

3) 文件按信息流向划分

(1) 输入文件。只能用于输入的文件。如读卡机和纸带输入机上的文件。

(2) 输出文件。只能用于输出的文件。如打印机、穿孔机上的文件。

(3) I/O文件。既可用于输入，又可用于输出的文件，如磁带、磁盘上的文件。

4) 文件按保留要求划分

(1) 临时文件。用户暂时使用的文件，无副本。

(2) 永久文件。用户经常用到的文件，有副本。

(3) 档案文件。用于备份保存起来的文件，以备查证和恢复使用。

#### 2. 文件的属性

文件的属性是指用于指定文件的类型、操作特性和存取保护等的一组信息。文件的属性一般存放在文件的目录项中。文件的属性包括：

(1) 文件类型。

(2) 文件长度。

(3) 文件的位置。

(4) 文件的存取控制。

(5) 文件的建立时间。

### 6.1.3 文件系统的功能

文件系统是操作系统中负责存取和管理文件信息的软件机构，它由管理文件所需的数据结构和相应的管理软件以及访问文件的一组操作组成。文件系统负责文件的创立、撤销、读写、修改、复制和存取控制等，并管理存放文件的各种资源。文件系统的功能可以从两个方面来看：用户使用角度和系统管理角度。

从用户使用角度来看，文件系统主要实现了信息的"按名存取"。具体地说，当用户要求系统保存一个已命名的文件时，文件系统根据一定的格式把该文件存放到文件存储器中适当的地方；用户需要时，系统根据用户指定的文件名，能够从文件存储器中找出所需要的文件或文件中的某些信息。

从系统管理角度来看，文件系统采用组织良好的数据结构和算法，有效地对文件信息进行管理，实现了文件存储器存储空间的组织分配，文件信息的存储并对存入的文件进行保护和检索，使用户方便地存取信息。

由此可见，文件系统主要有如下功能：

(1) 用户可执行创建、修改、删除以及读写文件的命令。

(2) 用户能以合适的方式构造他的文件。

(3) 用户能在系统的控制下，共享其他用户的文件。

(4) 用户可通过文件名访问文件。

(5) 系统具有后备和恢复文件的能力，防止对文件信息无意或有意的破坏。

(6) 系统能够提供可靠的保护及保密措施。

## 6.2 文件结构和存取方法

人们一般从两种不同的观点去研究文件的组织形式：一是用户观点；二是系统观点。用户观点，也称使用观点，其主要目的是研究用户"思维"中的抽象文件。为用户提供一种结构清晰，使用简便的逻辑文件形式，用户将按照这种形式去存储，检索和加工有关文件的信息。系统观点，也称为实现观点，其主要目的是研究驻留在存储介质中的实际文件，即物理文件，选择一些性能良好，设备利用率高的物理文件结构，系统将以这种形式去和外部设备打交道，实现信息的传输和存储。

文件系统的重要作用之一就是在用户的逻辑文件相应设备的物理文件之间建立映像，实现二者之间的转换，而文件的存取方法是由文件的性质和用户使用文件的情况决定的。

### 6.2.1 文件的逻辑结构

文件的逻辑结构是从用户角度来看待文件结构，通常分为两种形式：记录式(有结构)文件和无结构文件。

#### 1. 记录式文件

记录式文件是一种有结构的文件，由若干个相关记录构成文件，记录可依顺序编号为记录 1，记录 2，……，记录 $n$。记录式文件分为定长记录文件和变长记录文件。

定长记录文件是每个记录的长度都相同，文件长度由记录个数所决定。

变长记录文件是每个记录的长度不等，文件长度则为各记录长度之和。

#### 2. 无结构文件

无结构文件又称为流式文件，文件内部无结构，是有序的相关字符的集合。文件的长度直接按字节来计算，如对于处理正文文件(指源程序、中间代码、正文格式加工和编辑等)的系统来说，可采用无结构的文件。

### 6.2.2 文件的存取方法

文件的存取方法是由文件的性质和用户使用文件的情况来决定的。根据存取的顺序关系通常分为两类：顺序存取和随机存取。

#### 1. 顺序存取

顺序存取方法就是严格地按记录排列的顺序依次存取。若当前读取记录 $R_i$，则下次要读取的记录自动地确定为 $R_{i+1}$，采用顺序存取方法所对应的文件称为顺序文件，即记录是顺序排列的，记录的存取也是按顺序进行的。

对于顺序文件，知道了当前记录的地址，确定下一个要存取记录的地址是很方便的，若用一个读写指针 rp 为当前记录的首地址，对于定长记录文件，则"下一个"的记录首地址 $\mathrm{rp}_{i+1}$ 是当前记录首地址 $\mathrm{rp}_i$ 加上记录长度 1，即

$$\mathrm{rp}_{i+1} := \mathrm{rp}_i + 1$$

对于变长记录文件，每个记录前有一个长度字段 $L_i$，"下一个"的记录首址 $\mathrm{rp}_{i+1}$ 是当前记录首地址 $\mathrm{rp}_i$ 加上记录长度 $L_i$ 和记录的长度字段 1，即

$$\mathrm{rp}_{i+1} = \mathrm{rp}_i + L_{i+1} + 1$$

#### 2. 随机存取

随机存取方法是根据记录号立即存取所需记录的存取方法。

对于定长记录，随机存取第 $i$ 个记录，则逻辑地址为

$$\mathrm{LA}: = i \times L \quad (0 \leqslant i \leqslant n)$$

其中，$L$ 为记录长度；$n$ 为记录个数。

对于变长记录，存取某个记录时需逐个读取前面所有的记录，从长度字段中获知每个记录的长度，不断累加，才能确定所需记录的始地址。

### 6.2.3 文件的物理结构

文件的物理结构是指一个逻辑文件在物理存储器上的存储结构形式。它与文件的存取方

法以及文件存储器的特性是密切相关的,文件的物理结构的好坏直接影响着文件系统的性能。

常见的文件存储器有磁盘和磁带两种。为了存储空间的分配和信息传输组织的方便,文件存储器的存储空间一般被分成存储块供使用,即以块为单位进行存储分配和信息传输,块的大小可以固定,也可以不固定(块的大小随需要而调整)。文件存储器上的文件称为物理文件,存放文件的物理块也称为物理记录。物理记录与逻辑记录有着完全不同的含义,它仅仅是实现信息存储和传输的物理存储单位,并不考虑信息本身的物理意义。一个物理记录上可以存放若干个逻辑记录,一个逻辑记录也可能占用若干个物理块。

下面介绍几种常见文件的基本物理存储结构形式。

**1. 连续文件**

连续文件是指把一个逻辑上由连续记录构成的文件依次存放到连续的物理块中的文件。显然,连接文件是采用连续存储分配的,即当文件需要存储时,系统管理程序就在文件存储器上寻找足以存储该文件的一片连续物理块中。图 6-1 是一个具有 4 个记录的文件 A 的连续存储办法的示例,该文件的记录长度正好等于物理块长,它们被依次存入第 80、81、82 和 83 号的物理块中。

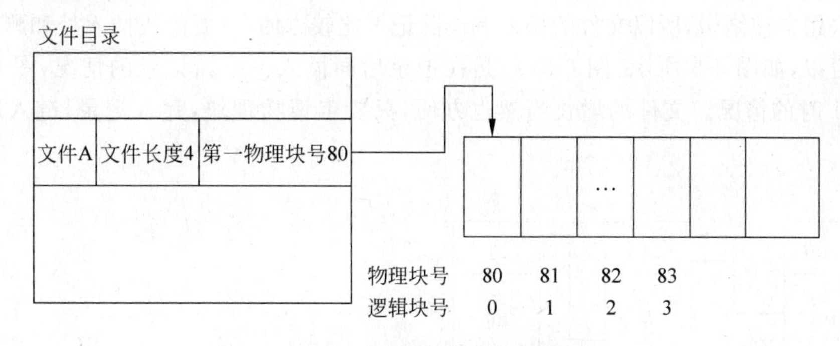


图 6-1 连续文件存储结构

连续文件的优点是:一旦知道文件的存储始址(首块块号)和文件长度就可以高速顺序地读取整个文件。连续文件组织方法简单,存取速度快,适合于存放顺序文件。

连续文件的主要缺点是:与主存储器的分区分配一样,存在碎片问题。这是由于文件的长度不会正好等于连续的空闲块的容量,长了放不下,短了就出现碎片。除了整块的零头外当然也有块内另头,原因不难理解:文件长度不一定会等于块长的整数倍。由于文件存储器是以块为单位传输信息的,所以块内零头是无法克服的。碎片——即不连续的空闲块造成的浪费。虽然与内存一样可以采用紧缩技术拼接,但是很费时间,程序设计也很复杂。连续文件的另一个重要缺点是文件的长度必须固定,文件存储后不能随意增长,这是由于与文件尾相邻的物理块可能已为其他文件所占用,增加长度可能破坏相邻文件的完整。为了增加文件的长度,系统需要扩充(或重新分配)存储块,这将是极为复杂和费时的工作。

**2. 链接文件**

链接文件也叫串联文件,采用非连续的物理块来存放信息。链接文件逻辑上的连续性依靠每个物理块的最后一个(或几个)存储单元中的链接指针来保证,前一块的指针指出后一块的地址(或块号),最后一块的链接指针为空,第一块的地址(或块号)由文件目录表的相应指针项指出。这样,由文件目录中的指针开始依靠每一块的链接指针顺序读取整个文件。

显然，这种文件结构也只适合存储顺序文件。图 6-2 是链接文件结构的一个例子。文件 A 有 3 个记录，依次存放在第 4、16 和 8 块中。

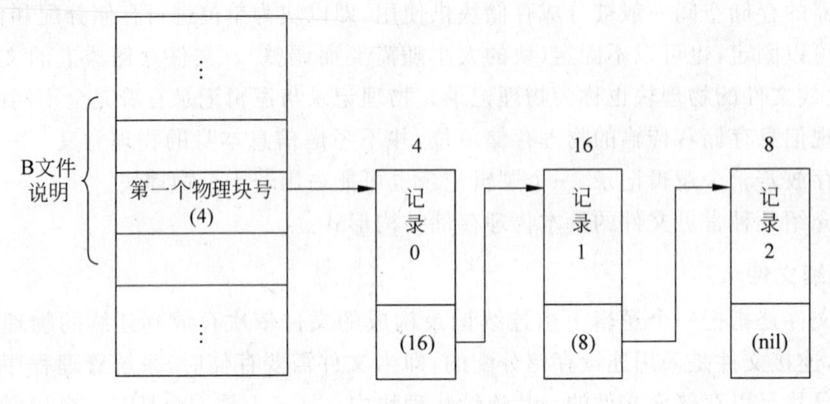


图 6-2　链接文件

链接文件一般采用动态分配，申请一块，存入一块，同时修改前一块的指针，使它形成链。由于文件采用链接结构，所以文件的插入和删除记录比较方便，只要修改插入处和删除处的链接指针就可以，如图 6-3 所示，图 6-3(a)是在记录后面插入一个新记录的情况，图 6-3(b)是删除记录 1 时的情况。文件的增长当然也方便，只要申请物理块，存入记录，链入原文件尾就可以。

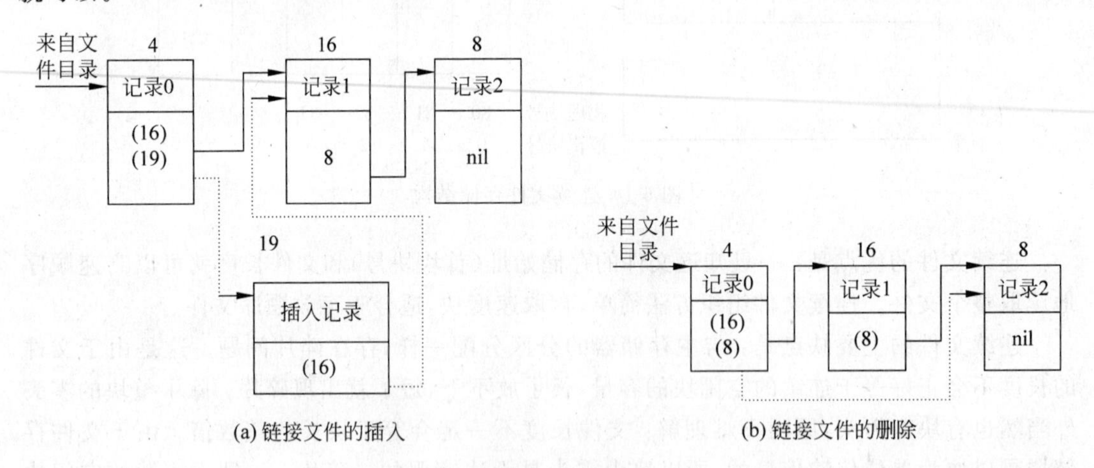


图 6-3　链接文件的插入与删除

链接文件的缺点是只适合于顺序存取，而且存取速度比较慢，不能随机存取的原因在于为了读取某一块上的信息，必须依次读出前面所有物理块，顺指针寻找所需要的块。

### 3. 索引文件

索引文件的组织方式是为每个文件建立一个索引表，索引表的每一栏指出一个记录的物理块号。索引表由系统建立，随同文件一并存入同一个文件卷上，文件卷上的文件目录中的文件地址指针不是指向文件本身而是指向它的索引表。这样，查找某一个记录时，需先查索引表。然后按记录标识找到相应的栏，即可以查得该记录的物理块号。为了提高文件的查找速度。在存取某一个索引文件的记录时，必须用打开(open)文件命令先将文件的索引表读到内存，建立用户与文件的直接联系之后才能使用它。使用完后再用关闭文件(close)命令将索引表重新写回文件卷(如果有修改的话)或清除它(如果索引表没有修改过)，切断用户与文件的直接联系。

索引文件的存储分配可采用动态存储分配办法，用完一块再申请一块。因为有索引表的指针，文件存储块可以不连续，也可以连续。这对提高文件存储器的使用效率很有帮助，不存在碎片问题。

为了提高查找速度，减少为寻找某一个记录而扫描索引表的时间，索引表中记录可按键值大小的顺序存放，这样对索引表中记录的查找就可以采用二分查找办法，提高查找效率，否则只能顺序扫描了。

图 6-4 是索引文件的一个例子。文件 A 的 5 个记录分别存放在不连续的 5 个物理块 20、23、35、16 和 21 号之中。由图可见，从文件目录，按记录号，顺着指针就可以找到记录所在的物理块。

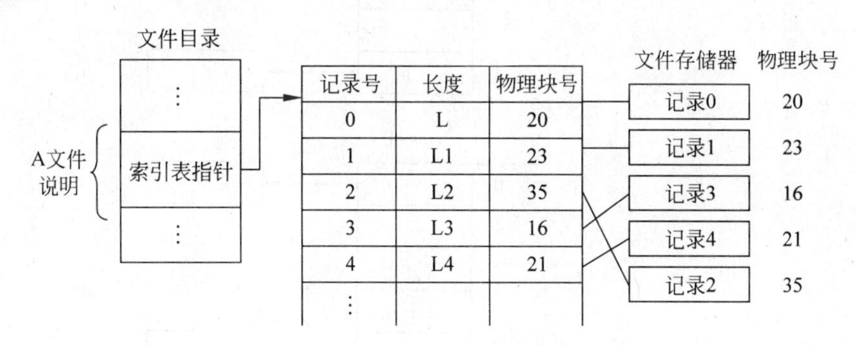


图 6-4 索引文件的结构

当文件很长时，索引表相应也会很长。全部读入内存不但要占用过多的内存空间而且查找索引表中的记录也很费时。因此，在文件很长时往往采用多级索引结构。多级索引结构的构造办法是将索引表本身又看作是一个文件，并通过另外一个索引来查找它。例如，假定物理块长度为 $N$，文件记录数为 $K$，并满足 $N<K\leqslant N^2$。那么，可以采用二级索引，第一级索引表指向第二级索引表，第二级索引表指向文件存储的物理块。若 $K=N^2$，则共需要 $N+1$ 个物理块来存放这两级索引表，第一级占一块，第二级占 $N$ 块，每块有 $N$ 个表目，如图 6-5 所示。如果用户需查找第 $i$ 个记录，若用 $I_1$ 表示第一级索引表的物理块号，用 $I_{2,0}\cdots I_{2,n-1}$ 表示第二级索引表所占的物理块号，则可以通过查找第一级索引表 $I_1$ 的$[i/N]$(向下取整)栏确定第二级索引表的块号，再根据该索引块的($i$ mod $N$)栏找到记录 $i$ 的物理块号。例如，若 $N=10$，$k=86$，而需查找第 74 个记录的物理块号，则先确定第一级索引表栏为 $[i/N]=[74/10]=7$，指出了第二级索引块为 $I_2$，7，然后确定第 74 号记录的物理块号由该块的第 4 栏(74 mod 10)指出。

如果文件更长，还可以采用三级、四级索引，查找算法不难按上述办法设计出来。

#### 4. 索引链接文件

文件过长，索引表太大所带来的问题除可以用多重索引来解决外。另一种解决办法是可以将索引表本身组成一个定长记录的链接式文件的结构。图 6-6 就是这种结构的示意图，采用这种组织结构存储的文件被称为索引链接文件，它是将索引项依次放在不同的物理

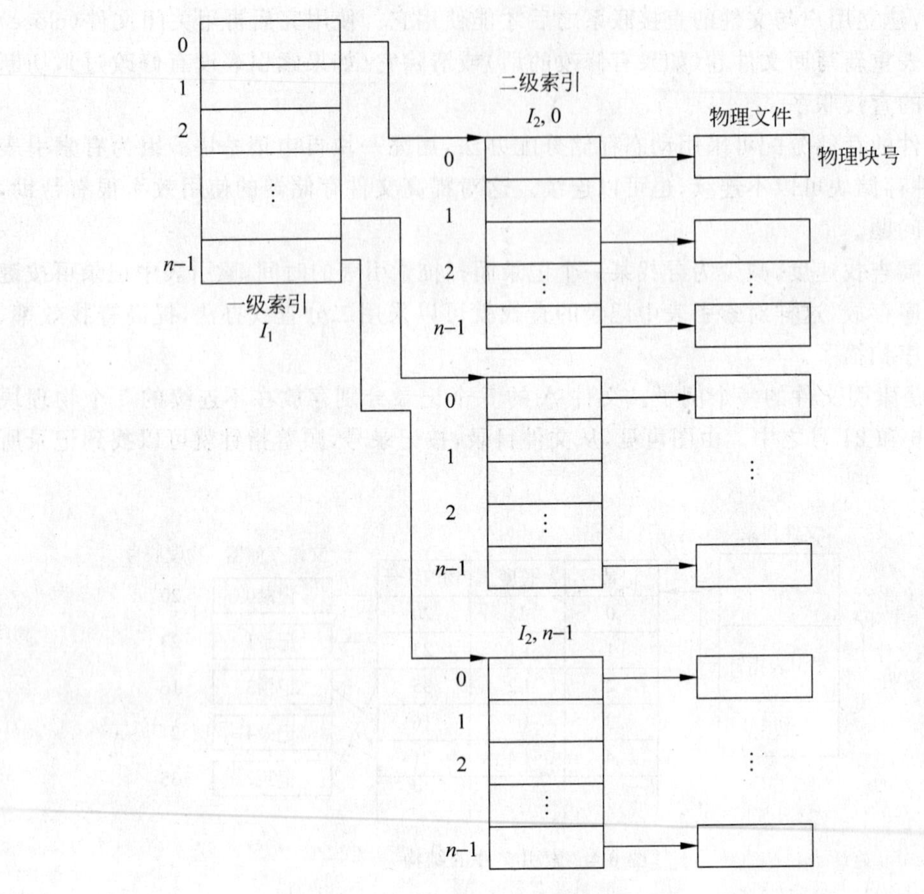


图 6-5　二级索引结构

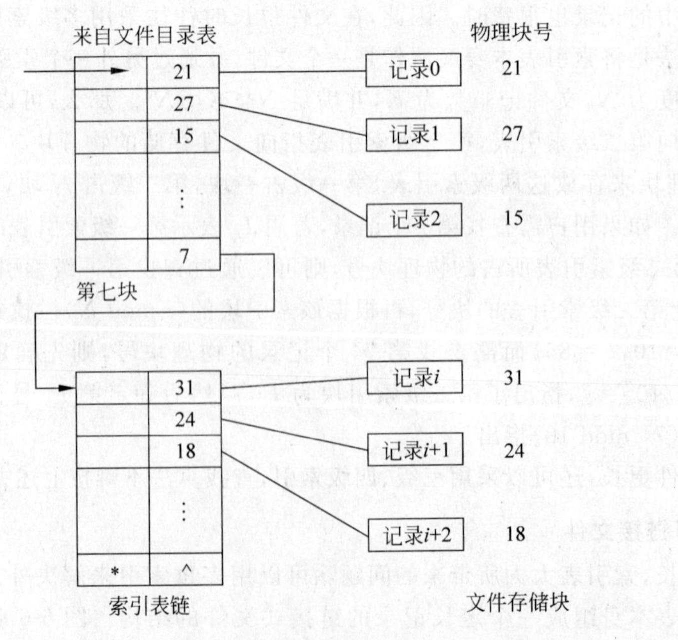


图 6-6　索引链接文件

块中，每个物理块的最后一个(或几个单元)不存放索引项而存放下一索引块的指针，整个索引由这些链指针连接在一起。例如，索引表的索引项有100项，而每个物理块只能存放20项和一个链接指针，则整个索引表将由5个物理块用链接指针连接在一起。文件目录中的指针指向第一个物理块。查找记录时需要先找到它的索引项所在的物理块，然后才能找到记录的物理块号。

这种结构形式的文件存储分配方便，可以采用动态分配所需要的物理块，查找速度也比较快，当索引表链长只剩有一块时，就变成了一级索引结构文件了。RDOS操作系统就采用了这种文件结构。

**5. 逻辑记录在物理块中的安排**

在上面介绍的4种文件的物理结构形式中，都假定逻辑记录长度等于物理块的大小，即每个逻辑记录正好占用一个物理块，但是实际情况并非完全如此，大多数文件的记录长度和物理块的大小是不相等的。下面分两种情况来讨论记录在物理块中的安排，进而分析如何由记录号确定物理块号。

1) 逻辑记录长度为物理块大小的整数因子的情况

在这种情况下，一个物理块可以装下整数个记录。例如，物理块长为1024个字节，记录长度为256个字节时，一个物理块可以容纳4个字节。

为了确定物理块地址，首先应该求出该记录所在的相对块号RBN，它可以由下式确定：

$$RBN=([LBA/PBL])$$

其中，LBA为逻辑记录的相对字节地址；LBA＝记录号i＊逻辑记录长度；PBL为物理块长度(以字节为单位)

对于连续文件，其任一记录所在物理块的地址PBA可由下式确定：

$$PBL=(文件的第一个物理块号+RBN)$$

对于链接文件，需要根据相对块号由文件首块开始顺链查找记录所在的物理块。

对于索引文件，则必须对索引表作适当修改。这时需要利用分配给文件的相对块号作为索引，而不是以记录号作为索引，如表6-1所示。所要存取的记录i在物理块内的相对地址PBO可由下式求出：

$$PBO=[LBA \quad mode \quad PBL]$$

**表6-1 索引表**

| 相对块号 | 物理块号 |
|---|---|
| 0 | 7 |
| 1 | 13 |
| 2 | 6 |
| 4 | 21 |

对于索引链接文件，它的物理块的确定与索引文件类似可以推出。

2) 记录长度不为物理块大小的整数因子

在这种情况下，一个物理块不能刚好装下整数个记录。例如，一个物理块长为1024个字节，而记录长度为300个字节。这时，一个物理块装3个记录有余，而装4个记录又不行，怎么办？解决这个问题有3个办法：

(1) 将300个字节长度的记录看作512个字节，这样一个物理块装两个记录，其计算地址的方法变成记录长度为物理块长度整数因子的情况，这种方法虽然处理简单，但浪费存储空间。

(2) 调度物理块的大小，使之与记录长度匹配，或接近记录长度的整数倍。这种方法对系统软件的设计十分复杂，而且运行时间长，并不可取。一般很少采用。

(3) 允许一个逻辑记录跨多个物理块存储，并采用相应的算法来查找记录所在的块号。图 6-7 是这种设想的示意图。

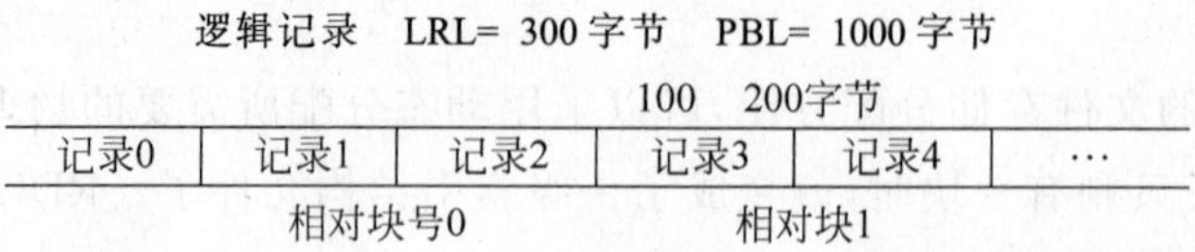

逻辑记录　LRL= 300 字节　PBL= 1000 字节

100　200字节

| 记录0 | 记录1 | 记录2 | 记录3 | 记录4 | … |
|---|---|---|---|---|---|

相对块号0　　相对块1

图 6-7　记录跨物理块存储组织

在这种情况下，确定任何一个逻辑记录所在的物理块地址及物理块内的相对地址的方法如下：

- 根据记录的逻辑地址，确定记录的相对块号。其计算公式仍是 RBN＝[LBA/PBL]。
- 查索引表，确定物理块号 PBN。
- 计算物理块内的相对地址。计算公式仍是：

$$\mathrm{PBO}=[\mathrm{LBA}\quad \mathrm{mode}\quad \mathrm{PBL}]$$

- 计算在该物理块内的逻辑字节长度 ALBL。其计算公式如下：

$$\mathrm{ALBL}=\min[\mathrm{LBL},(\mathrm{PBL}-\mathrm{PBO})]$$

- 计算剩余字节长度 LBL，并判别，若为 0 则返回，若不为 0 则做下一步。计算公式是：

$$\mathrm{LBL}=\mathrm{LBA}-\mathrm{ALBL}$$

- 计算记录的剩余部分的逻辑地址，计算公式是：

$$\mathrm{LBA}=\mathrm{LBA}+\mathrm{ALBL}$$

当然，也会有逻辑记录的长度大于物理块的情况。与上述两种情况正好相反，也有物理块为记录长的整数因子和非整数因子两种情况。这两种情况下，记录的安排和定位算法读者在上述分析的基础上应不难推导。

## 6.2.4　文件结构与存储设备以及存取方法的关系

文件的物理结构密切地依赖于设备介质特性和存取方法。

磁带是一种顺序存储设备，若用它作为文件存储器，则宜采用连续文件结构。磁带适合于顺序存取的文件，在顺序存取时，当处理完一个记录后，由于磁头正好转到下一个记录的物理块处，因而可直接存取下一个记录，不需要额外的寻找时间。磁带对于需要随机存取的文件是不合适的，因为磁头定位相当费时。

磁盘(鼓)是一种随机存取设备，文件物理结构和存取方法可以多种多样。究竟采用何种物理结构和存取方法，要看系统的应用范围和文件的使用情况。如果是随机存取，则索引文件效率最高，连续文件次之(通过预先移动读写位移的方法)，而链接文件效率最低，因为要顺序通过一系列物理块的链接指针才能找到需要的记录。

对于存储设备，文件结构与存取方法的关系可归结为如表 6-2 所示。

表 6-2 存储设备、文件结构与存取方法的关系

| 存储设备 | 磁盘 | | | | 磁带 |
|---|---|---|---|---|---|
| 文件类型 | 连续文件 | 链接文件 | 索引文件 | 索引链接文件 | 连续文件 |
| 文件长度 | 固定 | 可变、固定 | 可变、固定 | 可变、固定 | 固定 |
| 存取方法 | 直接、顺序 | 顺序 | 直接、顺序 | 直接、顺序 | 顺序 |

## 6.3 文件存储空间管理

文件存储空间管理是指文件存储空间的分配与回收管理。文件存储空间的分配与回收的管理办法和内存的分配与回收的管理办法是类似的。只不过内存的分配是以字节为单位。而文件存储空间的分配是以物理块为单位。

为了实现文件存储空间的分配与回收，就必须定义描述文件存储空间空闲情况的一些数据结构，通过对这些数据结构的操作(按某种算法)实现分配与回收。常见的描述文件存储器空闲状态的数据结构形式有以下 3 种。

### 6.3.1 空白文件目录

空白文件目录方法是把文件存储器中未分配的每一片连续区域看作一个空白文件，系统为这些空白文件建立一个目录表，表的每一栏登记一个空白文件所拥有的物理块的数量与物理块号，如表 6-3 所示。

表 6-3 空白文件目录

| 序号 | 第一个空白块号 | 空白块个数 | 物理块号 |
|---|---|---|---|
| 1 | 3 | 4 | 3,4,5,6 |
| 2 | 17 | 3 | 17,18,19 |
| 3 | 11 | 2 | 11,12 |
| 4 | … | … | … |

当需要进行存储空间分配时，系统依次扫描空白文件目录表的表目，寻找一块合适的空白区域，分配给用户，然后修改空白文件目录表。当系统回收用户归还的空间时，系统程序也要扫描该目录表，或者是将归还区与表中某一栏合并(能够连续区域的话)。或者重新建立一栏(与表中已有空闲区不连续)描述这个空闲区域。

这种管理办法只有在小系统中才比较适用，因为大系统并行的作业多，文件也多。频繁地建立和撤销文件将产生大量的不连续的空白区，势必要求空白文件目录表的表目增多。它本身就要占用很多的存储空间，这是一个浪费。虽然表目一定，但为了表目能容纳所有空白文件，可以采用拼接技术移动文件，将空闲区域合并，但这要花销时间，拼接程序设计也比较复杂。

### 6.3.2 位示图

位示图又称位向量，是一种映射结构，采用的办法是将内存某一约定区域视为一个

向量，表示某一文件存储器，向量中的每一位依次对应一个物理块，向量的长度正好等于这个文件存储器所拥有的块数，约定向量的某一位为“0”表示该块空闲，否则为“1”时表示被占用。分配程序测试向量每一位的值就可以知道文件存储器的物理块的空闲与占用情况，实现分配与回收，同时修改位向量中的相应位的值。图 6-8 就是位向量的示意图。

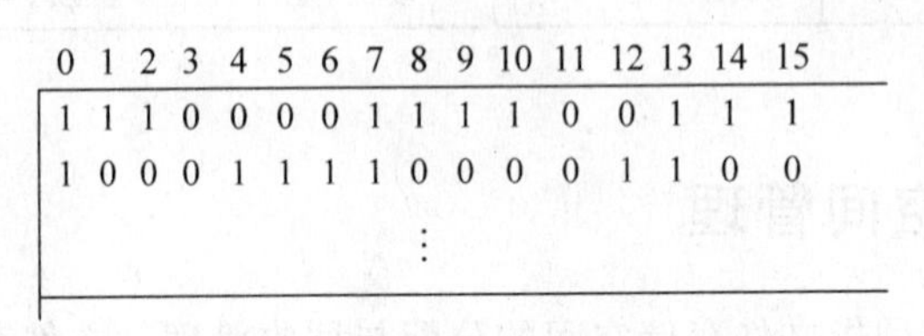


图 6-8　位示图(假定机器字长为 16 位)

位向量方法虽然可以实现文件存储空间的分配与回收，但由于程序对其测试耗时太长，位向量又必须全部调入内存才能进行测试，因而这种办法也只适于小型系统。

### 6.3.3　空白块链

另一种空闲块管理办法是将文件存储器上的所有空闲块用的链接指针链接在一起，系统在内存设一个指针指向该空闲块链的第一个空闲块。分配与回收都是针对该链接结构进行的。这种办法虽然简单可靠，但它的效率很低，因为物理块上链接指针的修改必须在内存进行，因此为了进行分配与回收必须做很多的 I/O 操作，将涉及要修改指针的空白块读入内存和重新写回外存。图 6-9 就是这种方法的示意图。

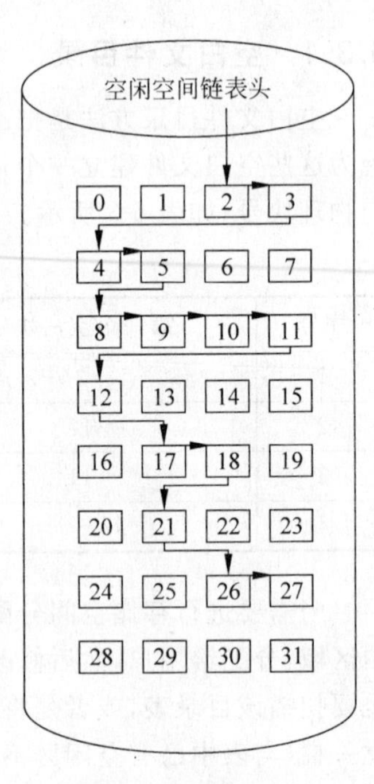


图 6-9　空白块链

一种改进的方法是采用类似索引链接文件的组织方法来管理文件存储器上的空白文件块。这种办法的指导思想是将空白块按固定数量进行分组，在每一组的第一块上建立一个索引表。索引表的第一栏登记有下一组的空闲块数，而第二栏是指向下一组的索引表的指针，其他栏则是指向下一组的所有空白块的指针(物理块号)，这样，为了实现空白块的分配与回收，只要把空白块索引表块读入内存，并对它进行操作就可以了。一个空白块索引表上的物理块分配完毕就按照链接指针读入下一组的索引块继续实行分配。回收的情况正好是它的反过程。

## 6.4　文件目录管理

为了实现对文件进行存取管理，实现文件的按名存取，必须在文件名和文件的物理存储地址之间的建立对应关系，在文件系统中这种关系称作文件目录。文件目录由若干目录项组成，每个目录项记录一个文件的有关信息。包括：有关文件存取控制信息。例如，用户名、文件名、文件类型、文件属性(可读写、只读、只执行等)。文件目录中的内容在建立文件时填入，每建立一个文件占用目录表中的一栏，记录文件的名称，分配给它的存储地址以及其他特征信息。当需要读/写文件时，只要文件存在，查目录表就可以由文件名得知它的存储地址及其特征信息，实现了文件的按名存取功能。

文件目录结构设计的好坏直接影响文件系统的功能。文件目录必须查找方便，利于信息保护和共享，并能防止同名冲突。

### 6.4.1 文件控制块

文件由文件控制块(File Control Block，FCB)和文件体构成。文件体是指文件有效信息部分。FCB是一种表格，是文件存在的标识，具体说来，FCB中应该有下述信息：

(1) 文件名。它是用来标识文件的符号名。

(2) 内部名。系统内部为管理和查找方便给文件赋予的内部标识。

(3) 用户名。在较完备的系统中，允许一个用户有若干个文件，不同的用户有相同的文件名。因此，为了标识文件的属主及区分不同用户的同名文件，有必要在文件控制块中规定用户名。用户名即文件所属用户的名字。

(4) 存放方式。说明文件在外存中的结构，如顺序结构、索引结构等。

(5) 物理位置。文件在外存存放的物理位置。对顺序结构和链接结构的文件，给出文件首、尾记录的物理块号和指向第一个物理块号的指针(尾记录的物理地址也可用记录个数代之)，对索引结构的文件，则应指出每个逻辑记录的物理地址及记录长度或索引文件名。

(6) 记录规格。标明组成该文件的记录是等长还是变长和记录长度等内容。

(7) 创建时间，保存期限。说明该文件是何时创建的，应保存多长时间。

(8) 口令。将用户自己规定的口令保存在文件控制块中，以加强文件的安全性，在执行文件操作时，系统帮助核对口令，口令不一致则停止操作。

(9) 操作限制。为了保护文件，应对某规定允许访问的操作类型，如规定：只读文件、读写文件、不加限制文件等。如对该文件执行违反规定的操作时，禁止执行，并回答“错误信息”。

(10) 共享说明。指出文件拥有者和伙伴者的用户名，后者是指文件拥有者授权访问该文件的其他用户，有时还规定伙伴用户共享该文件的权限，如只允许伙伴用户读文件，或允许读写而不允许其他控制操作。这仅仅是文件共享的方法之一。现行的系统中还有许多种其他的方法。“共享说明”一栏的作用是要说明哪些用户可以共同使用该文件及其使用权限。

(11) 其他。如对文件的增删说明，指出文件能否截断和删除文件的某一部分和能否对文件增补新的内容等。

FCB中的大部分内容均由用户在建立文件时提供。文件建立以后(特权)用户利用特定的操作命令也可以对其中的一些内容进行修改。

### 6.4.2 一级文件目录结构

一级文件目录也称为简单文件目录，它是系统为存入系统中的所有文件而建立的一张文件目录表，每个文件占目录表中的一栏，如表6-4所示。

表 6-4　一级目录结构

| 文件名 | 文件的物理地址 | 日期 | 时间 | 其他信息 |
|---|---|---|---|---|
| ABC | | | | |
| TEST | | | | |
| DUP | | | | |
| TREE | | | | |
| ⋮ | | | | |

在一级文件目录中，每一栏包含文件名、存储地址等如上所述的文件控制信息。每当用户建立一个文件时，就在一级目录中申请一栏，填入相应信息。每当删除一个文件时，就从该目录表中抹去该文件相应栏中的内容。每当访问一个文件时先按文件名(或用户名)在该目录中查找相应栏，找到文件的存储地址。遵照存取控制权限要求，然后执行需要的操作。

一级目录通常按卷构造(所谓卷，可以指一盘磁带，一个磁盘(组)，或一台磁鼓等)。即把一个卷中所保存的全部文件形成一级目录表，同时目录表直接保存在该物理卷的固定区域中，使用时首先将目录表读出。

采用一级目录虽然结构简单，容易实现，但当文件数目增多时，不可避免地会出现文件重名冲突，文件检索时间过长，文件共享困难等问题。

### 6.4.3　二级目录结构

二级目录结构是把记录文件的目录分为两级。它由一个主文件目录(Master File Directory，MFD)和其所管辖的若干个用户文件目录(User File Directory，UFD)组成，主文件目录中的每栏说明用户目录的名字，目录大小及所在物理位置；而用户文件目录的每一栏说明一个用户文件的全部控制信息，包括相应的文件的存储地址，如图 6-10 所示。

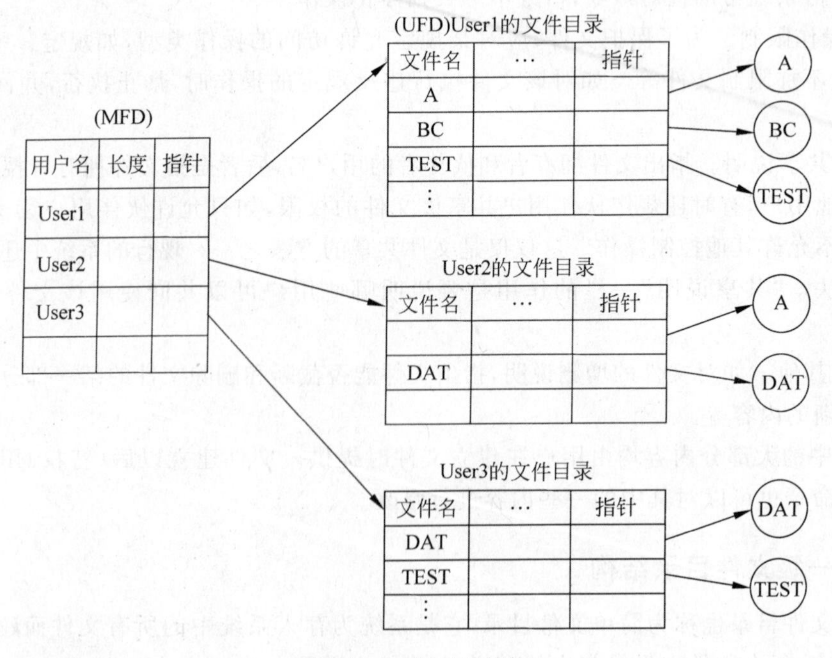


图 6-10　二级目录结构

当一个用户要存取文件时，系统根据用户名先在主目录中找出该用户的文件目录，再查找该目录下的指定文件的物理地址，然后对文件进行存取操作。二级目录结构中，文件系统可以控制用户在所建立的子目录UFD上进行操作，不仅能解决不同用户文件的重名冲突，而且也在一定程度上保证了文件的安全。

二级目录结构可以看成是一颗高度为2的树结构。树的根结点是MFD，MFD的儿子结点是UFD，UFD的儿子结点则是文件（包括它的访问控制信息）。在这颗树上定位某个文件，必须给出用户名、文件名。我们把用户名和文件名拼在一起称为路径名。系统中的每一个文件均有唯一的路径名。

### 6.4.4 多级目录结构

多级目录结构也称为树形目录结构。在此种结构中，有一个根目录。任何一级目录中的项，既可以指向次一级的子目录（即目录文件），又可以指向一个普通文件，如图6-11所示。

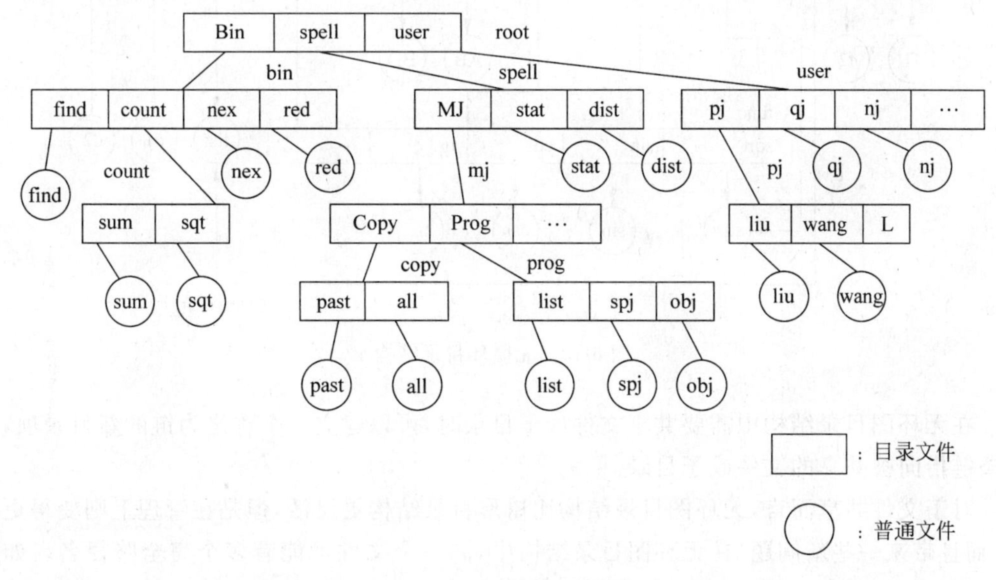


图6-11 树形目录结构

树形目录允许用户在自己的文件中再建立子目录。正如刚才提到的，从根目录到文件之间所有各级子目录名和该文件名的顺序组合称为文件的"路径名"。

绝对路径：是从根目录到指定文件的路径。如"root/spell/mj/prog/List"，"root/bin/find"。

相对路径：是从当前目录到指定文件的路径。如当前目录为mj时，访问文件all时只需给出"copy/all"的相对路径。

通常，每一个用户都指定一个"当前记录"，当用户作业开始运行时，或者用户注册时，操作系统在计账文件(accounting file)中查找和该用户所对应的信息项，计账文件除了保存用户计账所需的信息外，也同时保存一个指向用户"当前记录"的指针(或名字)。"当前目录"指针最初自动置为该用户的初始目录，同时为用户定义一个局部变量，作为"当前目录"的指针，操作系统提供一条专门的系统调用，供用户随时改变"当前目录"。

为了实现文件共享，还有两种变形的树形目录结构，它们是：

### 1. 无环图目录结构

无环图目录结构是为实现文件共享而提出的。所谓文件共享是指允许多个用户共同使用一个文件，因在树形目录结构下只便于访问某一子树沿路径所指的文件。而不便于访问其他子树所指的文件。

无环图目录结构是指在树形目录结构中增加了一些未形成环路的链。因此，在无环图目录结构中，允许若干个目录都共同描述或共同指向被共享的子目录或文件，以实现文件共享，如图 6-12 所示。

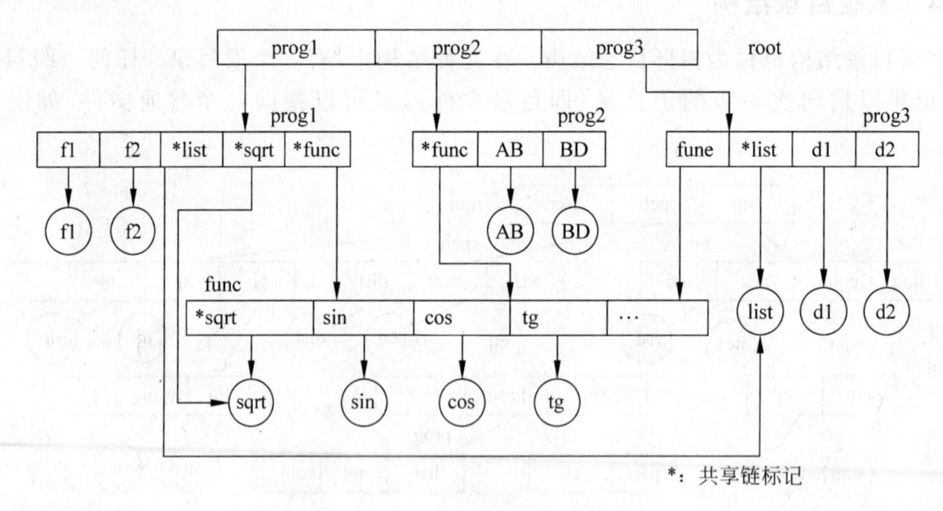


图 6-12　无循环目录结构

在无环图目录结构中需要共享文件或子目录时，可以建立一个称之为链的新目录项，由这条链指向被共享的文件或子目录。

对于文件共享而言，无环图目录结构比树形目录结构更灵活，但是在管理上则变得更复杂，而且带来一些新问题，在无环图目录结构中，同一个文件可能有多个完全路径名。如果按图遍历整个文件系统(可能由于某种需要而搜索某一个文件或统计所有的文件，或者转储所有的文件)，就可能对图中的某些相同结点(共享结点)做两次或多次重复的遍历。

无环图目录结构中的另一个问题，是需要删除共享结点时，要考虑被其他结点的共享问题。例如，若考虑删除一个被两个用户共享的文件，一个用户欲删除该文件时，若简单将其删除，那么另一个用户的某一级目录中原来的共享链便指向了一个当前不存在的文件，链可能仍然指向文件原来所处的物理地址，这显然将使这一用户发生误会。

解决在无环图中删除结点的问题，一种可行的方法是为图中的每一个结点设置一个访问计数器(或称共享计算器)。每当图中增加了一条对某个结点的共享链时，该结点的访问计数器加 1；每当需要删除某个结点时，该结点的访问计数器减 1，若访问计数器为 0，则删除该结点，否则只删除共享链，保留原节点供其他用户共享。

在无环图结构中遍历所有结点的问题，可以在树形遍历算法的基础上做些改进。例如，每搜索完一个结点，便为其标上遍历标志，这样可避免重复遍历的问题。

### 2. 通用图目录结构

通用图目录结构是在树形目录结构的基础上，增加共享链，而且图中可以出现环图，如图 6-13 所示，它是一种更加一般的目录结构。更有利于实现文件共享，但对于目录管理却相对要复杂一些。和无环图目录结构一样，也需要考虑如何在图中遍历结点的问题，如何在图中删除节点的问题。这些都是在实际应用中遇到的问题，可以借助于图论中的有关知识来解决。

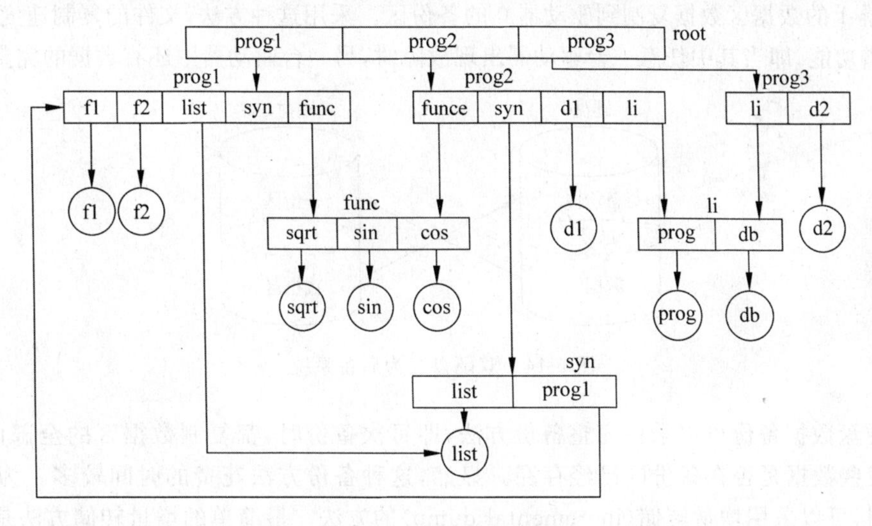


图 6-13 通用图目录结构

通用图目录结构和树形目录结构一样，查找时也应该给出路径名。只是路径名有多条，而且也有“当前目录”的概念。

概括地说，树形目录结构有清晰的层次关系，其优点是：

(1) 解决了文件重名问题。

(2) 有利于文件分类。

(3) 提高检索文件的速度。

(4) 能进行存取权限的控制。

## 6.5 文件系统的可靠性

文件系统是计算机资源的重要组成之一，如果文件系统被破坏，恢复所有信息是非常困难的，有时甚至没办法恢复。若破坏了用户唯一备份的程序、文档、数据库等其他至关重要的数据，将对用户造成不可估量的损失。客观上，天灾人祸对文件系统设备及存储媒体的损坏是不可避免的。但人类可以采取措施，将这些损失降低到最低程度，积极地保护文件系统。常用的保护方法有定期备份文件、保护文件系统数据的一致性等。

### 6.5.1 系统备份

目前常用的系统备份设备有磁带、磁盘和光盘等。由于磁带只适合于存储顺序文件，因此现在主要把它作为后备设备。磁带机往往价格便宜，容量大，但访问速度比较慢。可刻录光盘因为价格低，存储容量大，保存时间长，可随机快速访问而日趋成为主要的后备设备。

磁盘也是主要的后备设备，备份软盘上的文件系统很简单，只需要把整个磁盘内容复制到一张空软盘上即可。硬盘的容量比软盘的容量大得多，可以将一个硬盘的文件系统全部备份到另一张硬盘上保存，保存期通常比磁带长3～5年，但其单位容量的存储费用较高。现代计算机系统多采用两个大容量硬盘结构，每个硬盘都划分为两个区：数据区和备份区，如图6-14所示。可以定时将硬盘驱动器0的数据区内的数据复制到驱动器1的备份区，同时将驱动器1的数据区数据复制到驱动器0的备份区。采用这种方法，文件的复制速度快，而且具有容错功能，即当其中任意一台驱动器出现故障时，另一台驱动器中还有数据的完整备份。

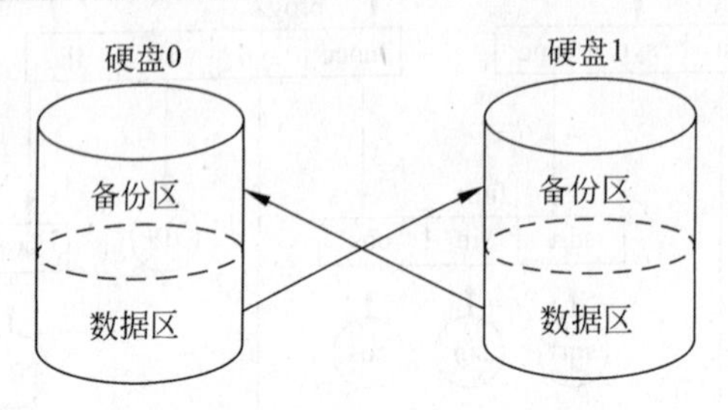


图6-14 双硬盘互为后备系统

双硬盘数据备份可以采用完整备份方法，即每次备份时，都复制数据区的全部内容，不论其中某些数据是否在备份区已经存在。显然，这种备份方法花费的时间较多。为了减少备份时间，可以采用增量转储(incremental dump)的方法。最简单的增量转储方法是：定期进行一次完整备份(或称全量转储)，如每周一次或每月一次，复制硬盘数据区的全部数据。除此之外，每天只存储自上次复制以来修改过的文件，即两次全量转储之间的每一天不用复制未更新过的文件，仅复制每天之间的更新信息。这样就可以大大地节约数据复制时间，也确保了数据的可靠性。

转储程序在进行转储时，首先检查每个文件在最后一次转储以后是否发生了变化。如果这期间文件未被更改过，则此次不必转储该文件；否则，需要转储该文件，并修改该文件的最新转储时间。这种转储方法需要大量的备用磁带或磁盘。如果以一个月为周期进行转储，这种方法需要至少31张日常转储磁带或磁盘(每天一张)，以及每月一次全量转储的足够磁带或磁盘。尽管需要较多的后备存储介质和机器时间，但由于每天进行文件备份，可以保证文件系统的损失量不超过一天的工作量。

### 6.5.2 文件系统数据的一致性

影响文件系统可靠性的另一个问题是文件系统数据的一致性。当一个数据，如商品代码分别存储到多个文件中，如进货文件、入库文件、销售文件等。如果需要修改某商品代码，若漏掉了其中一个文件中的该商品代码未修改，则会出现商品代码不一致问题。在文件系统中，若在“读数据块→修改数据→写回磁盘”这一系列工作流程中，当修改后的数据块未写回磁盘之前，出现系统故障，则文件系统可能出现不一致。如果修改的是文件索引节点信息、目录信息或空闲存储块信息，将带来严重的影响。

例如，用户甲为一个已存在的文件申请增加存储空间。若申请成功，且内存中的磁盘分配表及文件分配表被更新，但此更新信息未写回磁盘。若系统出现故障，被重新启动。如果用户乙申请文件存储空间，检查磁盘上的空闲分区表，为用户乙获取足够的空闲存储块。可能正好覆盖用户甲上一次申请的磁盘空间，因为系统不知道该磁盘空间内已存储了用户甲的文件数据。这样，用户甲将访问到用户乙的文件，而自己的文件数据丢失。一种解决这个问题的方法是，首先，当用户甲保存文件时，锁定磁盘中的磁盘分配表，防止其他用户在本次分配未完成时修改该表。接着，系统检索内存中磁盘分配表复制，查找空闲分区。然后，为用户甲分配空闲分区，修改内存中的磁盘分配表，并将更新数据写回磁盘，修改磁盘上的相应信息。再修改文件分配表，并将更新数据写回磁盘。最后，将磁盘分配表解锁。如果磁盘上的磁盘分配表加锁期间，出现系统故障，用户甲此次的全部操作失败，可以从头再来，而不会出现数据不一致的情况。只有当用户甲完成其保存文件的全部操作以后，才允许其他用户以同样方式和步骤保存文件。

许多计算机系统都安装并运行一个检验程序，随时检查文件系统的一致性，以确保文件系统数据的一致可靠。文件系统的一致性检查分为两种：磁盘块的一致性检查和文件的一致性检查。

**1. 磁盘块的一致性检查**

磁盘用于存储文件，一个磁盘块要么是空闲状态，存在于空闲分区表或空闲分区链表中；要么是已用状态，分配给了某个文件，存在于文件分配表中。如果一个磁盘块号既出现在空闲分区表中，同时又出现在某一个文件的文件分配表中，则表明文件系统磁盘块数据表示不一致。

为了检查磁盘块的一致性，可以建立两张表。一张表统计磁盘上每个盘块在文件中出现的次数，称为数据块计数表；另一张表统计每个盘块在空闲分区表、空闲分区链表或位示图等数据结构中的出现次数，称为空闲块计数表。每一个磁盘块在两张表中分别设置一个计数器，其初始值均为0。

检验程序进行磁盘块一致性检查时，首先检查磁盘上所有文件的数据块，每当检查到一个数据块时，将数据块计数表中对应该块的计数器加1。当检查完磁盘上全部文件的数据块以后，数据库计数表中记录了所有文件数据块的出现次数。然后，检验程序检查空闲分区表、空闲分区链表或位示图等数据，查找所有未使用的空闲存储块。当找到一个空闲存储块时，将它在空闲块计数表中对应的计数器上加1。

如果文件系统的数据是一致的，则对于每个磁盘块，要么在数据块计数表中的计数器值为1，要么在空闲块中的计数器值为1，如图6-15(a)所示，正常情况下，两张表中对应磁盘块计数器值应为互补。数据不一致的异常情况，可能有如图6-15(b)、(c)和(d)所示的3种。

图6-15(b)中，磁盘块号6在两张表中的计数器都为0，因为系统故障而丢失了6号磁盘块，这时会报告找不到6号磁盘块。这种异常损失不大，但浪费了磁盘空间。最简单的解决办法，只需要在空闲表中增加盘块号6，使之在空闲块计数表中的计数器为1即可。如果6号磁盘块属于某个文件，则该文件数据丢失。另一种异常情况如图6-15(c)所示，10号磁盘块在空闲块计数表中的计数器为3，表明在空闲链表中10号磁盘块出现了3次。但这种故障不会出现在采用位示图法登记空闲分区的系统中。解决方案是重新建立空闲分区表，清除重复磁盘块。如果出现图6-15(d)的情况就麻烦了。数据块计数表中的某磁盘块（如15号磁盘块）的计数器值大于1，表示同一个数据块出现在两个或多个文件分配表中。如果删除任何一个文件，15号磁盘块就会加入到空闲表中，导致一个盘块号同时出现在两张表中。若将对应的几个文件全部删除，则这个磁盘块号又会在空闲表中出现多次。具体解决

图 6-15 文件系统数据的一致性检查

方法可以是,另申请一个空闲磁盘块,将 15 号磁盘块中的内容复制到该空闲块中,再将其插入到文件中。这样可以保证文件内容不改变,但多个文件共同占用一个数据块,这通常都是系统故障引起的,相应文件的内容一般都不可能正确。这样做,并提供相应报告,可让用户及时检查。

### 2. 文件的一致性检查

文件系统的一致性检查还包括文件的一致性检查,通过检查目录系统的一致性来实现。同样需要建立一张文件计数器表,每个文件对应其中的一个计数器,传统文件的索引结点个数。检验程序从系统的根目录开始查找,每当在目录中找到一个索引结点号时,便将该计数器表中相应文件的计数器加 1。当检查完全部目录以后,将文件计数器表中各文件索引结点计数器值逐个与文件索引结点中原有的链接计数 Count 相比较。如果一致,则系统正常;否则,出现文件链接数不一致的系统异常。

如果索引结点中的链接数大于计数器表中的对应值,即原有链接数超过实现链接文件数,即使断开与该文件的所有链接,该文件索引结点中的链接值 Count 仍不为 1,则系统不允许删除该文件索引结点。这种异常会导致磁盘空间的浪费,但通常不会带来更大损失。

解决方法是，用计数器表中的文件索引结点计数器值更新文件索引结点中的Count值。

反之，如果3个目录项都链接到同一个文件，但其索引结点中的Count值为2，如果删除任何一个目录项，则Count值变为1。文件系统便可删除该索引结点，释放文件的所有数据块。这将导致一个目录指向一个未使用的索引结点，可能其磁盘块已经被重新分配。纠正方法也是将索引结点中的Count值更新为计数器表中的对应值。

## 6.6 文件的保护

文件共享与保护是文件系统中的一个重要问题。一方面实行文件共享，可节省存储空间又加快了访问速度，同时还方便了用户；另一方面还要限制文件共享，即不允许一个用户未经授权随意查阅，修改它人的文件。也就是说一个文件系统还必须能保证用户文件的安全，要为用户文件保密。为此，当有几个用户要使用某一个文件时，文件系统必须能有效地审核它的权限和使用要求，将它与保存在文件目录中的使用条件核对，符合权限要求才允许使用，否则拒绝使用文件。具有完善的文件保护功能的系统，才能取得用户的信任，才是一个完善的文件系统。

一般说来，影响文件安全的因素来自两个方面：一是硬件故障所导致的文件的破坏，这属于系统可靠性问题；二是文件被他人非法使用、修改或有意无意的破坏，这属于文件保护的问题。

### 6.6.1 文件的完整性

文件的完整性是指在系统硬件和软件出现故障的情况时，保证文件信息不被破坏。这是保证文件可靠性的后备措施，常采用的方法是为文件保存多个副本，以备文件遭到破坏时能被恢复，主要的办法是：

**1. 全量转储**

把文件存储器上的全部文件定期(如每天一次)复制到备份磁盘或磁带上。这样做，是防止系统出现故障破坏了其中的文件。有了备份文件，系统修复后，可以将备份文件复制回系统，使系统恢复运行。

**2. 增量转储**

每隔一段时间把上一次转储以后修改过的文件(包括存取控制信息)和新建立的文件转储到备份磁盘或磁带上，关键性的重要文件也可以重新转储。

需要强调的是，无论采用全量转储还是增量转贮，转储后都必须进行校对，并作一些试运行，以保证转储过程不产生错误，使文件能可靠地恢复。

现在的微机系统，多用软盘作为备份，大多采用增量转储，以节省时间与空间。

### 6.6.2 文件的存取保护方法

系统中的用户文件，必须防止他人窃取与破坏，即使允许共享的文件，也必须防止超权使用文件。例如，文件主可以对文件进行读与写，而非文件主授权读的用户就无权对它进行写操作。这就在文件系统的设计时必须采取一些预防性办法来保护文件。

对于单用户系统,实现文件保护最简单的方法是将文件存储介质(如软盘)取走。锁入保险箱中。但对于多用户系统,就不能采用这种方法,因为它的文件存储器为多用户共同使用。这时,必须另行设法防止未授权的用户窃取、破坏文件或超权使用文件。下面就介绍几种常见的文件保护方法:

1. 口令

用户在建立一个文件时,同时提供一个口令(password),系统在为其建立文件目录时,相应地附上口令。文件主可以将口令告诉允许共享该文件的其他用户。

当用户请求访问文件时,必须先输入口令,系统把它和存放在相应目录表目中的口令进行核对,如不匹配,则拒绝访问。

采用口令的方法容易实现,不会增加更多的"时空"开销。但口令容易被人获取,并且得到口令后的用户,对存取权限可以不加限制,因此,采用口令的方法,必须和其他的方法配合使用,系统仅利用口令来识别访问文件的用户。至于对文件的访问权限的控制则采用其他的方法。

2. 密码技术

密码技术(也称数据保密方法)是用来保护数据的一种手段,计算机内存储的文件(或数据)可以分成不同的密级,通常有:绝密、机密、秘密、一般,按其密级次序排列可为:绝密＞机密＞秘密＞一般。对于一般以上的文件要做到安全,都应采取一定的保密措施。

使用密码技术就是在文件写入系统时进行加密处理;读出时,进行解密处理。

密码技术可分为两个方面:一是设计密码的技术(加密),或称密码表示法;二是破译密码的技术(解密),或称密码分析法,这里不作叙述。

3. 访问控制

为了保证文件的安全性,对文件的保护除了上面讲的口令,密码外,对打开的文件,还规定访问权限,即通过检查用户拥有的访问权限看是否与本次存取要求一致,防止未经授权的用户访问文件同时防止被授权的用户超越权限。

常用的访问控制(access control)技术有如下几种。

1) 访问控制矩阵

为了对用户的文件访问(如读、写、增加、删除等)进行控制,操作系统可以在内部建立一个二维的"访问控制矩阵"。其中一维列出文件系统的全部用户名;另一维列出系统内的全部文件。矩阵中的每项指明用户对相应文件的访问权限,如表 6-5 所示。

表 6-5 访问控制矩阵

| 用户名 | 文件名 | | | | |
|---|---|---|---|---|---|
| | F1 | F2 | F3 | F4 | … |
| User1 | RW | R | RE | E | |
| User2 | R | RE | RWE | — | |
| User3 | — | R | RE | — | |
| User4 | — | RE | — | R | |
| User5 | RW | — | E | — | |
| ⋮ | | | | | |

其中:R 为允许读;W 为允许写;E 为允许执行;—为不允许访问

当用户访问文件时，由操作系统根据访问控制矩阵，验证用户所需的访问与规定的访问权限是否一致，如果超越了权限，则拒绝对文件的此次访问。

这种保护方法在概念上是简单的，但最大的缺点是“访问控制矩阵”带来的空间开销太大，若某个文件系统有500个登记的用户，他们共有2000个联机文件，那个，这个访问控制矩阵就有1000000表目，将占去相当大的存储空间，而且，查找这么大的表既不方便又费时，因此，该方法只适宜在较小规模的系统上使用。

2）访问控制表

大多数用户建立的文件，一般只允许少数与他有关的用户共享，即只允许其他少数用户具有某种访问权限。为此，我们可以将这些相关用户分组，并按组给定文件访问权限，而将无权使用该文件的用户列入其他组，不予访问权限。采用如表6-6的访问控制表，反映出有选择的共享文件的用户情况。显然，每个文件有一张访问控制表，这张表可以合并到文件目录项中成为目录项的一部分。

表6-6 访问控制表

| 文件名 | 用户访问权限 |
|---|---|
| 文件组 | RWE |
| A组 | RE |
| B组 | E |
| C组 | R |
| 其他 | — |

对于某些公用文件，允许所有用户共享，只是访问权限有所区别，也可以采用这种访问控制表来达到限制用户访问权限的目的。

这种办法由于可以与文件目录结合在一起。不但节省存储空间，而且加快了权限验证的时间。当然用户分组还需要系统根据用户提供的信息另行处理。

用户使用的文件，除系统文件对所有用户都开放不必考虑外(系统文件统一保护)，用户使用其他的文件毕竟是少数。这样就可以把每个用户所要使用的(用户)文件统一集中在一张用户权限表中，如表6-7所示。表中列出该用户对每个文件的访问权限。通常，所有的用户权限表存放在一个特定的存储保护区内，只有负责存取合法性处理(检查)的程序才能访问这些用户权限表。这样，就可以达到有效的保护。当用户要求访问某一个文件时，系统查找相应权限表，验证要求的合法性，作出相应的处理。

表6-7 用户权限表

| 文件名 | 访问权限 |
|---|---|
| F1 | RE |
| F2 | RW |
| F3 | RWE |
| F4 | R |
| ⋮ | ⋮ |

## 6.7 文件的使用

文件的建立和使用是用户直接涉及的问题，系统为用户提供若干条系统调用命令，使用户能方便地建立和使用文件。不同的系统，所提供的有关文件使用的系统调用命令不尽相同，功能不一，但最基本的命令还是都有的。如，建立文件(CREATE)，删除文件(DELETE)，打开文件(OPEN)，关闭文件(CLOSE)，读文件(READ)和写文件(WRITE)等等，这些系统调用命令都有着如下的一般格式为：

命令动词 设备名，文件名，参数

### 1. 建立文件(CREATE)

当用户需要将一批信息(或程序)作为文件保存在文件存储器(磁盘或磁带)上时，需要使用建立文件系统调用命令来达到自己的目的——建立一个新文件。建立文件的系统调用命令的一般格式为：

CREATE 设备名,文件名,参数

其中,设备名就是文件存储器的逻辑符号名；文件名是用户自己按系统规定给自己要建立的文件起的符号名；参数是说明要建立的文件的属性,如文件类型、存取方式、记录长度等。

系统接收到建立文件的命令后,首先检索所提供的参数的合法性,若不合法则发出错误信息后返回,否则一般要做下述工作：

(1) 查文件目录表,看有没有同名文件存在,有则拒绝建立,给出错误信息,否则分配给该文件一个空项目录项,并填入文件名和用户提供的参数。

(2) 为要建立的文件分配存储空间。对于连续文件,按用户提供的文件长度分配一连续文件存储空间；对于索引文件,则先分配一物理块供建立索引表之用。分配到的物理空间的地址需填入为该文件而设的目录项中。

(3) 将新建文件的目录项读入活动文件表中(即完成打开文件的工作),为以后写文件体作好准备。

需要清楚的是建立文件所做的主要工作仅仅是建立一个文件目录,而真正的文件内容还必须由随后的写命令写入文件存储器中。

文件一经建立,就一直存入系统之中,直到用户使用撤销命令,撤销该文件为止。

### 2. 删除文件

当用户确定不必保存某一个文件时,可以用删除文件(DELETE)的命令将它删除。删除文件的系统调用命令格式为：

DELETE 设备名,文件名

系统接到此命令后,查找文件目录,将该文件从目录中删除,并释放该文件所占用的文件存储空间。

删除文件必须小心,因为一旦删除就无法恢复。尤其要注意的是,在树形目录结构文件删除时,若删除的是普通文件必须注意是否有连接,有则必须先处理连接才能删除；若删除的是目录文件,则删除的是该目录下的所有文件。

### 3. 打开文件

用户为了使用某一个文件,必须先用打开文件系统调用命令将它打开,建立用户与该文件的直接联系后方能使用(即读/写)。打开文件的系统调用命令格式为：

OPEN 设备名 文件名 参数

打开文件的实质是将文件存储器中该文件的目录项读到活动文件表中(如果分开存放的目录还要把索引节点读到活动索引结点表中),以便对文件的控制操作在主存中进行。

由于活动文件表的大小限制,通常系统允许一个用户同时打开文件的数量有一定限制,有的系统还设置专门命令对允许同时打开文件的个数给予调整。

有的系统,当进程在运行过程中打开一个文件后,为了以后使用检索方便,通常也将被打开的文件名保留在进程内部。为此,在进程控制块中建立了一个“活动文件名表”,专门记录该进程当前已打开的所有文件的名称和存取控制信息。

**4. 文件的关闭**

当用户不用(或暂时不用)某个文件时,可以使用关闭文件的系统调用命令,通知系统回收它所占用的活动文件目录表的相应栏,即删除它以供他人能够使用。关闭文件系统调用的格式如下:

```
CLOSE 设备名,文件名
```

当某文件关闭后,用户又要重新使用它,则必须重新打开该文件,系统重新将其文件控制块放入活跃文件目录表后,文件方才能被读/写或进行其他操作。

**5. 文件的读写**

用户需要把文件信息(文件体)从外存读入内存或从内存写回外存,可以通过读或写文件系统调用来实现。它的格式为:

```
READ | WRITE 设备名,文件名,参数
```

当系统接到此系统调用后,应完成如下动作:

(1) 核对所给参数的合法性;

(2) 按文件名从活动文件目录表中寻找该文件的文件存取控制信息;

(3) 将文件存取控制信息的操作限制和共享说明与系统的调用参数进行比较,核对存取权限;

(4) 将参数中所提供的逻辑记录号和长度,以及内存地址转换成物理结构相对应的物理地址;

(5) 操作系统的设备管理程序按用户提供的读写参数,为用户分配所需要的设备,组织通道工作,实现真正的I/O工作。

## 6.8 Windows XP的文件系统

### 6.8.1 Windows XP文件系统概述

Windows XP支持传统的FAT文件系统,对FAT文件系统的支持起源于DOS,以后的Windows 3.x和Windows 9x系列均支持它们。该文件系统最初是针对相对较小容量的硬盘设计的,但是随着计算机外存储设备容量的迅速扩展,出现了明显的不适应。不难看出,FAT文件系统最多只可以容纳212或216个簇,单个FAT卷的容量小于2GB,显然,如果继续扩展簇中包含的扇区数,文件空间的碎片将很多,浪费很大。

从Windows 9x和Windows Me开始,FAT表被扩展到32位,形成了FAT32文件系统,解决了FAT16在文件系统容量上的问题,可以支持4GB的大硬盘分区,但是由于FAT表的大幅度扩充,造成了文件系统处理效率的下降。Windows 98操作系统也支持FAT32,但与其同期开发的Windows NT则不支持FAT32,基于NT构建的Windows XP则又支持FAT32,此外还支持:CDFS(CD ROM File System,只读光盘文件系统)、UDF(Universal Disk Fornat,通用磁盘格式)、HPFS(High Property File System,高性能文件系统)等文件系统。

Microsoft 的另一个操作系统产品 Windows NT 开始提供一个全新的文件系统 NTFS (New Technology File System)。NTFS 除了克服 FAT 系统在容量上的不足外，主要出发点是立足于设计一个服务器端适用的文件系统，除了保持向后兼容性的同时，要求有较好的容错性和安全性。为了有效地支持客户/服务器应用，Windows XP 在 NT4 的基础上进一步扩充了 NTFS，这些扩展需要将 NT4 的 NTFS4 分区转化为一个已更改的磁盘格式，这种格式被称为 NTFS5。NTFS 具有以下的特性：

(1) 可恢复性。NTFS 提供了基于事务处理模式的文件系统恢复，并支持对重要文件系统信息的冗余存储，满足了用于可靠的数据存储和数据访问的要求。

(2) 安全性。NTFS 利用操作系统提供的对象模式和安全描述体来实现数据安全性。在 Windows XP 中，安全描述体(访问控制表或 ACL)只需存储一次就可在多个文件中引用，从而进一步节省磁盘空间。

(3) 文件加密。在 Windows XP 中，加密文件系统(Encrypting File System，EFS)能对 NTFS 文件进行加密，然后存储到磁盘上。

(4) 数据冗余和容错。NTFS 借助于分层驱动程序模式提供容错磁盘，RAID 技术允许借助于磁盘镜像技术，或通过奇偶校验和跨磁盘写入来实现数据冗余和容错。

(5) 大磁盘和大文件。NTFS 采用 64 位分配簇，从而，大大扩充了磁盘卷容量和文件长度。

(6) 多数据流。在 NTFS 中，每一个与文件有关的信息单元，如文件名、所有者、时间标记、数据，都可以作为文件对象的一个属性，所以 NTFS 文件可包含多数据流。这项技术为高端服务器应用程序提供了增强功能的新手段。

(7) 基于 Unicode 的文件名。NTFS 采用 16 位的 Unicode 字符来存储文件名、目录和卷，适用于各个国家与地区，每个文件名可以长达 255 个字符，并可以包括 Unicode 字符、空格和多个句点。

(8) 通用的索引机制。NTFS 的体系结构被组织成允许在一个磁盘卷中索引文件属性，从而可以有效地定位匹配各种标准文件。

(9) 动态添加卷磁盘空间。在 Windows XP 中，增加了不需要重新引导就可以向 NTFS 卷中添加磁盘空间的功能。

(10) 动态坏簇重映射。可加载的 NTFS 容错驱动程序可以动态地恢复和保存坏扇区中的数据。

(11) 磁盘配额。在 Windows XP 中，NTFS 可以针对每个用户指定磁盘配额，从而提供限制使用磁盘存储器的能力。

(12) 压缩技术。在 Windows XP 中，能对文件数据和目录进行压缩，节省了存储空间。文本文件可压缩 50%，可执行文件可压缩 40%。

Windows XP 还提供分布式文件服务。分布式文件系统(DFS)是用于 Windows XP 服务器上的一个网络服务器组件，最初它是作为一个扩展层发售给 NT4 的，但是在功能上受到很多限制，在 Windows XP 中，这些限制得到了修正。DFS 能够使用户更加容易地找到和管理网上的数据。使用 DFS 可以更加容易地创建一个单目录树，该目录树包括多文件服务器和组、部门或企业中的文件共享。另外，DFS 可以给予用户一个单一目录，这一目录能够覆盖大量文件服务器和文件共享，使用户能够很方便地通过“浏览”网络去找到所需要的数据和文件。浏览 DFS 目录是很容易的,因为不论文件服务器或文件共享的名称如何,系统都能够将 DFS 子目录指定为逻辑的、描述性的名称。

## 6.8.2 Windows XP 文件系统模型

在 Windows XP 中,I/O 管理器负责处理所有设备的 I/O 操作,文件系统的组成和结构模型如图 6-16 所示。

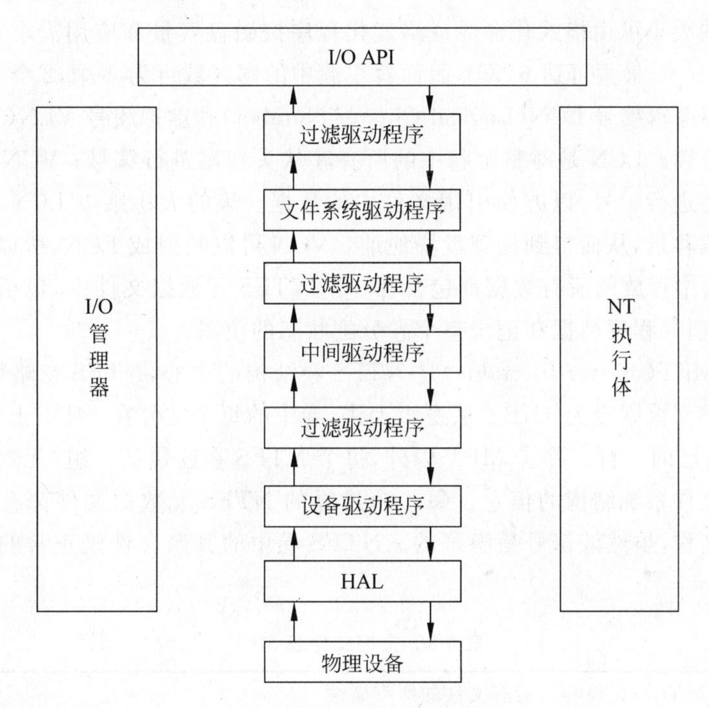


图 6-16 Windows 文件系统模型

(1) 设备驱动程序。位于 I/O 管理器的最低层,直接对设备进行 I/O 操作。

(2) 中间驱动程序。与低层设备驱动程序一起提供增强功能,如发现 I/O 失败时,设备驱动程序只会简单地返回出错信息;而中间驱动程序却可能在收到出错信息后,向设备驱动程序下达重执请求。

(3) 文件系统驱动程序(File System Driver,FSD)。扩展低层驱动程序的功能,以实现特定的文件系统(如 NTFS)。

(4) 过滤驱动程序。可位于设备驱动程序与中间驱动程序之间,也可位于中间驱动程序与文件系统驱动程序之间,还可位于文件系统驱动程序与 I/O 管理器 API之间。例如,一个网络重定向过滤驱动程序可截取对远程文件的操作,并重定向到远程文件服务器上。

在以上组成构件中,与文件管理最为密切相关的是 FSD,它工作在内核态,但与其他标准内核驱动程序有所不同。FSD 必须先向 I/O 管理器注册,还会与内存管理器和高速缓存管理器产生大量交互,因此,FSD 使用了 Ntoskrnl 出口函数的超集,它的创建必须通过 IFS (Installable File System)实现。

### 6.8.3 NTFS 在磁盘上的结构

物理磁盘可以组织成一个或多个卷。卷与磁盘逻辑分区有关，由一个或多个簇组成，随着 NTFS 格式化磁盘或磁盘的一部分而创建，其中镜像卷和容错卷可能跨越多个磁盘。NTFS 将分别处理每一个卷，同 FAT 一样，NTFS 的基本分配单位是簇，它包含整数个物理扇区；而扇区是磁盘中最小的物理存储单位，一个扇区通常存放 512 个字节，但 NTFS 并不认识扇区。簇的大小可由格式化命令或格式化程序按磁盘容量和应用需求来确定，可以为 512B，1KB，2KB，…，最大可达 64KB，因而每个簇中的扇区数可为 1 个，2 个，直至 128 个。

NTFS 使用逻辑簇号 LCN(Logical Cluster Number)和虚拟簇号 VLN(Virtual Cluster Number)来定位簇。LCN 是对整个卷中的所有簇从头到尾进行编号；VCN 则是对特定文件的簇从头到尾进行编号，以方便引用文件中的数据。簇的大小乘以 LCN，就可以算出卷上的物理字节偏移量，从而得到物理盘块地址。VCN 可以映射成 LCN，所以不要求物理上连续。NTFS 卷中存放的所有数据都包含在一个 NTFS 元数据文件中，包括定位和恢复文件的数据结构、引导程序数据和记录整个卷分配状态的位图。

主文件表 MFT(master file table)是 NTFS 卷结构的中心，NTFS 忽略簇的大小，每个文件记录的大小都被固定为 1KB。从逻辑上讲，卷中的每个文件在 MFT 上都有一行，其中还包括 MFT 自己的一行。除了 MFT 以外，每个 NTFS 卷还包括一组"元数据文件"，其中包含用于实现文件系统结构的信息。每一个这样的 NTFS 元数据文件都有一个以美元符号($)开头的名称，虽然该符号是隐藏的。NTFS 卷中的其余文件是正常的用户文件和目录，如表 6-8 所示。

**表 6-8 主控文件表 MFT**

| |
|---|
| MFT($Mft) /*记录卷中所有文件的所有属性 |
| MFT 副本($MftMirr) /*MFT 表前 9 行的副本 |
| 日志文件($Logfile) /*记录影响卷结构的操作，用于系统恢复 |
| 卷文件($Volume) /*卷名，卷的 NTFS 版本等信息 |
| 属性定义表($AttrDef) /*定义卷支持的属性类型，如可恢复性 |
| 根目录($/) /*存放根目录内容 |
| 位图文件($Bitmap) /*盘空间位图，每位一簇 |
| 引导文件($Boot) /*WinXP 引导程序 |
| 坏簇文件($BadClus) /*记录磁盘坏道 |
| 安全文件($Secure) /*存储卷的安全性描述数据库 |
| 大写文件($UpCase) /*包含大小写字符转换表 |
| 扩展元数据目录($Ext. metadata Directory) |
| ⋮ |
| 用户文件和目录 |
| ⋮ |

### 6.8.4 NTFS可恢复性支持

NTFS通过日志记录(logging)来实现文件的可恢复性。所有改变文件系统的子操作在磁盘上运行前,首先被记录在日志文件中。当系统崩溃后的恢复阶段,NTFS根据记录在日志中的文件操作信息,对那些部分完成的事务进行重做或撤销,从而,保证磁盘上文件的一致性,这种技术称"预写日志记录(Write-ahead logging)"。

文件可恢复性的实现要点如下。

**1. 日志文件服务**

LFS(Log File Service)是一组NTFS驱动程序内的核心态程序,NTFS通过LFS例程来访问日志文件。LFS分两个区域:重启动区(restart area)和无限记录区域(infinite logging area),前者保存的信息用于失败后的恢复,后者用于记录日志。NTFS不直接存取日志文件,而是通过LFS进行,LFS提供了包括:打开、写入、向前、向后、更新等操作。

**2. 日志记录类型**

LFS允许用户在日志文件中写入任何类型的记录,更新记录(update records)和检查点记录是NTFS支持的两种主要类型的记录,它们在系统恢复过程中起主要作用。更新记录所记录的是文件系统的更新信息,是NTFS写入日志文件中的最普通的记录。每当发生下列事件时:创建文件、删除文件、扩展文件、截断文件、设置文件信息、重命名文件、更改文件安全信息,NTFS都会写入更新记录。检查点记录由NTFS周期性与到日志文件中,同时还在重启动区域存储记录的LSN,在发生系统失败后,NTFS通过存在检查点记录中的信息定位日志文件中的恢复点。

**3. 可恢复性的实现**

NTFS通过LFS来实现可恢复功能,但这种恢复只针对文件系统的数据,不能保证用户数据的完全恢复。NTFS在内存中维护两张表:事务表用来跟踪已经启动但尚未提交的事务,以便在恢复过程中从磁盘删除这些活动事务的子操作;脏页表用来记录在高速缓存中还未写入磁盘的包括改变NTFS卷结构操作的页面,在恢复过程中,这些改动必须刷新到磁盘上。要实现NTFS卷的恢复,NTFS要对日志文件进行3次扫描:分析扫描、重做扫描和撤销扫描。

**4. 可恢复性操作步骤**

(1) NTFS首先调用LFS在日志文件中记录所有改变卷结构的事务;

(2) NTFS执行在高速缓存中的更改卷结构的操作;

(3) 高速缓存管理器调用LFS把日志文件刷新到磁盘;

(4) 高速缓存管理器把该卷的变化(事务本身)最后被刷新到磁盘。

### 6.8.5 NTFS安全性支持

NTFS卷上的每个文件和目录在创建时创建人就被指定为拥有者,拥有者控制文件和目录的权限设置,并能赋予其他用户访问权限。NTFS为了保证文件和目录的安全及可靠性,制定了以下的权限设置规则:

(1) 只有用户在被赋予其访问权限或属于拥有这种权限的组,才能对文件和目录进行访问。

(2) 权限是累积的，如果组A用户对一个文件拥有“写”权限，组B用户对该文件只有“读”权限，而用户C同属两个组，则C将获得“写”权限。

(3)“拒绝访问”权限优先高于其他所有权限。如果组A用户对一个文件拥有“写”权限，组B用户对该文件有“拒绝访问”权限，那么同属两个组的C也不能读文件。

(4) 文件权限始终优先于目录权限。

(5) 当用户在相应权限的目录中创建新的文件或子目录时，创建的文件或子目录继承该目录的权限。

(6) 创建文件或目录的拥有者，总可以随时更改对文件或子目录的权限设置来控制其他用户对该文件或目录的访问。

在信息交流高度发达的网络时代，很难防止非法用户对某些重要数据的窃取和破坏，高度机密的关键数据，除了设置权限外，还可通过加密技术来保障其安全性。文件的加密指对文件中的内容，按照一定的变换规则进行重新编码，从而得到新的无法正常阅读的文件。所以，除了上面介绍的对文件和目录设置安全性权限外，对文件内容进行加密是一种十分有效的安全性措施，下面简单介绍NTFS的安全性支持——加密文件系统(Encrpyted File System,EFS)。

EFS加密技术是基于公共密钥的，它用一个随机产生的文件密钥FEK(File Encryption Key)，通过加强型的数据加密标准DESX(Data Encryption Standard)算法对文件进行加密。DESX使用同一个密钥来加密和解密数据，这是一种对称加密算法(Symmetric Encryption Algorithm)，加解密数据速度快，适用于大数据量文件。EFS使用基于RSA(Rivest Shamir Adleman)的公共密钥加密算法对FEK进行加密，并把它和文件存储存一起，形成了文件的一个特殊的EFS属性字段——数据加密字段(Data Decryption Field, DDF)。解密时，用户用自己的私钥解密存储在文件DDF中的FEK，然后，再用解密后得到的FEK对文件数据进行解密，最后得到文件的原文。

## 6.9 小结

文件是有标识符的相关字符流的集合或一组相关记录的集合。一个记录是有意义信息的集合，是对文件进行存取操作的基本单位，它有定长和变长两种基本格式。文件系统是操作系统中负责存取和管理文件信息的机构，它由管理文件所需的数据结构和相应的管理软件以及访问文件的一组操作组成。

逻辑文件可以合理有效地利用存储空间并能高效率地进行按名存取，它是由文件按一定的逻辑结构组成的。文件的逻辑结构可分为字符流式的无结构文件和记录式的有结构文件。两类逻辑文件的存取有顺序存取和随机存取两种方式。

文件除逻辑结构外，还有物理结构。文件的物理结构是指文件在外存物理存储介质上的结构，它分为连续结构、链接结构和索引结构3种。常见的文件存储器有磁盘和磁带两种。连续文件的优点是：组织方法简单，知道文件在存储设备上的起始地址和文件长度后，能快速存取，但它不利于文件的扩充，容易产生碎片。链接结构可解决上述问题，但它只能按队列中的指针顺序搜索，效率较低，且存取方法只能是顺序存取，不能随机存取。索引结构可解决上述问题，但使用索引表增加了存储空间的开销。

文件名或记录名与物理地址之间的转换通过文件目录来实现。文件目录有单级、两级及多级目录3种。两级目录和多级目录是为了解决文件的重名问题和提高搜索速度提出来的。多级目录构成文件的树形结构。树形目录允许用户在自己的文件中再建立子目录。

文件的共享是指多个用户可以共同使用某一个或多个文件。文件的完整性是指在系统硬件和软件出现故障的条件下，保证文件信息不被破坏。常见的方法是进行备份，主要的方式：全量转储，增量转储。

对文件的存取控制是和文件共享、保护紧密相关的。存取控制可采用访问控制矩阵、访问控制表、口令和密码等方法确定用户权限。

对外存空间进行管理时，常用的方法有：空闲文件目录、空闲块链和位示图法。

## 习题六

1. 解释术语：文件、记录、逻辑记录、物理记录。
2. 文件有哪些类型？
3. 什么叫文件系统？其主要功能是什么？
4. 文件的逻辑结构有哪两种形式？各自有什么特点？
5. 对文件的存取有哪两种基本方式？各有什么特点？
6. 常见的文件的基本物理存储结构有哪几种？在文件存储器上是如何组织文件的存储的？
7. 试述文件存储器与文件结构及存取方法之间的关系。
8. 什么叫文件控制块？其作用是什么？一般应该包含哪些信息？
9. 试述一级目录结构和二级目录结构实现思想。
10. 如何构成一个树型目录结构？其变形的树型目录结构有哪两种？
11. 对文件实现保护有哪些方法？其实现思想各是什么？
12. 假设两个用户共享一个文件系统，用户甲要用到文件a、b、c、e，用户乙要用到文件a、d、e、f，已知用户甲的文件a与用户乙的文件a实际上不是同一文件，用户甲的文件c与用户乙的文件f实际上是同一文件，甲、乙两用户的文件e是同一文件。试拟定一个文件组织方案，使得甲、乙两用户能共享该文件系统而不致造成混乱。
13. 建立文件的一般格式及应做的主要工作是什么？
14. 删除文件的一般格式及应做的主要工作是什么？
15. 文件的读写的一般格式及应做的主要工作是什么？
16. 打开文件和关闭文件的基本思想分别是什么？
17. 什么是文件卷的安装与拆卸？其实现过程是什么？
18. 树形目录结构有哪些优点？

21世纪

# 第7章 Linux 操作系统

前面介绍了操作系统的基本概念、基本功能以及它们的实现方法后，为了让学生更好地对操作系统有更深入和更具体的了解，本章将介绍一个典型的操作系统——Linux。

## 7.1 概述

Linux 是 20 世纪 90 年代推出的一个多用户多任务操作系统。它与 UNIX 兼容，具有 UNIX 最新的全部功能。Linux 功能强大、性能稳定、便于使用。Linux 系统的最大特点在于它是一个源代码公开的免费操作系统。在学习 Linux 操作系统的各种功能之前，首先了解一下 Linux 产生的背景，它的发展过程以及功能特点等，这对理解 Linux 的功能和熟练地使用 Linux 系统将会有一定的帮助。

### 7.1.1 Linux 操作系统的发展历史

Linux 由芬兰赫尔辛基大学的 Linus Benedict Torvalds 创建，Linus 在学习著名计算机科学家 Andrew S. Tanwnbaum 编写的用于教学的 Minix 操作系统时，发现 Minix 的功能还不够完善，于是决定自己在 PC 机上编写一个保护模式下的进程控制程序，这就是 Linux 的原型。据 Linus 回忆说，“这个程序由两个进程组成，都是向屏幕上写字母，一个进程写 A，另一个进程写 B，然后用一个定时器来切换这两个进程。所以我就在屏幕上看到了 AAAA…，BBBB…，如此循环重复地输出结果”。在此之后，Linus 为了进一步改进 Minix 的功能，对它的部分源代码进行改写，并添加了许多新内容，使它成为一个功能更强的操作系统。Linus 把自己的名字与 UNIX 结合成 Linux 命名给这个新的操作系统，它有个可爱的吉祥物—— 一只小企鹅(见图 7-1)，企鹅取自 Linus 的家乡芬兰的吉祥物。现在，几乎各种版本的 Linux 操作系统都带着这个标志。

图 7-1 Linux 操作系统标志

1994 年 3 月，Linux 1.0 正式版发布。现在 Linux 已经成为一个完整的类 UNIX 操作系统了，它的核心的最新稳定版为 2.2.16，最新测试版为 2.33.99。

Linux 以自由软件的思想采用了通用公共许可证(General Public License，GPL)的方式，在 Internet 上推出了他开发的 Linux 内核。由于 Linux 具有的优秀品质和稳定可靠的性能，加之免费发布全部源代码，所以使 Linux 很快受到大量用户的欢迎。在此之后，随着

Internet网的发展和普及,吸引了越来越多的软件开发人员投入了对Linux进行修改、提高和完善的工作。这些高水平的计算机软件开发人员与Linus一起奋斗,他们遵循GPL免费自由软件源代码公开的原则,不断增加和改进Linux的功能,修改错误,增强Linux适应各种环境的能力,相继推出了不断升级的Linux内核版本,为Linux的发展做出了不可磨灭的贡献。

Linux虽然是一个免费的自由软件,但是,近年来随着越来越多商业软件公司的加盟,使Linux不断地向高水平、高性能发展,在各种机器平台上使用的Linux版本不断涌现。为了方便用户安装和使用Linux操作系统,一些商业软件公司把Linux内核与各种实用程序,入编译器、编辑器、窗口管理器等组合在一起,形成了各种发行套件(distribution),这就是当前出现的各种不同名称的Linux发行版本,如Red Hat Linux、Slackware Linux、Turbo Linux、Debian Linux、Xteam Linux、红旗Linux等。

### 7.1.2 Linux操作系统的开发过程

由于Linux是一款自由软件,它可以免费获取以供学习研究。Linux之所以值得学习研究,是因为它是相当优秀的操作系统,它之所以十分优秀,主要基于以下3点:

(1) 它是基于天才的思想开发而成的。在学生时代就开始推动整个系统开发的Linus Torvalds是一位天才,他的才能不仅展现在编程能力方面,而且组织技巧也相当杰出。Linux的内核是由世界上一些最优秀的程序员开发并不断完善的,他们通过Internet相互协作,从而开发出理想的操作系统。

(2) 它的开发是基于一组优秀的概念。UNIX是一个简单且非常优秀的模型。在Linux创建之前,UNIX已经有20年的发展历史。Linux从UNIX的各个流派中不断吸取成功经验,模仿UNIX的优点,抛弃UNIX的缺点,使Linux成为UNIX系列中的佼佼者。

(3) 它的开发过程是公开的。Linux最强大的生命力还在于其公开的开发过程。每个人都可以自由获取内核源程序,每个人都可以对源程序加以修改,而后他人也可以自由获取你修改后的源程序。如果你发现了缺陷(bug),也可以对它进行修正。如果你有什么最优化或者新的创意,你也可以直接在系统中增加功能。当发现一个安全漏洞后,你可以通过编程来弥补这个漏桐。由于你拥有直接访问源代码的能力,你也可以直接通过阅读代码来寻找缺陷,或者找寻效率不高的代码、安全漏洞,以防患于未然。

### 7.1.3 Linux操作系统的特征

Linux是一种自由的UNIX类多用户、多任务操作系统。可运行在Inter80386及更高档次的各种计算机平台,已成为应用广泛、可靠性高、功能强的计算机操作系统。Linux并不是某种UNIX的翻版,而是一种完全从基础代码开始重写的操作系统。并集中了BSD UNIX和System V等一些著名UNIX版本的优点。与传统的UNIX相比,Linux具有以下特点:

#### 1. 成本低廉,提供全部源代码

虽然Linux具有类UNIX操作系统的特点,但是商业UNIX系统往往价格高昂,一般还限定用户的数量;而Linux使用GNU版权,几乎是全免费,不限用户数,初学者可以通过

低成本的 Linux 接触广泛的 UNIX 世界。对于发展程度不高，经济能力不强的地区、学校、企业，Linux 都是不错的选择。从更高的层面看，完全开放源代码的 Linux 也给我国的软件工业进入到操作系统这一层次提供了机会，也在某种程度上防止或延缓出现广大计算机用户不愿看到的计算机操作系统被某几个大型软件商所垄断的局面。当然，随着价格低廉会产生支持服务不足的问题，但 Linux 下丰富的文档资源和网上庞大的 Linux 爱好者群体在很大程度上弥补了这方面的不足。

**2. 多任务多用户**

Linux 是一个多任务多用户操作系统。多任务是指计算机可以在同一时间内运行多个进程，这些进程在系统中并发执行，它们互不干扰、互相独立。每一个进程都可能使用系统的全部资源，如处理机、内存储器、磁盘和各种外围设备等。系统的资源由 Linux 操作系统进行控制和分配。

多用户指的是多个用户可以在同一个时间内使用一台计算机系统。各个用户通过各自的终端共享主机的资源，使每一个用户都感觉到是自己在使用一台独立的计算机。所谓"独立"是指一个用户在系统上执行的程序与其他用户的程序无关。每一个用户的工作不会受到其他用户的干扰，任何一个用户的运行事故不会影响其他用户的运行。Linux 操作系统通过对系统资源的控制和管理，对多个用户任务在系统中的运行提供可靠的保证。

此外，从 Linux 2.0 开始，其内核中配置了支持多处理器系统运行的代码，所以它可以运行在具有多个处理器的计算机系统上。

**3. 完善的虚拟存储技术**

Linux 采用请求页式存储管理和页面交换技术，为用户任务提供了比实际内存大得多的虚拟存储空间，实现了只有当前运行的代码和数据才会装入到系统的物理内存。为了进一步优化内存的使用，Linux 还支持内存缓冲机制，空闲的内存可用于磁盘和设备缓存，从而加速了对代码和数据的访问，并能根据内存的使用情况自动对缓存的大小进行调整。通过虚拟存储技术，Linux 有效地实现了存储保护和存储共享。此外，通过页面交换技术使得多个任务可以使用同一块物理内存页面，从而有效地节约了宝贵的内存空间。

**4. 硬件要求不高，支持多种硬件设备**

Linux 对机器档次的最低要求是：386CPU 和 4MB 以上的内存，最基本系统只需要 10MB 空间，这一要求大概是各种现存的 PC UNIX 中最低的。一个功能较完整的 Linux 系统大概需要 16MB 以上内存，150MB 左右的硬盘空间，Linux 能支持各种流行的 CPU，例如，Intel、AMD、Cyrix 系列，还可根据不同的 CPU 种类分别进行指令优化，除 x86 体系外还可支持 Alpha、Sparc 及多处理器系统。此外，Linux 还支持各种流行的 IDE 或 SCSI 界面的硬盘、CDROM、软驱、ZIP 驱动器、MO 和光盘刻录机，支持许多采用不同芯片集的主板、显示卡、声卡、SCSI 卡、网卡等。当前，每当一种新的计算机外围设备投入使用时，在推出 Windows 等操作系统使用的驱动程序的同时，几乎都要开发出在 Linux 上使用的驱动程序，许多硬件厂商将在其产品上附带提供 Linux 使用的驱动程序，与 Linux 的兼容性将是保证其产品畅销的一个不可忽视的因素。

**5. 支持多种文件系统**

在 Linux 下可访问同机的 minix、ext、ext2、ext3、xiafs、hpfs、fat、msdos、umsdos、vfat、 iso9660 等常见的文件系统,还可以通过网络访问或互访 nfs、smbfs、ncpfs 等系统,集成非常方便。

### 6. 软件资源丰富

在发布版内通常已包含了涵盖用户各方面需求的软件：从游戏软件到数据库系统；从绘图程序到文件编辑；从电子邮件到各种网络服务和各类仿真工具等。用户也可以在 Internet 上找到大量的软件及从其他 UNIX 系统中把软件移植到 Linux 上。Linux 软件资源丰富程度几乎超过以往任何一种操作系统。

### 7. 具有强大的内存管理和高性能的文件系统

Linux 采用了灵活的磁盘缓冲调度,能充分利用系统内空余的内存来提高 I/O 速度,又不会妨碍规模较大的应用程序运行。Linux 采用的 ext2 文件系统效率很高,而且采用了有效的机制防止文件碎片过度产生,对掉电或硬件损坏等原因造成的文件系统故障有足够的预防和恢复机制。另外,动态链接库技术、内存共享等技术的采用也提高了内存使用的效率。

### 8. 强大的网络功能

Linux 支持多种流行的网络协议,如 TCP/IP、IPX、AppleTalk、NETBEUI、IPv4、IPv6、X.25 等。发布版内有多种网络服务软件,如 FTP、TELNET、WWW、NFS、E-mail 等。发布版内通常还有 Lynx、Arena、Netscape Navigator 等浏览器,可供用户上网。Linux 还支持与 Microsoft 网络、NetWare 网络等额互联、甚至可仿真 WindowsNT 及 NetWare 服务器。另外,Linux 很适合充当 Internet 服务器,利用 Linux 做服务器也可启动无盘工作站,无盘站上能采用的系统可以是 DOS、Windows 或 Linux 本身。

## 7.1.4 Linux 操作系统的系统结构

Linux 与 UNIX 相比要简捷和小巧得多,但这并不妨碍它成为一个高效、可靠而功能复杂的现代操作系统。Linux 操作系统的指导思想和设计原理与现代操作系统原理有许多一致的地方。在很大程度上,它遵从了 UNIX 操作系统的设计原则,符合 POSIX 标准。作为一种实用的操作系统,它在实现技术上更为精巧和灵活。

从操作系统的角度来分析 Linux,它的体系结构总体上属于层次结构,如图 7-2 所示。从内到外包括 3 层：最内层是系统核心,中间是 Shell、编译实用程序、库函数等各种实用程序,最外层是用户程序,包括许多应用软件。从操作系统的功能角度来看,它的核心由五大部分组成：进程管理、存储管理、设备管理、文件管理、网络管理。各子系统实现其主要功能,同时互相之间是合作、依赖的关系。进程管理是操作系统最核心的内容,它控制了整个系统的进程调度和进程之间的通信,是整个系统合理高效运行的关键。比如各管理模块以进程方式进行,进程又用到文件、内存、外设等其他各种资源；存储管理为其他子系统提

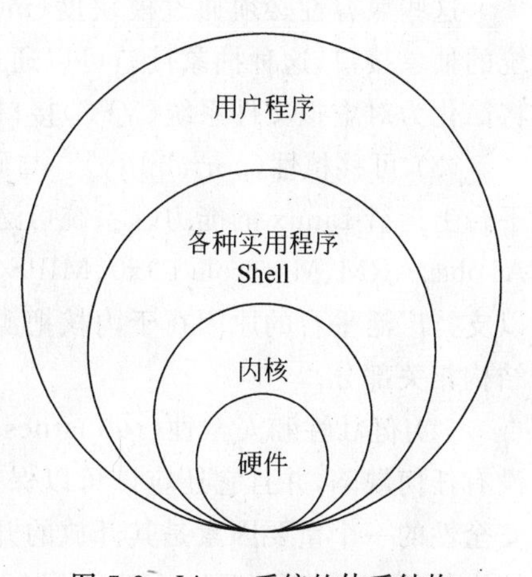

图 7-2 Linux 系统的体系结构

供内存管理支持,同时其他子系统又为内存管理提供了实现支持,例如要通过文件和设备管理实现虚拟存储器和内外存的统一利用;网络管理也离不开另外几个子系统的支持。其中进程管理、存储管理、文件管理中的一些模块和数据结构使用更为频繁,也是我们介绍的重点。

## 7.2 Linux 内核

当前在众多计算机技术人员的努力下和大量计算机厂商的参与下,Linux 系统的性能日趋完善,其功能越来越强劲。Linux 的强大功能主要是由其内核和系统应用程序提供的。在 Linux 问世的十多年时间中,其内核不断修改和完善,大量的系统应用程序陆续推出。本节主要介绍 Linux 内核的设计目标和内核的组成。

### 7.2.1 内核设计的目标

Linux 内核的设计目标是:清晰性、兼容性、可移植性、健壮性、安全性和速度。这些目标有时是互补的,有时则是矛盾的,但是它们尽可能地保持在相互一致的状态下。

(1) 清晰性(clarity)。内核设计目标是在保证速度和健壮性的前提下尽量清晰。在某种程度上,清晰性是健壮性的必要补充。但是清晰性和速度通常是一对矛盾。当内核中清晰性和速度要求不一致时,通常都是以牺牲清晰性来保证速度的。

(2) 兼容性(compatlbility)。Linux 最初的编写目的是为了实现一个完整的、与 UNIX 兼容的操作系统内核,且以符合 POSIX 标准为目标。兼容性表现在以下方面。

① 兼容异种文件系统　它能够支持很多文件系统,如 ext2、ISO-9660、MS-DOS、网络文件系统(NFS)等许多其他文件系统。

② 提供对网络的兼容　Linux 不但提供对 TCP/IP 的支持,其内核还支持其他许多网络协议,包括 AppleTalk 协议、Novell 的网络协议、IP 协议的新版本 IPv6,以及其他一些不太出名的协议。

③ 为硬件提供兼容　Linux 对不常见的显卡、市场份额较小的网卡、非标准的 CD-ROM 接口和专用磁带设备都提供 Linux 的驱动程序。

这些兼容性必须通过模块度(modularity)来实现。在可能的情况下,内核只定义子系统的抽象接口,这种抽象接口可以通过任何方法来实现。例如,内核对于新文件系统的支持将简化为对虚拟文件系统(VFS)接口代码的实现。

(3) 可移植性(portability)。与硬件兼容性相关的设计目标是可移植性,即在不同硬件平台上运行 Linux 的能力。系统可运行在标准 IBM 兼容机上的 Intel x86CPU,还可运行在 A1pha、ARM、Motorola 69x0、MIPS、PowerPC、SPARC 以及 SPARC-64CPU 上。Linux 可以支持广泛平台的原因在于内核把源程序代码清晰地划分为与体系结构无关部分和与体系结构相关部分。

(4) 健壮性和安全性(robustness and security)。Linux 必须健壮、稳定,系统自身应该没有任何缺陷,并且它还应该可以保护进程(用户),以防止互相干扰。保证 Linux 健壮性和安全性的一个重要因素是其开放的开发过程,它可以被看作是一种广泛而严格的检查。内核中的每一行代码、每一个改变都会很快由世界上数不清的程序员检验。还有一些程序员专门负责寻找和报告潜在的缺陷。以前检查中所没有发现的缺陷可以通过这些人的努力来定位、修复,而这种修复又合并进主开发树,以使所有的人都能够受益。

(5) 速度(speed)。速度几乎是最重要的衡量标准,虽然其等级比健壮性、安全性和(有些时候的)兼容性的等级要低。然而它却是代码最直观的几个方面之一。Linux 内核代码经过了彻底的优化,而最经常使用的部分(如调度程序)则是优化工作的重点。

### 7.2.2 内核体系结构的设计方法

图 7-3 是一种类 UNIX 操作系统的标准视图,它表明所有期望具有平台无关特性操作系统其内核应有下面两个特性:

(1) 内核将应用程序和硬件分离开来;

(2) 部分内核是体系结构和硬件特有的,而部分内核则是可移植的。

内核通过把用户应用程序和硬件分离,使部分内核将会因为与硬件的联系而同其他内核分离开来。通过这种分离,用户的应用程序和部分内核都成为可移植的。虽然这通常并不能够使得内核本身更清楚,但是源程序代码的体系结构无关部分通常定义了与低层,也就是体系结构相关部分的接口。这样,内核向新的体系结构的移植就成为可能。另外,用户应用程序的可移植性还可以通过标准 C 库(libc)的协助来实现。应用程序实际上不和内核直接通信,而只通过 libc 来实现。由于这种设计,所有的用户应用程序,甚至大部分的 C 库,都是通过体系结构无关的方式和内核通信的。

为了深入了解内核的体系结构,图 7-4 显示内核概念化的一种可能方式。这里进程和内核的交互通常需要通过如下步骤:

① 用户应用程序调用系统调用,通常是使用 libc。

② 该调用被内核的 system_call 函数截获,此后该函数将调用请求转发给另外的执行请求的内核函数。

③ 该函数随即和相关内部代码模块建立通讯,而这些模块还可能需要和其他的代码

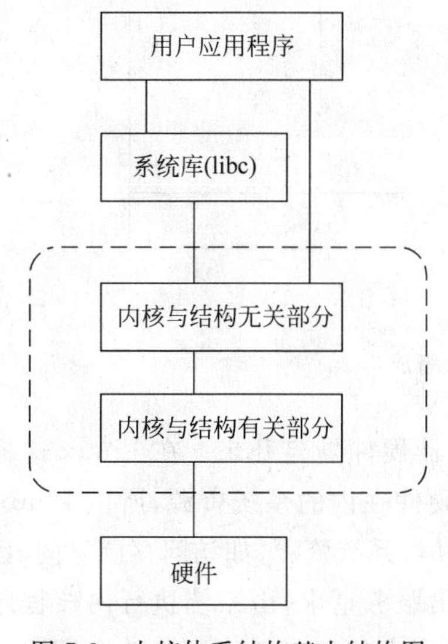


图 7-3 内核体系结构基本结构图

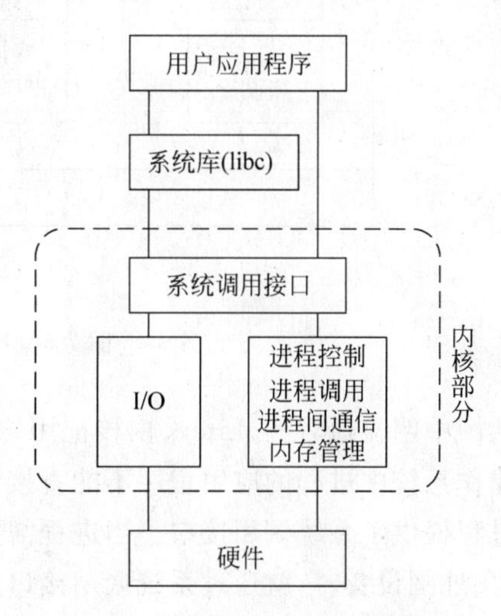


图 7-4 详细的内核体系结构图

模块或者底层硬件通信。

④ 结果按照同样的路径依次返回。

### 7.2.3 Linux 内核的组成及功能

Linux 采用模块化程序设计方法，其内核由若干功能相对独立的程序模块组成。采用模块化设计方法的主要优点在于对于内核功能的增加和修正十分方便，而且任何一个模块的变动都不会影响其他模块的功能。例如，在需要增加系统调用、修改程序代码、加载设备驱动程序等情况下，只需修改有关程序模块，而不必改变系统结构。从 Linux 版本方便的升级可以看出这个优点。

Linux 把内核中所有程序模块按照功能结合成子系统，Linux 内核主要由 5 个子系统组成：进程管理、存储管理、文件管理、网络管理和进程间通信，图 7-5 给出了 Linux 内核组成示意图和各个子系统之间的关系。Linux 把设备看做是特殊文件，所以设备管理应纳入文件管理中，为了与原理部分的概念相符合，图中把设备管理作为一个独立的子系统画出来。

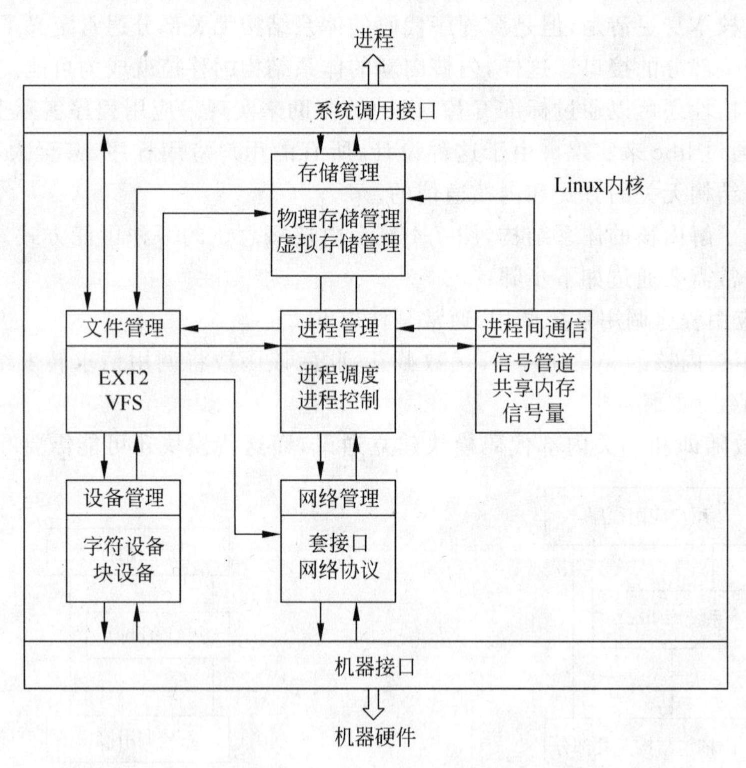


图 7-5 Linux 内核的组成

从图中明显地看到，Linux 内核把用户进程与机器硬件隔离开来。在 Linux 这样的多进程操作系统中进程的应用程序不能直接访问包括硬件在内的系统资源，所以 Linux 内核面向进程提供了系统调用接口。当进程需要访问硬件等系统资源，如访问存储空间、读写文件、使用外围设备时，就通过系统调用接口向系统发出服务请求，由系统执行内核程序并通过机器接口实现对系统资源和硬件的访问，完成进程要求的工作。下面简单介绍 Linux 的 5 个子系统的主要功能。

### 1. 进程管理

与通常多任务多用户操作系统一样，在 Linux 中也是以进程作为系统资源分配的基本单位。Linux 中"进程"与"任务"是同一个概念。进程管理主要是对进程使用处理机进行管理和控制。当多个进程申请使用处理机时，由进程调度程序按照调度方式和调度算法，选择某一个进程，使它进入在处理机上的运行状态。Linux 采用时间片轮转的抢占式调度方式(preemptive)。在这种方式下，每一个进程都可以得到运行，并且避免了一个进程长期占用处理机，或由于某个进程的错误而造成死机。Linux 采用基于 dongtai 优先级的进程调度算法，进程的优先级随进程的运行时间而变化，保证了各个进程使用处理机的合理性，避免了某些进程过度占用系统资源而导致另一个进程无休止等待的现象。

Linux 支持内核线程(又称为守护进程)，内核线程是独立于用户进程在后台运行的一种特殊进程，它们始终驻留在系统中，和内核一样不能被交换出去。内核线程用于完成特定的任务和处理某些特定的事件。

### 2. 存储管理

Linux 采用请求页式存储管理和页面交换技术等虚拟存储技术，配合硬件的虚拟存储机制实现对多个进程的存储管理。允许多个进程安全地共同使用容量有限的物理内存空间。Linux 为每个进程提供了比实际内存空间大得多的虚拟存储空间，即任何一个用户进程的代码、数据、堆栈的总量可以超过实际物理内存的大小。

Linux 的存储管理提供了十分可靠的存储保护措施。Linux 把操作系统与用户的进程赋予不同的特权级，并对操作系统与用户的程序和数据规定了不同的访问权限，用户不能直接访问系统的程序与数据，保证了操作系统本身的安全。同时 Linux 的存储管理为每个用户进程都分配一个相互独立的虚拟地址空间，使每个用户只能访问自己的地址空间，从而保证了用户程序和数据的安全。

### 3. 文件管理

Linux 文件系统的最大特点就是支持多种不同的物理文件间系统，如前所述它支持的文件系统达数十种之多。Linux 本身使用的是 EXT2 文件系统，同时它采用虚拟文件系统 VFS(Virtual Filesystem Switch)为使用其他物理文件系统提供了统一的操作接口。VFS 接口通过一系列的系统调用和一套完善的数据结构，屏蔽了不同文件系统之间的差异，使系统和用户能够与使用 EXT2 文件系统一样来访问它的文件系统。

Linux 中把各种硬件设备看做是一种特殊的文件，称为设备文件。设备文件与一般文件一样可以通过统一的文件操作接口进行控制与管理。所有设备的驱动程序都支持文件操作接口，从而使用户对设备的存取和文件处理一样。

### 4. 网络管理

Linux 通过套接字(socket)机制实现计算机之间的网络通信。Linux 的套接字具有文件标识号的性质，使用套接字可以与读写普通文件一样在网络上接受或发送信息。Linux 采用网络层次模型提供了对多种网络协议和网络硬件设备的支持。在网络模型的各个层次上配有实现不同功能的多种网络协议，由它们负责实现计算机之间的数据传输。网络设备通过驱动程序负责数据在通信线路的传送。

#### 5. 进程间通信

系统中有关进程之间经常需要通过进程通信来互相传递信息。通过信息的交换，进程之间可以传递需要的数据，也可以协调进程之间的运行顺序。Linux 支持多种进程间通信机制，其中最基本的进程间通信是信号和管道。

在 Linux 的各个子系统之间存在着功能上的联系。例如，存储管理要以进程为单位管理虚拟存储空间。进程管理在进行切换时要向存储管理子系统提供当前进程的分页数据结构。当进程管理创建新进程时要依赖存储管理为新进程分配存储空间。存储管理为文件管理提供文件缓冲机制。存储管理依赖文件管理实现页面交换。进程管理子系统需要使用进程间通信子系统的功能协调进程的关系，进程间通信子系统要依赖存储管理支持共享内存通信机制。网络管理子系统由文件管理子系统支持其套接字的操作。设备管理使用文件管理的接口对设备进行操作，它还利用存储管理支持 RAM DISK 设备。

## 7.3 Linux 的进程

### 7.3.1 Linux 进程描述

#### 1. Linux 进程的组成

进程从结构上讲是由程序、数据和一个进程控制块组成的。在 Linux 中，进程是由正文段(text)、用户数据段(user segment)以及系统数据段(system segment)组成的一个动态实体。

在正文段中存放着进程要执行的指令代码，即可执行映像的代码段。正文段是纯过程，可以由若干个进程所共享，它只能读和执行。

用户数据段是进程在运行过程中处理数据的集合，可读、可写、可执行，它们是进程直接进行操作的所有数据，包括可执行映像中的数据段和进程使用的堆栈。若一个进程没有正文段，则将要执行的指令放在数据段里执行。

系统数据段存放着反映一个进程的状态和运行环境的所有数据。这些数据虽然是属于某个进程的，但进程并不能直接访问它们。它们都是系统(内核)对进程进行管理所需要的数据，只能由内核访问和使用，因此这些数据被称为进程的系统数据。

在系统数据段中包括进程最重要的数据结构——进程控制块 PCB。在 Linux 中，进程控制块 PCK 是一个名字为 task_struct 的结构体，它称为任务结构体。Linux 的任务结构体是一个很大的数据集合，它包含着一个进程的所有管理信息，是系统对进程进行管理和控制的主要依据。所以任务结构体是 Linux 的核心数据结构。

#### 2. 共享正文段

系统为了对共享正文段进行单独管理，设置了一个正文表 text。每个共享程序装入内存后，就占用正文表的一个表项(表目)。通过正文表项对进程的正文段进行管理。text 表的 C 语言说明如下：

```
struct text
{
  int     x_daddr;           /*磁盘地址 */
```

```
    int     x_size;          /*主存块数,每块 64 字节*/
    int     x_caddr;         /*主存地址*/
    int     x_iptr;          /*文件主存 i 字节地址 */
    char    x_count;         /*共享进程数*/
    char    x_ccount;        /*主存副本的共享进程数*/
    char    flag;            /*标志*/
} text[NTEXT];
```

由于每个进程的正文段最初都是从文件中复制过来的，所以可用 x_iptr 表示它来自哪个文件。

### 3. task_struct（任务结构体）的数据结构

Linux 中的每一个进程用一个 task_struct 数据结构来表示，即通常所说的“进程控制块 PCB”。所有指向这些数据结构的指针构成进程向量数组 task，系统的进程向量数组大小是 512，即系统中最多同时容纳 512 个进程。当新的进程创建的时候，从系统内存中分配一个新的 task_struct，并增加到 task 数组中。为了更容易查找，用当前进程指针 current 指向当前运行的进程。task_struct 的结构描述在/include/linux/seched. h 中。下面把任务结构体成员项的功能和作用归纳成 9 个方面予以说明：

(1) 进程的状态和标志。描述进程状态和标志的成员项有 state 和 flags。

(2) 进程的标识。进程的标识是系统识别进程的依据，也是进程访问设备和文件时的凭证。表示进程标识的成员项是 pid、uid、gid、euid、egid、suid、sgid、fsuid、fsgid。

(3) 进程的族亲关系。标识进程之间族亲关系的成员项指针有 p_opptr、p_pptr、pcptr、p_ysptr、p_osptr。

(4) 进程间的链接信息。表示进程之间的链接关系的成员项指针有 next_task、prev_task、next_run、prev_run。

(5) 进程的调度信息。表示进程调度依据的成员项是 counter、priority、rt_priority、policy。

(6) 进程的时间信息。表示系统中各种“时间”的成员项有 start_time、utime、stime、cutime、cstime、timeout。表示定时器的成员项有 it_real_value、it_real_incr、it_virt_value、it_virt_incr、it_prof_value、it_prof_incr、real_timer。

(7) 进程的虚存信息。对进程虚存空间管理用的成员项有 mm、ldt、saved_kernel_stack、kernel_stack_page。

(8) 进程的文件信息。进程中与文件系统有关的信息有 fs 和 files。

(9) 与进程间通信有关的信息。实现进程间的通信使用的成员项有 signal、blocked、sig、exit_signal、semundo、semsleeping。

用 C 语言说明为：

```
Struct proc
{
    char   p_stat;               /*进程状态*/
    char   p_flag;               /*进程特征*/
    char   p_pri;                /*进程优先数*/
    char   p_sig;                /*软中断号*/
    char   p_uid;                /*用户号*/
```

```
    char    p_time;              /*驻留时间*/
    char    p_cpu;               /*有关进程调度的时间变量*/
    char    p_nice;              /*用于计算优先数*/
    int     p_ttyp;              /*控制终端 tty 结构的地址*/
    int     p_pid;               /*进程号*/
    int     p_ppid;              /*父进程号*/
    int     p_addr;              /*进程扩充控制块 user 地址 */
    int     p_size;              /*数据段大小 */
    int     p_wchan;             /*等待的原因*/
    int     p_textp;             /*对应正文段的 text 表项地址*/
} proc[NPROC];
```

对于 proc 结构中的表项数目有一定的限制。

**4. 进程扩充控制块(user segment 结构)**

进程扩充控制块时 user 型数据结构,用 C 语言描述:

```
struct  user
{
    char    u_segflg;            /*用户/核心空间标志*/
    char    u_error;             /*返回出错代码*/
    char    u_uid;               /*有效用户号*/
    char    u_gid;               /*有效组号*/
    char    *u_base;             /*主存地址*/
    char    *u_count;            /*传送字节数*/
    char    *u_offset[2];        /*文件读写位移*/
    char    *u_dirp;             /*i 结点当前指针*/
    int     u_rsav[2];           /*保留现场保护区指针*/
    int     u_procp;             /*进程号*/
    struct
    {
    int     u_ino;
    char    u_name[DIRSIZ];
    }  u_dent;                   /*当前目录项*/
    int     u_ofile[NOFILE];     /*用户打开文件表 */
    int     u_arg[5];            /*存放系统调用的自变量*/
    int     u_tsize;             /*正文段大小*/
    int     u_dsize;             /*用户数据区大小*/
    int     u_ssize;             /*用户栈大小*/
    int     u_utime;             /*用户态执行时间*/
    int     u_stime;             /*核心态执行时间*/
    int     u_cutime;            /*子进程用户态执行时间*/
    int     u_cstime;            /*子进程核心态执行时间*/
    int     *u_ar0;              /*当前中断保护区内 r0 地址*/
    ⋮
} u;
```

u 总是指向当前进程的 proc 结构。

### 7.3.2 Linux 系统的进程状态及变迁

进程是有生命周期的。一个进程的生命从概念上可分成一系列状态组成。通过这些状态刻画出进程并描述了进程在生命过程中的演变。在Linux中，进程的状态分为5种，除在操作系统原理介绍的3种基本状态外，又增加了2种状态。Linux中每个进程在系统中所处的状态记录在它的任务结构体的成员项state中。进程的状态用符号常量表示，它们定义在/include/linux/sched.h下。表示进程状态的符号常量及它们的意义如下所示：

- #define TASK_RUNNING 0 可运行态；
- #define TASK_INTERRUPTIBLE 1 可中断的等待态；
- #define TASK_UNINTERRUPTIBLE 2 不可中断的等待态；
- #define TASK_ZOMBIE 3 僵死态；
- #define TASK_STOPPED 4 暂停态。

### 1. 运行态(Running)

进程正在使用CPU运行的状态。单处理机系统中，所有进程中只能有一个进程处于运行态。处于运行态的进程又称为当前进程(current process)。

### 2. 可运行态(Running)

进程已分配到除CPU外所需要的其他资源，等待系统把CPU分配给它之后即可投入运行。Linux的可运行态相当于我们之前讲的操作系统原理中的就绪态。由于进程调度需要从所有处于可运行态的进程中选择下一个使用CPU运行的进程，为了加快处理速度，Linux把可运行态的进程相互链接成一个双向循环链表，称为可运行队列(run_queue)。可运行队列是由可运行态进程的任务结构体链接而成的，它们使用task_struct任务结构体中的两个指针成员项相互链接：

```
struct task_struct * next_run;          /*指向后一个任务结构体的指针*/
strcut task_stuct * prev_run;           /*指向前一个任务结构体的指针*/
```

### 3. 等待态

等待态(Wait)是进程在等待某个时间或某个资源时所处的状态，相当于原理中介绍的阻塞态，在UNIX中称为睡眠态(Sleep)。例如，进程在等待设备完成I/O操作，或进程在等待另一个进程运行的结束等。Linux进程的等待态进一步分为可中断的等待态(Interruptible)和不可中断的等待态(Uninteruptible)。处于可中断等待态的进程可以由信号(signal)解除其等待态，在收到信号后就由等待态进入可运行态。而处于不可中断等待态的进程，一般是直接或间接等待硬件条件，它只能用特定的方式来解除，例如使用唤醒函数wake_up()等使其成为可运行态。

### 4. 暂停态

暂停态(Stopped)是指进程由于需要接受某种特殊处理而暂时停止运行所处的状态。通常进程在接受外部进程的某个信号(SIGSTOP、SIGSTP、SIGTTIN、SIGTTOU)后进入暂停态，通常正在接受调试的进程就处于暂停态。

### 5. 僵死态

僵死态(Zombie)是指进程的运行已经结束的状态，但由于某种原因它的进程结构体task_struct仍在系统中。

需要说明的是，这里所说的 Linux 进程有 5 种状态，实际上在 Linux 中并没有设置进程的“运行态”，它把正在占用 CPU 运行的当前进程也归为可运行态，并排在可运行队列中。之所以把 Linux 当前进程的状态称为“运行态”，主要是为了使掌握操作系统原理的读者便于理解。

**6. 进程状态变迁**

在系统中处于可运行态的进程形成一个可运行队列。当一个进程被创建后，它首先被加入到可运行队列中等待运行，并把 nr_running 的值加 1。在进程调度时，调度程序将按照一定的算法从可运行队列中选择一个进程进入运行态占用 CPU 运行。处于运行态的进程使用 CPU 运行到规定的时间后，或有更高优先级的进程需要运行时，调度程序将剥夺当前进程使用 CPU 的权利，这时该进程就进入可运行队列，等待下一次使用 CPU 继续运行。

进程在运行态下执行程序的过程中，当需要系统申请某个资源，或使用设备进行 I/O 操作而等待操作完成时，该进程自动放弃 CPU 而进入不可中断的等待态。待资源分配给该进程或等待的 I/O 操作完成时，由系统解除该进程的等待态而进入可运行态。在进程运行中需要等待其他进程的运行结果，如进程创建子进程后等待子进程运行结束，这时该进程就进入可中断的等待态。当子进程结束后向该进程发出信号，该进程就解除等待态而进入可运行态。不可中断态不能用信号解除，它只能用特定的方式，如使用唤醒函数来唤醒它，使它称为可运行态。Linux 系统进程状态的变迁如图 7-6 所示。

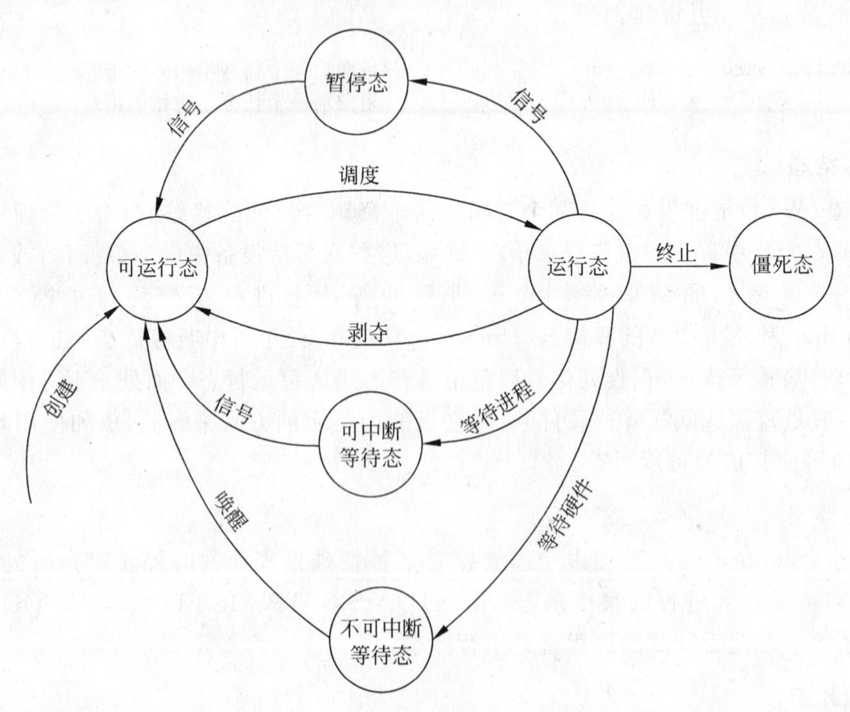


图 7-6　Linux 进程的状态及变迁

# 7.4 Linux 的进程控制与调度

## 7.4.1 Linux 的进程控制

系统中的进程并非永远存在于系统之中，它们都有自己的生命期，即经历诞生、生存直至消亡的不同历史时期。在一个系统中能存在的进程数，通常有数十甚至到数百个。为了对进程进行有效的控制，操作系统必须设置一套控制机构。这套控制机构应具有创建一个新进程，撤销一个已经运行结束的进程，以及改变进程状态、实现进程间通信的能力。这样的机构属于操作系统的内核(kernel)。在 Linux 中，进程状态的转换，即进程控制是通过各种内核函数来实现的，这些内核函数具有"原语"特性，它们在执行中不能被中断。Linux 进程控制的内核函数主要有进程创建、进程撤销、进程睡眠、进程唤醒等。本节首先介绍 Linux 中进程的创建过程和进程中的程序是如何开始执行的，然后介绍进程撤销的方法。这些任务分别由实现进程控制的系统调用 fork()、exec()和 exit()来完成。

### 1. 系统调用 fork

Linux 进程的创建是由当前进程使用系统调用 fork()实现的，实际上是在 fork()中进一步调用内核函数 do_fork()来完成新进程的创建。fork()函数的源代码定义在源文件 kernel/fork.c 中。由于该函数较大，为了节省篇幅，以下给出 do_fork()内核函数的主要功能，从中可以了解 Linux 进程创建的过程，它也可以作为读者分析函数源代码时的参考。

do_fork()函数主要完成下列操作：

(1) 在内存空间为新进程(子进程)分配任务结构体使用的空间，然后把当前进程(父进程)的任务结构体的所有内容复制到子进程的任务结构体中。

(2) 为新进程在其虚拟内存建立内核堆栈。虽然子进程共享父进程的虚拟空间，但是两个进程在进入核心态后必须有自己独立的内核堆栈。

(3) 对子进程任务结构体 task_struct 中的部分内容进行初始化设置，例如，进程的链接关系，包括族亲关系、进程的表示和标志、各个定时器的初值等，主要是与父进程不同的那些数据。

(4) 把父进程的资源管理信息复制给子进程，如虚拟信息、文件信息、信号信息等，注意，这里复制的是建立两个进程对这些资源的共享关系。

(5) 把子进程的运行剩余时间片变量 counter 的值设为父进程 counter 值的一半。

(6) 把子进程加入到可运行队列中，由进程调度在适当时机调度运行。也就是从这时开始，当前进程分裂成两个并发进程。

(7) 无论哪个进程使用 CPU 运行，都将继续执行 do_fork()函数的代码，执行结束后返回它们各自的返值。

从以上过程看到，do_fork()函数的功能首先是建立子进程的任务结构体和对其进行初始化，然后继承父进程的资源，最后设置子进程的时间片并把它加入到可运行队列。

当系统启动的时候它运行在核心态，这时，只有一个进程：初始化进程。在系统初始化结束的时候，开始进程启动一个核心进程(叫做 init)然后执行空闲循环，什么也不做。init 核心进程拥有进程标识符 1，是系统的第一个真正的进程。它执行系统的一些初始化的设置(比如打开系统控制台.安装根文件系统),然后执行系统初始化程序。init 程序使用/etc/inittab 作为脚本文件创建系统中的新进程。这些进程自身可以创建新的进程。例如：getty 进程会在用户登录的时候创建一个 login 进程。系统中的所有进程都是 init 核心进程的子进程。在 Linux 系统中,除了 0 号进程外,其他所有进程都是被另一个进程利用 fork 创建的。0 号进程是一个特殊的系统进程,它是在系统引导时被创建的。系统初启时,0 号进程又创建 1 号进程,此后 0 号进程就变成为对换进程,而 1 号进程就变成系统的始祖进程。Linux 利用 fork 为每个终端创建一个子进程为用户服务,如等待用户登录、执行 shell 命令解释程序等。此后,每个终端子进程又可以利用 fork 来创建它的子进程,从而可形成一棵进程树。

fork 系统调用的语法格式为：

```
int  fork()
```

正确返回时：值为 0——从子进程返回；值大于 0 时从父进程返回,返回值为子进程的进程标识号。

错误返回时：值为－1。

先看一个最简单的父进程创建子进程的例子。

```
#include<stdio.h>
#include<sys./types.h>
#inc[udc<unistd.h>
int main(void)
```

**2. 系统调用 exec**

在系统中创建一个进程的目的是需要该进程完成一定的任务,通过该进程执行它的程序代码实现所需的功能。在 Linux 系统中,使程序执行的唯一方法是使用系统调用 exec()。系统调用 exec()有多种使用形式,它们只是在参数上不同,而功能是相同的。

exec 系列中的系统调用都完成同样的功能,他们把一个新的程序装入调用进程的内存空间,以改变调用进程的执行代码,从而使调用进程执行新引入的程序功能。如果 exec 调用成功,调用进程将被覆盖,然后从新引入程序的入口开始执行。这样就产生了一个新进程,它的进程标识符与调用进程相同,但执行的程序代码不同。也就是说,exec 没有建立一个与调用进程并发执行的新进程,而是用新进程取代了老进程。

这一组系统调用的主要差别在于给出参数的数目和形式不同,给出参数的形式有两种,一种是直接给出指向每个参数的指针,另一种是给出指向参数表的指针。下面给出两种基本的 exec 调用格式的说明。例如：

```
int execl(path,arg0[,arg1,arg2,…,argn],0);
char *path, *arg0, *arg1, *arg2,…, *argn;
int execv(path,argv);
char *path, *argv[ ];
```

其中,参数 path 指出了要执行的程序文件的完整路径名；arg0 是要执行程序的文件名或命令名；arg1,…,argn 是程序参数,这些参数的个数可以不同。从该函数的上述定义中可以看到,它的各个参数都是指向 C 字符串的指针。所以可以直接用“”包围的字符串作为参数。

因为该系统调用将引起另一个程序的执行，所以它成功调用后并不需要返回。只是在调用失败时，返回值为－1。

### 3. 系统调用 exit()

在 Linux 中，每一个进程都有创建、运行、终止和撤销的生命周期。进程完成了本身的任务而自动终止叫做进程的终止，通常做法是调用内核函数 do_exit()实现的。该函数定义在 kernel/exit.c 中。do_exit()所做的事情并不多，主要是释放进程占用的系统资源和使用信号通知其他有关进程。通过对 do_exit()函数源代码的分析，可以看出该函数的核心是要完成如下功能。

(1) 函数中首先设定当前进程的标志，即任务结构体的 flags 成员项设定为 PF_EXITING，表示该进程将要终止。

(2) 释放系统中该进程在各种管理队列中的任务结构体。

```
Del_timer(&current->real_timer);          /*从动态计时器系列中释放该进程的任务结构体*/
```

(3) 释放进程使用的各种资源；

```
Kerneld_exit();                /*释放内核*/
_exit_mm(current);             /*释放虚存空间*/
_exit_files(current);          /*释放打开的文件*/
Exit_thread();                 /*释放线程*/
```

(4) 把进程的状态置为僵死态。

```
Current->state = TASK_ZOMBIE;
```

(5) 把退出码置入任务结构体。

```
Current->exit_code = code;
```

进程任务结构体的 exit_code 成员项保存着进程的退出码。一般情况下，当进程正常终止时退出码为 0，非正常终止时退出码为非 0 值，通常是错误编号。

### 4. 系统调用 wait()

在 Linux 中的父进程建立子进程后，通常使用系统调用 wait()等待子进程的终止。在一个进程撤销时，在把退出码置入任务结构体后，内核就把该进程终止的信号发送给它的父进程。父进程接收到子进程终止的信号后，结束等待状态，继续执行 wait()程序，检查到该子进程是僵死态 TASK_ZOMBIE 时，则撤销该子进程。

## 7.4.2 Linux 的进程调度

### 1. Linux 的进程调度策略和依据

进程调度是操作系统的核心部分。Linux 中进程调度的对象是可运行队列中的进程，它是按照一定的调度方式、采用给定的调度策略(算法)，从可运行队列中选择某一个进程，把处理机分配给它，使它成为运行态。在 Linux 中，进程不能被抢占。只要能够运行它们就不能被停止。当进程必须等待某个系统事件时，它才决定释放出 CPU。例如进程可能需要从文件中读出字符。一般等待发生在系统调用过程中，此时进程处于系统模式；处于等待状态的进程将被挂起而其他的进程被调度管理器选出来执行。进程常因为执行系统调用而需要等待。由于处于等待状态的进程还可能占用CPU时间，所以Linux采用了预加载调度策略。在此策略中，每个进程只允许运行很短的时间：200ms，当这个时间用完之后，系统将选择另一个进程来运行，原来的进程必须等待一段时间以继续运行。这段时间称为时间片。调度器必须选择最迫切需要运行而且可以执行的进程来执行。可运行进程是一个只等待CPU资源的进程。Linux使用基于优先级的简单调度算法来选择下一个运行进程。当选定新进程后，系统必须将当前进程的状态，处理器中的寄存器以及上下文状态保存到task_struct任务结构体中。同时它将重新设置新进程的状态并将系统控制权交给此进程。为了将CPU时间合理地分配给系统中每个可执行进程，调度管理器必须将这些时间信息也保存在task_struct中。Linux用以下4个数据作为调度依据：

1）policy

应用到进程上的调度策略。系统中存在两类Linux进程：普通与实时进程。实时进程的优先级要高于其他进程。如果一个实时进程处于可执行状态，它将先得到 执行。实时进程又有两种策略：时间片轮转和先进先出。在时间片轮转策略中，每个可执行实时进程轮流执行一个时间片，而先进先出策略每个可执行进程按各自在运行队列中的顺序执行并且顺序不能变化。

2）priority

priority是普通进程的优先级，它是一个介于0～70之间的数字，数值越大优先级越高。同时它也是进程允许运行的时间。例如，对于普通进程，系统赋予它的优先级默认值是20，这表示该进程的时间片是20个时钟，每个时钟是每次时间中断的间隔，其值为10ms，所以进程的时间片是20×10ms＝200ms。

3）rt_priority

rt_priority是实时进程的优先级，在进程调度时它用于在实时进程中选择下一个进程。Linux支持实时进程，且它们的优先级要高于非实时进程。调度器使用这个域给每个实时进程一个相对优先级。同样可以通过系统调用来改变实时进程的优先级。

4）counter

counter中存放的是进程使用CPU运行时间的计数值，它是动态变化的。进程首次运行时为进程优先级的数值，它随时间变化递减。如当前进程被放入等待队列后运行或者系统调用结束时，以及从系统模式返回用户模式时。此时系统时钟将当前进程counter值设为0以驱动调度管理器。

从字面上看，priority是“优先级”、counter是“计数器”的意思，而实际上它们都表示进程的时间片。priority代表分配给该进程的时间片的大小，counter表示该进程剩余的时间片。在进程运行过程中，counter不断减少，而priority保持不变，以便在时间片用完counter变为0时，可以用priority的值对counter重新赋值。当一个普通进程的时间片用完后，并不是立刻对counter进程赋值，只有当所有的普通进程的时间片都为0时，调度程序才对counter重新赋值，系统又开始了新一轮的调度。这样就能保证队列中的所有进程都有机会在CPU上运行。

由此看出，Linux普通进程的优先级是由priority和counter共同决定的。其中

priority是不变的，它体现了进程的静态优先级概念，counter随进程运行而变化，它表示进程的动态优先级。采用动态优先级方法，使得一个进程占用CPU的时间越长，其counter的值越小，则下次调度时的优先级减小。这样就使得每个进程都可以公平地分配到CPU。

**2. Linux进程调度的加权处理**

既然所有的可运行进程都在同一个可运行队列中，在进程调度选择下一个运行进程时，如何保证实时进程优先于普通进程呢？Linux采取了加权处理的方法。在进程调度过程中，每次选取下一个运行进程时，调度程序首先给可运行队列中的每个进程赋予一个权值(Weight)。普通进程的权值就是它的counter值，而实时进程的权值是它的rt_priority的值加1000。这样就使得实时进程的权值总是大于普通进程。然后调度程序检查可运行队列中所有进程的权值，选择其中权值最大的进程作为下一个运行进程。这就使得实时进程总是比普通进程优先得到CPU的使用权。

Linux使用内核函数goodness()对进程进行加权处理，它的源程序在/kernel/sched.c中，以下是去掉了其中多处理机(SMP)部分后简化的程序代码。

```
Static inline goodness(struct task_struct * p,struct task_struct * prev,int this_cpu)
{
    Int   weight;
    If(p->policy ! = SCHED_OTHER)              /*若当前进程是实时进程*/
        Return 1000 + p->rt_priority;          /*返回权值为 rt_priority + 1000*/

    Weight = p->counter;                       /*若当前进程为普通进程*/
    ⋮
    Return weight;                             /*返回值为 counter*/
}
```

# 7.5 Linux存储管理

## 7.5.1 概述

最早期的内存管理几乎不能被称作实际意义上的内存管理，操作系统甚至不对内存做任何分配工作，连程序加载到哪一块物理空间都是由应用程序自己决定。应用程序必须自觉地、小心地使用系统内存。当时使用的是一种被称作"覆盖"的内存复用技术，这种方法通过覆盖那些程序暂时不用的地址空间来获得多一些的内存空间。例如：当应用程序初始化完成后，初始化部分的代码就不再被使用了，于是应用程序把这块空间用输入输出的代码段覆盖掉，供输入输出使用。这种覆盖技术需要程序开发人员显尔的参与内存空间管理，他们必须了解运行程序的机器的许多细节，由于覆盖技术依赖于物理内存的配置信息，使用覆盖技术的程序天生就是不可移植的，甚至仅仅是系统增加了内存，都需要程序员改写程序。后来出现了交换机制，进程被加载到一片连续的物理内存中，物理内存只能分别容纳很少的几个进程，它们分时运行。如果又有一个进程需要运行，就必须对换出去一个现有的进程。该进程被复制到磁盘上预先定义好的的交换区域中。每个进程在创建的时候都在该区域上分配一块交换空间，保证进程有足够的交换空间可用。分页系统出现后，交换机制的实现就更为灵活。在分页系统中，内存和进程的地址空间都被分成大小固定的页，这些页面在需要的时候被换进和换出内存。这样,交换过程不用再将进程整个从内存中换出,大大地提高了效率。但分页系统无法解决内存空洞和碎片问题。实际上分页系统刚刚出现时,分页作为存储管理的一种机制,交换只起辅助作用。

许多年前人们第一次遇上太大以至于内存容纳不下的程序,由此而产生了虚拟存储器技术,虚拟存储器技术构建了一个虚拟的存储空间,这个虚拟存储空间远远地大于物理存储空间,利用这个虚拟存储空间和分页与变换的结合,系统可以运行大于实际物理存储空间的程序,也可以在运行程序时不需程序全部调入内存。内存的管理历史上,人们终于有了几乎与进程管理一样灵活的机制。

目前,几乎所有的操作系统都使用虚拟内存机制来管理内存,甚至许多内存管理的部件被设计成硬件直接嵌入到 CPU 中以加快内存的访问速度。

### 7.5.2 虚拟内存的实现机理

虚拟内存系统中的所有地址都是虚拟地址而不是物理地址。通过操作系统所维护的一系列表格由处理器实现从虚拟地址到物理地址的转换。为了使转换更加简单,虚拟内存与物理内存都以页面来组织。Intel x86 系统上使用 4KB 页面。每个页面通过一个叫页帧号(PFN)的数字来标识。页面模式下的虚拟地址由两部分构成:页帧号和页内偏移量。处理器处理虚拟地址时必须完成地址分离工作。在页表的帮助下,它将虚拟页帧号转换成物理页帧号,然后访问物理页面中的相应偏移处。理论上每个页表表项应包含以下内容:有效标记(表示此页表表项是有效的),页表对应的物理页帧号,访问控制信息(描述此页可进行的操作)。为了将虚拟地址转换为物理地址,处理器首先必须得到虚拟地址页帧号及页内偏移。处理器使用虚拟页帧号为索引访问处理器页表,检索页表表项。如果在此位置的页表表项有效,则处理器将从此表项中得到物理页帧号。如果此表项无效,则意味着处理器存取的是虚拟内存中一个不存在的区域。在这种情况下,处理器是不能进行地址转换的,它必须将控制传递给操作系统来完成这个工作。这时处理器产生一个缺页中断而陷入操作系统内核,这样操作系统将得到有关无效虚拟地址的信息以及发生缺页中断的原因。

### 7.5.3 80386 体系结构的存储管理功能

Linux 最早是在 Intel 80386 机器上开发的,当前也主要运行在 Intel80386、80486 和 Pentium 系列机器上。80386 的工作模式包括实地址模式和虚地址模式(又称保护模式)。实模式只能寻址 1MB 的地址空间,不能使用分页机制,不区分特权级,分段功能也受到限制。而在保护模式下,分段机制得到加强,虚地址空间可达 16×1024 段,每段大小可变,最大可达 4GB,段可保护,而且还提供段内页管理机制。80386 虚地址模式同时使用了分段机制与分页机制这两级地址转换机制来进行地址转换。第一级使用分段机制,把段地址和段内偏移量的虚地址转换为一个线性地址。第二级使用分页机制,把线性地址转换为物理地址,如图 7-7 所示。80386 的体系结构为 Linux 的虚存管理提供直接支持。

80386 芯片内部有一个 32 个表项的 Cache,称作 Translation Lookaside Buffer(TLB),cache 中存放最近使用的页面的 32 位线性地址和物理地址之间的对照表,从而加速转换。每一个新的页面都将按 LRU 算法替换其中的表项。进程切换时,TLB 的所有 32 个表项都被新进程的 32 个表项所替换。

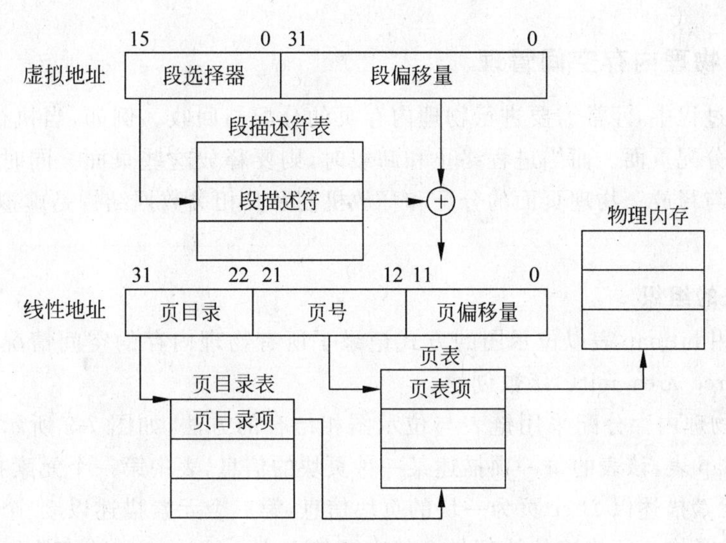


图 7-7 保护模式下的虚地址到物理地址的转换

### 7.5.4 Linux 分页管理机制

#### 1. 访问空间

在 Linux 中，每一个用户都可以访问 4GB 线性虚拟内存空间。其中，0～3GB 是用户空间，用户可以直接对它进行访问；3～4GB 是内核空间，存放内核访问的代码和数据，用户态的程序不能访问。所有进程的 3～4GB 虚拟空间都是一样的，有同样的页目录项，同样的页表，对应到同样的物理内存段。

#### 2. Linux 的页表设计

在 i386 系统中，虚拟地址空间的大小是 4GB，每个页表的大小为 4KB。因此，全部的虚拟内存空间划分为 $2^{20}$ 页。如果用一个页表描述这种映射关系，那么一个映射表就要有 $2^{20}$ 个表项，占用 4MB 内存，这将会造成大量内存资源的浪费。Linux 为了避免硬件的不同细节影响内核的实施，设置有三级页表，Linux 采用请求页式（Demand Paging）技术管理虚拟内存，准 Linux 的虚存页表应为三级页表，如图 7-8 所示，依次为页目录（Page Directory，PGD）、中间页目录（Page Middle Directory，PMD）和页表（Page Table，PTE）；而在 i386 系列 CPU 采用两级页表，将 PGD 和 PMD 两个合为一个。

| 页目录 | 中间页目录 | 页表 | 页偏移量 |
| --- | --- | --- | --- |
| PGD | PMD | PTE | |

图 7-8 Linux 的虚存页表

#### 3. 存储管理数据结构 mm_struct

新启动一进程，Linux 为其分配 task_struct 结构，其中内含 mm_struct 结构，此结构包含了以下用户进程中与存储有关的信息：进程页目录的起始地址（pgd），进程代码段的起始与结束，进程数据段的起始与结束，调用参数区的起始地址/结束地址，进程环境区的起始/结束地址，指向虚拟段的双向链表，指向 AVL 树指针，互斥信号量等。

## 7.5.5 空闲物理内存空间管理

系统运行过程中,经常需要进行物理内存页的分配与回收。例如,当执行程序时,操作系统必须为其分配页面。而当进程终止和卸载时,则要释放这些页面。同时页表本身也需要动态地分配与释放。物理页面的分配和释放机制及其相关数据结构是虚拟内存子系统的关键部分。

### 1. 空闲块的组织

Linux 使用 bitmap 表以位示图的方式记录了所有物理内存的空间情况。该表在系统初始化时,由 free_area_init()函数创建。

Linux 的物理内存分配采用链表与位示图相结合的方法,如图 7-9 所示。在 Linux 内核定义了 bitmap 表,该表的每一项描述某一种页块的信息,表中第一个元素描述 $2^0$ 个页的信息,第二个元素描述以 $2^1$ 个页为一块的页块信息,第三个元素描述以 $2^2$ 个页为一个块的页块信息,依此类推。所描述的块都是 2 的次幂倍大小。free_area 数组的每一项包含两个元素:list 和 mem_map,list 指向空闲页块的起始物理页帧编号,而 map 则是记录这种页块组分配情况的位图。

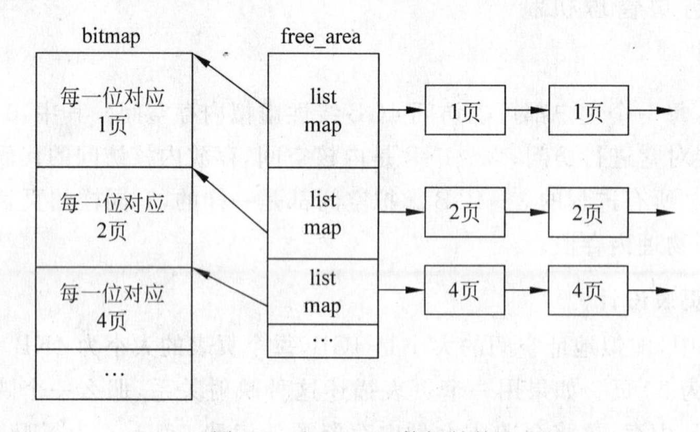


图 7-9　free_area 数据结构

### 2. 空间块的分配

Linux 使用 buddy 算法来有效地分配与释放物理页块。按照上述的数据结构,Linux 可以分配的内存大小只能是 1 个页的块,2 个页的块或 4 个页的块等。在物理分配页块时,Linux 首先在 free_area 数组中寻找一个与请求大小相同的空闲页块。如果没有所请求大小的空闲页块,则继续搜索两倍于请求大小的内存块。这个过程一直将持续到 free_area 被搜索完或找到满足要求的最小页块为止。如果找到的空闲页块正好等于请求的块长时,将它从中删除。如果找到的页面块大于请求的页块时,则将空闲块一分为二,前半部分插入 free_area 中前一条 list 链表中,取后半部分。若还大,则继续对半分,留一半取一半,直至相等。在分配过程中要相应调整 bitmap 表,将相应位置"0"或置"1"。

### 3. 空闲块的回收

页块的分配会导致内存碎片化,页面回收则可将这些页块重新组合成单一大页块。当页块被释放时,将检查是否有相同大小的相邻内存块存在。如果有,则将它们组合起来,形成一个大小为原来两倍的新空闲块。合并时要修改 bitmap 表的对应位,从 free_area 的空闲链表中取下该相邻的块。每次组合完后,还要检查是否可以继续合并成更大的页面,直至找不到空闲邻居为止。最佳情况是系统的空闲页块的大小和允许分配的最大内存一样。

### 7.5.6 虚拟段的组织

映像执行时,可执行映像的内容必须装入进程的虚拟地址空间中。可执行映像使用的共享库同样也装入进程虚拟地址空间户。然而可执行文件实际上并没有调入物理内存,而是仅仅链接到进程的虚拟内存中。当程序的其他部分运行时引用到这部分时才把它们从磁盘上装入内存。这种将映像链接到进程虚拟地址空间的过程称为内存映射。每个进程的虚拟内存用一个 mm_struct 结构来表示。它包含当前执行映像的有关信息,以及指向 vm_area_struct 结构的指针。如图 7-10 所示,每个 vm_area_struct 数据结构描述了虚拟内存的起始与结束位置、进程对内存的存取权限以及对内存的操作函数集。其中有一个负责处理进程试图访问不在当前物理内存中的虚拟内存(通过页面失效)的函数。此函数为 nopage,它在 Linux 中试图将可执行映像的页面调入内存时使用。

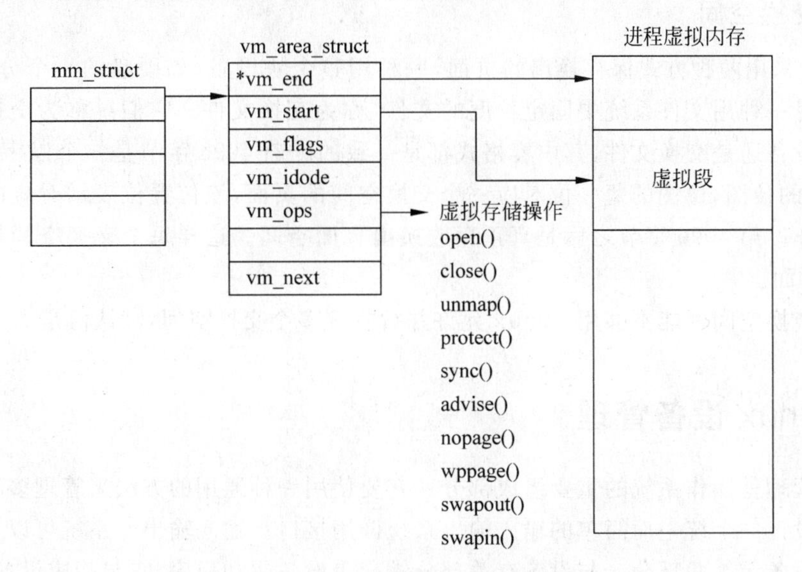


图 7-10 虚拟内存段数据结构

可执行映像映射到进程虚拟地址空间时将产生一组 vm_area_struct 数据结构来描述虚拟内存区域的起点与终点,每一个 vm_area_struct 结构代表可执行映像的一部分,可能是存放可执行代码,也可能是初始化的变量或为韧始化的数据。Linux 支持许多标准的虚拟内存操作函数,创建 vm_area_struct 数据结构时有一组相应的虚拟内存操作函数与之对应。

### 7.5.7 请求换页与页面换入

当可执行映像映射到进程的虚拟地址空间时,它就可以开始运行了。由于只有很少部分的映像调入内存,所以很快就会发生对不在物理内存中的虚拟内存区的访问。当进程访问无有效页表表项的虚拟地址时,处理器将向 Linux 报告一个缺页中断。Linux 必须找到出现缺页的虚拟存储段的 vm_area_struct 结构。

对 vm_area_struct 数据结构的搜寻速度决定了处理缺页中断的效率，而所有 vm_area_struct 结构是通过一种 AVL(Adelson Velskii and Landis)树结构连在一起的。如果无法找到 vm_area_struct 与此失效虚拟地址的对应关系，则系统认为此进程访问了非法虚拟地址。这时 Linux 将向进程发送 SIGSEGV 信号，如果进程没有此信号的处理过程则终止运行。如果找到此对应关系，Linux 接下来检查引起该缺页中断的访存类型。如果进程以非法方式访问内存，系统将产生内存错误的信号。

如果 Linux 认为缺页中断是合法的，那么它需要对这种情况进行处理。首先 Linux 必须通过页面对应的页表项判断该页是在交换空间中还是在可执行映像中。页面项是无效的但非空的，则缺页是在交换空间中，否则页面是可执行文件映像的一部分。

一般 Linux 的 nopage()函数被用来处理内存映射可执行映像，同时它使用页面 cache 将请求的页面调入到物理内存中去。当请求的页面调入物理内存时，必须更新处理器页表。更新这些表项必须进行相关的硬件操作，特别是处理器使用 TLB 时。这样当处理完页面失效后，进程将从发生失效虚拟内存访问的位置重新开始运行。

### 7.5.8 交换空间

Linux 采用两种方式保存换出的页面，一种用整个块设备，如硬盘的一个分区，称为交换设备。另一种用文件系统中固定长度的文件，称为交换文件。它们统称为交换空间。不管是交换设备还是交换文件，其内容格式都是一致的。前 4096 字节是一个以字符串 swap-space 结尾的位图，位图的每一位对应一个交换空间的页面，该位置位表示对应的页面可用于换页操作。第 4096 字节之后是真正存放换出页面空间。这样每个交换空间最多可容纳 32697 个页面。

一个交换空间可能不够用，Linux 允许并行管理多个交换空间，默认值是 8 个空间。

## 7.6 Linux 设备管理

设备管理是操作系统的重要组成部分。它要使用一种通用的方法来管理多种输入输出设备。即设计一个统一而简单的输入输出系统调用接口。输入输出子系统可以分为与设备有关和与设备无关两部分。与设备有关部分常称为设备驱动程序，它与相应设备直接相关，直接与相应的设备打交道，并且向上一层提供一组访问接口。与设备无关部分是根据输入输出请求。通过特定设备驱动程序接口来与设备进行通信。Linux 操作系统的特点不仅是提供了使用各种设备的统一接口，而且它把对设备的管理与文件管理统一起来。与其他 UNIX 一样，Linux 将各种设备都作为特殊文件来处理，对设备可以进行读写等操作。这一部分是由设备无关部分完成的。

### 7.6.1 Linux 设备的分类

在 Linux 中用户进程不能直接对物理设备进行操作，它必须通过系统调用向内核提出设备请求，由内核实现对物理设备的分配并完成进程请求的操作。Linux 操作系统把物理设备逻辑化，仅向用户提供逻辑设备。用户在程序中使用的是逻辑设备，由内核建立逻辑设备与物理设备的联系。这样就使得用户进程使用的设备与实际使用的物理设备无关，从而实现了设备独立性。为了实现设备的独立性，Linux 把设备分为 3 块，块设备、字符设备和网络设备。每类设备都有独特的管理控制方式和不同的驱动程序，这样就可以把控制不同设备的驱动程序与操作系统的其他部分分离开来，便于对不同设备的管理。

**1. 字符设备**

字符设备是以字符为单位输入输出数据的设备，并且以字符为单位对设备中的信息进行组织和处理。从进程使用设备的角度看，一次 I/O 请求可以对字符设备传送任意长度的数据。从系统角度看，大多数字符设备一次 I/O 操作一般只传送一个字节的数据。如显示器、键盘、打印机、绘图仪等都是典型的字符设备。通常对字符设备传送的数据都是顺序处理。在对字符设备 I/O 过程中，一般不需要使用缓冲区而直接对它进行读写。

**2. 块设备**

块设备是以一定大小的数据块为单位输入输出数据的，并且设备中的数据也是以物理块为单位进行组织和管理的。通常，块设备可以采取随机存取方法，并且一个数据块的传送时间与数据块在设备上的位置以及设备所处的状态几乎无关。典型的块设备有硬盘、软盘、光盘(CD-ROM)等。

块设备一般是作为计算机的外部存储器使用，Linux 的文件系统就建立在外存中。在对块设备的 I/O 处理中，为了匹配 CPU 与块设备之间传送数据速度的不同，块设备一般要使用缓冲区传送数据。

**3. 网络设备**

网络设备是指通过网络与外部进程或远程计算机进行通信的设备。在 Linux 中网络设备一般指与网络通信线路连接的网络适配器，通常称为网卡。网卡的功能是按照预约的通信协议把数据送入网络通信线路，或从通信线路接收数据。Linux 通过使用套接口(socket)以文件 I/O 方式提供了对网络数据的访问。对网络数据的传送必须使用网络缓冲区来接受或发送数据。

## 7.6.2 内核与驱动程序的接口——设备开关表

Linux 内核与设备驱动程序之间必须有一个以标准方式进行互操作的接口。每一类设备驱动程序：字符设备、块设备及网络设备，都提供了通用接口，以便在需要时为内核提供服务。这种通用接口可以使得内核以相同的方式来对待不同的设备及设备驱动程序。如 SCSI 和 IDE 硬盘的区别虽很大，但 Linux 对它们却使用相同的接口。

设备开关表是一个数据结构，它定义了每个设备必须支持的入口点，该结构定义如下：

```
Struct device_struct {
  Const char * name;
  Struct file_operations * fops;
};
```

从该结构可以看出，存取设备是通过文件操作 file_operation－>fops 完成的。Linux I/O 子系统向内核其他部分提供了一个统一的标准的设备接口，它是通过数据结构 file_operations 来完成的。该操作主要包括以下功能：

- lseek()　或者 lseek：重新定位读写位置。

- read()　从用户的角度看，read 调用是向用户空间写数据。
- write()　write 的作用是向设备文件写数据。
- readdir()　无用。只用于文件系统，而不用于设备。
- select()　等同于 BSD UNIX 中的 poll，用来实现多路设备的复用。
- ioctl()　I/O 控制，允许应用程序控制设备或从设备取数。
- mmap()　将设备内存映射到进程地址空间。
- open()　打开设备，并初始化设备。
- flush()　只对块设备有用，溢出缓冲区。
- release()　关闭设备，并释放资源。
- fsync()　实现内存与块设备的异步通信。
- check_media_change()　仅用于块设备，该函数与缓冲区有关。

Linux 中有两种设备开关表：struct blkdevs 是块设备开关表，struct chrdevs 是字符设备开关表。内核为两种开关表各维护了一个独立的数组，每个设备驱动程序在相应数组中有一个表项。如果一个驱动程序能同时提供块设备接口和字符设备接口，它将在两个数组中都有一个表项。

开关表定义的是抽象的接口。每个驱动程序提供了这些功能的特定实现。一旦内核想在某台设备上完成某个动作，它先在开关表中定位该设备的驱动程序，再调用相应的驱动程序函数。例如，执行从一台字符设备中读取数据的过程如图 7-11 所示。

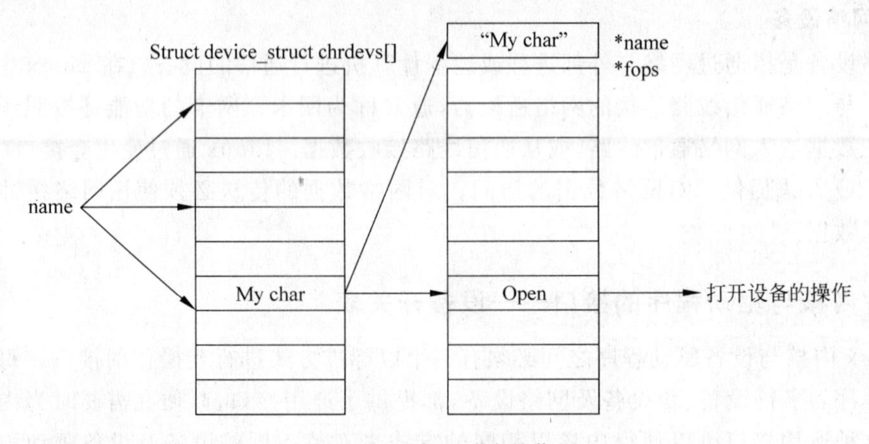


图 7-11　设备开关表的作用

首先从字符设备开关表中找到设备驱动程序的名称-Mychar，再定位 chrdevs [MyChar]—>fops 的相关操作。

## 7.6.3　驱动程序入口点

设备驱动程序的入口点，即内核调用设备驱动程序的方法。在 Linux 中主要有以下几种方法。

### 1. 配置

内核在引导时调用驱动程序，检查并初始化设备。如果该设备正常，则对这个设备及其相关的设备驱动程序需要的软件状态进行初始化。这部分驱动程序仅在初始化的时候被调用一次。在 ix86 上，一些硬件的设置在 BIOS 中完成。

### 2. I/O调用

I/O 调用时同步操作，它完成的是用户调用系统内核，系统内核再调用驱动程序的工作。在 I/O 调用运行时，进程的状态从用户态变为核心态，但系统仍认为被调用的进程和进行调用的进程属于同一个进程，这样，被调用进程可以访问调用进程的地址空间和用户区，并且如果调用进程属于休眠状态也不会影响其他进程。

### 3. 中断服务

设备在 I/O 结束或其他状态改变时产生中断。中断时异步事件，即内核不能预见中断何时发生，中断不再在任何特定的进程上下文中进行，它在系统的上下文中运行，并且与当前进程无关，因此不允许其访问用户地址和用户数据区。

## 7.6.4 设备驱动程序的结构

### 1. 设备驱动程序的实现方法

设备驱动程序是内核的一部分。由于设备种类繁多，设备程序的代码也多，为了能协调设备驱动程序和内核之间的开发，应有一个严格定义和管理的接口。Linux 的设备和外界的接口分为 3 部分：

(1) 设备驱动程序与操作系统内核的接口；
(2) 设备驱动程序与系统引导的接口；
(3) 设备驱动程序与设备的接口。

根据功能，Linux 设备驱动程序的程序可以分为如下几个部分：

(1) 设备驱动程序的注册与注销；
(2) 设备的打开与关闭；
(3) 设备的读写操作；
(4) 设备的控制操作；
(5) 设备的中断处理。

### 2. 字符设备驱动程序结构

字符设备是 Linux 设备中最简单的一种。应用程序可以使用与存取文件相同的系统调用来打开、读写及关闭。字符设备初始化时，它的设备驱动程序通过在 device_struct 结构的 chrdevs 数组中添加一个表项来将其注册到 Linux 内核上。设备的主设备标识符是用来对此数组进行索引的，它是固定的。Chrdevs 数组每个表项中的 device_struct 数据结构包含两个元素，一个指向已注册的设备驱动程序名称，另一个则是指向一组文件操作指针。它们是位于此字符设备驱动程序内部的文件操作例程的地址指针，用来处理相关的文件操作，如打开、读写和关闭。

当打开字符设备的字符特殊文件时，内核必须做好准备，以便调用相应字符设备驱动程序的文件操作例程。与普通的目录和文件一样，每个字符特殊文件用一个 VFS 结点表示。字符设备只有打开文件的操作。当应用打开字符特殊文件时，通常文件打开操作使用设备的主标识符来索引此 chrdevs 数组，以便得到那些文件操作函数指针。同时建立起描述此字符特殊文件的 file 结构，使其文件操作指针指向此设备驱动程序中的文件操作指针集合。

这样，所有应用对它进行的文件操作都被映射到此字符设备的文件操作集合上。

下面以并口打印设备驱动程序为例说明字符设备驱动程序的结构。

(1) 并口打印设备驱动程序与内核接口。并口打印设备驱动程序与内核其他部分的接口是通过 lp_fops 来实现的。其数据结构为：

```
Struct file_operations lp_fops = {
lp_seek(),
NULL,
lp_write(),
NULL,
NULL,
lp_ioctl(),
NULL,
lp_open(),
lp_release(),
NULL,
NULL
};
```

(2) 并口打印的注册与注销、并口打印机初始化是由 lp_init()完成的。它包括 lp_probe()自动检测并口打印机、register_chrdev()向内核注册等。

并口打印机使用 lp_release()向内核注销。若并口打印机的驱动程序为动态模块，则通过 cleanup_module()向内核注销，并释放内存。并口打印机使用 lp_open()来打开设备。

(3) 并口打印的工作方式。并口打印机只打印数据，没有读入数据，因此只有 lp_()操作。如果使用了基于中断的打印，lp_write()就调用 lp_write()_interrupt()，否则，lp_write()就调用 lp_write()_polled()。

(4) 并口打印的控制。并口打印机提供定位(lp_lseek())和控制(lp_ioctl())功能。

**3. 块设备驱动程序的结构**

硬盘为块设备，它可进一步划分为分区。对磁盘进行分区使得磁盘可以同时被几个操作系统或不同目的使用。许多 Linux 系统具有 3 个分区：DOS 文件系统分区，EXT2 文件系统分区和交换分区。硬盘分区用分区表来描述；表中每个表项用磁头、扇区及柱面号来表示分区的起始与结束，用 DOS 格式化的硬盘有 4 个主页区表，但不一定所有的 4 个表项都被使用。fdisk 支持 3 个分区类型：主分区、扩展分区及逻辑分区。扩展分区并不是真正的分区，它只不过包含了几个逻辑分区，扩展和逻辑分区用来打破 4 个主分区的限制。

在初始化过程中，Linux 将确定系统中硬盘的数目和类型。同时检测硬盘的分区方式。这些信息都保存在 gendisk_head 链指针指向的 gendisk 数据结构组成的链表中。每个硬盘子系统如 IDE，在初始化时将会产生表示此硬盘的 gendisk 结构，同时它将注册它的文件操作，并把它添加到 blk_dev 数据结构中。每个 gendisk 结构都包含一个唯一的主设备号，并且和设备文件中的主设备号相同。例如，SCSI 硬盘子系统创建了一个主设备号为 8 的 gendisk 表项，这也是所有 SCSI 硬盘设备的主设备号。图 7-12 给出了两个 gendisk 表项，一个表示 SCSI 硬盘子系统(sd)，而另一个表示 IDE 硬盘控制器(ide0)。

尽管硬盘子系统在其初始化过程中就建立了 gendisk 表项，但是只有当 Linux 进行分

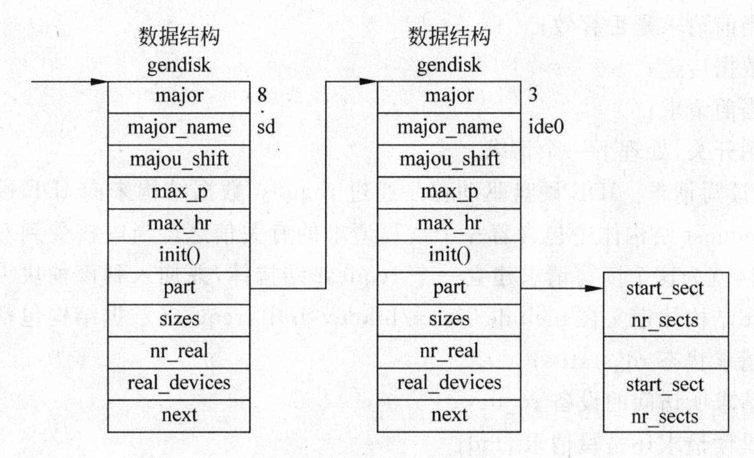


图 7-12 硬盘链表示意图

区检查时才会用到。每个硬盘子系统都有一个自己的数据结构，允许它将设备的主设备号和从设备号映射到物理硬盘的各个分区。无论是通过 buffer cache，还是通过有关的文件操作，系统内核都将使用设备文件（如/dev/sda2）中的主设备号找到相应的设备，然后由设备驱动程序或设备子系统将从设备号映射到真正的物理设备中。

下面以 IDE 硬盘驱动程序为例来讨论块设备驱动程序的实现。

(1) IDE 硬盘驱动程序与内核接口。IDE 硬盘驱动程序与内核其他部分的接口是通过 ide_fops 来实现的。其数据结构为：

```
Struct file_operation ide_fops = {
NULL,
block_read,
block_write,
NULL,
NULL,
ide0_ioctl(),
NULL,
ide_open(),
ide_release()
block_fsync,
NULL,
ide_check_medis_change,
revalidate_disk
};
```

(2) IDE 硬盘驱动程序接口的注册与注销。IDE 硬盘驱动程序通过 ide_init()进行初始化。它包括设置 IDE 硬盘驱动器的初值、设置 PCI-IDE 接口参数等，最终将调用块设备注册函数 register_blkdev()来完成向内核的注册。

IDE 硬盘驱动程序的打开与释放分别由 ide_open()和 ide_release()来完成。

(3) 处理读写请求链表。处理读写请求是块设备驱动程序中最重要的一个环节。当内核要求数据传送时，它将请求发送到请求队列，接着该请求队列再传送设备的请求函数，该请求函数将对请求队列中的每一个请求执行如下操作：

① 检查当前请求是否有效；

② 执行数据传递；

③ 清除当前请求；

④ 返回到开头，处理下一个请求。

(4) 处理读写请求。IDE 硬盘驱动程序通过 request 数据结构来向 IDE 硬盘发送读写请求。每个 request 结构体中包含着一个读写请求的有关信息。当内核受到对某个块设备的读写请求时，就为这个读写请求建立一个 request 结构体，并加入到该种块设备的请求队列中。request 结构体定义在 include/linux/blkdev. h 中，request 数据结构包括以下内容：

① 表示请求状态 rq_status；

② 表示请求所访问的设备 rq_dev；

③ 表示是读请求还是写请求 cmd；

④ 表示请求所指的第一个扇区 sector；

⑤ 表示当前所请求的扇区数 current_nr_sectors；

⑥ 表示从哪里读或写到哪里 buffer；

⑦ 分别表示所在缓冲区的头和尾 bh，bhtail；

⑧ 信号量 sem；

⑨ 用于维护链表 next。

从以上结构体包含的成员项中可以看到一个读写请求中可能需要对多个扇区进行读写操作，其中 sector 给出了读写扇区的第一个逻辑扇区号，nr_sectors 给出的是要读写扇区的总数，current_nr_sectors 给出的是当前正在读写的扇区数量。成员项 buffer 给出的是进程指出的存放从磁盘读写数据的内存首地址，它是在进程调用 read()或 write()时由参数中指出的。成员项 bh 和 bhtail 分别指向该请求的读写数据缓冲区信息块链表的头部和尾部。

图 7-13 给出了块设备的请求队列和缓冲区管理的示意图。

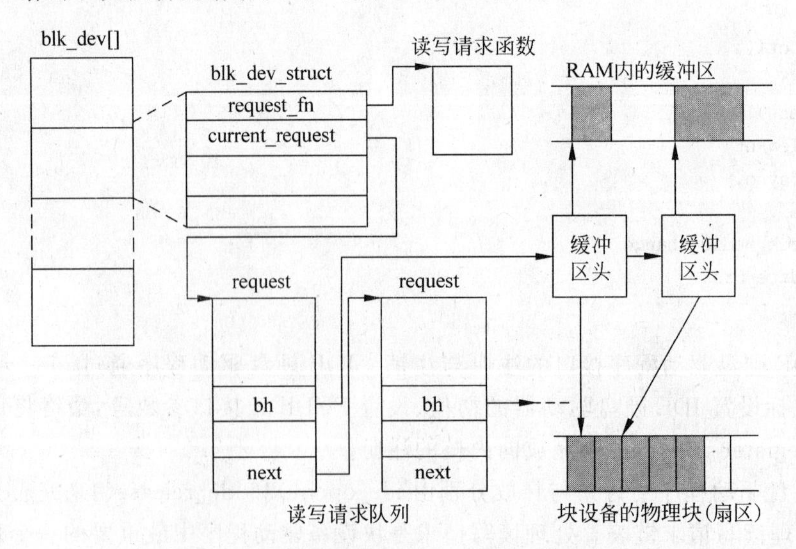


图 7-13　块设备的请求队列和缓冲区管理

每个读写请求可能对应缓冲区中的多个区域，这是 Linux 采用的新技术方法。对某种块设备读写请求的处理是由该设备的读写请求函数完成的，它由 blk_dev[]数组中该种块设备对应的表项中的 request_fn 指针给出。读写请求函数是设备驱动程序的一部分，它的功能是通过缓冲区进行块设备与内存的数据交换。读写请求函数对请求队列中的每个读写请求执行以下操作：

(1) 检查当前请求的有效性，它由宏定义 init_request 完成。

(2) 按照读写请求的 request 结构体提供的信息，完成实际的数据传输。当前读写请求的 request 结构体由宏 current 得出；

```
#define current(blk_dev[major_nr].current_request)
```

(3) 完成读写请求后，把该请求的 request 结构体从请求队列中删除。这个工作由驱动程序调用内核函数 end_request()完成。

(4) 循环至开始，处理下一个读写请求。

## 7.7 Linux 文件管理

### 7.7.1 Linux 文件系统概述

文件系统包括了文件的组织结构、处理文件的数据结构、操作文件的方法等。不同操作系统的文件的文件系统有着很大的差别。因此大多数的操作系统只支持自己的文件系统。但是 Linux 的文件系统有独特的功能，它除了支持 EXT2 文件系统，还支持多种其他操作系统的文件系统。采用虚拟文件转换技术是使得 Linux 得以支持多种文件系统的原因。虚拟文件系统 VFS 屏蔽了各种文件系统的差别，为处理各种不同文件系统提供了统一的接口。在这个统一接口管理下，Linux 不但能够读写各种不同的文件系统，而且还实现了这些文件系统相互之间的访问。

#### 1. Linux 文件系统的特点

(1) 文件系统的组织是分级树形结构。Linux 文件系统的结构，基本上是一棵倒向的树，这棵数的根是根目录，树上的每个结点都是一个目录，而树的叶则是信息文件。每个用户都可建立自己的文件系统，并把它安装到 UNIX 文件系统上，从而形成一棵更大的树。当然，也可以把安装上去的文件系统完整地拆卸下来，因而，整个文件系统显得十分灵活、方便。

(2) 文件的物理结构为混合索引式文件结构。所谓混合索引文件结构，是指文件的物理结构可能高空或种索引文件结构形式，如单级索引文件结构、两级索引文件结构和多级索引文件结构形式。这种物理结构即可提高对它的查询速度，又能节省存放文件地址所需的空间。

(3) 采用了成组链接法管理空闲盘块。这种方法实际上是空闲表法和空闲链法相结合的产物，它兼备了这两种方法的优点而克服了这两种方法都有的表(链)太长的缺点，这样，即可提高查找空闲盘块的速度，又可节省存放盘块号的存储空间。

(4) 引入了索引结点的概念。在 Linux 系统中，把文件名和文件的说明部分分开，分别作为目录文件和索引结点表中的一个表项，这不仅可加速对文件的检索过程，减轻通道的

I/O 压力，而且还可给文件的联结和共享带来极大的方便。

**2. Linux 文件系统的结构**

在图 7-14 中，根目录记为 root，每个文件用从 root 到该文件的唯一路径所经历的所有结点的名字表示，名字之间用斜线"/"隔开，这就形成了路径名。例如，/root/user/liu/al 是指根目录 root 下，user 目录下的 liu 目录下的 al 文件。

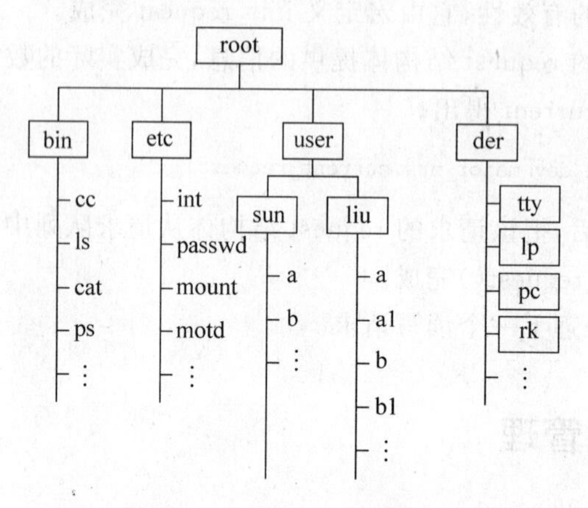


图 7-14　Linux 文件系统的结构

由于 Linux 文件目录结构的分级可能很深，这样路径名很长，而且各目录文件往往都存放在外存，因而要多次访问外存，影响访问速度。为了简化书写及提高系统效率，用户可以用系统调用 chair 或 shell 命令 cd 指定某一目录为他的当前目录，再访问文件时就不必给出文件的整个路径名，只要给出从当前目录开始到所要访问文件的那部分路径名即可。例如，我们指定目录/user/liu 为当前目录后，访问文件 al 就只需表示成 al。

**3. 文件分类**

Linux 中的文件是流式文件(即无内部结构的字符流)。从用户观点看可分成 3 类：

(1) 普通文件。指系统软件或用户自编的各种源程序以及可执行的二进制的目标程序等。

(2) 目录文件。是文件目录的文件，用来构成多级文件目录。

(3) 特殊文件。外部设备也被作为文件统一管理，故有块设备文件和字符设备文件之称。

### 7.7.2　EXT2 文件系统

Linux 最早的文件系统是 Minix，它受限甚大且性能低下，如其文件名最长不能超过 14 个字符且最大文件大小为 64MB。64M 字节看上去很大，但实际上一个中等的数据库将超过这个尺寸。第一个专门为 Linux 设计的文件系统被称为扩展文件系统(Extended File System)或 EXT。它出现于 1992 年四月，虽然能够解决一些问题但性能依旧不好。1993 年扩展文件系统第二版或 EXT2 被设计出来并添加到 Linux 中。

**1. EXT2 的磁盘布局**

EXT2 和其他逻辑文件系统一样，由逻辑块序列组成，根据用途划分，这些逻辑块通常有引导块、超级块、inode 区及数据区等。

EXT2 的磁盘布局高效而安全。EXT2 将其所占的逻辑分区划分为块组(Block Group),由一个引导块和其他块组成,每个块组又由超级块、组描述符表、块位图、索引结点位图、索引结点表、数据区构成,如图 7-15 所示。

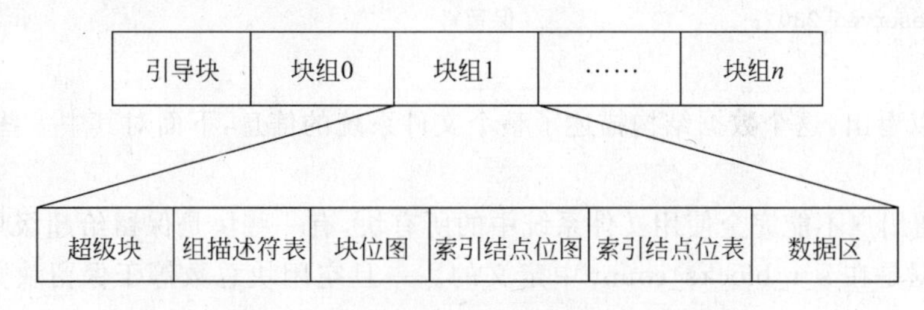


图 7-15 EXT2 磁盘布局在逻辑空间的映像

每个块组中保存的这些信息是有关 EXT2 文件系统的备份信息。当某个块组的超级块或 inode 受损时,这些信息可以用来恢复文件系统。

### 2. EXT2 的超级块

超级块是 EXT2 文件系统整理信息数据结构,主要用于描述目录和文件在磁盘上的静态分布情况,对系统维护特别有用。超级块对于文件系统的维护是至关重要的。超级块位于每个块组的最前面,所有块组中包含的超级块内容是相同的。每个块组都由一个相同的超级块,但通常只有块组 0 的超级块才读入内存,其他块组的超级块用于备份。在系统运行期间,超级块被复制到内存缓冲区中,形成了一个 ext2. super_block 结构。其各个域及含义如下:

```
Struct ext2_super_block
{ _u32 s_inodes_count;                /*文件系统中结点总数*/
_u32 s_blocks_count;                  /*文件系统中块总数*/
_u32 s_r_blocks_count;                /*为超级用户保留的块数*/
_u32 s_free_blocks_count;             /*文件系统中空闲块总数*/
_u32 s_free_inodes_count;             /*文件系统中空闲结点总数*/
_u32 s_free_inodes_count;             /*文件系统中空闲结点总数*/
_u32 s_first_data_block;              /*文件系统中第一个数据块*/
_u32_s_log_block_size;                /*用于计算逻辑块大小*/
_u32 s_blocks_per_group;              /*每组中块数*/
_u32 s_frags_per_group;               /*每组中片数*/
_u32 s_inodes_per_group;              /*每组中索引结点数*/
_u32 s_mtime;                         /*文件系统的安装时间*/
_u32 s_wtime;                         /*最后一次对该超级块进行写操作的时间*/
_u16 s_mnt_count;                     /*安装计数*/
_u16 s_max_mnt_count;                 /*最大可安装计数*/
_u16 s_magic;                         /*用于确定文件系统版本的标志*/
_u16 s_state;                         /*文件系统的状态*/
_u16 s_errors;                        /*当检测到有错误时如何处理*/
_u16 s_minor_rve_level;               /*次版本号*/
_u32 s_lastcheck;                     /最后一次检测文件系统状态的时间*/
_u32 s_checkinterval;                 /*两次对文件系统状态进行检测的最大可能间隔时间*/
_u32 s_rev_level;                     /*版本号*/
```

```
_u16 s_def_fesuid;                  /*保留块的默认用户标识号*/
_u16 s_def_fesgid;                  /*保留块的默认用户组标识号*/
_u32 s_first_ino;                   /*第一个非保留的索引结点号*/
_u16 s_inode_size;                  /*索引结点结构的大小*/
_u16 s_blocks_group_nr;             /*该超级块所在的块组号*/
_u32 s_reserved[230];               /*保留*/
}
```

从中可以看出,这个数据结构描述了整个文件系统的信息,下面对其中一些成员项做一些解释。

(1) 普通用户不能完全使用文件系统中的所有块,有一些块是保留给超级用户专用的,这些块的数据是在 s_r_blocks_count 中定义的。一旦空闲块总数等于保留块数,普通用户便无法再申请到块了。如果保留块也被使用,则系统就可能无法启动了。有了保留块,就可以确保一个最小的空间用于引导系统。

(2) 逻辑块是从 0 开始编号的,对块大小为 1KB 的文件系统,s_first_data_block 为 1,对其他文件系统则为 0。

(3) s_log_block_size 是一个整数,用于计算逻辑块的大小。逻辑块大小就是 1KB 乘以 2 的 s_log_block_size 次幂。

同样,片的大小的计算方法也是类似的。为了便于对超级块的内容有一个总体的了解,图 7-16 给出了 EXT2 超级块基本块各成员项及其自己长度的示意图。

| | 0 | 1 | 2 | 3 | 4 | 5 | 6 | 7 |
|---|---|---|---|---|---|---|---|---|
| 0 | inode数 | | | | 块数 | | | |
| 8 | 保留块数 | | | | 空闲块数 | | | |
| 16 | 空闲inode数 | | | | 第一个数据块块号 | | | |
| 24 | 块长度 | | | | 片长度 | | | |
| 32 | 每组块数 | | | | 每组片数 | | | |
| 40 | 每组inode数 | | | | 安装时间 | | | |
| 48 | 最后写入时间 | | | | 安装计数 | | 最大安装数 | |
| 56 | 署名 | | 状态 | | 出错动作 | | 改版标志 | |
| 64 | 最后检测时间 | | | | 最大检测间隔 | | | |
| 72 | 操作系统 | | | | 版本标志 | | | |
| 80 | UID | | GID | | | | | |

图 7-16　EXT2 超级块结构

超级块本身占用一个物理块(1024B)。上述基本块各成员项共 84B,扩充块共 20B。剩余的 920B 定义为元素长度为 4B 的数组 reserved[230],其内容用 null(0)填充,以备以后用。

**3. EXT2 组标志符**

每个数据块组都拥有一个描述它的结构。像超级块一样,所有数据块组中的组描述符被复制到每个数据块组中以防文件系统崩溃。每个组描述符包含以下信息:

```
Struct ext2_group_desc
{
   _u32 bg_block_btmap;              /*指向该组中块位图所在块的指针*/
   _u32 bg_inode_btmap;              /*指向该组中块结点位图所在块的指针*/
   _u32 bg_inode_table;              /*指向该组中结点表的首块的指针*/
   _u16 bg_free_block_count;         /*该组中空闲块数*/
   _u16 bg_free_inodes_count;        /*该组中空闲结点数*/
   _u16 bg_used_dirs_count;          /*该组中分配给目录的结点数*/
   _u16 bg_pad;                      /*填充*/
   _u32 bg_reserved;                 /*保留*/
}
```

每个块组都有一个相应的组描述符来描述它,所有的组描述行形成一个组描述符表,组描述表可能占多个数据块。组描述符就相当于每个块组的超级块,一旦某个组描述符遭到破坏,整个块组将无法使用。所以组描述符表也像超级块那样,在每个块组中进行备份,以防遭到破坏。组描述符所占的块和普通的数据块一样,在使用时被调入块高速缓存。

#### 4. EXT2 位示图

EXT2 中每个块组中有两个位示图块,一个用于表示数据块的使用情况,叫数据块位图;另一个用于表示索引结点的使用情况,叫索引结点位图。位示图中的每一位表示该组中一个数据块或一个索引块的使用情况,为 0 表示空闲,为 1 表示已分配。

EXT2 用两个 cache 管理这两个位图块。但是由于高速缓存的空间有限,每个 cache 同时最多只能装入 EXT2_MAX_GROP_LOAED 个位图块或索引结点块,其默认值定义为 8。所以系统只把当前经常使用的 8 个块位图装入高速缓存,并采用类似 LRU 的算法来管理这两个 cache。

### 7.7.3 EXT2 的索引结点 inode

inode 是 EXT2 文件系统的基本"构建",这一点和 UNIX 类的文件系统一样。一个 inode 就是除文件名外的一个文件控制块(或称文件描述符)。每个文件有一个 inode,它记录着这个文件的有关信息。EXT2 的 inode 数据结构定义在 include/linux/ext2-fs.h 中。

```
struct ext2_inode{
   _u16 i_mode;                           /*文件类型和访问权限*/
   _u16 i_uid;                            /*文件拥有标志号*/
   _u32 i_size;                           /*以字节计的文件大小*/
   _u32 i_atime;                          /*文件的最后一次访问时间*/
   _u32 i_ctime;                          /*该结点最后被修改的时间*/
   _u32 i_mtime;                          /*文件内容的最后修改时间*/
   _u32 i_dtime;                          /*文件删除时间*/
   _u16 i_gid;                            /*文件的用户组标志号*/
   _u16 i_links_count;                    /*文件的链接计数*/
   _u32 i_blocks;                         /*文件所占块数(每块以 512 字节计)*/
   _u32 i_flags;                          /*打开文件的方式*/
   _u32 i_block(EXT2_N_BLOCKS);           /*指向数据块的指针数组*/
   _u32 i_version;                        /*文件的版本号(用于 NFS)*/
   _u8 l_i_fsize;                         /*片大小*/
   _u32 l_i_reserved;                     /*保留*/
```

```
}
```

从中可以看出,索引结点是用来记录与文件管理有关的各种静态信息,如文件的类型和访问权限、文件的尺寸,文件的位置、文件的时间信息等。

EXT2 通过索引结点中的数据块指针数据进行逻辑块到物理块的映射。在 EXT2 索引结点中,数据块指针数组共有 15 项,前 12 个为直接块指针,后 3 个分别为"一次间接块指针"、"二次间接块指针"、"三次间接块指针"的多级索引结构,如图 7-17 所示。

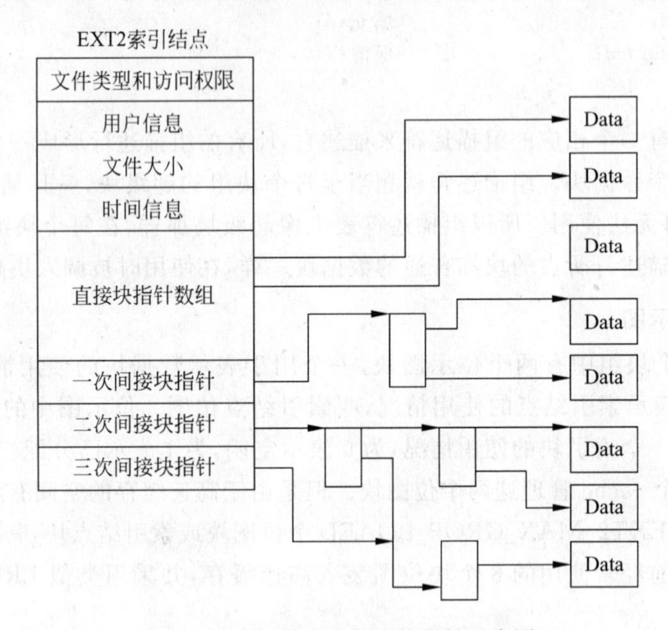


图 7-17 索引结点的物理块指针示意图

所谓"直接块",是指该块直接用来存储文件的数据。而"一次间接块指针"是指该块不存储数据,而是存储直接块的地址。同样,"二次间接块指针"存储的是"一次间接块"的地址。这里所说的块,指的都是物理块。EXT2 默认的物理块大小为 1KB,块地址占 4 个字节(32 位),所以每个物理块可以存储 256 个地址。这样,文件大小最大可达 12KB+256KB+64MB+16GB。但实际上,Linux 是 32 位的操作系统,故文件大小最大只能为 4GB,即整个文件系统都被一个文件所占满。

系统是以逻辑块号为索引查找物理块的。例如,要找到第 100 个逻辑块对应的物理块,因为 256+12>100>2,所以要用到一次间接块,在一次间接块中查找第 88 项,此项内容就是对应的物理块的地址。而如果要找到第 1000 个逻辑块对应的物理块,由于 1000>256+12,所以要用到二次间接块了。

文件的类型、标志和访问权限是管理和控制文件的重要依据。EXT2 文件的类型和访问权限记录在 EXT2 inode 的 i_mode 成员项中,它使用的主要符号常量及其意义如下所示。其中文件类型和访问权限使用逻辑结合在一起。

- S_IFREG 普通文件;
- S_IFBLK 块设备文件;
- S_IFDIR 目录文件;

- S_IFCHR　字符设备文件、FIFO 文件；
- S_IFLNK　符号链接文件；
- S_ISUID　访问权限设定为用户 ID；
- S_ISGID　访问权限设定为用户组 ID。

成员项 i_flags 是文件的标志，它决定了文件的操作属性。i_flags 可以取值的符号常量如下，它们可以通过逻辑结合在一起表示多种操作属性。

(1) EXT2_SECRM_FL。完全删除标志。具有次此属性的文件在删除后，由随机数据填充它们占用的数据块，然后再使用 truncate()函数释放这些数据块。文件一旦删除将不能恢复。

(2) EXT2_UNRM_FL。可恢复删除标志。具有此属性的文件在删除时，文件系统会保留足够信息，以确保文件仍能恢复(仅在一段时间内)。

(3) EXT2_COMPR_FL。文件压缩标志。表示文件是经过压缩的文件。在访问该文件时必须按照解压算法进行解压。

(4) EXT2_SYNC_FL。同步更新标志。设置该标志后，则该文件必须和内存中的内容保持一致，对这种文件进行异步输入、输出操作是不允许的。这个标志仅用于结点本身和间接块。数据块总是异步写入磁盘的。

(5) EXT2_IMMUTABLE_FL。不允许修改标志。具有此属性的文件不允许删除，也不允许修改，禁止变更文件名和设定硬链接。

(6) EXT2_NOATIME_FL。此标志表示不变更文件访问时间 atime。

### 7.7.4 EXT2 的目录结构

在 EXT2 文件系统中目录是用来创建和包含文件系统中文件存取路径的特殊文件。它把一个文件的目录项分为符号目录和基本目录。基本目录是文件的 inode 结构体。符号目录中只有文件名和对应 inode 号。

Linux 树型结构中，每一个文件目录都是一个目录文件。各个目录项是一个 ext2_dir_entry 结构体，它就是一个文件的符号目录。在目录文件中，ext2_dir_entry 结构体前后连接成一个类似链表的形式。ext2_dir_entry 结构定义在/include/linux/ext2_fs.h 中，如下所示：

```
Struct ext2_dir_entry {
        _u32 inode;                     /*inode 号*/
        _u16 rec_len;                   /*目录项长度*/
        _u16 name_len;                  /*文件名长度*/
        Char name[EXT2_NAME_LEN];       /*文件名*/
};
```

其中 EXT2_NAME_LEN 的默认值是 255，定义如下：

```
#define EXT2_NAME_LEN 255
```

可以看到，EXT2 文件系统的文件名最大可以使用 255 个字符。为了减少磁盘空间的浪费，目录项的长度根据文件名的大小是可变的。目录项的长度虽然是可变的，但是必须是 4 的倍数，不用的位置用\0 来填充。图 7-18 给出了目录文件结构的示意图。

目录项文件名

| | inode号 | 长度 | 长度 | 文件名 |
|---|---|---|---|---|
| 0 | 21 | 12 | 1 | . \0 \0 \0 |
| 12 | 22 | 12 | 2 | . . \0 \0 |
| 24 | 53 | 20 | 10 | f o u n d f i l e s \0 \0 |
| 44 | 34 | 16 | 7 | o l d f i l e \0 |

图 7-18　EXT2 文件系统的目录结构

## 7.7.5　虚拟文件系统

### 1. VFS 概述

Linux 中可以支持多种文件系统，而且支持各种文件系统之间相互访问，这是因为有一个虚拟文件系统。

虚拟文件系统(Virtual Filesystem Switch，VFS)也叫虚拟文件系统转换，之所以说它虚拟，是因为该文件系统的各种数据结构都是随时建立或删除的，在盘上并不永久存在，只能存放在内存中。也就是说，只有 VFS 是无法工作的，因为它不是真正的文件系统，它不具有一般物理文件系统的实体，它只是向内核和进程提供的一个处理文件的接口。

我们把各种操作系统中的实际文件系统焦作逻辑文件系统，VFS 是 Linux 内核与这些逻辑文件系统的一个接口，它们之间的关系如图 7-19 所示。

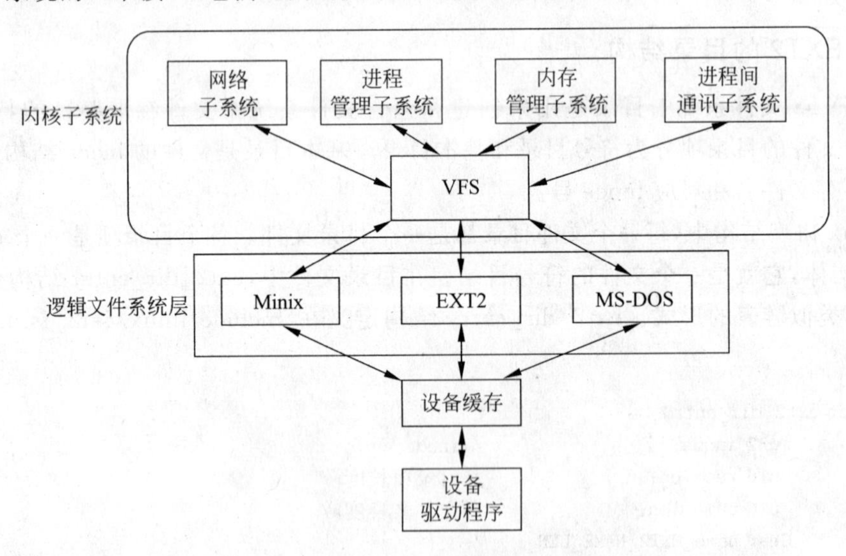


图 7-19　Linux 中文件系统的逻辑关系图

VFS 是 Linux 核心的一部分，其他内核子系统与 VFS 打交道，VFS 又管理其他逻辑文件系统。所以 VFS 是文件系统和 Linux 内核的接口，VFS 以统一数据结构管理各种逻辑文件系统，接受用户层对文件系统的各种操作。

Linux 支持的部分文件系统有：

(1) Minix。Linux 最早支持的文件系统，主要缺点是最大 64MB 的磁盘分区和最长 14

个字行的文件名称的限制。

(2) EXT。第一个 Linux 专用的文件系统,支持 2GB 磁盘分区,255 字符的文件名称,但性能有问题。

(3) XIAFS。在 Minix 基础上发展起来,克服了 Minxi 的主要缺点,但很快被更完善的文件系统所取代。

(4) EXT2。当前实际上的 Linux 标准文件系统,性能强大,易扩充,可移植。

(5) System V。UNIX 早期支持的文件系统,也有与 Minix 同样的限制。

(6) NFS。网络文件系统,使得用户可以像访问本地文件一样访问远程主机上的文件。

(7) ISO 9660。光盘使用的文件系统。

(8) /proc。一个反映内核运行情况的虚拟的文件系统,并不实际存在磁盘上。

(9) MS-DOS。DOS 的文件系统,系统力图使它表现得像 UNIX。

(10) UMSDOS。读文件系统允许 MS-DOS 文件系统当作 Linux 固有的文件系统一样使用。

(11) VFAT。FAT 文件系统的扩展,支持长文件名。

(12) NTFS。Windows NT 的文件系统。

(13) HPFS。OS/2 的文件系统。

### 2. VFS 的超级块

VFS 超级块是在各种逻辑文件系统安装时建立的,并在这些文件系统卸载时自动删除,所以 VFS 超级块只存在于内存中。VFS 超级块也可以说是哪个逻辑文件系统的 VFS 超级块。VFS 超级块定义在 include/fs/fs.h 中,结构名为 super_block,定义如下:

```
Struct super_block {
    kdev_ts_dev;                          /*物理文件系统所在设备的设备号*/
    unsigned long s_blocksize;            /*文件系统物理组织的块大小,以字节为单位*/
    unsigned char s_blocksize_bits;       /*块长度值的位(bit)数*/
    unsigned char s_lock;                 /*锁定标志,若置位则拒绝其他进程对该超级块的访问*/
    unsigned char s_rd_only;              /*只读标志,若置位则该超级块禁写*/
    unsigned char s_dirt;                 /*修改标志,若置位表示该超级块已修改过*/
    struct file_system_type * s_type;     /*指向文件系统 file_system_type 结构体*/
    struct super_operations * s_op;       /*指向该文件系统的超级块操作函数的集合*/
    struct dquot_operations * dq_op;      /*指向该文件系统的限额操作函数的集合*/
    unsigned long s_flags;                /*超级块标志*/
    unsigned long s_magic;                /*署名,该文件系统特有的标志数*/
    unsigned long s_time;                 /*时间信息*/
    struct inode * s_covered;             /*指向该文件系统安装目录 inode 的指针*/
    struct inode * s_mounted;             /*指向该文件系统第一个 inode 的指针*/
    struct wait_queue * s_wait;           /*指向该超级块等待队列的指针*/
    union {                               /*联合体,其成员项是各种文件系统超级块的内存映像*/
      struct minix_sb_info minix_sb;
      struct ext_sb_info ext_sb;
      struct ext2_sb_info ext2_sb;
      struct hpfs_sb_info msdos_sb;
      struct msdos_sb_info msdos_sb;
      struct isofs_sb_info isofs_sb;
      struct nfs_sb_info nfs_sb;
```

```
        struct xiafs_sb_info xiafs_sb;
        struct sysv_sb_info sysv_sb;
        struct affs_sb_info affs_sb;
        struct ufs_sb_info ufs_sb;
        void * generic_sbp;
    }u;
    }
```

从上述定义可以看到,VFS 超级块中主要包含文件系统的以下几种信息:

(1) 文件系统的组织信息。如文件系统所在设备号 s_dev、块大小 s_blocksize、块位数 s_blocksize_bits、文件系统署名 s_magic 等。

(2) 文件系统的注册和安装信息。指针 s_type 指向文件系统注册链表中该文件系统的 file_system_type 结构体。另外两个指向 inode 的指针表明了该文件系统安装位置,其中 s_covered 是指向 Linux 文件系统树型结构中安装目录 inode 的指针。s_mounted 是安装到 Linux 中的文件系统的根目录 inode 的指针。

(3) 超级块的属性信息,表现为超级块的各种标志,如超级块标志 s_flags、锁定标志 s_lock、禁写标志 s_rd_only、修改标志 s_dirt 等。

(4) VFS 超级块的前面各个成员项表示的是各种文件系统的共性信息。不同文件系统特有的信息则由联合体 u 的各个成员项表示。每个成员项就是一种文件系统特有的整体组织和管理信息在内存的映像,如对 EXT2 文件系统而言,其特有信息由成员项 u. ext2_sb 给出,它是 EXT2 超级块的内存映像 ext2_sb_info 结构体。

(5) 成员项 s_op 指向的 super_operations 结构体中包含着对超级块进行操作的函数指针。它实际上是对不同文件系统超级块进行操作的转换接口,对于不同的文件系统 super_operations 结构体中的函数指针指向不同的操作函数。

### 3. VFS 的索引结点 inode

VFS 的索引结点是动态索引结点,因为,虽然是逻辑文件系统的索引结点在磁盘上,但当打开文件时要将其调入内存,填写 VFS 索引结点。VFS 的索引结点定义在 include/fs/fs. h 中,结构定义如下:

```
Struct inode{
            kdev_t i_dev;                    /*主设备号*/
            kdev_t i_rdev;                   /*次设备号*/
            unsigned long i_ino;             /*索引结点号*/
            umode_t i_mode;                  /*文件的访问权限*/
            unsigned short i_flags;          /*打开文件的方式*/
            nlink_t i_nlink;                 /*与该结点建立链接的文件数*/
            uid_t i_uid;                     /*文件拥有者标识号*/
            gid_t i_gid;                     /*文件拥有者所在组的标识号*/
            off_t i_size;                    /*文件的大小(以字节为单位)*/
            unsigned long i_blksize;         /*块大小*/
            unsigned long i_blocks;          /*该文件所占块数*/
            time_t i_atime;                  /*文件的最后访问时间*/
            time_t i_mtime;                  /*文件的最后修改时间*/
            time_t i_ctime;                  /*结点的修改时间*/
            unsigned long i_version;         /*版本号*/
```

```
struct super_block * i_sb;          /*指向描述该文件系统的 super_block 的指针*/
struct_inode * i_mount;             /*指向该文件所在文件系统的根目录的索引结点*/
unsigned short i_count;             /*当前使用该结点的进程数。计数为 0,表明该结点
                                      可丢弃或被重新使用*/
unsigned char i_lock;               /*该结点是否被锁定,用于同步操作中*/
struct semaphore i_sem;             /*指向用于同步操作的信号量结构*/
struct wait_queue * i_wait;         /*指向 wait_queue 的指针,用于同步操作*/
struct char i_dirt;                 /*表明该结点是否被修改过,若已被修改,则应当将
                                      该结点写回磁盘*/
struct file_lock * i_flock;
struct dquot * i_dquop[MAXQUOTAS];              /*用于页分配机制的域*/
unsigned long i_nrpages;
struct vm_area_struct * i_mmap;
struct page * i_pages;
struct inode * i_bound_to, * i_bound_by;        /*用于索引结点高速缓存管理的域*/
struct inode * i_next, * i_prev;                /*指向该结点在自由链中的下一个
                                                  和前一个结点*/
struct inode * i_hash_next, * i_hash_prev;      /*指向该结点在哈希表中的下一个
                                                  和前一个结点*/
/*与逻辑文件系统的接口*/
struct inode_operations * i_op;                 /*指向索引结点操作的指针*/
unsigned char i_pipe;                           /*管理文件使用的域*/
unsigned char i_sock;                           /*用于套接字的域*/
u;    /*一个共用体,其成员是各种逻辑文件系统的 fsname_inode_info 数据结构*/
};
```

## 7.7.6 文件系统的注册与安装

### 1. 文件系统的注册

当内核被编译时,就已经确定了可以支持哪些文件系统,这些文件系统在系统引导时,在 VFS 中进行注册。如果文件系统是作为内核可装载的模块,则在实际安装时进行注册,并在模块卸载时注销。每个文件系统都有一个初始化例程,它的作用就是在 VFS 中进行注册,即填写一个叫做 file_system_type 的数据结构,其中包含了文件系统的名称以及一个指向对应的 VFST 超级块读取例程的地址。所有已注册的文件系统的 file_system_type 结构形成一个链表,称为注册链表。如 7-20 图所示就是内核中的 file_system_type 链表,链表头由 file_systems 制定。

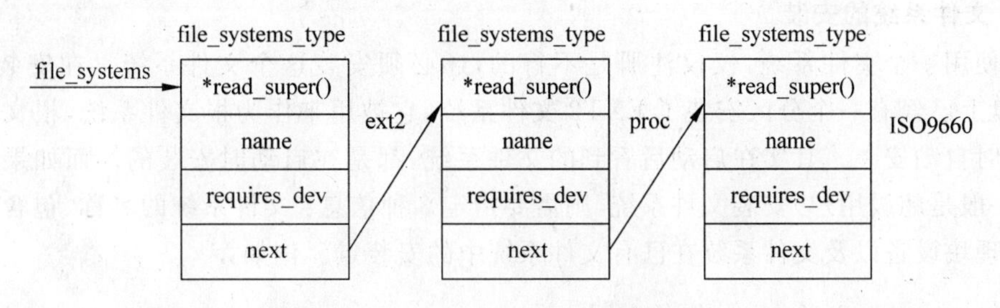


图 7-20 已注册的文件系统形成的链表

file_system_type 的数据结构在 fs. h 中定义如下：

```
struct file_system_type{
struct super_block * ( * read_super)
struct super_block * ( * read_super)(struct super_block * ,void * ,int);
/*当属于该文件系统类型的逻辑文件系统被安装时 VFS 调用该例程读取超级块*/
const char * name;        /*文件系统的名称,如 EXT2 VFST ISO9660 等*/
int requires_dev;         /*该文件系统是否需要设备支持? 并不是所有的文件系统都需要特定设
                            备,如 proc 文件系统并不需要块设备。如需要则该位为 1,否则为 0*/
struct file_system_type * next;        /* 指向链表中的下一个结构*/
};
```

以 EXT2 的注册过程为例,它调用函数 init_ext2_fs()(定义于 fs/ext2/中)。

```
int init_ext2_fs(void) {
return register_filesystem(&ext2_fs_type);
};
```

其中,ext2_fs_type 就是 file_system_type 结构体类型的一个变量,在 fs/ext2/super. c 中定义如下：

```
static struct file_system_type ext2_fs_type {
ext2_read_super,"ext2",1,NULL;
};
```

而 register_filesystem()在 fs/super. c 中定义,其执行过程就是从链首开始向后遍历,如果已注册,则结束,否则将该结构体挂在链尾。通过该函数已经可以了解到,一种类型的文件系统只需注册一次,也就是说在注册链表中不会出现两个一样的结构。

查看/proc 文件系统的 filesystems 文件内容,可以了解当前已注册的文件系统的类型;

```
$ cat/proc/filesystems
ext2
msdos
nodev proc
```

文件系统注册后,还可以撤销这个注册,即从注册链表中删除一个 file_system_type 结构,此后系统不再支持该种文件系统。fs/super. ck 中的 unregister_filesystem()函数就是起这个作用的,它在执行成功后返回 0,如果注册链表中本来就没有指定要删除的结构,则返回－1。

**2. 文件系统的安装**

要使用一个文件系统,仅仅注册是不行的,还必须安装这个文件系统。在安装 Linux 时,硬盘上已经有一个分区安装了 EXT2 文件系统,它被用来作为根文件系统,根文件系统在启动时自动安装。其实在启动后看到的文件系统,都是在启动时安装的。而如果你需要自己(一般是超级用户)安装文件系统,则需要指定 3 种信息：文件系统的名称、包含文件系统的物理块设备以及文件系统在已有文件系统中的安装点。例如：

```
$ mount - t iso9660 /dev/hdc /mnt/cdrom
```

其中,iso9660 就是文件系统的名称；/dev/hdc 是包含文件系统的物理块设备；/mnt/

cdrom 就是将要安装到的目录,即安装点。图 7-21 给出文件系统安装的示意图。

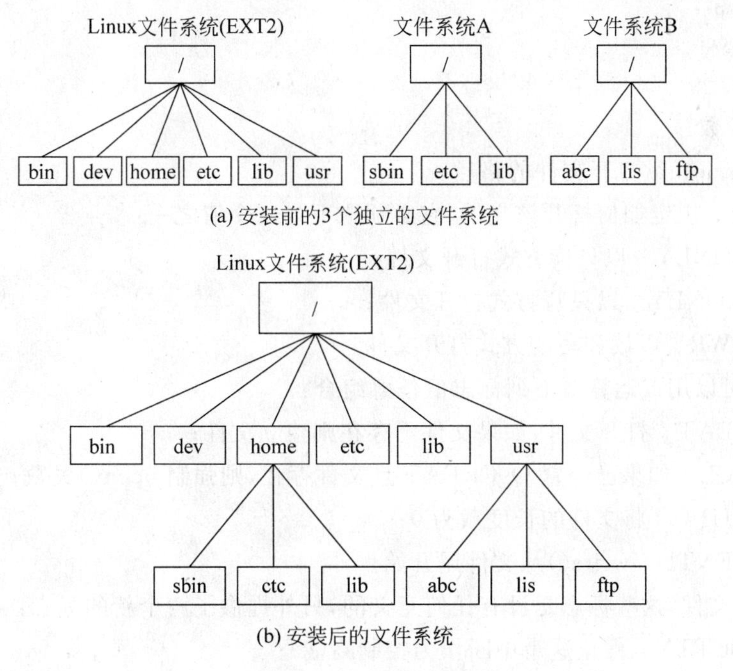


图 7-21 文件系统的安装

图 7-18 给出文件系统安装的示意图,其中两个独立的文件系统 A 和 B 要安装到 Linux 文件系统中。在安装前如图 7-20(a)所示,它们相互独立,没有任何关系。安装后,文件系统 A 安装在 Linux 文件系统树型结构的 home 目录下,文件系统 B 安装在 usr 目录下,如图 7-20(b)所示。其中目录 home 和 usr 就是安装点。

若选定的安装目录中存在文件和下级子目录,则安装信的文件系统后,该目录下的所有文件和子目录将被掩盖。在文件系统卸载后,安装目录中原来的文件再次出现。

## 7.7.7 文件系统的系统调用

有关文件系统的系统调用有十几个,下面选其中几个简单的加以介绍。

### 1. 系统调用 open

进程要访问一个文件,必须首先获得一个文件描述符,这是通过 open 系统调用来完成的。文件描述符是有限的资源,所以在不用时应该及时释放。

该系统调用是用来获得欲访问文件的文件描述符,如果文件并不存在,则还可以用它来创建一个新文件。其函数为 sys_open(),在 fs/open. c 中定义,函数如下:

```
asmlinkage int sys_open(const char * filename,int flags,int mode)
{
char * tmp;
int error;
error = getname(filename,&tmp);
if(error)
return error;
```

```
error = do_open(tmp,flags,mode);
putname(tmp);
return error;
}
```

1）入口参数

(1) filename。欲打开文件的路径。

(2) Flags。规定如何打开该文件，它必须取下列三个值之一：

- O_RDONLY　以只读方式打开文件；
- O_WRONLY　以只写方式打开文件；
- O_RDWR　以读和写的方式打开文件。

此外，还可以用或运算对下列标志值任意组合：

- O_CREAT　打开文件，如果文件不存在则建立文件；
- O_EXCL　如果已经置 O_CREAT 且文件存在，则强制 open()失败；
- O_TRUNC　将文件的长度截为 0；
- O_APENTD　write()从文件尾开始。

对于终端文件，这些标志是没有任何意义的，另外提供了两个新的标志：

- O_NOCTTY　停止这个中断作为控制终端；
- O_NONBLOCD　使 open()、read()、write()不被阻塞。

这些标志的符号名称在/include/asmi386/fcntl.h 中定义。

(3) mode。这个参数实际上是可选的，如果用 open()创建新文件，则要用到该参数。它用来规定对该文件的所有者、文件的用户组和系统中其他用户的访问权限。它用“或”运算对下列符号常量建立所需的组合：

- S_IRUSR　文件所有者的读权限位；
- S_IWUSR　文件所有者的写权限位；
- S_IXUSR　文件所有者的执行限位；
- S_IRGRP　文件用户组的读权限位；
- S_IWGRP　文件用户组的写权限位；
- S_IXGRP　文件用户组的执行限位；
- S_IROTH　文件其他用户的读权限位；
- S_IWOTH　文件其他用户的写权限位；
- S_IXOTH　文件其他用户的执行权限位；

这些标志的符号名称在/include/linux/stat.h 中定义。

2）出口参数

返回一个文件描述符。

3）完成的主要过程

sys_open()主要是调用 do_open()，这个函数也在 fs/open.c 中。do_open()的执行过程如下：

```
{
f = get_empty_filp(),获取一个指向空 file 结构的指针 f;
根据入口参数 flags 对 f->f_flags 和 f->f_mode 赋值;
open_namei(),对路径进行解析,找到欲访问文件的索引结点;
如果要求对该文件进行写操作,则用 get_write_access()检查是否有写权限;
对 file 结构的其他域赋值;
f->f_op->open(),执行底层逻辑文件系统作业处理 open 操作的函数;
从当前进程的 files struct 结构的 fd 数组中找到第一个未使用项,使其指向 file 结构,将该项的下
  标做文件描述符返回,结束;
在以上过程中,如果出错,则将分配的文件描述符、file 结构收回,inode 也被释放,函数返回一个负
  数以表示出错。
}
```

## 2. 系统调用 read

读文件函数,如果通过 open 调用获得一个文件描述符,而且是用 O_RDONLY 或 O_RDWR 标志打开的,就可以用 read 系统调用从该文件中读取字节。其内核函数在 read_write.c 中定义。

1) 入口参数

- fd　要读的文件的文件描述符;
- buf　指向用户内存区中用来存储将读取字节的区域的指针。
- count　欲读的字节数。

2) 出口参数

返回一个整数。在出错时返回-1,否则返回所读的字节数,通常这个数就是 count 值,但如果请求的字节数超过剩余的字节数,则返回实际读的字节数,例如,文件的当前位置在文件尾,则返回值为0。

3) 执行过程

```
{
  出现下述情况之一,返回 - 1,并置一个错误值;
① 文件描述符大于 256;
② 文件描述符对应的 file 结构不存在;
③ file 结构对应的 inode 不存在;
④ 文件以只写方式打开;
⑤ file 结构对应的 file_operations 结构不存在;
⑥ file_operations 结构中的 read 函数没有初始化。
否则:
locks_verify_area(),锁住由 buf 指向的用户内存区,大小为 count 的区域;
verify_area(),检查用户对该指定的内存区是否有合法的访问权;
file->f_op->read(),执行底层逻辑文件系统用来处理 read 操作的函数;
返回所读取的字节数,结束。
}
```

### 3. 系统调用 fcntl

这个系统调用的功能比较多,可以执行多种操作,其内核函数在 fs/fcntl. c 中定义。

1) 入口参数

- fd 欲访问文件的文件描述符;
- cmd 要执行的操作的命令;这个参数定义了 10 个标志,这里只介绍其中的 5 个:F_DUPFD、F_GETFD、F_SETFD、F_GETFL 和 F_SETFL。
- arg 可选,主要根据第二个命令来决定是否需要。

2) 出口参数

根据第二个参数的不同,这个返回值也不一样。

3) 函数功能

若第二个参数是 F_DUPFD,则进行复制文件描述符的操作。它需要用到第三个参数 arg,这时 arg 是一个文件描述符。fcntl(fd,F_DUPFD,arg)在 files_struct 结构中从指定的 arg 开始搜索空闲的文件描述符,找到第一个后,将 fd 的内容复制进来,然后将新找到的文件描述符返回。

若第二个参数是 F_GETFD,则返回 files_struct 结构中 close_on_exec 的值,无需第三个参数。

若第二个参数是 F_SETFD,则需要第三个参数,若 arg 最低位为 1,则对 close_on_exec 置位,否则清除 close_exec。

若第二个参数是 F_GETFL,则用来读取 open 系统调用第二个参数设置的标志,即文件的打开方式(O_RDONLY,O_WRONLY,O_APPEND 等)它不需要第三个参数。实际上这时函数返回的是 file 结构中的 flags 域。

若第二个参数是 F_SETFL,则用来对 open 系统调用第二个参数设置的标志进行改变,但是它只能对 O_APPEND 和 O_NONBLOCK 标志进行改变。这时需要第三个参数 arg,用来确定如何改变。函数返回 0 表示操作成功,否则返回-1,并置一个错误值。

## 7.8 小结

Linux 系统从诞生至今,从一个非常简单的操作系统发展成为具有性能先进、功能强大、技术成熟、可靠性好、支持网络与数据库功能特点的操作系统。在计算机技术,特别是操作系统技术的发展中,具有重要的、不可取代的地位和作用,并已成为多用户、多任务操作系统的标准。

Linux 操作系统是一个交互式的分时操作系统。Linux 操作系统的特征是:成本低廉,提供全部源代码;多用户、多任务环境功能强大;完善的虚拟存储技术;硬件要求不高,支持多种硬件设备;支持多种文件系统;软件资源丰富;具有强大的内存管理和高性能的文件系统强大的网络功能。Linux 系统核心层的功能包括文件管理、设备管理、存储管理和进程管理。核心层结构具备两个方面的接口:一是核心与硬件的接口;二是核心与实用层的接口。文件子系统用于有效的管理系统中的所有设备和文件。其功能可分为:文件管理;高速缓冲机制;设备驱动程序。Linux 系统中的进程实体称为进程映像(image),在 Linux 中,进程是由正文段(text)、用户数据段(user segment)和系统数据段(system segment)组成的一个动态实体。进程是有生命周期的。一个进程的生命从概念上可分成一系列状态组成。各状态在一定的条件下相互转化。

在 Linux 系统中，用于对进程实施控制的主要系统调用有：fork，用于创建一个新进程；exec，执行一个文件；exit，使进程自我终止；wait，等待子进程终止；sleep，睡眠一个进程；wakeup，唤醒进程。Linux 系统确定进程优先数的方法有设置和计算两种。

存储管理系统的责任就在于决定哪一个进程应该驻留（或是部分驻留）在主存中，并管理进程的虚地址空间中不在主存的那一部分。在现在的 Linux 系统中，多采用请求调页管理。

Linux 系统把设备分为两类：块设备，用于存储信息，它对信息的存取是以信息块为单位进行的。字符设备，用于输入/输出程序和数据，它对信息的存取是以字符为单位进行的。

Linux 采用目录文件的形式管理目录，每一个目录是一个驻留在磁盘上的目录文件。Linux 文件系统的特点：文件系统的组织是分级树形结构；文件的物理结构为混合索引式文件结构；采用了成组链接法管理空闲盘块；引入了索引结点的概念。

## 习题七

1. Linux 内核的设计目标是什么？构建一个操作系统的内核都有哪些方法？

2. 请叙述 Linux 的运行环境。

3. Linux 进程有哪几种状态？它们之间是如何转换的？

4. Linux 进程之间的通讯都采用哪几种方法？

5. 请说明任务结构体 task_struct 数据结构的作用？它包含哪些与进程调度有关的数据成分？

6. Linux 存储管理使用些缓存计数？

7. Linux 文件系统的主要特点有哪些？

8. 什么是用户描述符表？它包括哪些内容？

9. 试说明打开文件系统调用 open 的格式以及打开文件算法的基本功能。

10. 说明系统调用 read 的入口参数及基本功能。

11. VFS 主要由哪几部分组成？每一部分有什么作用？

12. Linux 使用 VFS 方法来支持多种文件系统，它是如何实现的？

13. 叙述 EXT2 文件系统的物理结构及每一部分的组成与作用。

14. EXT2 对文件与目录信息的表示都使用了哪些数据结构？

15. Linux 设备驱动程序有哪些功能？

21世纪

# 第8章 网络操作系统

在已经较详细全面地介绍了一般操作系统的基本概念、基本功能以及它们的实现方法后，本章介绍现在比较流行的操作系统——网络操作系统。要求学生掌握网络操作系统的功能和特征，网络操作的系统结构，网络操作系统的通信方式，网络操作系统的资源共享，网络操作系统的服务软件及网络操作系统的应用程序接口。

## 8.1 概述

网络操作系统的设计不是完全独立的，与单机系统不可分离。20 世纪 80 年代随着个人计算机的广泛应用以及局域网技术的创立与应用，如何在各种机器之间共享资源成为人们研究的焦点。网络操作系统可以为用户提供网络接口、管理共享资源以及提供各种网络服务，因此有人也将其称为网络管理系统。但是，网络操作系统并非仅仅只有这些功能，它是建立在单机操作系统之上的，因此也具有一个单机操作系统的所有功能。

从网络操作系统的发展来看，目前的系统已经成为一种能够支持多处理机的环境(即网络环境)，能够在网络范围内来管理、调度各个机器所拥有的局部资源，以共同或者合作方式处理用户任务。长期以来，操作系统都是控制单个计算机的，随着多机系统和多机互连系统的出现，要求传统操作系统能够处理系统互联、通信和远程访问等服务。网络操作系统的多机化趋势与此有关。

网络操作系统除了具有单机操作系统的功能外，还具有网络管理模块，用于支持网络通信、提供网络服务、保障系统安全以及有效管理网络等。在网络环境中，网络操作系统、网络通信软件和网络协议软件是计算机网络工作的基础环境，因此有人将这三者统称为网络操作系统。网络操作系统的典型实例有 Novell NetWare、Microsoft Windows NT、UNIX、Linux 等。

网络操作系统与单机操作系统提供服务的侧重点有所不同。通常，网络操作系统偏重于将与网络活动相关的特性加以优化，即经过网络来管理诸如共享数据文件、软件应用和外部设备之类的资源，而单机操作系统则偏重于优化用户与系统的接口以及在其上面运行的应用。因此，网络操作系统可定义为管理整个网络管理资源的一种程序。过去的所谓网络操作系统实际上是在原机器的操作系统之上附加上具有实现网络访问功能的模块。由于网络上的各计算机的硬件特性不同、数据表示格式不同及其他方面要求的不同，在互相通信时，为能正常进行并相互理解通信内容，彼此之间应有许多约定，此约定称之为协议或规程。因此，通常将网络操作系统(Network Operating System，NOS)定义为：在网络环境下，用户与网络资源之间的接口，是使网络上各计算机能方便而有效地共享网络资源，为网络用户提供所需的各种服务软件和有关规程的集合，用以实现对网络资源的管理和控制。

网络操作系统的基本任务就是：屏蔽本地资源与网络资源的差异性，为用户提供各种基本网络服务功能，完成网络共享系统资源的管理，并提供网络系统的安全性服务。同时在多个用户争用系统资源时，网络操作系统进行资源调度管理。

### 8.1.1 网络操作系统的功能

网络操作系统除了具备单机操作系统所需的功能，如内存管理、CPU管理、输入输出管理、文件管理等外，还提供高效可靠的网络通信能力以及提供多项网络服务功能，如远程管理、文件传输、电子邮件、远程打印等。

网络操作系统是完全基于软件的，并且能够运行于大量不同硬件平台和网络拓扑结构之上，在网络系统中处于核心地位的操作系统。网络操作系统是程序的组合，是在网络环境下用户与网络资源之间的接口，用以实现对网络的管理和控制，可以向网络上的计算机和外围设备提供通过网络的服务请求的能力，并且可以向其他计算机提供正确使用服务的能力。因此，网络操作系统从根本上说是用来管理连接、资源和通信量的流向的一种高级管理平台。

网络操作系统除了具有对内存、CPU、输入输出等进行管理的操作系统的基本功能外，还具有一些独特的对网络资源的管理功能，主要表现在以下几个方面。

#### 1. 文件服务

文件服务(file service)是网络操作系统提供的最重要与最基本的网络服务功能。

文件服务器以集中方式管理共享文件，网络工作站可以根据权限对文件进行读/写以及其他各种操作，文件服务器为网络用户的文件安全与保密提供必要的控制方法。

#### 2. 打印服务

打印服务(print service)是网络操作系统的基本功能之一。

打印服务可以通过设置专门的打印服务器来完成。在网络中安装一台打印机后，其他用户就可以共享使用。打印服务可以实现网络用户打印请求接收、打印格式说明、打印机配置和打印队列管理等功能。

#### 3. 数据库服务

随着网络软件的广泛应用，网络数据库服务(database service)在网络应用中越来越多。

数据库服务可以选择适当的网络数据库软件，依照客户机/服务器工作模式，开发出客户端与服务器端数据库应用程序，这样客户端可以用结构化查询语言(SQL)向数据库服务器发送查询请求，服务器进行查询后将查询结果返回到客户端。

网络操作系统的网络数据库服务功能优化了网络系统的协同操作模式，有效地改善了网络应用系统性能。

#### 4. 通信服务

网络操作系统提供网络通信服务(communication service)功能，可以实现工作站与工作站之间的对等通信和工作站与网络服务器之间的通信等服务。

#### 5. 信息服务

网络操作系统提供网络信息服务(message service)，可以通过存储转发或对等方式完成电子邮件等信息服务，其内容包括文件、图像、数字视频与语音等数据形式。

### 6. 分布式服务

网络操作系统支持分布式服务(distributed service)功能，也就是可以将网络资源组织在一个全局性、可复制的分布数据库中。网络中多个服务器上都有该数据库的副本。用户在一台计算机上注册，就可以与多个服务器连接。对于网络用户而言，网络系统中分布在不同位置的资源都是透明的，这样就可以用简单的方法去访问一个大型互联网络系统。

### 7. 网络管理服务

网络操作系统提供了丰富的网络管理服务(network management service)工具，可以对网络提供性能分析、状态监控、存储管理等多种管理服务。

### 8. Internet/Intranet 服务

网络操作系统一般都支持 TCP/IP 协议，提供各种 Internet 服务，支持 Java 应用开发工具，支持 Internet 与 Intranet 访问。

根据以上功能，可以这样认为，所谓网络操作系统是在计算机网络系统中，管理一台或多台主机的硬软件资源，支持网络通信，实现资源共享，提供网络服务的软件集合。

这里所说的一台或多台计算机，是考虑到网络中允许不同操作系统的计算机可以互连，各主机可以运行相同的或不同的操作系统。如果说各主机都运行相同的操作系统，则为同构系统；如果各主机都运行不同的操作系统，则为异构系统。

## 8.1.2 网络操作系统的特征

与运行在工作站上的单用户操作系统或多用户操作系统不同，网络操作系统提供的服务对象是整个网络，它具有更复杂的结构和更强大的功能。作为网络用户和计算机网络之间的接口，网络操作系统一般具有下列特征：

### 1. 开放性

为了便于把配置了不同操作系统的计算机系统互联起来形成计算机网络，使不同的系统之间能协调地工作，实现应用的可移植性和相互操作性，而且能进一步将各种网络互联起来组成互联网，国际标准化组织 ISO 推出了开放系统互联参考模型(OSI/RM)：各大计算机厂商为此纷纷推出其相应的开放体系结构和技术，并成立多种国际性组织以促进开放性的实现。例如，由 IBM、DEC、HP 等组成了开放软件基金会 OSF，并为开放系统制定了一套应用环境规范 AES。

而 NOVELL Netware 的开放性也值得注意。其开放性主要体现在 Netware 所支持的对象都是逻辑设备，而不是物理设备，从而使 Netware 尽可能与网络中的硬件无关，以广泛支持各种网卡、传输介质和网络拓扑结构。此外，它还在某些网络层次之间增加一层接口软件，以支持目前广为流行的各类操作系统和各种传输协议。

### 2. 一致性

由于网络可能是由多种不同的系统所构成，为了方便用户对网络的使用和维护，要求网络具有一致性。所谓网络的一致性是指网络向用户提供一个一致性的服务接口：该接口规定了命令(服务原语)的类型，命令的内部参数及合法的访问命令序列等，并不涉及服务接口的具体实现。例如,功能的实现是采用过程方式还是进程方式,或者其他方式,可由程序自行确定.正因如此,在OSI/RM中规定了各个层次的服务接口,各种协议也都规定了服务接口,通过对这些接口的定义确保网络的一致性。例如,在不同的系统间交换文件时,尽管各系统的文件子系统可能采用不同的文件结构和存取方法,但只要利用FTAM中所提供的一套文件服务原语,就可实现不同系统之间的文件传输。换句话说,它屏蔽了不同文件系统之间的差异,网络用户可以用一致的方法访问网络中的任何文件。

### 3. 并行性

并行性通常有3种含义:一是同时性,指两个或多个事件在同一时刻发生;二是并发性,指两个或多个事件在同一时间间隔内发生;三是流水线,指两个或多个事件在可能重叠的时间间隔内发生。

单机多道程序系统实现了多任务的并发执行,提高了系统的处理能力。但在这种情况下,物理处理机只有一台,操作系统并未实现真正的并行。只有在网络系统中,才能实现各任务的真正并行。

在网络系统中,每个结点机上的程序都可并发执行,各结点机上本身的程序也是可以并行的。一个用户作业既可以分配到自己登录的结点上,也可以分配到远程结点上。

### 4. 透明性

一般来说,透明性即指某一实际存在的实体的不可见性,也就是对使用者来说,该实体看起来是不存在的。在网络环境下的透明性,表现得十分明显,而且显得十分重要,几乎网络提供的所有服务无不具有透明性,即用户只需知道他应得到什么样的网络服务,而无须了解该服务的实现细节和所需资源。事实上,由于用户通信和资源共享的实现都是极其复杂的,因此,如果NOS不具有透明性这一特征,用户将难使用网络提供的服务。例如,一个网络工作站用户访问远程打印机时就像访问本地打印机一样方便,两者采用同样的方法,使用户感觉不到他在访问远程打印机时所提出的请求.网络为实现该打印服务而执行了大量的操作(从用户主机的应用层逐层下达到用户主机的物理层后,再经过网络到达目标主机,然后又由目标主机的物理层逐层上传到应用层,最后才访问到远地打印机。访问结果再以相反的传递过程回馈给用户)。

### 5. 可靠性

在网络系统中,各结点机之间通过网络相互传递信息,以实现进程间的通信与同步。一般来说,计算机之间消息传递的可靠性低于计算机内部消息传递的可靠性。在处理消息传递过程中,必须考虑错误的检测和纠正。在网络系统应用日益广泛的今天,对可靠性提出了更高的要求。任何故障都可能导致灾难性的后果。例如,在银行系统中,信息的任何错误和丢失都可能造成重大经济损失。

### 6. 安全性

网络上各结点的主机运行自身的操作系统,不仅要保证本机的系统进程或用户能简便、有效地使用网络中的资源,同时也为网络中其他用户使用本机资源提供服务。但是这种服务是有限制的。操作系统应保护一个合法的用户的资源不受侵犯,规定一个用户或进程可分配资源的限额,防止非法用户存取其资源。

网络操作系统的安全性表现在以下几个方面:

(1) 网络操作的安全性。系统应规定不同用户的不同权限。网络用户通常可分为系统管理员、高级用户和一般用户。系统管理员责任最大,他必须熟悉规定的操作过程,并且事先想到执行特权操作可能引起的后果与补救措施。

(2) 用户身份验证。对进入系统的用户要进行审查,执行某一特权操作也要进行审查,审查是通过身份验证进行的。网络操作系统应记录作用于本机的安全性策略,记录用户名、口令、用户组以及用户所拥有的特权,接纳用户的登录信息并进行登录授权。

(3) 资源的存储控制。为防止系统死锁,应采取一些安全策略和措施;对系统中的文件子系统,应采取相应的保护措施;规定不同程序有不同运行方式,例如系统程序在核心态运行,用户程序在用户态运行。

(4) 网络传输的安全性。网络上的数据传输的安全与保密由网络本身来保证。

## 8.2 网络操作系统的结构

网络操作系统与单机操作系统一样,其结构通常由两部分组成:内核和核外部分。内核是操作系统的核心;核外部分也叫外壳,由一些实用程序组成。网络操作系统主要用于管理共享资源。网络操作系统软件既可以相等地分布在网络上的所有结点,即对等式结构;也可以将主要部分驻留在中心结点管理资源,为其他结点提供服务,称为集中式结构。作为整个网络与用户的界面,网络操作系统是整个网络的核心,它的结构决定了网络上文件传输的方式及文件处理的效率。

### 8.2.1 网络操作系统结构设计的模式

操作系统结构设计的模式是指将操作系统所提供的特性、服务及系统所执行的任务统一成一体化的概括性框架。

计算机网络操作系统的基本目的是共享资源。根据共享资源的方式不同,NOS 分为两种不同的机制。如果 NOS 软件相等地分布在网络上的所有结点,这种机制下的 NOS 称之为对等式网络操作系统;如果 NOS 的主要部分驻留在中心结点,则称为集中式 NOS。集中式 NOS 下的中心结点称为服务器,使用由中心结点所管理资源的应用称为客户。因此,集中式 NOS 下的运行机制就是人们平常所谓的“客户/服务器”方式。因为客户软件运行在工作站上,所以人们有时将工作站称为客户。其实只有使用服务的应用才能称为客户,向应用提供服务的应用或系统软件才能称为服务器。

后来,由于面向对象技术的出现和发展,它不仅仅局限于程序设计领域,而且还慢慢渗透到了软件开发、系统仿真、知识库、操作系统等各个领域。人们就把使用对象来表示共享的系统资源的网络操作系统设计模式称为对象模式。

用户对对等式网络期待的是比客户/服务器更容易操作,安装要尽量简单,管理更加方便,具有内建的生产工具、并具有一定的安全级别,以防止敏感性数据受损害。

而集中式,这种以客户/服务器方式操作的 NOS,由于顺应 20 世纪 90 年代的计算模式,其发展非常迅速。NOS 的功能比以前传统上只提供文件和打印共享的系统有了很大提高。例如 Novell 公司的 4.x 不再将网络看成一组无联系的服务器和服务,而是将其看作单个实体,同时还增加了目录服务等重要功能。

对象式的NOS,提供很好的信息隐蔽性,增加了操作系统的易维护性。

由上面的分析可以看出,网络操作系统结构设计的主要模式有:客户/服务器模式、对等模式、对象模式。

**1. 客户/服务器结构设计模式**

如果NOS的主要部分驻留在中心结点,则称为集中式NOS。集中式NOS下的中心结点计算机称为服务器,用于向其他结点提供数据和服务;向服务器提出请求数据和服务的计算机称为客户。因此,集中式NOS下的运行机制就是人们平常所谓的客户/服务器方式。

采用客户/服务器模式构造一个操作系统的基本思想是:把操作系统划分成若干进程,其中每个进程实现单独的一套服务。例如,在一个操作系统中设置内存服务、进程生成服务、处理机调试服务、网络服务、文件服务和显示服务等。每一种服务对应一个服务器,每个服务器运行在用户态,并执行一个循环。在执行循环过程中不断检查是否有客户提出请求该服务器提供的某种服务。客户可以是一个应用程序,也可以是另一个操作系统成分。它通过发送一条消息给服务器请求一项服务,运行在核心态下的操作系统内核把该消息传给服务器,由服务器执行具体操作,其结果经由内核用另一消息返还给客户。如图8-1所示,实现部分是发送,虚线是应答。

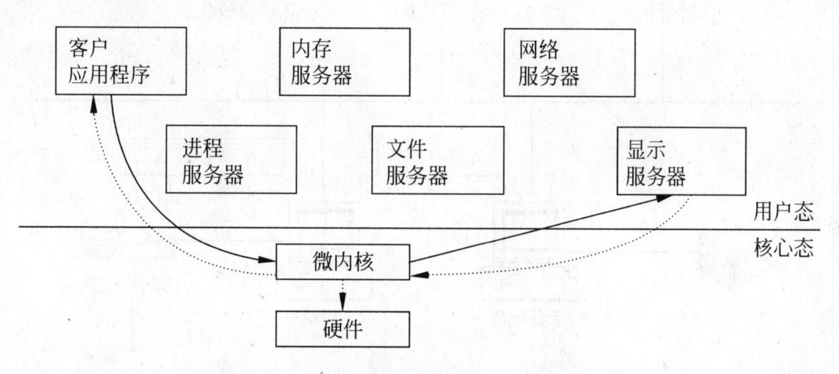


图8-1 客户/服务器模式下的操作系统

采用客户/服务器模式所构造的操作系统,其组成部件小而且自成一个独立的子系统。由于每个服务器是以独立的用户态进程方式运行的,因此单个服务器故障,不会引起操作系统其他部分的崩溃。在网络系统中,不同的服务器可以在不同的处理机或不同的节点机上运行,从而使得这样构造的操作系统更适合分布式计算环境。

采用客户/服务器模式构造操作系统的好处如下:

(1) 简化了基本操作系统。它为用户提供了多种应用程序设计界面(API),每个API被移到独立的服务器中,避免了与内核的冲突和重复,缩小了内核,并容易增加新的API。

(2) 提高了可靠性。每个服务器在分配给它的内存分区中以独立进程的方式运行,这样可防止受其他进程的影响。此外,由于服务器运行在用户态,它们不能直接访问硬件和侵犯内核。

(3) 适合分布式计算环境。由于联网的计算机以客户/服务器模式为基础,并且使用消息传递方式进行通信,因而本地服务器可以很方便地把消息发送给远程客户。这样,对客户来说，无论是从远程得到服务，还是从本地得到服务都一样的便利。

**2. 对等模式**

在对等模式中，网络上任一结点机所拥有的资源都作为网络公用资源，可被其他结点机上的网络用户共享。在这种情况下，一个结点机可以支持前、后台操作，当在前台执行应用程序时，后台支持其他网络用户使用该机资源。也可以说，网络上的一个结点机既可以作为客户机与其他节点交往并访问其资源，又可起到服务器的作用，它能管理本节点机的共享资源为其他节点机服务。此时可把对等模式中的节点机看成是客户和服务器的组合体，因而有时也称其为组合站。在对等网络中，网络上的计算机平等地进行通信。每一台计算机都负责提供自己的资源，给网络上的其他计算机使用。可共享的资源可以是文件、目录、应用程序等，也可以是打印机、调制解调器或传真机等硬件设备。另外，每一台计算机还负责维护自己资源的安全性。对等网络的结构如图 8-2 所示。

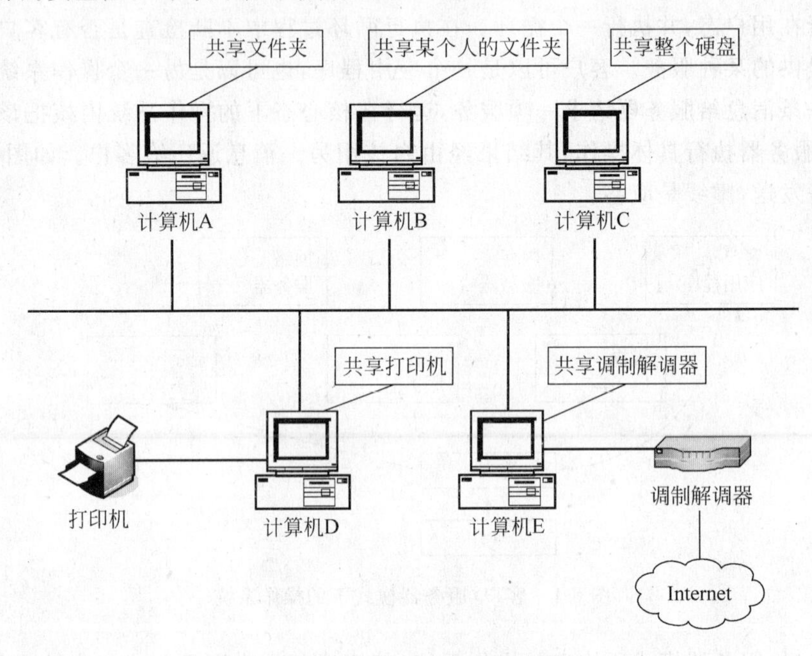


图 8-2　对等模式的网络结构

采用对等工作模式的网络，各结点机都处于平等地位，没有主次之分。对等模式具有灵活的共享方式和均衡的通信方式，但由于受站点机本身的处理能力和存储空间的限制，本地操作和为远程服务很难兼顾，这将导致系统处理速度下降。再者，资源服务分散在各个结点上，协调和管理也使系统付出较大的开销，从而限制了网络的规模。对等模式一般应用于两种场合：

(1) 简单网络连接。适用于工作组内几台计算机之间仅需提供简单的通信和资源共享，这种情况下无须购置专用服务器。Novell 的 NetWare Lite 和 Microsoft 的 Windows for Workgroup，Windows 95/98 就是这一类型的典型代表。在小规模应用时是投资少、实施简单的方案。一般意义上的对等式网络就是这种方式的连接，它主要用于小型网络的连接。

(2) 分布式计算。把处理和控制分布到每个计算机的分布计算模式，是极为复杂的，目前尚无成熟的系统。

总之，对等模式是小型网络和分布式计算网络的较好选择，但对于中等以上其他网络应采用客户/服务器模式。

3. 对象模式

面向对象的思想起源于信息隐蔽和抽象数据类型的概念。面向对象的设计方法从更高、更广泛的角度来研究问题。在传统操作系统中，采用数据和操作分离的模式。在对象模式中，对象是数据和相关操作的封装体。它把数据、数据的属性以及施加于数据上的操作等封装在一起，并将此封装体看为一个实体，该实体就被称为对象。

对象将数据和操作封装起来，使外界无法了解其内部细节以及如何实现的，从而体现了很好的信息隐蔽性，因此，无论是完善、扩充对象的功能，还是修改对象的实现，其影响仅局限于对象的内部，不会影响外界。这就大大增加了操作系统的易维护性。

在对象模式中，通常用对象表示系统中的资源，如进程、文件、内存块等都可看成对象。把具有相同特性的对象归纳为对象类，对象类是描述资源类型的。

网络操作系统 Windows NT 广泛使用对象来表示共享的系统资源。但在严格的意义下，Windows NT 并不是一个面向对象的系统，Windows NT 的大部分代码是用 C 语言编写的，这是因为 C 语言具有良好的可移植性，但它并不支持面向对象的结构。因此，Windows NT 只能算是一个基于对象的系统。无论是面向对象还是基于对象的系统，都可以认为是采用对象模式来进行操作系统结构设计的。

### 8.2.2 客户/服务器模式下的网络操作系统的组成

目前在局域网上使用的网络操作系统，基本上都是客户/服务器模式。因此这里主要讲解一下客户/服务器模式下的网络操作系统的组成。在客户/服务器模式下的网络操作系统由两部分组成：客户机(也称工作站)操作系统和服务器操作系统。

1. 工作站操作系统

工作站上配置操作系统的目的有以下两点：

(1) 工作站上的用户，可使用本地资源并执行在本地可以处理的应用程序和用户命令。

(2) 实现工作站上的用户与服务器的交互。

基于以上两点，工作站操作系统可由单机操作系统直接扩充而成。要扩充的软件主要有：

(1) 重定向程序。对于客户/服务器模式，工作站上的用户请求可分为本地请求和服务器请求，为使用户能以相同方式访问本地操作系统和远程服务器，在工作站应配置本地/远程请求解释程序。该程序在接收到工作站上用户发来的请求后，先判别该请求是本地请求还是服务器请求，如是本地请求则直接交给工作站操作系统进行处理；如是服务器请求，则按请求内容形成请求包，并通过传输软件，将其送给服务器。

(2) 传输协议软件。为了能实现工作站和服务器之间的通信，除了需要有网络硬件的支持外，还要有网络协议的支持。目前，在局域网上所采用的传输协议软件主要有 TCP/IP 协议软件和 SPX/IPX 协议软件。

2. 服务器操作系统

在客户/服务器模式下的网络操作系统主要指的就是服务器操作系统。位于网络服务器上的操作系统的主要功能有以下几类。

(1) 管理服务器上的各种资源，如处理机、存储器、I/O 设备以及数据库等；

(2) 实现服务器与客户的通信；

(3) 提供各种网络服务；

(4) 提供网络安全管理。

为实现上述功能，服务器操作系统应由以下软件组成：

(1) 内核程序。为支持服务器中多进程的并发执行，要求服务器操作系统具有支持多进程(多任务)的功能，在此基础上应具有多用户文件管理、I/O 设备管理以及存储管理等功能，形成一个完整的操作系统。

(2) 传输协议软件。为支持服务器的客户之间信息传输，服务器操作系统也应提供传输协议软件。

(3) 网络服务软件。为支持服务器上资源共享，网络服务器操作系统应提供一些核外实用程序供客户应用程序使用。这些网络服务软件可以是文件服务、打印服务以及电子邮件服务等。

(4) 网络安全管理软件。网络操作系统应对不同用户赋予不同的访问权限，通过规定对文件和目录的存取权限等措施，实现网络的安全管理。另外，为了监测网络性能，及时了解网络运行情况和发现故障，网络操作系统应配置网络管理软件。

### 8.2.3 客户/服务器模式的工作过程

在客户/服务器模式的网络操作系统中，存在着客户机和服务器两方。一般来说，客户机处于主动，它向服务器器提出服务请求。而服务器则按客户机的请求提供服务，处于被动地位。服务器进程被启动后就处于等待接收客户机的请求，当请求到达时才被唤醒。客户机采用原语或系统调用的方式向服务器提出请求。在原语或系统调用命令中包含相应的参数。

客户机与服务器之间的交互过程如下：

(1) 客户机提出服务请求。

(2) 客户机上的网络软件把它装配成请求包(其中包含相应的参数)。

(3) 经过传输协议软件把请求包发送给服务器。

(4) 服务器上的传输协议软件接受到请求包后，对该请求包进行检查。如无错误，便将它提交给服务器方的网络软件进行处理。

(5) 服务器方网络软件根据请求包中的请求，完成相应的处理或服务。并将结果装配成一个响应包。

(6) 通过传输协议把响应包发给客户机。

(7) 由客户的传输协议软件把收到的响应包交给客户的网络软件。

(8) 网络软件做适当的处理后提交给客户。

### 8.2.4 内核结构

操作系统的内核是对硬件的首次扩充，是实现操作系统资源管理的基本功能。操作系统的内核具有两方面的接口：一方面是内核与硬件的接口，由一组驱动程序和一些基本例程组成；另一方面是内核与 Shell 的接口，由一组系统调用组成。

网络操作系统中有两种内核组织形式：一种是强内核(monolithic kernel)；另一种是微内核(micro kernel)。

在强内核的操作系统中，系统调用是通过陷入内核实现的，在内核中完成所需要的服务，最后返回结果给用户进程。

微内核结构是一种新的结构，它体现了操作系统结构设计的新思想。微内核的设计目标是使操作系统的内核尽可能小，使其他所有的操作系统服务一般都放在核外用户级完成。微内核主要提供 4 种服务：

(1) 进程间的通信机制；

(2) 某些存储管理；

(3) 有限的低级进程管理和调度；

(4) 低级 I/O。

微内核操作系统是具有微内核的操作系统。微内核的基本思想是良好的结构化、模块化，最小的公共服务。它作为一个必不可少的核心，提供最基本、最必要的服务，其他服务都以服务器的形式建立在微内核上，如图 8-3 所示。

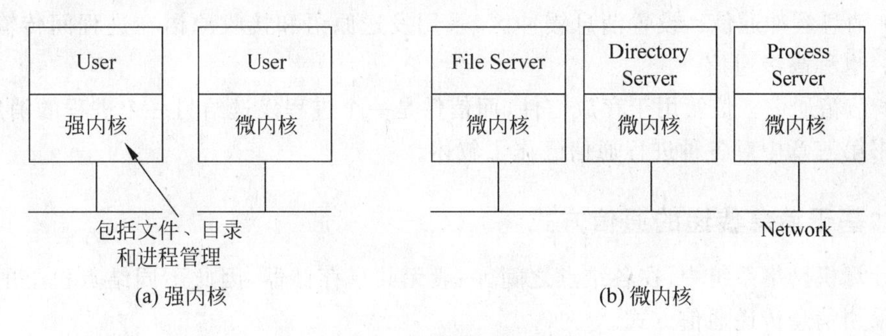


图 8-3　强内核和微内核

微内核结构与强内核结构相比具有如下优点：

(1) 开放性。由于微内核以外的其他操作系统服务都运行在核外的用户级上，这些服务都是以服务器的形式建立在内核之上，则这样所建立的操作系统也称服务器化的操作系统。系统的开发者基于这种结构框架，可以方便地设计、开发集成自己的新系统，且易于保证其正确性，从而使系统软件的设计适应硬件平台发展的需要。

(2) 灵活性。微内核短小精悍，仅提供最基本、最必要的服务。这就给核外部分的用户级提供了更大的灵活性。

(3) 可扩充性。采用微内核的操作系统，对于实现、安装和调试一个新系统是很容易的，因为加入和改变一个服务不需要停止系统和重新引导内核。由此，用户可重写有些存在但自己不满意的服务。

当然，强内核也有一个潜在的优势，那就是陷入内核要比向远程服务发送消息要快。但实际上，这一优势并不存在，因为其他一些因素占支配地位，而使消息传送时间可以忽略不计。操作系统的发展趋势将是微内核占据统治地位。

微内核技术和客户/服务器模式的结构是网络操作系统中最重要的形式，Windows NT 是这种结合的一个良好范例。

## 8.3 网络操作系统的通信

网络中各结点之间的通信是所有信息交换的基础，对于网络操作系统而言，对各结点之间通信的支持是必须的。网络操作系统中，基本上可分为两种类型的通信方式：基于共享变量的通信方式和基于消息传递的通信方式。

### 8.3.1 基于共享变量的通信方式

基于共享变量的通信方式适用于网络中各结点主机内各个进程间的通信，因为各结点主机都有一个共享存储器可供结点机内各个进程访问。在这种情况下与单机操作系统中各个进程的通信相同。

基于共享变量的主要通信方式有以下几种：

(1) 进程间的同步与互斥。通常利用信号量和 P、V 操作的方式来实现进程间的同步与互斥。也称低级通信。

(2) 消息缓冲通信。设置消息缓冲区，采用发送原语和接收原语在进程间传输大量数据信息。也称高级通信。

(3) 信箱通信。信箱用于存放信件，而信件是一个进程发送给另一个进程的消息。

本书第三章中对各种进程通信已作了叙述。

### 8.3.2 基于消息传递的通信方式

在计算机网络系统中，在各结点之间，一般无共享存储器，因此不同结点机上的进程之间普遍采用消息传递通信方式。

在基于消息传递的通信方式中，一个进程发送一条消息，而另一个进程接收这条消息。这种通信机制的核心成分是发送原语和接收原语。

在发送原语中，要指明发送的目的进程标识和发送的消息。如：send(dest，&mptr)，它表明发送一条由 mptr 指向的消息给标识符为 dest 的进程，并使调用进程阻塞，直至发送完成。mptr 指向的是发送消息的地址。该消息包括：发送进程标志符、消息长度和消息正文。

在接收原语中，要指出消息源标识和接收的变量表。如：receive(addr，&mptr)，它表明调用该原语的进程被阻塞，等待消息的到达。当有消息到达后，它被唤醒并将所接收的消息复制到由 mptr 指向的缓冲区。这里的 addr 是接收进程的网络地址。

下面以客户/服务器模式为例看其通信过程。

客户/服务器模式通常基于一个简单的无连接的请求/应答协议。客户发送一个请求消息给服务器要求某一种服务，服务器完成这一请求后返回结果或错误信息。所有的信息传送都是由内核完成的。由微内核提供的通信服务可以归结为两个系统调用：即发送原语和接收原语。

客户/服务器共享的一些定义通常放在头文件中，主要有 4 组定义：

(1) 常数定义。包括文件路径名的最大长度、数据缓冲区的大小、服务器的网络地址。

(2) 操作类型定义。包括客户向服务器请求的各种操作。如建立文件、读文件、写文件和删除文件等。

(3) 返回代码定义。包括操作完成、未定义的操作请求、参数出错和I/O出错等信息。

(4) 消息格式定义。包括发送者进程标识、接收者进程标识、请求服务类型、传送的字节数、读/写文件的起始位置、服务结果、被访问的文件名、读出/写入的数据区等。

下面客户进程的主要任务是复制一个文件，即将源文件全部复制到目标文件上。复制的方法是按块进行，每次从源文件读出一块(块的大小为1KB)，然后将该块写入目标文件，反复进行，直至文件结束。

从源文件读出一块的步骤是：先组织一个消息m1，m1包括操作类型READ、读出的字节数、原文件名和读的起始位置，然后将m1发送给服务器进程并等待接收其应答消息。当有从服务器发来的消息时，唤醒客户进程，并将服务器发来的消息存放在m1中。

客户进程为了完成写块操作，它又组织一个m1，m2中包括操作类型WRITE、写入的起始位置、写入的字节数(从应答消息中取得的实际读出的字节数)以及目标文件名。然后将m1发送给服务器进程并等待其应答。当接收到服务器进程发来的消息后，客户进程被唤醒，修改读写位置后又开始下一块的复制，直到全部完成。根据从服务器进程发来的消息，可判断拷贝工作是正常结束还是操作出错。客户进程的工作流程如图8-4所示。

由图可见，服务器进程执行一个无限循环。它等待从客户进程发来的消息。如果没有消息到达，就一直睡眠(阻塞)，直到有消息(m1)到来它被唤醒。当消息到来后它首先争析收到的消息m1，取出请求服务的类型。根据不同的请求进行不同的处理。如果不是建立文件、读文件、写文件和删除文件，则返回"未定义的操作请求"错误。

服务器进程的工作流程如图8-5所示。

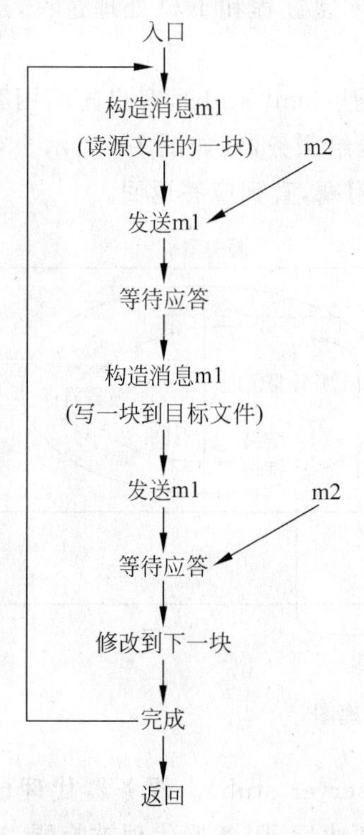


图8-4 客户进程的工作流程

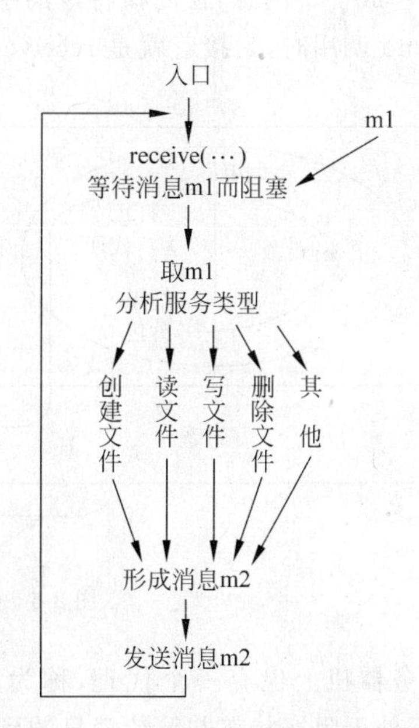


图8-5 服务器进程的工作流程

例如 READ 请求，则执行如下命令：

```
r = do_read(&m1,&m2)
```

该程序在此作了适当的简化，它表示按消息 m1 给出信息读文件，并将读出的结果写在文件 m2 中，最后将返回码送 r。在完成上述操作之后，服务器进程可将返回码 r 写入消息 m2，然后将消息 m2 发送给 m1 的进程。接着又进入准备接收下一消息的状态。

### 8.3.3 远程过程调用

远程过程调用模型来自于高级程序设计语言中传统的过程调用模型。传统过程调用机制是结构化程序设计的基石，它允许程序员把一个程序划分成一些较小的、便于管理和调试的、功能相对独立的片段（即过程）。

按照单线性过程执行模型，计算机首先从主程序开始执行，然后继续运行，直到遇到一个过程调用指令。这个过程调用指令使执行流程转入到了指定的过程中，过程调用可以嵌套。程序流程继续在所调用的过程中前进，直到遇到一条返回指令为止。

可以看出在单机系统中，两个进程之间可以通过过程（或函数）调用方式实现进程通信。在网络系统中，不同结点机之间也可以采用过程调用方式进行通信。这种通信方式显然比消息传递原语方式更高级、更方便。

远程过程调用的基本思想是：允许程序调用位于其他结点机上的过程。当结点机 A 上的进程调用结点机 B 上的一个过程时，结点机 A 上的调用进程被挂起，在节点机 B 上执行被调用过程。信息以参数的形式从调用进程传送到被调用进程，并将被调用过程执行的结果返回给调用进程。对于程序员来说，他看不到消息传递过程和 I/O 处理过程，这种通信方式称为远程过程调用。

在远程过程调用方式中，客户机上有一个客户代理（client stub），客户先调用客户代理把参数打包成一个消息，让内核将该消息通过网络发送给服务器，如图 8-6 所示。客户代理在发生 send 调用时，紧接着就是 receive 调用，将自身阻塞，直到应答返回。

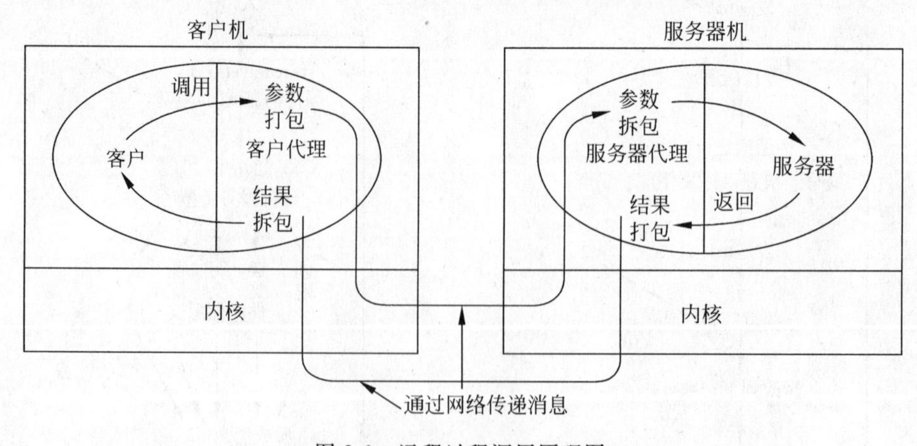


图 8-6　远程过程调用原理图

在服务器机上也有一个代理，称为服务器代理（server stub）。服务器代理已调用了 receive，正处于阻塞状态并等待消息的到来。当消息到达后，服务器代理被唤醒，它将将消息拆包并取出参数,然后以通常方式调用服务器过程。当服务器代理在调用结束并重新获得控制后,它把结果(缓冲区)打包成一个消息并调用 send 发送给客户,然后它回到循环的开始去调用 receive,等待下一个消息的到来。当消息返回到客户机时,内核找到客户进程,消息被复制到等待的缓冲区,并且客户进程被唤醒。客户代理检查消息,从消息包中取出结果,并将结果复制给它的调用程序,然后以通常的方式返回。

在整个过程中,客户方对整个过程是一无所知的。远方服务调用是通过和本地调用一样的过程完成的,而不是由 send 和 receive 来进行。所有消息传递的细节被隐藏起来,用户感觉就像在自已得计算机环境下进行系统调用一样。

归纳起来,远程过程调用的具体步骤如下:

(1) 客户过程以通常方式调用客户代理;

(2) 客户代理构造一个消息并陷入内核;

(3) 本地内核发送消息给远程内核;

(4) 远程内核把消息送给服务器代理;

(5) 服务器代理从消息包中取出参数并调用服务器;

(6) 服务器完成相应的服务,将结果送给服务器代理;

(7) 服务器代理将结果打包形成一个消息并陷入内核;

(8) 远程内核发送消息给客户机内核;

(9) 客户机内核把消息传送给客户代理;

(10) 客户代理取出结果,返回给客户的调用程序。

通过上面的分析,可以这样来理解远程过程调用:服务器实现了一个远程的过程,而客户和服务器之间的交互正好对应于过程的调用和返回,即由客户发送给服务器的请求对应于一个远程过程的调用,而服务器送回的响应则对应于一个返回指令。

此外,嵌套的过程调用也可以应用在远程过程调用中,即一个远程过程可以调用另一个远程过程,这实际上是指一次交互中的服务器成为另一次交互中的的客户。

远程过程调用在广泛的应用中,也暴露了一些缺点,主要表现在以下几个方面:

(1) 网络通信的延迟将使远程过程调用的开销增加。

(2) 一个远程过程调用不能把指针作为参数传递,因为远程过程与调用者运行在完全不同的地址空间中。

(3) 一个远程过程不能共享调用者的环境,因此不能直接访问调用者的 I/O 描述符或操作系统的功能。

(4) 远程过程调用的参数在系统内不同机型之间的通讯能力有所不足,如果没有统一的格式约定,则无法进行参数的传送。

(5) 缺乏在一次调用过程中多次接受返回结果的能力,服务器上执行被调用进程的计算时,有时会随着计算的进行,不断地向调用进程送回结果。这要求调用进程必须反复的发出远程过程调用请求,才能取得这一连串的结果。

(6) 远程过程调用缺乏传送大量数据的能力。

总之,远程过程调用的优点是格式化好、使用方便、透明性好。但是缺乏灵活性,不能把指针作为参数传递,同时受网络通信环境的限制。

## 8.4 资源共享

资源共享是计算机网络中最重要的功能之一,该功能是对计算机网络中的硬件和软件资源实施有效的管理。网络资源主要指计算机网络中可供用户访问和共享的各种软件、硬件资源,主要包括:硬盘、打印机、文件和数据等。由此,网络操作系统中的资源共享是:硬盘共享、打印机共享、文件共享和数据共享等。

### 8.4.1 硬盘共享

网络系统中的硬盘共享是指网络中的用户共享服务器上或某个工作站上的大容量的硬盘,并在此功能的基础上,提供打印机的共享功能。硬盘共享的实现方法主要有两种:一是以虚拟软盘方式实现硬盘共享;一是以文件服务方式实现硬盘共享。

#### 1. 以虚拟软盘方式实现硬盘共享

操作系统将硬盘划分成若干个分区,每个分区称为一个盘卷。用户可以利用建立盘卷命令在共享盘上建立自己的盘卷,例如建立如图 7-6 所示的盘卷 C,然后再用安装命令,把建立的盘卷安装到自己工作站上尚未使用的逻辑驱动器上,即在盘卷和逻辑驱动器之间建立连接。这样就可以把该盘(如图 8-7 所示的磁盘 C)作为自己的一个虚拟软盘,以后可以像访问自己工作站上的软盘一样,访问该虚拟软盘。

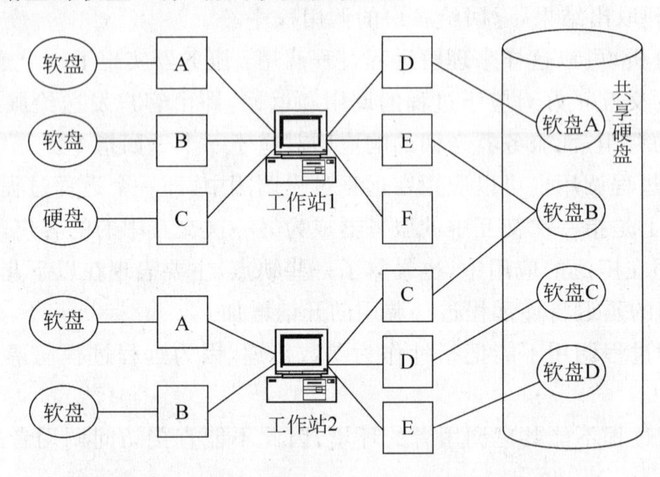


图 8-7 以虚拟软盘方式建立硬盘共享

虚拟软盘可以专用,也可以是共享的。从图 8-7 可以看出盘卷 B 被同时安装到工作站 1 的逻辑驱动器 E 和工作站 2 的逻辑驱动器 C 上,这说明盘卷 B 是共享性磁盘,这要指明盘卷 B 是共享型盘卷,则工作站 1 和 2 都能够对它访问。

为了实现硬盘的共享,其软件必须具有如下功能:

(1) 用户管理。为用户提供注册和登录的功能。

(2) 盘卷管理。为用户在硬盘上建立自己的盘卷。

(3) 安装管理。把共享硬盘中指定的盘卷安装到用户工作站的指定逻辑驱动器上。

(4) 信号量管理。对多个用户共享硬盘数据进行协调管理,确保数据的完整性。

### 2. 以文件服务方式进行硬盘共享

在硬盘共享的虚拟软盘方式中,没有提供对虚拟盘上的文件进行管理的功能,这给用户带来不便,需要用户自己解决共享文件的访问问题和处理互斥访问的问题。因此,后来就出现了以文件服务方式提供硬盘的共享的方式。随着时代的发展,以文件服务方式提供硬盘的共享得到越来越广泛的应用。以文件服务方式的硬盘共享,不能提供建立盘卷的功能,只允许用户将文件存入文件服务器的文件系统中。同时这种方式的硬盘共享还提供文件生成、删除、打开、关闭以及读写等功能。用户不必自己解决共享文件的访问,每个工作站不必再配置FAT表,用户也不必考虑互斥问题。目前以文件服务方式进行硬盘共享方式成为目前局域网中普遍使用的方法。

## 8.4.2 打印机共享

### 1. 打印机共享的功能

(1) 支持多个用户同时打印。网络上的用户随时输出要打印的信息到打印机上,打印信息首先送至磁盘共享打印缓冲区,然后由共享打印机排队打印输出。

(2) 建立连接和拆除连接。在共享打印前,首先要建立工作站和共享打印机之间的连接。建立了连接之后,工作站的用户就可以像使用本地打印机一样使用网络共享打印机。打印完后,不需要打印时拆除工作站与打印机的共享连接。

(3) 连接多台打印机作为共享打印机。可连接网络中多台打印机,这些共享打印机可以是类型相同的,也可以是类型不同的。

(4) 提供多种多样的打印方式。如选择纸的大小,页面横向或者纵向等。

### 2. 打印服务器和Spooling技术

打印服务器是指能与其他计算机共享一台或多台打印机的计算机。在打印机共享中用到的Spooling技术,是把打印作业储存到可以提供打印服务器上。具体过程为:在打印文件时,首先将文件写入磁盘;然后将磁盘文件送到打印设备,即把磁盘文件放入缓冲池,缓冲池将其缓冲为打印队列中的缓冲文件,并保持等待状态直到缓冲池将它送到打印设备。

### 3. 打印机共享的原理

在网络环境下,假脱机系统通常是在服务器的共享硬盘上建立打印缓冲区,并在系统中设置输入进程和输出进程,在内存中要开辟有相应的打印缓冲区。当服务器接收到工作站发来的打印请求时,经过对用户身份及口令的核对后,便提交给共享打印软件的输入进程,由它申请磁盘打印缓冲区的空闲盘块,将用户的打印信息装入到盘中,为用户填写一个用户请求表,并将用户的打印请求表送入到打印请求队列中。若打印机空闲,输出进程从请求队列的头部摘下一个请求表,同时将盘块中的信息拷入内存缓冲区,按照请求表中的要求进行打印输出。打印完后,从请求队列中取出队首的请求表,接着进行打印,以此类推,直到请求队列空为止。

从宏观上看,每个用户发出的打印请求都能够得到及时响应,好像自己拥有一台打印机。从微观上看,一台物理打印机可以分时地为多个用户服务,即一台打印机虚拟成为多台逻辑打印机。

#### 4. 共享打印的实现方法

在目前的网络操作系统中,通常采用两种共享打印方式：一种是客户/服务器方式；一种是对等方式。

(1) 客户/服务器方式。在共享硬盘的基础上,配置共享打印软件,网络操作系统为用户提供共享打印服务。

(2) 对等方式。在网络中一个或多个工作站配置打印机,将它们的打印机共享给全网用户使用。这些工作站既作为用户工作站,又起打印服务器的作用。

### 8.4.3 文件和数据共享

要共享目录和文件,可用 Administrators、Server Operators 或 Power Users 组的身份登录。如果是 Administrators 组的成员,还可以在远程计算机上控制共享文件和目录。

一个用户,可以选择自己工作站的资源并设置其共享属性。在 Windows2000 中,用户的资源共享与停止可以在资源管理器中完成,如图 8-8 所示。

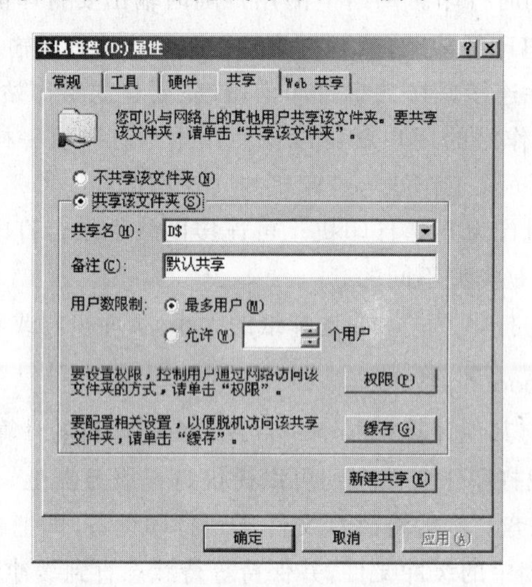


图 8-8 共享目录的设置

在网络环境下,可以采用数据移动和计算移动两个方式实现文件和数据的共享。

#### 1. 数据移动文件共享

当一个用户系统 A 处理数据时,希望使用另一个用户系统 B 的数据文件时,可以采用下面的方式传送数据：

(1) 将整个数据文件从 B 传送到 A,A 用户像使用本地文件的方式访问文件。访问结束后,若文件被修改了,再将文件送回 B。这种方法适合于系统 A 访问 B 的整个文件或其大部分文件的情况。

(2) 只传送用户需要的部分,如果以后用户还需要其他的部分内容,再传送另一部分。访问结束后,把被修改的部分回传到系统 B。这种方法适合于访问传送文件中较少部分内容的情况。

### 2. 计算移动文件共享

当计算相对简单，而计算需要的数据量较大，且计算所需要数据在异地工作站上时，采用计算移动相对方便些。例如，用户系统 A 进行数据处理，需要另一个用户工作站 B 上的大量数据。即可将系统 A 的计算请求传送到系统 B，系统 B 进行处理后，将结果返回 A。通常有两种方法：

(1) 采用远程过程调用的方法。由系统 A 中的进程通过远程过程调用的方式，调用系统 B 中的相应过程，该过程访问计算文件并进行适当处理，将处理结果返回系统 A。

(2) 系统 A 的进程向系统 B 发送一个报文，请求进行指定的加工处理；系统 B 接受到报文后，产生进程执行该请求。当进程完成任务后，将结果以报文的形式回送系统 A。

## 8.5 服务软件

在计算机网络中，提供了多种网络应用服务。其基本服务有名字服务、文件服务、电子邮件服务、WWW 服务等。在 Internet 中，目前提供的服务有很多，其主要的服务如表 8-1 所示。

表 8-1 Internet 提供的服务

| 服务 | 说明 | 服务 | 说明 |
|---|---|---|---|
| 电子邮件 | 发送和接收消息 | Gopher | 基于菜单的信息 |
| 远程连接 | 连接并使用远程计算机 | Veronica Jughead | 搜索 Gopher 菜单项 |
| Finger 服务 | 显示有关某个用户的信息 | WWW | 存取超文本信息 |
| Usenet | 讨论组的大型系统 | E-Mail | 电子邮件 |
| FTP | 文件传输协议 | Electronic Magazines | 电子杂志、期刊等 |
| Arichie 服务器 | 搜索匿名 FTP 文件 | BBS | 电子公告牌 |
| Internet Relay Chat | 与一组人交谈 | | |

### 8.5.1 名字服务

名字服务是管理网络上所有对象的名字，如进程名、服务器名、各种资源名、文件及目录名等。名字服务器实质上包含一个存放了这些名字及其属性的数据库系统，以及向用户提供的以透明方式寻址和定位服务的软件。当某一用户要访问某一对象(如文件)时，只需给出该对象的名字而不需知道该对象的物理位置。可以说，现在的 NOS，几乎都提供名字服务。

在 Internet 中，采用域名管理系统(Domain Name System，DNS)来实现目的主机名到 IP 地址的映射。IP 地址是一个由于 32 位二进制所构成的用于标识网络号和主机号的网络地址。Internet 地址是由 SRI 的网络信息中心指定。

由于 IP 地址难以记忆，则用域名来替代。一个 IP 地址对应一个域名。为了将一个名字映像成一个 IP 地址，客户应用程序调用一个称为解析器的库过程，将名字作为参数传递给它，形成 DNS 客户，然后 DNS 客户构成一个名字查询报文后发送一个 UDP(用户数据报协议)包给本地名字服务器，服务器首先在其管辖的区域内查找名字，名字找到后，把对应的

IP 地址返回给 DNS 客户。

当本地名字服务器中找不到名字时,则转到下一个合适的名字服务器求解。有两种求解方式：递归方式和迭代方式。递归方式要求名字服务器系统自行完成名字和 IP 地址转换,即利用服务器上的软件来请求下一个服务器；迭代方式要求 DNS 客户参与找到求解的名字服务器,即利用客户端上的软件实现下一个服务器的查找。递归方式适用于名字请求不多的情况。而迭代方式适用于名字请求频繁的环境。

DNS 把 Internet 上主机名字分成若干域,把域分布若干层(级)形成树状结构,即有顶级域、下面为其子域,子域下面还可分子域或树叶域。一个树叶域可以命名一台主机,也可代表一个包含很多计算机的公司。

目前,顶级域名可分为三类：一是国家顶级域名。如 cn 表示中国,jp 表示日本等。二是国际顶级域名。如 int 表示世界知识产权组织。三是通用顶级域名。如 com 表示公司企业,edu 表示教育机构,gov 表示政府部门,net 表示网络服务机构等。

在域名系统中,一个域代表了命名树上的一个特写节点以及它下面联结的所有结点。每层的名字可长达 63 个字节,而整个路径名(命名树中的路径名指该域往上直指未命名的树根)不超过 255 个字符。

### 8.5.2 文件服务

该服务为用户(程序)对服务器中的目录和文件进行有效的及可控制的访问提供了手段。

#### 1. 目录服务

目录,实际上就是一张资源清单,包括网上的物理设备(PC、服务器、打印机、交换机、路由器及通信服务器等)、网络服务(OS、虚拟程序、共享文件和打印序列等)和网上用户。此外,这些清单还存储着各种资源的当前位置。

目录服务的主要任务是将网络资源清单组成一个数据库,并对其进行有效管理。这种管理主要有 4 个方面：

(1) 网络资源数据库管理。根据用户或服务的需求,完成数据库的分类、插入、删除、更新、复制、变更等。

(2) 资源跟踪。必须准确无误地知道各种资源的变更方式和当前位置,否则就无法对其进行管理。

(3) 服务管理。目录服务除管理网络上的设备外,还应该对每台设备提供的服务加以管理。

(4) 用户管理。要求用户采用一次性签到技术,而不是进入多个系统和应用来访问网络服务。所有连接资源认证均由目录服务执行。

在目录服务过程中,系统遵照内部的几层协议进行复杂的寻址,完成从不同设备上读取设备的目录数据,进行格式转换,送到另外设备上进行处理。

目前,每种网络操作系统,消息系统和客户/服务器应用程序都使用自己的目录。如果用户访问多个网络,他每天要登录不同的服务器许多次；网络管理员实际上要面对各种新的目录,每次需要添加、移动和改变时,管理员不得不手工进行更新。最典型的是在

Internet 上，有各种网络而没有使用相同的目录“语言”。当应用程序变得越来越分布化，在网络上定位应用程序和资源将变得几乎不可能。由此，LDAP（Lightweight Directory Access Protocol，轻型目录访问协议）得到了应用。LDAP 最重要的特性在于它的协议元素可以直接在 TCP 或其他传输层协议上传送而省去了会话层和表示层。LDAP 提供了访问和更新目录信息的标准方法，它集成不同的目录，可使不同的目录服务交换信息。理论上，任何服从 LDAP 的客户（如一个服从 LDAP 的网络服务器）将可以访问任何服从 LDAP 的目录，并可增加、删除或修改目录信息。

2. FTP

FTP（File Transport Protocols，文件传输协议）是 Internet 上最基本、最常用的文件传送工具之一，也是实现 Internet 上软件共享的基本方法。在 Internet 上，有大量的 FTP 节点分布在世界各地。在这些节点上，有大量的有用信息，例如，免费使用的软件、文本数据、图像数据等。

FTP 主要完成 Internet 上主机之间的文件传输，也称文件复制，用户可以将 Internet 某主机上的一些文件传送到自己机器的存储设备上，也可以把自己的文件传输到 Internet 中的某台计算机上。

用户自己使用的主机称为本地计算机，通信的另外一台计算机称为远程计算机。从远程计算机将文件复制到本地计算机，称为下载文件；将本地计算机的文件复制到远程计算机上，称为上传。在 Internet 中，我们通过客户机向远程计算机上传文件，从远程计算机下载文件。

在文件传输的过程中，用户必须具有适当的权限。

(1) 具有所在主机的 FTP 的使用权限，即可以运行 FTP 程序；

(2) 具备对所需文件的读或写的权限。

如果是下载文件，则必须对远程文件具有读权限，对本地机具有写权限；如果是上载文件，则必须对本地机上的文件具有读权限，而对远程机具有写权限。

当所访问的远程机不是很“忙碌”时，可使用 FTP 传输文件。FTP 主要完成以下任务：

(1) 浏览 Internet 上其他远程机的文件系统。

(2) 在 Internet 上的主机之间进行文件传输。

(3) 使用 FTP 提供的内部命令实现一些特殊功能，如改变文件传输模式，实现多文件传输等。

使用 FTP 的操作步骤如下：

(1) 确定需要访问的主机。即确定需要访问 Internet 上哪一台远程计算机，了解其主机名或其 IP 地址。

(2) 在远程主机和本地机间建立一个 FTP 连接。

(3) 把远程主机上你所需要的文件传输到本地机上。

(4) 当文件传输结束后，拆除已建立的连接，退出 FTP。

### 8.5.3 电子邮件服务

电子邮件是 Electronic Mail 的中文名，简称 E-mail。电子邮件是 Internet 中最基本的、应用最广泛的一种服务。它具有发送邮件速度快、邮件的异步传输、费用低廉、使用方便等特点。目前,电子邮件服务有多种类型,除文字型电子邮件外,还有图像型电子邮件和语音型电子邮件。

电子邮件系统是一个软件系统。一般由两个子系统组成：用户代理(user agent)和消息传输代理(message transfer agent)。用户代理是一个本地程序,它提供命令行方式、菜单方式或图形方式的界面,允许用户读取和发送电子邮件；消息传输代理是在后台运行的系统程序,它将消息从出发地传送到目的地。

一般来说,电子邮件系统具有如下功能：

(1) 撰写。指创建消息和回答过程。虽然任何一个文字编辑器都选用于消息的撰写,但电子邮件系统本身可以提供更多的帮助。例如,将地址和众多的头部域附加到每个消息上；当回答一条消息时,电子邮件系统从来信中抽取发信者的地址并自动将它插入到回信中的适当位置。

(2) 传输。将信息从发送者到接收者。接收者可以是一个,也可以是群组。发送者可发送自己撰写的邮件,也可转发他人的邮件。

(3) 报告。告诉发信者消息的状态,消息在发送了吗？是否被接收？丢失了吗？大量的应用程序要求返回提交的证实。

(4) 显示。收到的消息是否是必要的,通过显示,用户可以阅读自己的邮件。有时需要激活一个特定的浏览器。

(5) 处理。指对接收的消息的处理方法。包括读信前丢弃、读信后丢弃、保存等。还可以取出并重读存储的消息。

(6) 管理。对电子邮件系统的管理和监控,有利于系统的维护和改善系统的运行性能。

使用电子邮件发送的邮件类似于通过邮局发送的信件。电子邮件的信息头相当于信封上的地址。电子邮件的信息头包括发送者和接收者的地址。使用电子邮件发送邮件时,邮件的传输过程对发送者和接收者来说都是透明的。

**1. 存储转发**

电子邮件是一种存储转发的过程。当 Internet 上的计算机接收到邮件时,该计算机经过地址识别、路由分析,选择一条最佳转发路径发送到下一个 Internet 上的计算机,如此往复直到目的地址。例如,用户 1 要将邮件发送给用户 2,其发送的具体过程为：在 Internet 上的计算机 A 接收到该邮件,经过地址识别后,选择适当的网络路径,将邮件发送计算机 B,该邮件依次转发,最终转发给计算机 H,H 再将邮件转发给用户 2,从而完成了邮件的传递过程。

**2. 用户代理**

在 Internet 上,一般在用户机器上与用户打交道的程序叫用户代理,而在服务器上运行的程序叫传送代理。大部分 Internet 报文传输代理使用 SMTP(简单邮件传输协议),但用户代理可以使用别的协议。例如,如果用户使用 PC 机上的邮件程序,那么用户代理使用的可能是 POP 协议,或称为邮局协议,它负责将用户的邮件从邮件服务器上传送到用户 PC 机上。这样,不必每次登录到服务器,而使用服务器上的邮件程序发送和接受信息。在 Internet 网点内都有一个或多个起到邮件中心作用的计算机。邮件在传送时,使用的都是 SMTP 协议。最后邮件到达起邮件中心作用的计算机上时,根据邮件中心的用户名,将邮件放在用户的邮箱里，等待用户的阅读。如果用户的邮件程序使用的是POP协议，用户的邮件程序就会请求这台计算机将邮件传送到自己的计算机上，从而用户可以在自己的机器上进行阅读。

**3. 邮件地址**

Internet的邮件地址由两部分组成，即：用户名@域名。这个地址组成了邮件头，标志邮件的地址信息。

### 8.5.4 WWW服务

万维网是World Wide Web的中文名，简称WWW或者Web，它是一种特殊的结构框架，它的目的是访问遍布Internet上数以万计的计算机的连接文件。WWW是超文本信息系统，它是跨平台的、分布式的系统，同时它是一个动态和交互的系统。

World Wide Web是Internet上发展最快的网络服务，现在已经成为网络最主要的服务之一。WWW服务器把图文信息组织成分布式超文本，用连接指向其他相关信息的WWW服务器，使用户可以很方便地访问这些信息。WWW的出现使网络上传递的不再只是一些文本信息，而是图、文、声俱全的多媒体信息。WWW由网络中Web服务器和Web浏览器的计算机组成。它以客户/服务器模式进行工作，向网络提供的信息以文本方式出现。大家利用WWW可以获得网络上的任何信息。

WWW采用客户/服务器模式，它由网络上成千上万个Web服务器和Web浏览器构成。浏览器是用户为查阅WWW上信息而在本机上运行的一个程序，是用户通向网络的窗口。Web服务器储存和管理超文本文档和超文本链接，并响应Web浏览器的连接请求。服务器负责向浏览器提供服务。

由于Web是以客户/服务器模式工作的，下面从客户和服务器两方讨论WWW服务的过程。

**1. 客户方**

WWW是一个世界范围内的文档(页面)集合。用户可以跟随一个连接到所指向的页面。页面通过一个浏览器程序对其进行浏览。浏览器取来所需的页面，解释它的文本和命令，并在屏幕上显示。

**2. 服务器方**

每个服务器站点都有一个服务器监听TCP80端口，用于查看是否有从客户端过来的连接请求。在连接建立以后，每当客户发出一个请求，服务器就给出一个应答，然后释放连接请求。定义合法的请求和应答的协议叫HTTP协议。

下面是用户点击连接到页面显示过程中，浏览器和服务器所做的工作。

(1) 浏览器确定URL(统一资源定位地址)。

(2) 浏览器向DNS询问网址对应的IP地址。

(3) DNS回答主机地址。

(4) 浏览器与IP地址对应的远程计算机的80端口建立一条TCP连接。

(5) 发送GET命令。

(6) IP地址对应的服务器发送HTML格式的文件。

(7) 释放 TCP 连接。

(8) 浏览器显示 HTML 格式的文件的内容

HTTP 协议由两部分组成：浏览器到服务器的请求集和服务器到浏览器的应答集。HTTP 协议支持两种请求：简单请求和完全请求。表 8-2 显示了一些常用的请求方法。

**表 8-2　内置的 HTTP 方法**

| 方　法 | 描　述 | 方　法 | 描　述 |
|---|---|---|---|
| GET | 请求读一个 Web 页面 | DELETE | 删除一个 Web 页面 |
| HEAD | 请求读一个 Web 页头 | LINK | 连接两个已有资源 |
| PUT | 请求储存一个 Web 页面 | UNLINK | 切断两个已有资源的连接 |
| POST | 附加一个命名的资源 | | |

## 8.6 应用程序接口

网络操作系统为网络用户提供了两级接口：操作命令接口和应用程序编程接口。操作命令接口是指用户使用网络操作系统中提供的各种命令，以请求网络操作系统提供各种服务；网络应用程序编程接口是指用户通过网络操作系统提供的系统功能调用编写应用程序，达到使用网络、操纵网络的目的。

### 8.6.1 操作命令接口

用户命令接口可分为两种：一种是用于批处理方式的作业控制命令；另一种是用于交互方式作业控制的操作命令。这两种接口分别适用于不同的场合。

对于交互方式命令接口，用户可以直接参与作业的控制，因而对用户来说是很方便的，可以及时了解作业的运行情况，查看作业的运行结果或终止作业的执行。

但是在某些情况下，用户对于需要输入大量的操作命令感到不便，这时就可以采用批处理控制方式，编写包含作业控制的命令文件，然后一次性运行该命令文件获得所需要的结果。

用户命令接口可以有多种不同的形式。目前，网络操作系统中操作命令接口主要有命令方式和图形用户界面(GUI)方式。

**1. 命令方式**

用户输入的命令通常以命令名开始，命令名本身代表操作系统所要执行的操作。命令的一般格式是：

```
command  arg1,arg2,…,arg n [,option1,…,option m]
```

例如，在 UNIX 系统中，其命令行的一般格式是：

```
命令名    [选项][参数]
```

其中，命令名总是出现在命令行开头的位置，选项和参数都是可有可无，选项用来扩展该命令的特性和功能；参数表示命令的自变量，如文件名、参数值等。

为了能向用户提供更多的服务，网络操作系统通常向用户提供几十甚至上百条的操作命令。以UNIX为例，通常提供以下命令类型：

(1) 系统访问命令。如login(注册)。

(2) 文件与目录管理命令。如ls(列出文件目录的内容)、ln(连接文件)、cp(复制文件)、cd(改变当前工作目录的位置)、cat(打印文件内容或合并多个文件)、rm(删除文件或目录)、cmp(比较两个文件)等。

(3) 信息处理命令。如cal(打印指定年份或月份的日历)、date(列出或设定现在的时间、日期)、du(计算磁盘的使用情况)、news(打印本系统的新消息)等。

(4) 进程控制命令。如at(在指定的时间执行命令)、batch(按顺序执行多个命令)、ps(打印出进程的状态信息)、kill(终止进程的执行)等。

(5) 打印输出命令。如lp(请求打印机打印数据)、pr(将文本文件打印输出)、lpstat(查询打印机的相关信息和打印请求的状态)等。

(6) 网络通信命令。如mail(读出或传送电子邮件给其他用户)、mesg(设定能否与其他用户传送消息)、talk(与其他用户交谈)、wall(给系统中每个用户发送消息)等。

(7) 用于Internet命令。Archie(查询公用FTP网站中的数据库)、finger(显示本机或远程主机上的用户状态)、netstat(显示网络状态)、ftp(网络上进行文件传送)、ping(检查网络线路的连接以及指定主机的TCP/IP是否正确运行)、whois(查询Internet上的用户目录)等。

**2. 图形用户界面**

以命令方式来控制程序的运行虽然有效，但给用户增加了不少负担。用户必须记住各种命令，并从键盘输入这些命令以及所需数据，以控制程序的运行。GUI的目标是通过出现在屏幕上的对象直接进行操作，以控制和操纵程序的运行。这样可大大减轻或免除用户记忆的工作量，其操作方式从原来的“记忆并输入”改变为“选择并点取”，极大地方便了用户。

GUI的主要构件有以下几项：

(1) 窗口。在终端屏幕上划分一个矩形区域以实现用户与系统的交互。应用程序可同时打开多个窗口，各窗口是彼此独立的。

(2) 菜单。菜单是一系列可选的命令和操作的集合。用户对应用程序所能执行的各项操作，都是在窗口中以菜单的形式提供的。菜单一般由菜单名和菜单项组成。

(3) 对话框。系统通过对话框提示用户输入信息，或向用户提供可能需要的信息。对话框由文本框、列表框、命令按钮、单选按钮和复选框组成。

### 8.6.2 网络编程接口

为了便于用户使用网络和开发网络应用程序，各种网络在各个层次上为用户和开发者提供了方便灵活的编程接口。通常称为应用程序编程接口(Application Programming Interface，API)。下面以UNIX和Windows操作系统环境说明网络编程接口。

**1. BSD套接字接口**

Linux操作系统的网络通信是按照TCP/IP模型的4层层次结构实现的。为了使应用层的程序能够使用下层的通信协议，Linux提供了网络编程的通用协议，称为套接字(socket)接口。套接字既可看成是支持多种网络操作形式的接口，也可看成是一种进程间通讯接口。在Linux中，套接字接口是应用程序访问下层的网络协议的唯一方法。所以说，套接字是Linux在用户级上实现网络通信的主要手段。Linux支持多种套接字种类，不同的套接字种类称为“地址族”，这是因为每种套接字种类拥有自己的通讯寻址方法。

为了支持不同的网络协议，Linux系统中有多种套接字，每种套接字使用不同的网络协议。Linux中的套接字统称BSD套接字。

Linux的BSD套接字的socket结构体在include/linux/net.h中定义如下：

```
struct socket {
    Short type;
    socket_state state;
    long flags;
    struct proto_ops   * ops;
    void * data;
    struct socket * conn;
    strcut socket * iconn;
    struct socket * next;
    struct wait_queue ** wait;
    struct inode * inode;
    struct fasync_struct * fasync_list;
    struct file * file;
};
```

BSD套接字由一般性的套接字管理软件INET套接字层支持。INET套接字管理着基于IP的TCP或UDP协议端。我们知道，TCP是基于连接的协议，而UDP是非基于连接的协议。在传输UDP数据包时，Linux不需要关心数据包是否安全到达目的端。但对TCP数据包来说，Linux需要对数据包进行编号，数据包的源端和目的端需要协调工作，以便保证数据包不会丢失，或以错误的顺序发送。IP层包含的代码实施了Internet协议，IP层需处理数据包的报文头信息，并且必须传入的数据包发送到TCP或UDP两者中正确的一层处理。在IP层之下是Linux的网络设备层，其中包括以太网设备或PPP设备等。和Linux系统中的其他设备不同，网络设备并不总代表实际的物理设备，例如，回环设备就是一个纯软件设备。ARP协议提供地址解析功能，因此它处于IP层和网络设备层之间。图8-9描述了Linux的网络软件结构，和TCP/IP结构类似，Linux是以分层的软件结构来实施TCP/IP协议组的。

**2. INET套接字层**

INET套接字层是用于支持Internet地址族的套接字层。它和BSD套接字之间的接口通过Internet地址族套接字操作集实现。如前所述，这些操作集实际是一组协议的操作例程。网络的初始化过程中，这一操作集在BSD套接字层中注册，并且和其他注册的地址族操作集一起保存在pops向量中。BSD套接字层通过调用proto_ops结构中的相应函数执行任务，例如，当应用程序给定INET地址族来创建BSD套接字时，将利用INET套接字创建函数来执行这一任务。在每次的套接字操作函数调用中，BSD套接字层向INET套接字

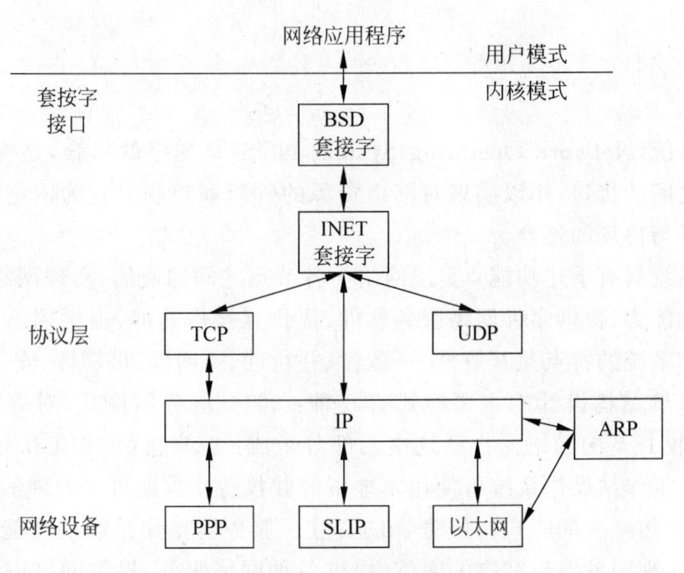


图 8-9　Linux 的网络软件结构

层传递 socket 数据结构来代表一个 BSD 套接字，但在 INET 套接字层中，它利用自己的 sock 数据结构来代表该套接字，因此，这两个结构之间存在着链接关系，如图 8-10 所示。

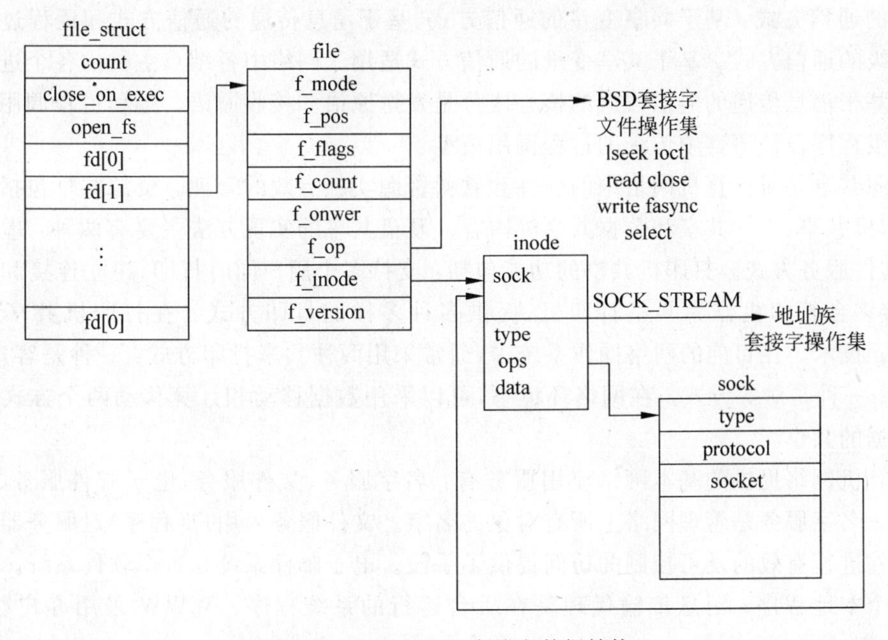


图 8-10　Linux BSD 套接字数据结构

在 BSD 的 socket 数据结构中存在一个 data 指针，该指针将 BSD socket 数据结构和 sock 数据结构链接了起来。通过这种链接关系，随后的 INET 套接字调用就可以方便地检索到 sock 数据结构。实际上，sock 数据结构可适用于不同的地址族，在建立套接字时，sock 数据结构的协议操作集指针指向所请求的协议操作集。如果请求 TCP 协议，则 sock 数据结构的协议操作集指针将指向 TCP 的协议操作集。

## 8.7 小结

网络操作系统(Network Operating System,NOS)是程序的组合,是在网络环境下,用户与网络资源之间的接口,用以实现对网络资源的管理和控制。它为网络用户提供所需的各种服务的软件与协议的集合。

网络操作系统具有下述功能:实现网络中各节点之间的通信、实现网络中的资源共享、具有网络管理的能力、提供多种网络服务软件、提供互操作功能、提供网络用户和应用程序接口。网络操作系统的特点是开放性、一致性、并行性、透明性、可靠性、安全性。

网络操作系统结构设计的主要模式有3种:客户/服务器模式、对等模式、对象模式。在客户/服务器模式下的网络操作系统由两部分组成:客户机(也称工作站)操作系统和服务器操作系统。工作站操作系统可使用本地资源并执行在本地可以处理的应用程序和用户命令,同时实现工作站上的用户与服务器的交互。服务器操作系统的功能有:管理服务器上的各种资源,实现服务器与客户的通信,提供各种网络服务,提供网络安全管理。操作系统的内核是对硬件的首次扩充,是实现操作系统资源管理的基本功能。操作系统的内核具有两方面的接口:内核与硬件的接口以及内核与Shell的接口。

网络中各结点之间的通信是所有信息交换的基础,在网络操作系统中,基本上可分为三种类型的通信方式:基于共享变量的通信方式、基于消息传递的通信方式和远程过程调用这种高级的通信方式。基于共享变量的通信方式适用于网络中各结点主机内各个进程间的通信。基于消息传递的通信方式的核心成分是发送原语和接收原语。远程过程调用模型来自于高级程序设计语言中传统的过程调用模型。

资源共享是对计算机网络中的硬件和软件资源实施有效的管理。资源共享包括硬盘共享、打印机共享、文件共享和数据共享等内容。硬盘共享的实现方法主要有两种:虚拟软盘方式,文件服务方式。打印机共享的功能包括:支持多个用户同时打印,建立连接和拆除连接,连接多台打印机作为共享打印机,提供多种多样的打印方式。在打印机共享中用到Spooling技术。在目前的网络操作系统中,通常采用两种共享打印方式:一种是客户/服务器方式;一种是对等方式。在网络环境下,可以采用数据移动和计算移动两个方式实现文件和数据的共享。

计算机网络提供的基本网络应用服务有:名字服务、文件服务、电子邮件服务、WWW服务等。名字服务是管理网络上所有对象的名字。文件服务为用户(程序)对服务器中的目录和文件进行有效的及可控制的访问提供了手段。电子邮件系统是一个软件系统。用户代理是一个本地程序;消息传输代理是在后台运行的系统程序。WWW采用客户/服务器模式。

网络操作系统为网络用户提供了两级接口:操作命令接口和应用程序编程接口。目前,网络操作系统中操作命令接口主要有命令方式和图形用户界面(GUI)方式。网络应用程序编程接口是编程用的系统功能调用。在UNIX系统中它包含传输层接口TLI,管套。WinSock是Windows操作系统环境下的TCP/IP应用程序编程接口规范,即Windows API。

## 习题八

1. 什么是网络操作系统？其主要功能是什么？

2. 简述网络操作系统的特点。

3. 叙述强内核与微内核的含义，微内核提供哪些主要服务？微内核结构与强内核结构相比具有哪些优点？

4. 什么叫操作系统结构设计的模式？网络操作系统结构设计的主要模式有哪几种？

5. 在客户/服务器模式下，工作站配置操作系统的主要目的是什么？

6. 在客户/服务器模式下，服务器上操作系统的主要功能是什么？为实现此功能，服务器操作系统应配置哪些软件？

7. 简述网络操作系统中的两种类型的通信方式。

8. 叙述远程过程调用的基本思想及具体步骤。

9. 在网络操作系统中，如何实现硬盘共享？

10. 简述在网络操作系统中，打印机共享的功能、原理及实现方法。

11. 在网络环境下，如何实现文件与数据的共享？

12. 在网络环境下，主要提供了哪些网络服务？

13. 目录服务的主要任务是什么？其管理主要有哪几个方面？

14. 叙述 FTP 的主要任务和操作步骤。

15. 电子邮件系统通常具有哪些功能？

16. 网络操作系统为用户提供了哪两级接口？其基本思想是什么？

21世纪

# 第9章 分布式操作系统

分布式操作系统(Distributed Operating System,DOS)是为分布式系统实现真正的并行性、可靠性而产生和发展起来的,它作为一组功能程序运行于相互独立的各个结点中,通过互连网络和通信机构来管理系统中的各种资源,并为用户提供方便地、透明地使用整个分布式系统的界面。

## 9.1 概述

### 9.1.1 什么是分布式系统

分布式系统(distributed system)是建立在网络之上的软件系统。正是因为软件的特性,所以分布式系统具有高度的内聚性和透明性。因此,网络和分布式系统之间的区别更多的在于高层软件(特别是操作系统),而不是硬件。

在一个分布式系统中,一组独立的计算机展现给用户的是一个统一的整体,就好像是一个系统似的。系统拥有多种通用的物理和逻辑资源,可以动态的分配任务,分散的物理和逻辑资源通过计算机网络实现信息交换。系统中存在一个以全局的方式管理计算机资源的分布式操作系统。通常,对用户来说,分布式系统只有一个模型或范型。在操作系统之上有一层软件中间件(middleware)负责实现这个模型。一个著名的分布式系统的例子是万维网(World Wide Web),在万维网中,所有的一切看起来就好像是一个文档(Web 页面)一样。

在计算机网络中,这种统一性、模型以及其中的软件都不存在。用户看到的是实际的机器,计算机网络并没有使这些机器看起来是统一的。如果这些机器有不同的硬件或者不同的操作系统,那么,这些差异对于用户来说都是完全可见的。如果一个用户希望在一台远程机器上运行一个程序,那么,他必须登录到远程机器上,然后在那台机器上运行该程序。

### 9.1.2 分布式系统的类型

分布式系统的类型,大致可以归为3类:

(1) 分布式数据,但只有一个总数据库,没有局部数据库。

(2) 分层式处理,每一层都有自己的数据库。

(3) 充分分散的分布式网络,没有中央控制部分,各结点之间的联接方式又可以有多种,如松散的联接、紧密的联接、动态的联接和广播通知式联接等。

分布式软件系统是支持分布式处理的软件系统,是在由通信网络互联的多处理机体系结构上执行任务的系统。它包括分布式操作系统、分布式程序设计语言及其编译(解释)系统、分布式文件系统和分布式数据库系统等。

分布式操作系统负责管理分布式处理系统资源和控制分布式程序运行。它和集中式操作系统的区别在于资源管理、进程通信和系统结构等方面。

分布式程序设计语言用于编写运行于分布式计算机系统上的分布式程序。一个分布式程序由若干个可以独立执行的程序模块组成,它们分布于一个分布式处理系统的多台计算机上被同时执行。它与集中式的程序设计语言相比有3个特点:分布性、通信性和稳健性。

分布式文件系统具有执行远程文件存取的能力,并以透明方式对分布在网络上的文件进行管理和存取。

分布式数据库系统由分布于多个计算机结点上的若干个数据库系统组成,它提供有效的存取手段来操纵这些结点上的子数据库。分布式数据库在使用上可视为一个完整的数据库,而实际上它是分布在地理分散的各个结点上。当然,分布在各个结点上的子数据库在逻辑上是相关的。

### 9.1.3 与其他系统的异同

#### 1. 与集中式系统的比较

同集中式系统相比较,分布式系统的另一个潜在的优势在于它的高可靠性。通过把工作负载分散到众多的机器上,单个芯片故障最多只会使一台机器停机,而其他机器不会受任何影响。理想条件下,某一时刻如果有5%的计算机出现故障,系统将仍能继续工作,只不过损失5%的性能。对于关键性的应用,如核反应堆或飞机的控制系统。系统来实现主要是考虑到它可以获得高可靠性。

最后,渐增式的增长方式也是分布式系统优于集中式系统的一个潜在的重要的原因。通常,一个公司会买一台大型主机来完成所有的工作。而当公司繁荣扩充时,工作量就会增大,当其增大到某一程度时,这个主机就不能再胜任了。仅有的解决办法是要么用更大型的机器(如果有的话)代替现有的大型主机,要么再增加一台大型主机。这两种作法都会引起公司运转混乱。相比较之下,如果采用分布式系统,仅给系统增加一些处理机就可能解决这个问题,而且这也允许系统在需求增长的时候逐渐进行扩充。表9-1给出了与集中式系统的比较。

表 9-1 分布式系统与集中式系统的比较

| 项　目 | 描　述 |
|---|---|
| 经济 | 微处理机提供了比大型主机更好的性能价格比 |
| 速度 | 分布式系统总的计算能力比单个大型主机更强 |
| 固有分布性 | 一些应用涉及到空间上分散的机器 |
| 可靠性 | 如果一个机器崩溃,整个系统还可以运转 |
| 渐增 | 计算能力可以逐渐有所增加 |

#### 2. 与计算机网络系统的比较

采用分布式系统和计算机网络系统的共同点是:多数分布式系统是建立在计算机网络之上的,所以分布式系统与计算机网络在物理结构上是基本相同的。

他们的区别在于:分布式操作系统的设计思想和网络操作系统是不同的,这决定了他们在结构、工作方式和功能上也不同。网络操作系统要求网络用户在使用网络资源时首先必须了解网络资源,网络用户必须知道网络中各个计算机的功能与配置、软件资源、网络文件结构等情况,在网络中如果用户要读一个共享文件时,用户必须知道这个文件放在哪一台计算机的哪一个目录下;分布式操作系统是以全局方式管理系统资源的,它可以为用户任意调度网络资源,并且调度过程是“透明”的。当用户提交一个作业时,分布式操作系统能够根据需要在系统中选择最合适的处理器,将用户的作业提交到该处理程序,在处理器完成作业后,将结果传给用户。在这个过程中,用户并不会意识到有多个处理器的存在,这个系统就像是一个处理器一样。

### 9.1.4 分布式系统的缺点

尽管分布式系统有许多优点,但也有缺点。目前最棘手是软件问题。表 9-1 给出了与集中式系统的比较。就目前的最新技术发展水平,我们在设计、实现及使用分布式系统上都没有太多的经验。什么样的操作系统、程序设计语言和应用适合这一系统呢?用户对分布式系统中分布式处理又应该了解多少呢?系统应当做多少而用户又应当做多少呢?随着更多的研究的进行,这些问题将会逐渐减少。但是目前我们不应该低估这个问题。

第二个潜在的问题是通信网络。由于它会损失信息,所以就需要专门的软件进行恢复。同时,网络还会产生过载。当网络负载趋于饱和时,必须对它进行改造替换或加入另外一个网络扩容。在这两种情况下,一个或多个建筑中的某些部分必须花费很高的费用进行重新布线,或者更换网络接口板(如用光纤)。一旦系统依赖于网络,那么网络的信息丢失还包括将会抵消我们通过建立分布式系统所获得的大部分优势。

最后,上面作为优点来描述的数据易于共享性也是具有两向性的。如果人们能够很方便地存取整个系统中的数据,那么他们同样也能很方便地存取与他们无关的数据。换句话说,我们经常要考虑系统的安全性问题。通常,对必须绝对保密的数据,使用一个专用的、一个与其他任何机器相连的孤立的个人计算机进行存储的方法更可取。而且这个计算机被保存在一个上锁的十分安全的房间中,与这台计算相配套的所有软俊都存放在这个房间中的一个保险箱中。

表 9-2 分布式系统与集中式系统的比较

| 项　目 | 描　述 |
|---|---|
| 软件 | 目前为分布式系统开发的软件还很少 |
| 网络 | 网络可能饮和引起其他问题 |
| 安全 | 容易造成对保密数据的访问 |

## 9.2 分布式系统的互斥

并发控制、进程同步互斥是任何操作系统都必须解决的关键问题,在多进程的系统中,为了保证对共享资源的正确访问,多个进程必须互斥地访问共享资源,互斥的主要目标是保证共享资源的安全。在单机系统中,可以使用信号量(Semaphores)、线程(monitors)或其他一些近似的结构来保护共享资源。但是在分布式系统中，由于进程（或线程）是分布在不同主机上的，共享资源通常也是分布在不同的结点机上，加之通信延迟，互斥访问共享资源就变得非常的复杂。

互斥是分布式系统中需要重点考虑的问题。在分布式系统中，最典型的互斥算法有三类：集中式算法、令牌环算法和分布式算法。下面分别从算法原理和算法评价的角度给以描述。

### 9.2.1 集中式算法

在分布式系统中获得互斥的最直接方法就是仿照单机系统的处理方式，在系统中选取一个节点作为协调进程，系统中所有其他结点在进入临界区(critical Section)时，都必须通过网络消息向这一协调进程发出申请，只有获得协调进程许可的结点才可以进入临界区。结点退出临界区时，也必须向协调进程发消息报告自己已经退出临界区，再由协调进程通知其他等待进入临界区的节点进入临界区。以下通过图 9-1 说明这一过程。

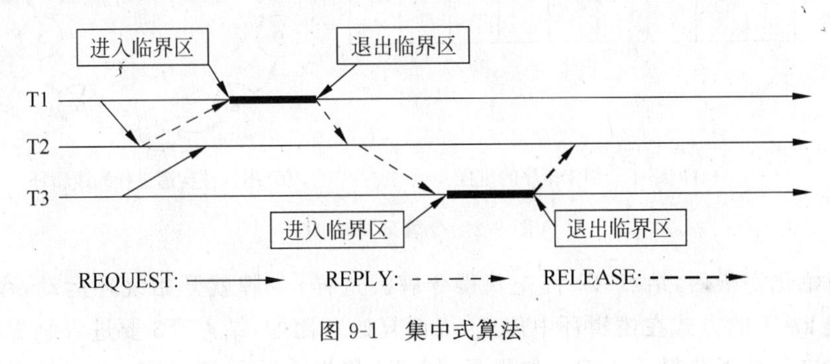


图 9-1 集中式算法

在包含 T1、T2、T3 结点（进程）的分布式系统中，T2 作为协调进程。当 T1 首先要进入临界区的同时，它向 T2 发出请求消息(REQUETT)。如果此时没有任何其他结点进入临界区，那么 T2 给 T1 发回可以进入的应答消息(REPLY)，T1 收到应答后进入临界区。此后 T3 又请求进入同一个临界区，协调进程 T2 经过检查发现 T1 已经进入该临界区，T2 不向 T3 发任何消息，而是把 T3 的请求放入等待队列中，T3 只有被阻塞进入等待状态。当 T1 退出临界区时，它向 T2 发出释放消息(RELEATE)，T2 收到消息后，转向等待队列发现其中有 T3 的请求，就向 T3 发出应答消息，T3 收到应答消息后被唤醒，从而进入临界区。当 T3 退出临界区时，它也要向 T2 发出释放消息(RELEATE)，至此互斥访问顺利完成。

如前所述，此算法保证了互斥的实现和公平，如果不考虑网络延迟，那么协调进程允许结点进入临界区的顺序与它收到请求的顺序相一致，不会出现饥饿现象，即没有任何结点中的进程永远等待；该算法也容易实现，消息复杂度低，从结点请求进入临界区到结点退出临界区只需发送请求、允许和释放 3 条消息。该算法虽然简单，但是也存在缺点：

(1) 协调进程是一个单点故障，如果它崩溃，整个系统将瘫痪。

(2) 如果进程在请求之后被阻塞，消息丢失，请求者不能从“拒绝请求”中辨认出协调进程已崩溃。

(3) 大系统中单协调者会成为系统执行的瓶颈，降低系统的处理能力。

## 9.2.2 令牌环算法

令牌环算法的基本思想和令牌环网的基本思想相同。在令牌环网中,有一个唯一的令牌沿着环网在各个计算机之间循环传递,只有持有令牌的计算机可以通过网络发送数据;在使用令牌环算法的分布式系统中,不一定使用环网连接各个结点,而是通过软件的方法构造出一个逻辑环,有一个唯一的令牌在这个环中传递,只有持有令牌的结点可以进入临界区,如图 9-2 所示。

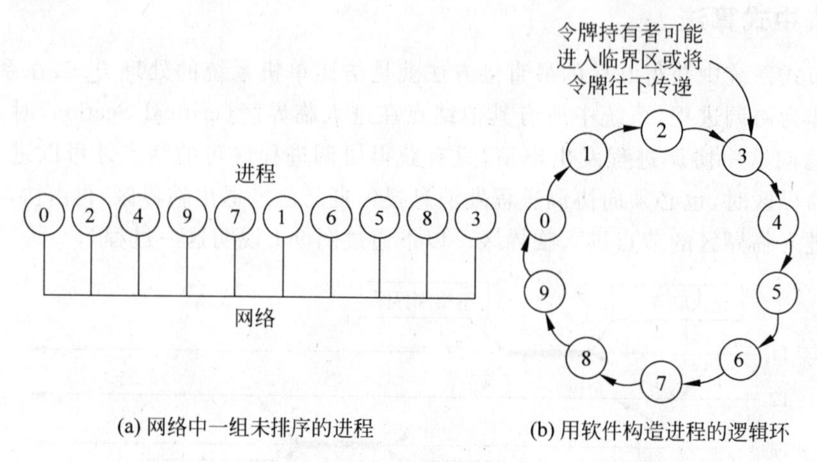


图 9-2　令牌环算法图

系统初始化完毕后,结点 T1 首先获得令牌。这样,令牌就开始绕环运动,令牌将以结点 k 到结点 k+1 的方式在逻辑环中传递,周而复始。比如,结点 T3 要进入临界区时,就必须首先判断自己是否获得了令牌。如果是,则 T3 将进入临界区,访问完共享资源后,离开临界区,并将令牌传递给 T4;否则 T3 必须等待,直到 T2 退出临界区并将令牌交给自己为止。如果当 T4 接收到令牌时,它并不需要进入临界区,此时它只是简单地将令牌交给 T5。在令牌环算法中,规定一种令牌只能对应进入一种临界区,访问一种共享资源,不允许使用同一种令牌进入多个临界区,访问多种共享资源。

这种算法的正确性是显而易见的,在任何时刻只有一个进程拥有令牌,所以只有一个进程可以进入临界区。由于令牌以固定顺序运动,所以不会出现饥饿进程。一旦一个进程想进入临界区,最不理想的情况是等待所有其他进程进入后再退出临界区所用的时间之和。

这种算法也存在一些问题,例如,令牌一旦丢失,它必须重新生成。实际上,检测令牌丢失是很困难的,因为在网络上,令牌两次出现的时间是不定的,一个小时没有发现令牌并不意味着它丢失了,也许某个进程还在使用它。

当进程崩溃时,读算法也会出现麻烦,但是恢复却容易得多。如果我们需要进程在接收到令牌后发回确认消息,当相邻进程试图传递给它令牌但却没有成功时,它就会检测到死进程。这时就将死进程从进程组中移出。它的下一个进程就会从令牌持有者的手中接收到令牌。当然,这样做需要每个进程都能维持当前的环的设置情况。

## 9.2.3 分布式算法

拥有单点故障的情况往往是不可按受的,而且大多数系统都不可能接受集中式互斥算法，所以研究者寻找到了分布式互斥算法。第一次出现的是在1978年Lampon关于时钟同步的论文中，后来Ricart和Agrawale(1981)对它作了进一步的改进。本节将对这两种算法作介绍。

1. Lamport算法

在Lamport算法中，每种消息都有一个时间戳(timestamp)，它就是消息产生时的逻辑时钟。消息接收者可以利用逻辑时钟确定消息的先后顺序，时间戳小的消息比时间戳大的消息先发出。系统中每个结点$T_i$均保存一个请求队列(request_queue)，队列中的请求按时间戳从小到大的顺序排列。该算法还要求两个结点之间的消息传输遵循FIFO规则。Lamport算法如下：

1) 请求临界区

(1) 当结点$T_i$需要进入临界区CT时，它向系统中所有结点发出请求，并把当前的逻辑时钟作为请求的时间戳，然后把该请求加入自己的请求队列request_queuei中。

(2)当结点$T_j$收到结点$T_i$的REQUEST时，$T_j$将该REQUEST加入自己的request_queuej队列并向$T_i$返回带时间戳的回应REPLY。

2) 进入临界区

(1) 结点$T_i$在同时满足下面两个条件的情况下可以进入临界区。

L1：$T_i$从其他结点收到了一个时间戳比自己请求的时间戳大的应答。

(2) L2：$T_i$的请求位于request_queuei队列的队头。

3) 释放临界区

(1) 当结点$T_i$退出临界区时，向其他结点发送带有时间戳的释放消息RELEATE，并将自己的请求从request_queuei队列中删除。

(2) 当结点$T_j$收到$T_i$的RELEASE时，将$T_i$的请求从request_queuej中删除。

4) 当一个结点将某个请求从自己的request_queue队列中去掉时，它自己的请求位于队列的头部。在这种情况下，允许该结点进入临界区。下面以3个结点(T1、T2和T3)组成的系统来说明Lamport算法的工作过程，如图9-3所示。

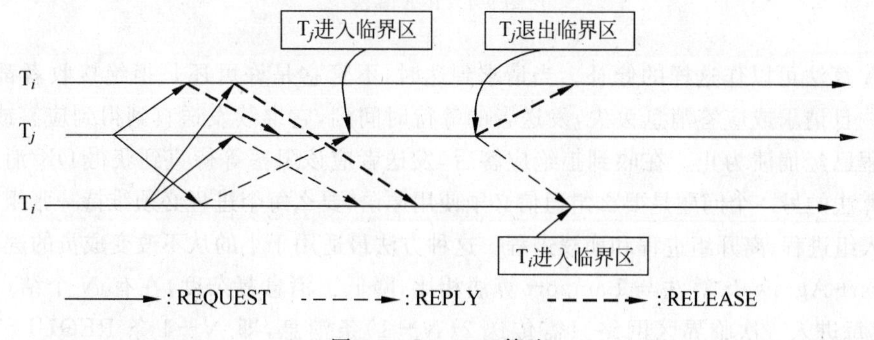


图9-3　Lamport算法

该算法的缺点主要体现在两个方面：一是效率低，在一个由$N$个结点组成的系统中结点要进入临界区时网络中需要传输$3(N-1)$条消息，即$N-1$条REQUEST消息，$N-1$条REPLY消息，$N-1$条RELEASE消息；二是可靠性差，一旦某个结点崩溃，其他结点可能会被阻塞，从而造成整个系统的死锁。Lamport算法的重要意义不在于它的可用性，而在于它的理论价值，至少证明了分布式互斥算法是存在的。

2. R-A 算法

R-A 算法要求系统中所有事件都是全序的，即对任何事件组如消息，发生的先后次序必须无歧义。Lamport 时钟同步算法所提供的时间戳为获得这种排序提供了一种解决方法。算法原理：

1）请求临界区

(1) 结点 $T_i$ 要想进入临界区，则向系统中所有结点发送带时间戳的请求 REQUEST。

(2) 当结点 $T_j$ 收到 $T_i$ 的 REQUEST 消息时，它实现如下操作：

① 当结点 $T_j$ 当前没有正在请求临界区时，它向 $T_i$ 发送一个带时间戳的 REPLY；

② 当结点 $T_j$ 正在请求该资源，并且它的请求时间戳先于 $T_i$，则 $T_i$ 的 REQUEST 仍然，否则返回 REPLY 消息给 $T_i$。

2）进入临界区

当结点 $T_i$ 收到所有来自其他结点的 REPLY 消息时，可以进入临界区。

3）释放临界区

当结点 $T_i$ 释放临界区时，它向所有提出请求的，还未收到本结点 REPLY 消息的结点发送延迟的 REPLY 消息，如图 9-4 所示。

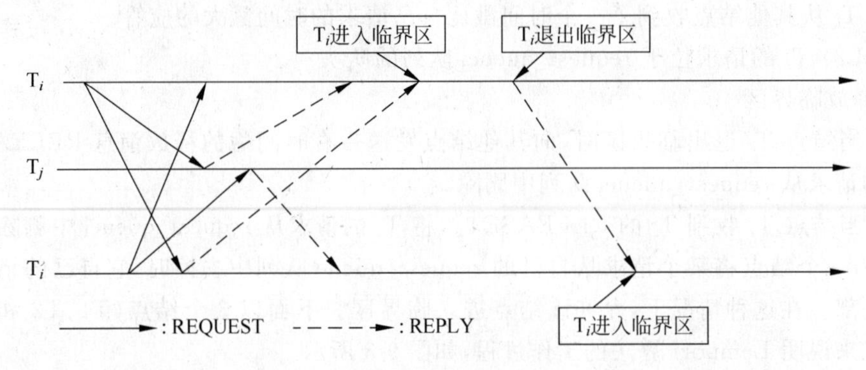


图 9-4 R-A 算法

R-A 算法可以作这样的修补。当请求到达时，不管它是许可还是拒绝接收者都要发送应答。一旦请求或应答消息丢失，发送者的等待时间到，它继续发送直到得到应答或者认为目的进程已经崩溃为止。在收到拒绝应答后，发送者应该阻塞等待直到获得 OK 消息。

该算法的另一个问题是要么组通信必须使用原语，要么每个进程必须维持一张组成员表，包括进入组进程、离开组进程和崩溃进程。这种方法最适用于小的从不改变成员的进程组。

Ricart-Agrawala 算法与 Lamport 算法相比，降低了消息复杂度，在有 $N$ 个结点的系统中，结点每进入一次临界区网络只需传送 $2(N-1)$ 条消息，即 $N-1$ 条 REQUEST 消息，$N-1$ 条 REPLY 消息。该算法虽然是 Lamport 算法的改进版，但是仍无法满足人们对健壮性的要求，该算法仍然比原来的集中式算法慢、复杂、昂贵。

## 9.2.4 3 种算法的比较

表 9-3 列出了算法和 3 种主要性质：进程进入或退出临界区需要的消息数目，每次进入

前的延迟,一些与算法有关的问题。

表 9-3 三种算法的比较

| 算法 | 每次进出需要的消息 | 进入前的延迟(按消息次数) | 问题 |
|---|---|---|---|
| 集中式 | 3 | 2 | 协调者崩溃 |
| 分布式 | 2(N−1) | 2(N−1) | 任何一个进程崩溃 |
| 令牌环 | 1到无穷大 | 0到N−1 | 丢失令牌,进程崩溃 |

集中式算法最简单,也最有效的,它在进程进入和退出临界区时,只用了3条消息,即请求进入,同意进入和退出时释放。分布式算法需要 N−1 条,(给每个其他进程)请求消息,及另外的 N−1 条允许消息,总共有 2(N−1)条消息。对于令牌算法该数目是可变的,如果每个进程总是想进入一个临界区,则令牌的每次传递将导致一次进出临界区。平均每一次进入临界区入口都有一条消息。在其他极限情况下,令牌也许将几小时地沿环传递而没有进程想使用它.在这种情况下,每一次进入临界区入口消息数是无界的。

进程需要进入临界区到它能进入临界区的延迟也随着这3种算法而变化。当临界区很少使用时,造成延迟的主要因素是进入临界区的机制。当临界区经常使用时,延迟的主要因素是等待其他进程使用的过程。2表示了前一种情况,假设网络在某一时刻只能处理一条消息,在集中式算法的情况下,进入临界区只需要处理2条消息的时间,在分布式算法的情况下需要 2(N−1)条消息,对令牌环算法,时间从0(刚接收到令牌)到 N−1(释放令牌)变化。

最后,这3种算法在进程崩溃时都损失修重。为了避免由于某些崩溃造成的系统瘫痪,必须引入专门的测量和附加的复杂方法。在分布式系统中对一方损坏比在集中式的更敏感。在容错系统中,这些方法都不适用,但是如果崩溃不经常发生,还是可以接受的。

## 9.3 分布式系统的死锁

### 9.3.1 概念

死锁(deadlock)是指两个或多个进程因无休止地互相等待永远不会成立的条件而形成的一种状态。例如,假定系统有两个临界资源 r1,r2。在时刻 t0,进程 p1 和 p2 分别占有 r1 和 r2。在它们还未释放的情况下,在时刻 t1(t1>t2),p1 又申请 r2(仍占有 r1),但由于 r2 已被 p2 占有,因此,p1(在时刻 t1)必须等待,直至得到 r2 为止。在时刻 t2(t2>t1),p2 申请资源 r1(仍占有 r2),但因 r1 仍被 p1 占有,因此,p2 也不得不等待,直至得到 r1 为止。于是,在时刻 t2 之后,进程 p1,p2 因都得不到所申请的资源而处于相互无休止地等待状态,从而形成死锁。

死锁也可以定义为一组互相通信或竞争资源的进程的依赖时间的永久阻塞状态,这就隐含分布式系统有两种死锁:一是资源死锁;二是通信死锁。分布式操作系统中可能发生的另一种形式的死锁是迁移死锁。

不难看出,死锁大多是因并发进程共享临界资源而引起的,而且是一种与时间相关的错误现象,一般具有不可重现性,因此,需要认真地研究并予以解决。

处理死锁问题的策略有很多种。下面讨论其中4种最著名的策略：

(1) 鸵鸟算法(忽略问题)；

(2) 检测(允许死锁发生,在检测到后想办法恢复)；

(3) 预防(静态的使死锁在结构上是不可能发生的)；

(4) 避免(通过仔细的分配资源以避免死锁)。

在分布式系统中这4种方法都是可以使用的。鸵鸟算法在分布式系统中同在单处理机系统中一样好用、一样受欢迎。尽管在诸如分布式数据库等个人应用中,如果需要就可以实现它们自己的死锁机制。但是在编程、办公自动化、过程控制和许多用于其他应用的分布式系统中都没有系统级的死锁机制。

死锁检测与恢复算法也很流行,这主要是因为预防算法和避免算法太难了。后面将讨论几种用于死锁检测的算法。

尽管比在单处理机系统中闲难得多,但是死锁预防还是有可能实现的。在原子事务提出之后,有一些新的想法可以采用。后面将讨论两种算法。

最后要说明的是,死锁避免在分布式系统中从来都不采用。既然在单处理机系统中都不采用死锁避免机制,那么在更复杂的分布式系统中我们又何必采用它呢？该方法的问题在于银行家算法和类似算法需要(事先)知道每个进程最终到底需要多少资源。而这样的信息即使苟也非常的少。因此我们关于分布式系统中的死锁问题的讨论将只集中于两种技术：死锁检测和死锁预防。

### 9.3.2 分布式系统中的死锁类型

#### 1. 资源死锁

资源死锁问题通常在分布式数据库中研究,在这样的系统中,事务可以通过激发从事务存取非本地数据,从事务的位置就是这些数据存储的地方,这些事务可以并发执行,源事务被阻塞直到所有从事务终止,终止所有事务是资源模型的基本特征。

为了确切地分析产生死锁的原因,通常将系统资源分为可重用性资源和临时性资源两类。前者可被多个进程重复地使用,如存储区、外设等物理资源,数据文件、表格、程序等软件资源等都是可重用性资源。临时性资源通常都是一次性使用的资源,如同步信号、应答信号等。Coffmman曾提出进程在利用可重用性资源时产生死锁的4个必要条件：

(1) 互斥使用。系统中存在一次只能给一个进程使用的资源。

(2) 占用并等待。系统中存在这样的进程,它(们)已占有部分资源并等待得到另外的资源,而这些资源又被其他进程所占用还未释放。

(3) 非抢占分配。资源在占有它的进程资源交出之前,不可被其他进程所强行占用。

(4) 循环等待。在一定条件下,若干进程进入了相互无休止地等待所需资源的状态。

从上面的定义和例子中可以看出资源死锁是传统的死锁,由于进程永久等待互相占有的资源而发生。资源死锁检测算法正是通过检测被阻塞进程的依赖关系图中的环来实现的。

#### 2. 通信死锁

基于通信模型很容易定义通信死锁,通信模型是对通过消息通信的进程间的抽象描述,这个模型没有任何明确的控制器或资源，因为控制器由进程实现，而对资源分配、撤销和释放的请求由消息实现。

与每个被阻塞进程相关的是一组称为依赖集的进程，当进程等待消息时就说它被阻塞了，被阻塞进程在收到它的依赖集中任一进程的消息时可以开始执行，如果它永不能收到来自它的依赖集中的任一进程的消息，称该进程被永久阻塞。如果一个进程没有收到消息，它既不改变它的状态，也不改变它的依赖集。如果进程被阻塞且它的相关依赖集为空，则称该进程被终止。

按照这个定义，就可以定义通信死锁，如果进程的非空集S中的所有进程被永久阻塞，就称S被死锁住了。通常，死锁发生与一组直接通信的进程之间，当它们受阻于等待来自其他进程的消息以开始执行，但它们之间没有消息传递时就发生死锁。

下列情况中不可能检测到永久阻塞状态，进程P等待进程Q的消息，Q当前正在执行并且只有当循环完成时将向P发送消息，在这种情况下，如果进程Q的循环计算永不能终止，那么进程Q永久空转。另外，因为检测这种类型的永久阻塞等于解决停机问题，因此是不确定的，又必要假定P不是永久阻塞，因为Q可以在将来的某个时间向它发送消息，这样产生了下述关于死锁的操作定义：

一个非空进程集S被死锁的条件是当且仅当：

① S中所行进程被阻塞；

② S中每个进程的依赖集是S的子集；

③ S中进程间不传递消息。

如果一个进程属于某个死锁集，进程被死锁住。

当S中任何一对进程都没有消息传递，任何一个进程都不会收到消息，这隐含所有进程都是永久空转的或死锁的，一个怀疑可能死锁的进程必须询问其他进程以确定它是否真正死锁。

通常，通信死锁模型是更抽象的，也是更一般的，可应用与任何消息通信系统。

通信死锁检测算法是比较简单的，消息从一个进程传递到另一个进程，全局等待图没有明确建立，但是图中的环最终将导致消息返回到它们的最初发送者，这样警告它们存在死锁。

资源死锁模型和通信死锁模型之间第二个区别表现在激活的条件中，前者，死锁进程接收所有请求资源才可以继续执行。后者，一个进程当它能与它正等待的进程之一通信时就能继续运行，这个区别说明两个模型的死锁检测算法不同。

### 9.3.3 分布式死锁检测

在分布式系统中找出一般的死锁预防和避免的解决方法是相当困难的，因此许多研究人员都只是尝试为更简单的死锁检测问题找出一种解决方法，而不是想办法去禁止死锁的发生。

然而，在一些分布式系统中原于事务的提出使得在概念上有了极大的不同。在普通的操作系统中检测到死锁后，解决方法是中止掉一个或几个进程，但这必然会使一些用户感到不满。在基于原子事务的系统中检测到死锁后，解决方法是中止一个或几个事务。但正如上述，将事务设计成允许出现中止的情况。当一个事务因为产生死锁而被中止的时候，首先要做的是将系统恢复到事务开始前的状态,以后事务可以从这一点重新开始。如果运气好,那么第二次执行时就应该能成功。因此使用事务与不使用事务的差别在于使用事务时中止一个进程的后果要比不使用事务时的后果小得多的多。

**1. 集中式的死锁检测**

尽管每台机器都有一幅资源图以描述自己所拥有的进程和资源,但仍旧会有一台中心机器拥有整个系统(所有资源图的集合)的资源图。当协调者检测到了环路时,它就中止一个进程以解决死锁。

与集中式系统中所有信息都放在适当的地方可以自动获得不同,在分布式系统中所有信息都要精确地发送到适当的地方。每台机器的资源图中只包含它自己的进程和资源。但从适当的地方获取所需信息的可能性是存在的。第一种方法,每当资源图中加入或删除一条弧时,相应的消息就应发送给协调者以提供型新。第二种方法,每个进程可以周期性的把自从上次更新之后新添加和删除的弧的列表发送给协调者。这种方法比第一种方法发送的消息要少。第三种方法是在需要的时候协调者主动去请求信息。

不幸的是这些方法的效果都不太好。这里可以考虑这样一种系统,进程 A 和进程 B 运行在机器 0 上,C 运行在机器 1 上。一共有 3 种资源及 R、S 和 T。开始的情况如图 9-5(a)(b)所示,A 拥有 S 并想请求 R,但它不可能得到,因为 B 正在使用 R;C 拥有 T 并想请求 S。协调者看到的情况如图 9-5(c)所示。这种配置是安全的。一旦 B 结束运行,A 就可以得到 R 然后结束,并释放 C 所等待的 S。

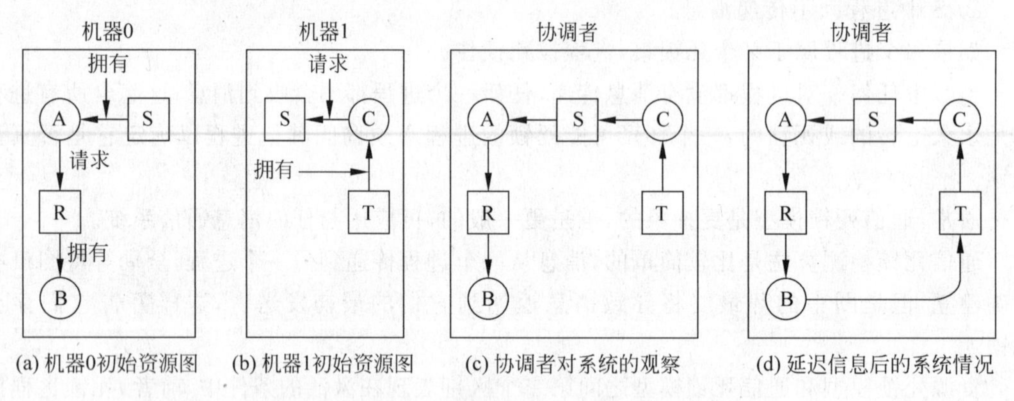

(a) 机器0初始资源图　(b) 机器1初始资源图　(c) 协调者对系统的观察　(d) 延迟信息后的系统情况

图 9-5　进程 A～进程 C 的运行

过一会儿,B 释放 R 并请求 T,这是一个完全合法的安全操作,机器 0 向协调者发送一条消息声明它释放 R,机器 1 向协调者发送了一条消息声明进程 B 正在等待它的资源 T。不幸的是,机器 1 的消息首先到达,这导致协调者生成了一副如图 9-5(d)所示的资源图。协调者错误地得出死锁存在的结论,并中止某个进程。这种情况称为假死锁。由于信息的不完整和延迟使得分布式系统中的许多死锁算法产生了类似的假死锁问题。

一种可能的解决方法是使用 Lamport 算法以提供全局时间,既然从机器 1 到协调者的消息是由机器 0 的请求发出的,那么从机器 1 到协调者的消息的时间戳就应该晚于从机器 0 到协调者的消息的时间戳。当协调者收到了从机器 1 发来的有导致死锁嫌疑的消息后,它将给系统中的每台机器发送一条消息说:“我刚刚收到一条会导致死锁的带有时间戳 T 的消息,如果任何人有小于该时间戳的消息要发给我,请立即发送。”当每台机器或肯定或否定的响应之后，协调者就会看到从 R 到 B 已经消失了，因此系统仍是安全的。尽管这种方法消除了假死锁，但是它需要全局时间，而且开销很大。另外，其他的一些消除假死锁的方法也很困难。

**2. 分布式的死锁检测**

下面来看一个典型的算法——Ckandy-Misra-Haas 算法(Chandy 等，1983)。该算法允许进程一次请求多个资源(如锁)而不是一次一个。通过允许多个请求同时进行使得事务的增长阶段可观地加速。该模型的这种变化的结果使得一个进程可以同时等待两个或多个进程。

图 9-6 给出了一种改进的资源图，图中只给出进程。每条弧穿过一个资源，但为简单起见将资源从图中删除了。可以看到机器 1 上的进程 3 正在等待两个资源，一个由进程 4 占有，一个由进程 5 占有。一些进程在等持本地资源，例如进程 1。但也有一些进程，如进程 2 在等待其他机器上的资源。显然连接机器的弧使得寻找环路更加困难。当某个进程等待资源时，例如进程 0 等待进程 1，将调用 Chandy-Misra-Haas 算法。此时，生成一个特殊的探测消息并发送给占用资源的进程。消息由三个数字构成：阻塞的进程，发送消息们进程，接收消息的进程。由 0 到 1 的初始消息包含三元组(0，0，1)。

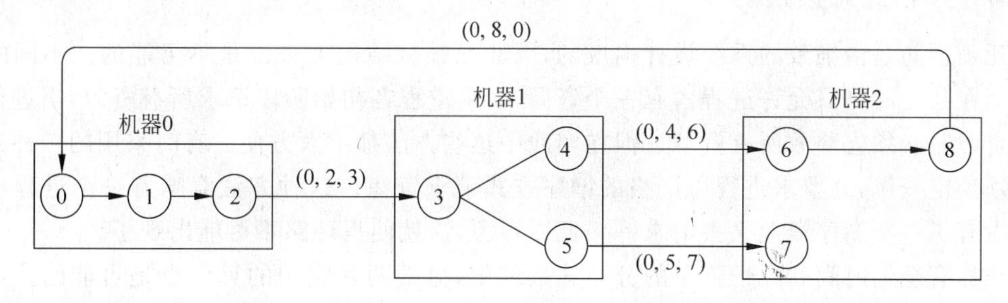

图 9-6 Chany-Misra-Haas 分布式死锁检测算法

消息到达后，接收者检查以确认它自己是否也在等待其他进程。如果是，那么消息就要被更新，第一个字段保持不变，第二个字段改为当前进程号，第三个字段改为等待的进程号。然后消息接着被发送到等持的进程。如果在等待多个进程，就需要发送多个不同的消息。不论资源在本地还是在远程，该算法都要继续下去。在图 9-6 中可以看到标记为(0，2，3)、(0，4，6)、(0，5，7)和(0，8，0)的远程消息。如果消息转了一圈后又回到了最初的发送者，即第一个字段所列的进程，那么就说明存在一个有死锁的环路系统。

可以有不同的方法打破死锁。一种方法是使最初发送探测消息的进程自杀。然而如果有多个进程同时调用了此算法那就会出现问题。例如在图 9-6 中假设进程 0 到 6 同时阻塞，而且都初始化了探测消息。那么每个进程最终都会发现死锁，并且因此而自杀，然而这是不必要的。中止掉一个进程就足够了。

另一种算法是将每个进程的标识符添加到探测消息的末尾，这样当它返回到最初的发送者时完整的环路就可以列出来了。于是发送者就能看出哪个进程的编号最大、可以将它中止或者发消息给它请求其自杀。无论如何，如果多个进程同时发现了同一个环路，它们就一定会选择同一个牺牲者。

在计算机科学领域中很少有像分布式死锁检测算法这样理论与实际间存在如此大分歧

的情况。然而发现一种新的死锁检测算法仍是许多研究人员的目标。不幸的是，这些模型通常都和现实毫无关系。例如，一些算法在进程被阻塞时需要它们发送探测消息，然而当一个进程被阻塞的时候让它发送一条探测消息绝不是一件容易的事情。

许多论文都包含有关于新算法性能的细致分析，例如，它们指出一个新进程需要遍历两遍环路的时候应采用较短的消息，好像这些因素可以弥补性能一样。但是毫无疑问当作者得知在 LAN 上的典型的短消息(20 字节)耗时 1ms，而长消息(100 字节)只耗时 1.1ms 时，一定会非常吃惊。对这些人来说当他们意识到实验测试表明所有死锁环路的 90%都是由两个进程引起的时候(Gray 等，1981)，毫无疑问他们一定会非常震惊。

最糟糕的是，该领域已经发表的算法中很大一部分都有明显的错误，甚至包括那些已经证明是正确的。Knapp(1987)和 Singhal(1989)给出了一些例子。下面的事情会经常发生：一个算法刚刚提出，被证明是正确的，然后就发表了，但是人们随后却发现了反例。所以说我们有一个很活跃的研究领域，但是问题却与现实不太一致，找到的解决方案一般都不太现实，给出的性能分析也是毫无意义的，已经被证明的结论却经常是错误的。为了以积极的态度结束本节内容，我们可以说这是一个提供了大量改进机会的研究领域。

### 9.3.4 分布式死锁预防

死锁预防是由细致的系统设计构成的，因此死锁从结构上来说是不可能的。不同的技术包括在某一时刻只允许进程占有一个资源，要求进程在初始阶段请求所有资源，当进程请求新资源时必须先释放所有资源。但在实践中这些方法都不太方便。有时采用的一种方法是必须预定资源，并要求进程以严格的增序方式请求资源。这种方法意味着一个进程不可能既占有了一个高序资源又去请求一个低序资源，这就使得环路不可能出现了。

在拥有全局时间和原子事务的分布式系统中，另外两种实用的算法也是可能的。这两种算法都是基于在一个事务开始时给它分配一个全局时间戳的思想。同许多基于时间戳的算法一样，在这两种算法中保证不会有两个事务分配了完全一致的时间戳.这点是非常重要的。正如我们所看到的，Lamport 的算法有效地保证了时间戳是唯一的(通过使用进程号)。

这种算法的思想是当一个进程因等待一个正被其他进程占用的资源而要阻塞时，进行检查以判断哪个进程的时间戳更大(即更新)。只有当等待进程的时间戳小于(早于)被等待进程的时间戳时才允许等待发生。按这种方式，任何沿着等待进程链的时间戳总是增大的，因此环路是不可能的。或者，只有当等待进程拥有大于(新于)被等待进程的时间戳时，我们才允许等待发生，在这种情况下沿着时间戳链的时间戳总是减小的。

尽管两种方法都能预防死锁，但是给予老的进程以优先权更明智些。它们已经运行 T 较长时间，出此系统对它们的投入会更大一些，它们占有的资源也就更多一些。另外，一个被中止的新进程在它最终成为系统中最老的进程之后仍能够再生，因此这种选择消除了饿死现象。正如前面所指出的，中止一个事务相对来说是无害的，因为按照定义随后它能够安全地再生。

为了使该算法更清楚，下面用图 9-7 来加以介绍。图(a)中，一个较老的进程想得到一个被新进程占用的资源。图(b)中，一个新进程想得到被较老进程占用的资源。一种情况应该允许进程等待，另一种情况应该中止进程。假设图(a)为中止图(b)为等待。那么就应该中止掉老进程，它试图使用被新进程占用的资源，但这样的效率较低。所以应以相反的方式进行标,如图所示。在这种情况下,箭头总是指向事务编号增长的方向,使得环路不可能出现。这种算法称为等-死算法(wait-die)。

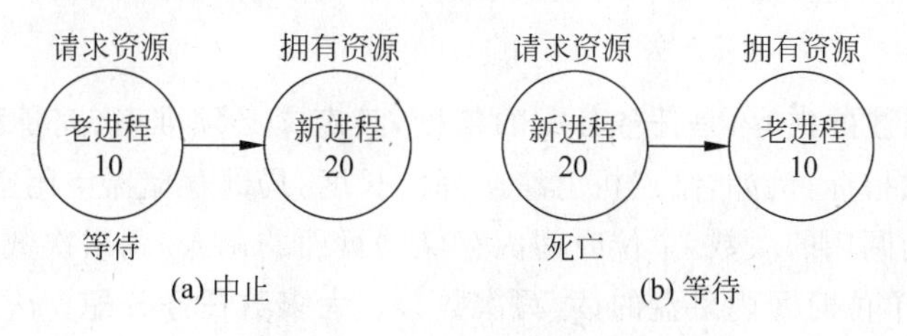


图 9-7 等-死死锁预防算法

一旦假设了事务的存在,我们就可以做一些在以前是被禁止的事情:从运行的过程中取走资源。当冲突发生的时候,我们不需要中止提出请求的进程,我们可以中止资源的拥有者。如果没有事务,中止一个进程可能会有严重晌后果,如进程可能已经修改了文件。有了事务后,当事务死亡时这些效果将会神奇地消失。

现在来分析图 9-8 中的情况,在这里我们允许抢先的存在。假设我们的系统尊敬老者,如同我们上面所讨论的,我们不希望年轻人抢在老人前面,因此是图 9-8(a)而不是图 9-8(b)被标记为抢先。现在可以安全地标记图 9-8(b)为等待。这种算法称为伤-等算法(wound-wait),因为一个事务可能会受到伤害(实际是被中止)而其他的事务等待。这种算法还不可能达到 Nomenclature Hall 的知名度。

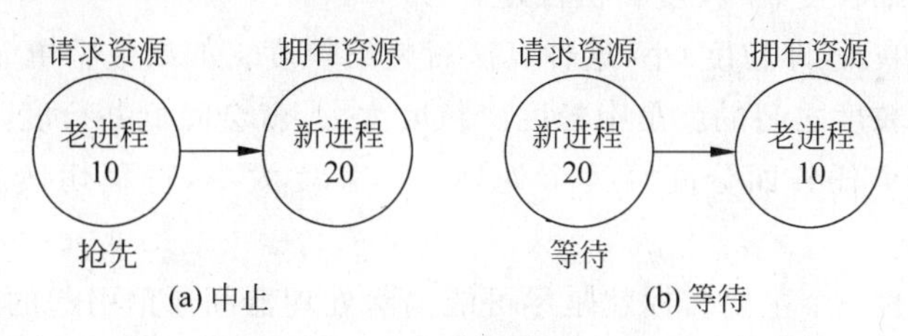


图 9-8 伤-等算法

如果一个老的进程希望得到一个被新进程占用的资源,那么老的进程将会抢先,于是新事务将被中止如图 9-8(a)所示。随后新事务可能会立即重新开始,并试着请求资源,如图 9-8(b)所示,然用被迫等待。将这种算法与等-死算法进行比饺可以发现:在等-死算法中,如果一个老的事务想得到正被新事务占用的资源,那么它会很有礼貌地等待。然而如果一个新事务想要得到老的事务占用的资源,它将被中止。毫无疑问它还会重新开始,并且又被中止。在老的事务释放资源之前,这个循环可能要重复多次。伤-等算法没有这么糟糕的特性。

## 9.4 分布式系统的负载分配

### 9.4.1 基本概念

#### 1. 负载

所谓负载是指处理机上的用户进程尚未完成的工作量。主要包括进程的计算开销和通信开销。在多处理机系统中,对结点机上系统资源的负载度量,称为负载指标。以向量形式表示的某一结点机的各项负载指标，称为负载向量，它描述的是某一结点机的负载情况。以矩阵形式表示的各结点机负载向量的集合，称为负载矩阵，用以描述整个系统的负载情况。

**2. 负载向量**

负载向量所描述的内容，是任务分配的依据，其定义必须准确、完备和有效。负载向量可以包括多种负载指标，例如，结点机就绪队列的长度，局部存储器空闲空间的容量，单位时间内进行系统功能调用的次数，单位时间内存储器页面的调入/调出次数，单位时间内 CPU 被占用的百分比，单位时间内磁盘的读/写次数等。大多数任务分配算法采用单个负载指标作为负载向量，其中选择节点机就绪队列长度的颇多。

**3. 负载分配**

(1) 分布式系统提供了巨大的处理能力。然而，为了实现和充分利用这种能力，需要优良的资源分配方案。

(2) 负载分配是分布式系统的资源管理模块，它主要是合理和透明地在处理器之间重新分配系统负载，以达到系统的综合性能最优。

(3) 负载分配大致可分为静态和动态两类。

**4. 任务划分**

(1) 一个给定任务划分的粒度定义是任务分解中影响通信开销的所有单元的平均尺度。算法可以分成细粒度、中粒度和粗粒度。

(2) 如果数据单元(即粒度)小，这种算法就是细粒度。如果数据单元大，算法就是粗粒度介于细粒度和粗粒度之间的就是中粒度。粒度太大，就会降低并行度，因为潜在并行任务可能被划分进同一个任务而分配给一个处理器。粒度太小，进程切换和通信的开销就会增加。

(3) 任务划分的一个主要目标就是尽可能消除处理器间通信引起的开销。

**5. 负载平衡**

为了描述结点机上负载的轻重程度，使用负载阀值进行衡量。负载阀值是结点机负载的界限值，其下界为 T1，上界为 T2，且 T1≤T2。我们有如下的定义。

(1) 轻载：当结点机的负载小于 T1 时，该结点机为轻载。

(2) 重载：当结点机的负载大于 T2 时，该结点机为重载。

(3) 适载：当结点机负载大于 T1 而小于 T2 时，该结点机为适载。

(4) 空载：当结点机负载为 0 时，该结点机为空载。

(5) 负载平衡：是指系统中的所有处理机均处于适载状态。这是一种严格意义下的负载平衡。更广泛意义下的负载平衡应是系统中每个结点机都不是空载，或者当某个结点机为空载时，其他结点机均为空载或轻载。

## 9.4.2 负载分配的分类

**1. 通常，负载分配方法可做如下分类**

1) 局部和全局

局部负载分配处理单个处理器上的进程对时间片(单元)的分配。全局负载分配首先进行进程对处理器的分配，然后完成每个处理器内这些进程的局部调度。

2）静态和动态（在全局类中）

静态负载分配中，进程对处理器的分配是在进程执行以前的编译阶段完成的，而动态负载分配要到进程在系统中执行时才做出分配。静态方法又叫做确定性调度，而动态方法叫做负载平衡。

3）最优和次优（在静态和动态两种类型中）

如果根据标准，例如，最小执行时间和最大系统输出，可以取得最优分配，那么就可以认为这种负载分配方法是最优的。一般地，负载分配问题是 NP 完全问题。某些情况下，次优方案也是可以接受的。有 4 类算法（对于最优的和次优的）被使用：解空间枚举搜索、图模型、数学编程（如 0/1 编程）和队列模型。

4）近似和启发式（在次优类型中）

在近似方法中，负载分配算法仅搜索一个解空间的子集，当寻找到一个好的解时，终止执行。在启发式方法中，调度算法使用某些特殊参数，能够近似地对真实系统建模。

5）集中控制的和分散控制的（在动态类型中）

在分散控制中，决策工作被分配给不同的处理器。在集中控制中，这些工作是由一个处理器完成的。

6）协作的和非协作的（对分散控制）

动态负载分配机制可以分成：协作的——分布式对象间有协同操作和非协作的——处理器独立做出决策。

**2. 静态负载分配**

静态负载分配算法根据系统的先验知识做出决策。运行时负载不能够重新分配。静态负载分配算法的目标是调度一个任务集合，使它们在各个目标 PE 上有最小的执行时间。静态负载分配因此又称为调度问题。

总体上，处理器互连、任务划分（粒度决策）和任务分配是设计调度策略时的三个主要因素。如前所述，通常的调度问题即使在简单地对计算开销和通信开销做某种假设以后，依然是一个 NP 完全问题。因此，许多方法利用数学工具如图、启发式规则来得到次优的解。

通常，用图模型表示任务和 PE 结构，如图 9-9 所示。我们可以用任务优先图或者任务交互作用图对任务集合建模。任务优先图又称为有向无环图（DAG），每个链接定义了任务间的优先关系。节点和链接上的标记表示任务执行时间和任务完成后启动后续任务所需的

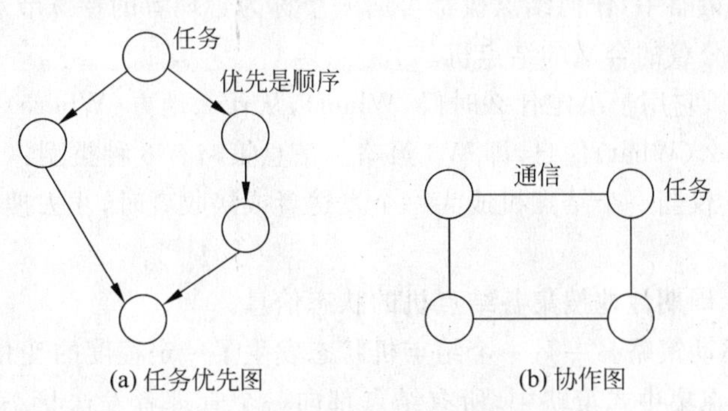


图 9-9　任务优先图和协作图

时间间隔。任务交互作用图中，链接定义了两个任务间的相互关系。每个链接赋予一对数，表示这两个任务在同一个 PE 上时的通信开销和在不同 PE 上时的通信开销。

#### 3. 动态负载分配

分布式系统中，许多算法包含不统一的计算和通信代价，它们不容易事先确定。某些应用中，工作负载随着计算进度而变化，这意味着初始好的映射可能会变坏。动态负载分配（又称负载平衡、负载转移或者负载共享）能够用来恢复平衡。动态负载分配算法使用系统状态信息（结点的负载信息），来做负载分配的决策，而静态负载分配没有使用这些信息。

### 9.4.3 负载平衡

负载分配算法可以分为静态负载分配算法和动态负载分配算法。静态负载分配算法是指在系统中进行任务分配时，根据各结点的负载情况决定给任务分配处理机。动态负载分配算法通过交换系统的状态信息来决定系统负载的分配。动态负载分配算法能适应系统负载的变化，比静态负载分配算法更灵活、更有效，但它以一定的系统开销为代价。

#### 1. 动态负载平衡算法策略

所谓动态负载平衡，是指系统根据其负载变化和进程的执行情况，自动实现进程从重载结点机到轻载结点机的迁移。重载结点机提供迁出进程，轻载结点机要求迁入进程。动态负载平衡算法由以下 4 个策略组成：

(1) 迁移策略。当一个新任务在一个结点上产生时，如果它所在的结点机的负载超过了负载阀值的上界，则该结点机就是一个发送者，另一方面，一个结点机上的负载降到了阀值 T1(＜T2)以下，那么该结点就被认为是一个接收者。

(2) 选择策略。一旦迁移策略确定了发送者和接收者之后，选择策略将用于从发送者那里选择哪些任务作为迁移对象。最简单的选择策略就是选择一个最新产生的任务，在它未执行之前就迁移到接收者那里。选择一个迁移任务时，应考虑到由迁移所产生的开销要小，被迁移的任务应具有较长的生命期，否则迁移的开销将抵消性能的提高。被迁移的任务可以是未被启动执行的任务，也可以是正在运行的任务。

(3) 定位策略。一旦确定了一个结点机是发送者（或接收者）之后，定位策略负责为其寻找合适的搭档节点机。定位策略可有分布式和集中式两种。分布式定位策略采用轮询(Polling)方式寻找一个搭档机，也可以采用广播查询方式搜索任何可以进行分载的结点机。在集中式定位策略中，任何结点机都可向一个称为管理者的特殊节点机发出请求，由管理者确定一个进行分载的合适的结点机。

(4) 信息策略。它用于决定什么时候(When)，从什么地方(Where)搜集系统中其他结点机有关状态的什么(What)信息，即 W3 策略。信息策略有 3 种类型：

① 需求策略。仅当一个结点机成为一个发送者或接收者时，才去搜集其他节点机的状态信息。

② 周期策略。周期性地搜集各结点机的状态信息。

③ 状态变化驱动策略。一旦一个结点机状态发生了一定程度的变化，它就把自身的状态信息广播出去。在集中式策略中，所有结点都向一个管理者发送状态信息；而在分布式策略中，各结点机向其他结点机广播自己的状态信息。

**2. 动态负载平衡算法的分类**

典型的动态负载平衡算法有以下4类：

1) 发送者启动算法

该算法由发送者来触发负载分配。当一个结点机成为一个发送者时，它主动寻找接收者来接收自己的一部分负载。显然，在系统轻载时，发送者能较容易地找到接收者，因而该算法比较稳定有效。但在系统重载时，该算法会引起系统的不稳定，因为此时发送者不仅不容易找到接收者，而且查询的开销还会增加系统的负载。

2) 接收者启动算法

该算法由接收者触发负载的分配，当一个结点机变成一个接收者时，它便主动寻找发送者，以便从那里接收部分负载。该算法在系统重载的情况下，因多数结点处于重载，所以不会引起系统的不稳定，它优于发送者启动算法。但接收者找到发送者时，由于任务可能已经启动，因此，该算法需要对正在运行的进程进行迁移。

3) 对称启动算法

对称启动算法是前两种算法的结合，因此它具有这两种算法的优缺点。这种算法要求发送者和接收者均参与负载分配的活动。在系统轻载时，发送者启动算法有效，而系统重载时，使用接收者启动算法比较合适。

4) 自适应算法

上述算法的缺点在于，它们不能适应系统状态的变化，而自适应算法则是根据系统状态的变化，通过修改某些参数甚至策略来适应系统负载的变化。因而，这种算法更为有效，能适合各种情况下的负载分配。

## 9.5 分布式文件系统

### 9.5.1 概述

文件系统是共享数据的主要方式，是操作系统在计算机硬盘上存储和检索数据的逻辑方法，这些硬盘可以是本地驱动器或网络上使用的卷或存储区域网络(Storage Area Network,SAN)上的导出共享。特别地，文件系统实现了UNIX式的操作系统所需要的基本操作。它通过对操作系统所管理的存储空间的抽象，向用户提供统一的、对象化的访问接口，屏蔽对物理设备的直接操作和资源管理。

根据计算环境和所提供功能的不同，文件系统可划分为四个层次，从低到高依次是：单处理器单用户的本地文件系统，如DOS的文件系统；多处理器单用户的本地文件系统，如OS/2的文件系统；多处理器多用户的文件系统，如UNIX的本地文件系统；多处理器多用户的分布式文件系统。分布式文件系统支持在企业内部网上以文件的形式共享信息。一个设计良好的文件服务系统，使用户访问存储在服务器上的文件时，能获得与访问本地磁盘文件类似的性能和可靠性。

一个分布式文件系统，使程序可以像存储和访问本地文件那样的对远程文件进行操作，允许用户访问在企业内部网中任一计算机上的文件。

### 9.5.2 分布式文件系统的特点

传统的文件系统允许在一台机器上多个用户共享对文件的存取，分布式文件系统则通

过通信网络将这种共享扩大到了不同的机器上。作为一种特殊类型的分布式文件系统,它也应该具有如下的一种或几种特征:

(1) 网络透明性。客户应当能够使用和本地文件系统一样的操作来存取远端的文件。

(2) 位置透明性。文件名不应该包括该文件在网络中的位置。

(3) 位置独立性。当文件的物理位置发生变化时,文件名也不应该改变。

(4) 用户的可移动性。用户应该能够从网络中的任意结点存取共享文件。

(5) 容错性。当系统中的某个成分(一个服务器或一段网络)失效时,系统应该能够继续运转。

(6) 可扩展性。当工作负荷加重时,系统的性能也应该能随之上升。在加入新结点的情况下,应该能够提高系统的性能。

(7) 文件的可移动性。在正在运转的系统中,应该能够将文件从一个物理位置移到另一个位置。

分布式文件系统在分布式系统使用最频繁,因此对它的功能和性能要求很高。分布式文件系统的两个主要实现目标是:

① 网络透明性 分布式文件系统提供和本地文件系统相同的文件访问接口,使每个节点计算机上的应用程序可以像访问本地文件一样访问远地文件(remotefile),换言之,应用程序无法区别本地文件和远地文件。最理想的情况是,分布式文件系统的用户无需知道文件的物理位置。

② 高可用性 分布式文件系统的用户的文件访问过程,不能因为网络故障或系统调度(例如在服务器之间备份数据)而中断。高可用性通常是通过文件副本(file replication)来实现的,最理想的情况是,只要系统中存在一个有效的副本,用户就可以访问该文件。

### 9.5.3 文件服务接口

文件有多个属性,这些属性都是关于文件的部分信息,而不是文件本身的一部分。典型的属性有:所有者、大小、创建日期和访问权限。文件服务通常提供读写某些属性的原语,例如,有可能改变访问权限而不用改变文件大小(除非对文件追加数据)。在少数高级系统中,可以建立和使用除标准属性以外的用户自定义属性。

文件模型的另一个重要方面是文件创建后能否修改,通常是可以的。但在某些分布式系统中,对文件的操作只有 CREATE 和 READ。一旦文件创建了,不能改变它。这样的文件称为是不可变的(immutable)。保持文件的不可变件,使得支持文件高速缓存和复制变得更为容易,因为为它消除了有关文件改变时必须修改所有文件拷贝的全部问题。

分布式系统的保护基本上使用了与单处理机系统相同的技术:权能(capability)和存取控制表。就权能而言,每个用户拥有访问每个对象的某种门票,称作权能。权能指定了允许的访问类型(如允许读,但不允许写)。

所有的存取控制表模式将每个文件与可以访问它的用户以及访问方式联系起来。UNIX 模式就是一个简化了的存放控制表,它通过使用二进制位来分别控制所有者、所有者组以及其他每个人对每个文件的读、写和运行。

文件服务的另一类型是远程访问模式。在这种模式中,文件服务提供了大量的操作用与打开和关闭文件,读写文件的一部分,在文件中来回移动,检查和改变文件属性等。而在上载/下载模式中,文件服务只提供物理存储和传送,在这里文件系统运行在服务器上而不是运行在客户端。远程存取模式的优点是在客户端不需要很大的空间,当仅需要文件的一小部分时,不需要传送整个文件。

### 9.5.4 目录服务接口

文件服务的另一部分是目录服务,它提供诸如创建和删除目录,命名和重命名文件以及将文件从一个目录移动到另一个目录等操作。目录服务的性质并不依赖于单个文件是整体传送还是远程访问。

目录服务定义了构成文件(目录)名的某种字母表和语法。文件名通常是从 1 到某一最大数的字母、数字和某些特殊字符。有些系统将文件名分成两个部分,通常用一个点分开,如用 Prog c 表示一个 C 程序,man. txt 表示一个文本文件。文件名的第二部分叫文件扩展,标识文件的类则。其他的系统使用一个显式属性来达到此目的,而不是在文件名上添加一个扩展名。

所有的分布式系统都允许目录包含了目录,这使得用户可以把相关文件组合到一起。相应地,系统提供了创建和删除目录的操作,也提供了在目录中插入、移动和查找文件的操作。通常,每个子目录包含一个项目的所有文件,如一个大程序或文档(如一本书)当显示该(子)目录时,只显示相关的文件,无关文件在其他(子)目录中,这样就不致使显示列表凌乱。子目录可以包含它们自己的子目录,以此类推,这样就形成一棵目录树,通常称为分层文件系统。

在某些系统中,可以对任意目录建立连接或指针。这种连接和指针可以放在任一目录中,使得不仅可以按树结构组织目录,而且可以将目录组织成更强有力的任意目录图。在分布式系统中,树和图的区别特别重要。

### 9.5.5 Google 文件系统

Google 的文件系统 GFS,是一个面向大规模分布式数据密集型应用的分布式文件系统,它在使用非昂贵的硬件的同时保证了错误恢复以及向海量客户端提供高性能的服务。

如图 9-10 所示,每个 GFS 簇由单个管理器和多个块服务器组成并可以通过多个客户端访问。它们都执行一个电信的 Linux 用户级服务器进程。在 GFS 中文件被以块的单位分割,每个块通过一个不可变的全局唯一的 64 位块句柄来寻址,这个句柄在块建立的时候被赋给块。这样系统通过句柄对块寻址并进行读写就好比在一个 Linux 本地磁盘上对文件块进行操作一样。出于稳定性考虑 GFS 每个块都在多个块服务器上做了备份(一般共有三个拷贝)。

管理器存储所有文件系统的元数据,它通过一个名字空间访问控制信息,并将文件映射到一系列块上。管理器定期使用“心跳”消息和每一个块服务器通信。发出指令并手机每个块服务器的状态。

GFS 的客户端代码与每个实现文件系统 API 的应用相关,它与管理器及块服务器交互,从管理器获得元数据信息并从块服务器请求文件块。客户端和服务器都不用缓存文件信息。

由此我们可以看到,GFS 将不断接入的资源视为磁盘的扩充,对于其中的管理程序而言，资源是连续的磁盘空间。

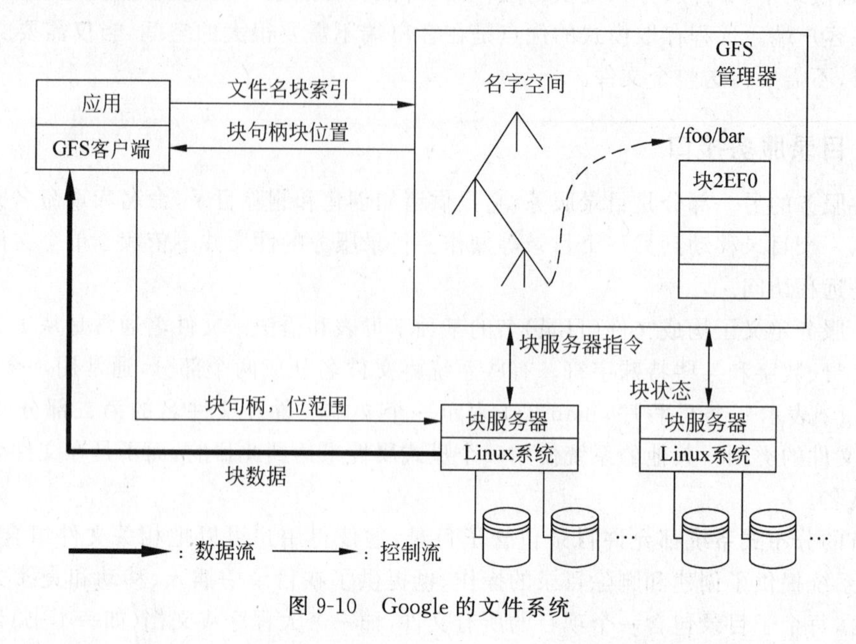


图 9-10 Google 的文件系统

## 9.6 小结

分布式系统(distributed system)是建立在网络之上的软件系统。正是因为软件的特性，所以分布式系统具有高度的内聚性和透明性。因此，网络和分布式系统之间的区别更多的在于高层软件(特别是操作系统)，而不是硬件。

分布式系统的类型，大致可以归为三类：分布式数据、分层式处理、充分分散的分布式网络。

互斥是分布式系统中需要重点考虑的问题。在分布式系统中，最典型的互斥算法有三类：集中式算法、令牌环算法和分布式算法。其中分布式算法排除了拥有单点故障的情况。它第一次出现的是在 1978 年 Lampon 关于时钟同步的论文中，后来 Ricart 和 Agrawale (1981)对它作了进一步的改进。本章对两种算法作了介绍，分别是：Lamport 算法和 R-A 算法。

死锁是一组互相通信或竞争资源的进程的依赖时间的永久阻塞状态，这就隐含分布式系统有两种死锁：一是资源死锁；二是通信死锁。分布式操作系统中可能发生的另一种形式的死锁是迁移死锁。我们常常遇到，并发进程共享临界资源引起的死锁现象，而且是一种与时间相关的错误现象，一般具有不可重现性。解决死锁现象最著名的策略：鸵鸟算法、检测、预防和避免。

所谓负载是指处理机上的用户进程尚未完成的工作量。主要包括进程的计算开销和通信开销。负载分配是分布式系统的资源管理模块，它主要是合理和透明地在处理器之间重新分配系统负载，以达到系统的综合性能最优。负载分配大致可分为静态和动态两类。

文件系统是共享数据的主要方式，是操作系统在计算机硬盘上存储和检索数据的逻辑方法,这些硬盘可以是本地驱动器、可以是网络上使用的卷或存储区域网络(StorageArea Network,SAN)上的导出共享。

分布式文件系统的特点:位置透明性、位置独立性、用户的可移动性、容错性、可扩展性和文件的可移动性。

## 习题九

1. 解释分布式系统的概念。
2. 分布式系统有哪几类?举例说明。
3. 解释术语:分布式软件系统、分布式文件系统、分布式数据库。
4. 比较分布式系统与其他系统的异同。
5. 比较几种互斥算法的优劣。
6. 解释死锁的概念。
7. 列举出处理死锁的策略。
8. 分布式系统中死锁类型。
9. 简述分布式死锁的检测。
10. 简述分布式死锁预防的机制。
11. 资源分配的定义是什么?大致可分为哪两种类型?
12. 资源分配中任务如何划分?
13. 简述动态负载平衡算法的策略。
14. 简述负载分配的分类及其各自的特点。
15. 简述分布式文件系统的特点。
16. 如何定义一个目录服务?

# 参考文献


1 汤子瀛，哲凤屏，汤小丹. 计算机操作系统. 西安：西安电子科技大学出版社. 2002

2 庞丽萍. 操作系统原理(第三版). 武汉：华中科技大学出版社. 2004

3 刘腾红. 操作系统. 北京：科学出版社. 2004

4 刘腾红. 计算机操作系统. 武汉：武汉大学出版社. 2006

5 刘腾红. 计算机操作系统. 北京：科学出版社. 2000

7 刘腾红. 计算机操作系统原理与方法. 北京：中国财政经济出版社. 1998

8 张尧学，史美林. 计算机操作系统教程(第3版). 北京：清华大学出版社. 2006

9 何炎祥. 计算机操作系统. 北京：清华大学出版社. 2004

10 孟静. 操作系统教程——原理和实例分析(第二版). 北京：高等教育出版社. 2006

11 滕至阳. 现代操作系统教程. 北京：高等教育出版社. 2002

12 彭民德. 计算机操作系统(第2版). 北京：清华大学出版社. 2007

13 徐志明. 计算机操作系统. 北京：清华大学出版社. 2007

14 周爱武. 计算机操作系统教程. 北京：清华大学出版社. 2006

15 孙钟秀. 操作系统教程(第3版). 北京：高等教育出版社. 2003

16 张红光，李福才. UNIX 操作系统教程. 北京：机械工业出版社. 2006

17 马季兰等. Linux 操作系统. 北京：电子工业出版社. 2002

18 徐甲同. 网络操作系统. 吉林：吉林大学出版社. 2000

19 张公忠. 现代网络技术教程. 北京：电子工业出版社. 2000

20 彭爱华，刘晖. Windows Vista 使用详解. 北京：人民邮电出版社. 2007

21 陆刚. 计算机网络操作系统. 成都：电子科技大学出版社. 2002

22 姚栋义. 计算机网络操作系统实用教程. 北京：电子工业出版社. 2002

23 [美]Abraham Silberschatz，Peter Galvin，Greg Gagne. Applied Operating System Concepts. 实用操作系统概念，影印版. 北京：高等教育出版社. 2001

24 [美]Abraham Silberschatz. Operating System Concepts. 影印版. 北京：高等教育出版社. 2003

25 [美]Andrew S. Tanenbaum. Distributed Operating Systems. 影印版. 北京：电子工业出版社. 2003

26 [美]Doreen L. Galli. 分布式操作系统：概念与实践、影印版. 北京：人民邮电出版社. 2002

27 [美]William Stallings. 操作系统——内核与设计原理(第四版). 魏迎梅 等译. 北京：电子工业出版社. 2003

28 [美]Richard McDougall，Jim Mauro，Brendan Gregg. Solaris Performance and Tools. 影印版. 北京：机械工业出版社. 2007

29 [美]Richard McDougall，Jim Mauro. Solaris 内核结构(第2版). Sun 中国工程研究院译. 北京：机械工业出版社. 2007

## 读者意见反馈

亲爱的读者：

感谢您一直以来对清华版计算机教材的支持和爱护。为了今后为您提供更优秀的教材，请您抽出宝贵的时间来填写下面的意见反馈表，以便我们更好地对本教材做进一步改进。同时如果您在使用本教材的过程中遇到了什么问题，或者有什么好的建议，也请您来信告诉我们。

地址：北京市海淀区双清路学研大厦 A 座 602 室　计算机与信息分社营销室　收

邮编：100084　　电子邮件：jsjjc@tup.tsinghua.edu.cn

电话：010-62770175-4608/4409　　邮购电话：010-62786544

教材名称：计算机操作系统

ISBN 978-7-302-18097-5

**个人资料**

姓名：________ 年龄：______ 所在院校/专业：____________

文化程度：________ 通信地址：____________

联系电话：________ 电子信箱：____________

**您使用本书是作为：**□指定教材 □选用教材 □辅导教材 □自学教材

**您对本书封面设计的满意度：**

□很满意 □满意 □一般 □不满意　改进建议____________

**您对本书印刷质量的满意度：**

□很满意 □满意 □一般 □不满意　改进建议____________

**您对本书的总体满意度：**

从语言质量角度看　□很满意 □满意 □一般 □不满意

从科技含量角度看　□很满意 □满意 □一般 □不满意

**本书最令您满意的是：**

□指导明确 □内容充实 □讲解详尽 □实例丰富

**您认为本书在哪些地方应进行修改？（可附页）**

____________

____________

**您希望本书在哪些方面进行改进？（可附页）**

____________

____________

## 电子教案支持

敬爱的教师：

为了配合本课程的教学需要，本教材配有配套的电子教案(素材)，有需求的教师可以与我们联系，我们将向使用本教材进行教学的教师免费赠送电子教案(素材)，希望有助于教学活动的开展。相关信息请拨打电话 010-62776969 或发送电子邮件至 jsjjc@tup.tsinghua.edu.cn 咨询，也可以到清华大学出版社主页(http://www.tup.com.cn 或 http://www.tup.tsinghua.edu.cn)上查询。